高等学校计算机系列教材

软件测试及其案例分析

张善文　雷英杰　王旭启　巨春飞　伍永豪　编著

西安电子科技大学出版社

内 容 简 介

本书全面系统地介绍了软件测试的基本概念、基本理论和方法，从不同的角度介绍了软件测试原理、测试过程、测试策略、测试用例设计方法和软件测试文档的编写格式，并给出了一些软件测试案例。

本书结构简单，语言通俗，内容丰富，条理清楚，注重基础，面向应用，极富有实践性，可供高等学校计算机及软件工程专业作为教材或参考资料使用，也可作为软件测试人员必备的参考读物。

图书在版编目(CIP)数据

软件测试及其案例分析/张善文等编著. —西安：西安电子科技大学出版社，2012.12(2021.1 重印)
ISBN 978－7－5606－2916－2

Ⅰ.①软…　Ⅱ.①张…　Ⅲ.①软件—测试—案例　Ⅳ.①TP311.5

中国版本图书馆 CIP 数据核字(2012)第 198666 号

策　　划　戚文艳
责任编辑　马武装　戚文艳
出版发行　西安电子科技大学出版社（西安市太白南路 2 号）
电　　话　(029)88242885　88201467　邮　　编　710071
网　　址　www.xduph.com　　电子邮箱　xdupfxb001@163.com
经　　销　新华书店
印刷单位　西安日报社印务中心
版　　次　2012 年 12 月第 1 版　2021 年 1 月第 2 次印刷
开　　本　787 毫米×1092 毫米　1/16　印张 21
字　　数　499 千字
定　　价　46.00 元
ISBN 978－7－5606－2916－2 / TP
XDUP 3208001-2

前　　言

在信息技术中，微电子是基础，计算机及通信设施是载体，而软件是计算机的思维中枢，是计算机的灵魂，没有软件就没有计算机应用，也就没有信息化。软件产业已经成为当今世界投资回报比最高的产业之一。软件测试是软件质量保证的关键步骤。软件测试研究结果表明：软件中存在的错误发现越早，其软件开发费用就越低；通常在编码后修改软件错误的成本是编码前的10倍，在产品交付后修改软件错误的成本是交付前的10倍；根据对国际著名 IT 企业的统计显示，它们的软件测试费用占整个软件工程所有研发费用的50%以上。相比之下，中国软件企业在软件测试方面与国际水平相比仍存在较大差距。随着软件行业的不断发展和软件市场的成熟，企业和用户对于软件质量意识逐步增强，对软件作用的期望值也越来越高，软件的质量和功能可靠性也正逐渐成为人们关注的焦点，同时也促使国内软件测试人员的地位不断提升。软件测试方式由单纯手工软件测试发展为手工测试和自动测试并行，并有向第三方专业软件测试公司发展的趋势。

软件测试贯穿于软件生命周期的全过程。软件交付后，软件测试工作从软件测试人员转移到用户，用户每次使用软件时，都是一次软件测试。在整个软件生命周期的不同阶段，软件都有相应的输出结果，其中包括需求分析、概要设计、详细设计及程序编码等各阶段所产生的文档，如需求规格说明、概要设计规格说明、详细设计规格说明以及源程序等，所有这些输出结果都是软件测试的对象。对软件企业来说，不仅要提高对软件测试的认识，同时要建立起独立的软件测试组织，采用先进的测试技术，充分运用测试工具，不断改善软件开发流程，建立完善的软件质量保证管理体系。只有这样，才有可能达到软件开发的预期目标，降低软件开发的成本和风险，提高软件开发的效率和生产力，确保及时地发布高质量的软件产品。

软件测试课程设计和软件测试综合实践是软件测试人才培养的两个教学环节。为了满足软件行业软件测试人才培养的需要，我们将多年来在软件测试教学和实践过程中积累的经验与实践结合很多专家和学者所积累的软件测试经验整理成书，与大家共享。

本书系统地介绍了软件测试的基本理论和基本方法，并给出了大量的例子。其中，第一章从不同的方面给出了软件测试和软件测试性的不同定义，这些定义在表达形式、表述内容、适用范围上存在着一些差异，可以帮助读者对软件测试和软件测试性概念有更深入的了解，增强对软件测试的重视程度。第二章简要介绍了常用的软件测试方法、测试技术和常用的测试工具。第三章介绍关于 Bug 的基本知识，以及 Bug 的确认、修复、验证、跟踪管理和处理等过程。第四章和第五章介绍了软件测试的过程和步骤，以及测试用例的设计策略、原则、方法和技术。第六章介绍白盒测试、黑盒测试和灰盒测试方法，并介绍白盒和黑盒测试用例的设计方法及其实例。第七章在第二章内容的基础上着重介绍一些实用的软件测试方法和技术。第八章和第九章介绍若干常用的软件测试策略及如何编写常见的软件测试文档。第十章为软件测试案例，介绍一些软件测试案例。

参加本书编写的作者都有着丰富的教学和实践经验，对软件测试方法和过程熟悉，且有深刻的认识和体会。

全书由张善文主编并定稿，张善文、雷英杰、王旭启、巨春飞和伍永豪参加编写。作者非常感谢很多专家和学者提供的软件测试方面的资料。真诚感谢西安电子科技大学出版社的大力支持以及戚文艳编辑的精心策划和马武装编辑的辛勤工作。正是由于众多的资料和来自多方面的支持才使本书得以呈献给读者。

虽然作者精心策划章节结构和内容编排，力图用简明而准确的语言进行表述，但限于水平，书中的错误和不足之处在所难免，恳请读者不吝指正。

作　者

2012 年 10 月

目　　录

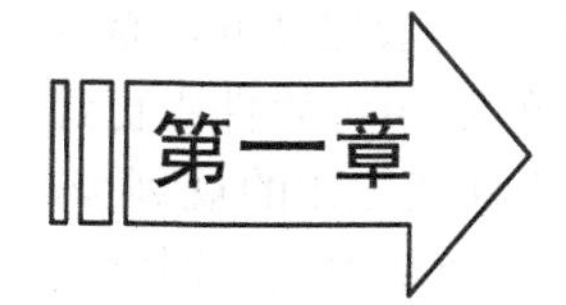

第一章 软件测试基础

软件测试是IT产业的一个重要领域，近年来进入了飞速发展阶段，并为IT经济做出了巨大贡献。软件测试是保证软件质量的关键步骤，是对软件规格说明、设计和编码的最后复审。本章给出了软件测试和软件测试性的不同定义，各种定义在表达形式、表述内容、适用范围上存在着一些差异，但可以使人们对软件测试和软件测试性概念有更深入的了解，增强人们对软件测试的重视程度。

1.1 软件测试的背景和概念

1. 软件测试的背景

随着现代信息技术和大规模复杂数据挖掘技术的发展，计算机的应用已经渗透到社会生活的各个方面和科学技术的各个领域。目前，所有计算机应用领域都对软件质量提出了更高的全方位的要求，包括功能、性能、灵活性、稳定性、可靠性以及安全性等。一些关键领域如航空航天、医疗、核能、通信、交通、金融、商务等对软件可靠性和安全性都有很高的要求，在这些领域中，软件的一个小小错误可能造成很大甚至致命性的损失。如1963年美国的首次金星探测计划就因为把循环“DO 5 I=1,3”误写为“DO 5 I=1.3”，这样一个小小的逗号错误酿成发射失败，导致损失达上千万美元的事故。实际上，由于软件错误导致系统的失效，酿成重大损失的事例不胜枚举。因此，在软件投入市场前对软件进行软件测试是很有必要的。20世纪70年代，美国由于缺乏软件测试，软件项目的死亡率超过70%，而且90%以上做出来的项目在时间和成本上超出预算。与其他产品出现质量问题一样，软件也不可避免地会出现各种漏洞或Bug(错误、缺陷)。如果软件中的Bug太多，可能会导致电脑频繁“死机”，影响用户的正常使用。如果软件测试不充分，那么这些问题会潜伏在软件中，等到用户发现以后，再由开发人员进行维护，改正错误的费用一般是开发阶段的40倍到60倍。因此，为了保证软件的各项功能正常，就需要在开发过程中不断地对软件进行检验和测试。

软件测试是软件质量保证的重要手段，据研究机构统计分析表明，国外软件开发机构40%的工作量花费在软件测试上，软件测试费用占软件开发总费用的30%～50%。对于一些要求可靠性高、安全性高的软件，软件测试费用可能相当于整个软件项目开发总费用的3～5倍。由此可见，要成功开发出高质量的软件产品，必须重视并加强软件测试工作。

2. 软件测试的概念

在不同的时期，人们对软件测试的认识也不同，其发展大致经历了四个阶段：

第一阶段，软件测试就是“程序调试”。在这个时期，软件规模小、复杂程度低，软件测试的含义比较狭窄，开发人员将软件测试等同于“程序调试”，目的是纠正软件中已经知道的故障，通常由开发人员自己完成这部分的工作。整个项目对软件测试工作的规划少、投入少，软件测试工作介入比较晚，一般在程序代码形成之后、产品已经基本完成时才进行软件测试(即软件调试)。

第二阶段，软件测试就是“验证软件系统的正确性”。直到1957年，软件测试才被作为一种发现软件缺陷或错误、故障、问题等(以后没有特别说明，都称之为Bug)的活动，开始与“软件调试”区别开来。但是，对软件测试目的的理解仍局限于“使自己确信产品能正常工作”。软件测试始终在开发活动之后开始，当时缺乏有效的软件测试方法，主要依靠“错误推测”来寻找软件中的Bug。因此，大量软件交付后，仍存在很多Bug，质量无法保证。到了20世纪70年代，人们才开始认真思考软件开发流程的问题。尽管对“软件测试”的真正含义还缺乏共识，但已有一些软件测试研究人员建议在软件生命周期的开始阶段就根据需求制订软件测试计划。

第三个阶段，软件测试就是“找出软件存在的Bug”。Myers在他的论著《The Art of Software Testing》中认为，软件测试不应该着眼于验证软件是可以工作的，应该首先认定软件是有Bug的，然后用逆向思维去发现尽可能多的Bug。1979年他给出了对软件测试的认识：“软件测试是为发现Bug而执行一个程序或者系统的过程”。

第四阶段，软件测试是“对软件质量的度量”。20世纪80年代初期，软件和IT行业进入了大发展，软件趋向大型化、高复杂度，软件的质量越来越重要。人们将“质量”的概念融入其中，软件测试不再单纯是一个发现Bug的过程，而是将软件测试作为软件质量保证的主要职能，包含软件质量评价的内容。90年代后期以来人们更加关注软件有效的过程管理，认识到软件管理对于软件测试的重要性，出现了各种软件测试模型、软件测试能力成熟度模型等。

3. 专家对软件测试的不同定义

下面给出不同时期一些专家对软件测试的认识或定义：

(1) 20世纪50年代中期，英国著名的计算机科学家图灵认为，软件测试是软件正确性确认的实验方法的一种极端形式，通过软件测试达到确认程序正确性的目的。

(2) 1973年W. Hetzel指出，软件测试是对程序或系统能否完成特定任务建立信心的过程。这种认识在一段时间内曾经起过作用。

(3) 1983年Bill Hetzel指出，软件测试指为评价一个程序或系统展开的各种活动，是度量软件质量的一个过程。

虽然上面对软件测试的定义目前看来具有一定的局限性，规定的范围似乎过于狭窄，但在当时仍然具有指导意义。

(4) 1983年，IEEE在软件工程标准术语中提出的软件测试文档标准(IEEE Standard for Software Test Document)对软件测试定义：使用人工或自动手段来运行或测定某个系统或系统部件的过程，其目的在于检验它是否满足规定的需求或是弄清预期结果与实际结果之间的差别。在1990年颁布的软件工程标准术语集中沿用了这一概念。这一概念非常明确地认为软件测试以检验是否满足用户需求为目标。该定义包含两方面含义：① 是否满足规定的需求；② 是否有差别。如果有差别，说明设计或实现中存在故障，自然不满足规定的需求。因此，这一定义非常明确地提出了软件测试是以检验软件是否满足需求为目标。

(5) 1998 年，Brown 从以下几个不同的方面解释软件测试：① 软件测试是执行或模拟一个系统或一个程序的操作；② 软件测试是为了确认软件是按照它所要求的方式执行，而不会执行不被希望的操作；③ 软件测试是带着发现 Bug 的意图来分析程序；④ 软件测试是度量程序的功能和质量；⑤ 软件测试是评价程序和项目工作产品的属性和能力，并且评估是否获得了期望和可接受的结果。

4. 当代学者对软件测试的不同定义

下面列举出当前一些学者从不同的角度对软件测试的定义。

(1) 广义上讲，软件测试是指在产品生存周期内对产品质量的所有的检查、评审和确认活动，如设计评审、系统软件测试。

(2) 狭义上讲，软件测试是对产品质量的检验和评价。它一方面检查产品质量中存在的质量问题，同时对产品质量进行客观的评价。

(3) 软件测试是根据软件开发各阶段的规格说明和程序的内部结构而精心设计一批软件测试用例(即输入数据及其预期结果的集合)，并利用这些软件测试用例去执行程序，以发现软件 Bug 的过程。该定义强调寻找 Bug 是软件测试的目的。

(4) 软件测试是为了发现 Bug 而执行程序的过程。

(5) 软件测试是一种软件质量保证活动，其动机是通过一些经济有效的方法，发现软件中存在的 Bug，从而保证软件质量。

(6) 软件测试 = 验证 + 确认。验证和确认是互补的，发现 Bug 的效果会由于它们中的一个或另一个没有完成而受到损失，它们是为捕获不同类型问题而设计的过滤器。多年来，软件测试一直主要针对确认，而且这种情况还将继续，这并不是说应该停止进行确认，而是应更清楚怎么去做，并怎样结合验证去做，必须保证在适当的时间对适当的产品进行验证和确认。

(7) 从使用软件测试工具的角度定义：利用软件测试工具按照软件测试方案和流程对产品进行功能和性能测试，甚至根据需要编写不同的软件测试工具，设计和维护软件测试系统，对软件测试方案可能出现的 Bug 进行分析和评估。执行软件测试用例后，需要跟踪 Bug，以确保开发的产品适合需求。

(8) 从软件测试过程定义：在受控制的条件下对系统或应用程序进行操作并评价操作结果的过程，所谓控制条件应包括正常条件与非正常条件。软件测试过程中应该故意地促使 Bug 的发生，也就是结果在不该出现时出现或者在应该出现时没有出现。从本质上说，软件测试是“探测”，在“探测”中发现软件的 Bug。

(9) 也有学者从软件测试的不同阶段定义软件测试(见图 1.1)。

由图 1.1 看出，软件测试历经了三个主要阶段：

第一阶段，软件测试是寻找产品中的 Bug。Bug 的定义很广泛，在软件使用过程中所出现的任何一个可疑问题，或者导致软件不能符合设计要求或满足消费者需要的问题都是 Bug，即使这个 Bug 在实践中是可行的。

第二阶段，软件测试是对软件质量的度量。

第三阶段，软件测试是为了度量和提高被测试软件的质量，对软件测试进行设计、使用和维护的过程。软件测试过程中所使用的软件测试案例、软件测试脚本等都称为软件测试件，使用软件测试件去度量和提高被测试软件的质量。

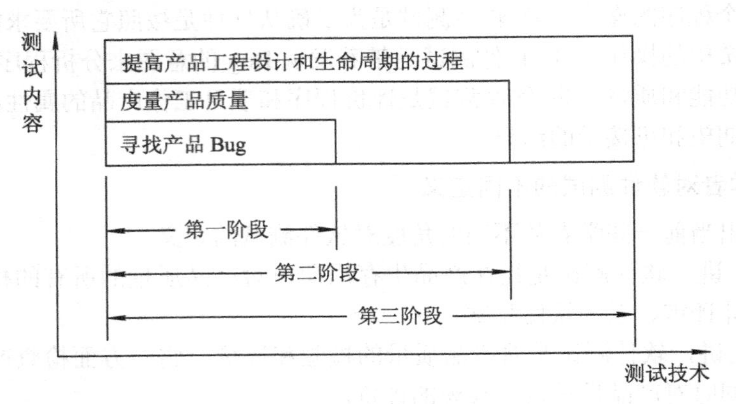

图 1.1　软件测试的不同阶段

目前，在中国大部分软件企业，尤其是中、小型的软件企业，软件测试主要用来寻找软件中的 Bug，所以软件测试基本停留在第一阶段。一些公司可能使用软件测试案例和软件测试脚本等，但并不完全依据软件测试案例进行软件测试，目前软件测试案例等工作更多地成为一种形式上的产物，所以实际的软件测试工作多处于第一、二阶段之间。

(10) 微软公司对软件测试的认识。微软公司认为软件测试是保证软件质量的关键环节，直接影响着软件的质量评估。软件测试是微软公司的一项非常重要的工作。该公司对软件测试的重视表现在工程开发队伍的人员构成上，他们把软件测试人员分成两种职位：

① 软件测试组的软件开发工程师。实际上他们属于开发人员，具备编写代码的能力和开发工具软件的经验，侧重于开发自动化软件测试工具和软件测试脚本，实现软件测试的自动化。

② 软件测试工程师。他们具体负责测试产品，主要完成一些手工软件测试以及安装配置软件测试。微软的项目经理、软件开发人员和软件测试人员的比例基本是 1∶3∶6 至 1∶4∶24，可以看出开发人员与软件测试人员的比例是 1∶2 至 1∶6 之间。

微软对于软件测试的重视还表现在最后产品要发布时，此产品的所有相关部门都必须签字，而软件测试人员则具有绝对的否决权。

软件测试贯穿于软件生命周期的全过程，软件交付后，软件测试只是从软件测试人员转移到用户，用户每次使用程序都是一次软件测试。软件测试是一门技术，是一个从实践到理论再由理论到实践循环往复的过程，是一门包括编程方法、模型设计、统计方法、预测等多领域的实践性很强的综合学科。不同系统、不同环境、不同对象所关心的侧重点不同，采用的软件测试方法自然随着具体系统而设定。

从上面叙述可以看出，不同时代、不同的人或从不同的角度对于软件测试的认识和定义不同。但不论从哪个角度或哪种观点出发，都可以认为软件测试是在一个可控的环境中分析或执行程序(或系统)的过程，其根本目的是以尽可能少的时间和人力发现并改正软件中潜在的各种 Bug，提高软件的质量。

1.2 软件测试认识误区

人们对软件测试的认识很多，但也存在不少的误解，这些误解不但不利于软件测试的发展，而且在实际中可能会造成一定的经济损失。较常见的误解如下。

(1) 软件测试是相对简单的工作。实际上并非如此，要真正做好软件测试工作并非易事，软件测试需要很多相关技术和工具。

(2) 软件测试比编写程序容易。

(3) 软件测试就是程序测试，软件测试发现了 Bug 就说明程序员所编写的程序有问题。实际上，软件测试的对象不仅仅是软件代码，还包括软件需求文档和设计文档等。

(4) 软件测试是为了证明程序的正确性或为了确保软件不存在 Bug。事实上，要证明程序的正确性是不可能的，因为一个大型的集成化的软件系统测试时不可能遍历所有的路径，即使遍历了所有的路径，Bug 也仍有可能隐藏。即使一个完成两个两位数相加的小程序，其有效的输入也有 39 601 个不同数对。所以一般情况下，人们不可能测试程序中所有的输入数据和执行所有的路径。

(5) 软件测试是事后之事，即认为应在软件开发完成后进行软件测试。这个误解是因为不了解软件测试周期。

(6) 软件测试等于程序调试。软件测试并不等于程序调试。软件测试是发现漏洞的过程，调试是跟踪漏洞产生的根源并进行修复的过程。

(7) 测试后的软件没有 Bug。软件需要不断地进行测试，并不是经过了各项软件测试后，其所有的 Bug 就能暴露出来。

(8) 所有软件 Bug 都要改正。在软件测试中，有一种令人沮丧的情况是，即使拼尽全力，也不能使所有的软件 Bug 被修复或改正。事实上，不是所有的软件 Bug 都需要进行修复或改正。

(9) 自动化软件测试工具完全可以代替手工软件测试。

分析这些误解产生的原因，主要有以下几点：

(1) 国内软件企业多为中小型公司。这些企业的规模不足以成立专门的软件测试部门，无法达到软件开发人员与软件测试人员的比例为 1∶1 的国际标准。

(2) 企业所承接的项目规模比较小。国内企业在投标时为了中标，把费用压得很低，没有考虑足够的资金投入软件测试阶段。

(3) 企业为争夺项目，在承接项目时承诺在用户要求的时间内完成，根本没有为软件测试阶段安排足够的时间。

(4) 受传统软件开发思维的影响。一些公司认为软件开发最重要的是实现项目需求的所有功能，因而轻视了软件测试部分的作用，不愿意投入过多的财力和人力在这个看不见很多效果的测试阶段。

以上这些误解阻碍了国内软件测试的发展。对软件企业来说，不仅要提高对软件测试的认识，同时要建立独立的软件测试部门，采用先进的测试技术，充分运用测试工具，不断改善软件开发流程，建立完善的软件质量保证的管理体系。只有这样，才有可能达到软

件开发的预期目标，降低软件开发的成本和风险，提高软件开发的效率，确保及时地发布高质量的软件产品。

1.3 软件测试的对象、目标、目的和意义

1．软件测试的对象

在整个软件生命周期的不同阶段，软件都有相应的输出结果，其中包括软件需求分析、概要设计、详细设计及程序编码等各阶段所产生的文档和源程序，所有这些输出结果都是软件测试的对象。

2．软件测试的目标

具体地讲，软件测试一般要达到以下目标：

(1) 确保软件产品完成了它所承诺或公布的功能，并且所有用户可以访问到的功能都有明确的书面说明。

(2) 确保软件产品满足性能和效率的要求。

(3) 确保软件产品是健壮的和适应用户环境的。健壮性即稳定性，是产品质量的基本要求。

3．软件测试的目的和意义

软件测试的目的决定了如何去组织软件测试。不同的机构会有不同的软件测试目的；相同的机构也可能有不同的测试目的，即使同一区域测试也有不同层次测试。如果软件测试的目的是为了尽可能多地找出 Bug，那么软件测试就应该直接针对软件比较复杂的部分或是以前出错比较多的部分；如果软件测试目的是为了给最终用户提供具有一定可信度的质量评价，那么软件测试就应该直接针对在实际应用中会经常用到的商业假设。

基于不同的立场，一般存在着两种完全不同的测试目的。从用户的角度出发，普遍希望通过软件测试暴露软件中隐藏的 Bug，以考虑是否可接受该产品；从软件开发者的角度出发，则希望软件测试成为表明产品中不存在 Bug 的过程，验证该软件已正确地实现了用户的要求，确立了人们对软件质量的信心。

软件测试的目的和意义可简单地归纳如下：

(1) 测试是程序的执行过程，目的在于发现 Bug，但没有发现 Bug 的软件测试也是有价值的，完整的软件测试是评定软件质量的一种方法。

(2) 软件测试并不仅是为了找出 Bug。通过分析 Bug 产生的原因和产生趋势，可以帮助项目管理者发现当前软件开发过程中的 Bug，以便及时改进。如果一个产品开发完成之后发现很多 Bug，说明此软件开发过程很可能有 Bug。

(3) 确认软件的质量。作为软件测试人员，在软件开发过程中的任务就是寻找 Bug、避免软件开发过程中的 Bug、衡量软件的品质、关注用户的需求等，而最终目标是确保软件的质量。

(4) 希望以最少的时间和人力，系统地找出软件中潜在的各种 Bug。如果人们成功地实施了软件测试，就能够发现软件中的 Bug。

(5) 软件测试的附带收获是，它能够证明软件的功能和性能与需求说明相符合。

(6) 软件测试收集到的测试结果数据为软件可靠性分析提供了依据。

在软件分析设计阶段就介入软件测试，可以发现早期的一些软件设计方面的 Bug 和不足，降低项目的成本。只有充分的软件测试才能保证软件质量，通过软件测试可以尽可能早和尽可能多地发现软件 Bug，及时进行修改和弥补，由此提高软件的质量。实践证明，软件测试成本随着产品逐步成形而增加。假如需求分析、设计阶段的一些 Bug 没有被发现，等到编码阶段完成后，通过软件测试发现这些 Bug，而这些 Bug 只能由更改设计来修复的话，那么不论是软件测试还是软件开发的成本无形中增大了几倍，项目不能如期交付的风险会很大。

1.4　软件测试的特点

1. 软件测试的复杂性

(1) 无法对程序进行完全测试，原因如下：

- 测试所需要的输入量太大；
- 软件实现的途径太多；
- 测试的输出结果太多；
- 软件规格说明没有一个客观标准。

(2) 测试无法显示潜在的软件 Bug。通过软件测试只能报告软件已被发现的 Bug，无法报告隐藏的软件 Bug。

(3) 不能修复所有的软件 Bug。我们能够做到的是：要进行正确的判断、合理的取舍，根据风险分析决定哪些故障或 Bug 必须修复，哪些可以不修复。

2. 软件测试的局限性

(1) 软件测试不如硬件板卡测试普遍。

(2) 测试工作缺乏可度量的管理手段。

(3) 软件的功能性测试不够完善，需要新的方法补充。

(4) 嵌入式系统代码量日益增多，测试难度增加。

(5) 系统越复杂，测试越复杂，风险越大。

(6) 软件测试具有长期性。软件生命周期每一阶段中都应包含软件测试，从而检验本阶段的成果是否接近预期的目标，以便尽可能早地发现 Bug 并加以修正。如果不在早期阶段进行软件测试，Bug 的延时扩散常常会导致最后成品软件测试的巨大困难。

(7) 软件测试不是事后之事。有效的自动软件测试强调应该从软件开发生存周期一开始就引入软件测试。

(8) 软件测试出的“错误(Bug)”具有特殊性。软件测试后发现软件系统中存在的 Bug 不同其他可以看见的 Bug，具有十分隐蔽的特性。

(9) 软件测试与软件设计具有同步性。在整个软件开发流程中，软件测试不是到了某个阶段才开始做，或过了这个阶段就结束的事情，而是穿插在整个开发流程中，从需求分析到最后软件成品的交付，每个步骤都存在软件测试的工作。

(10) 软件测试工作的不完善性，即指测试后的软件仍存在 Bug。

(11) 软件测试的不完备性。无论从理论上还是从经验上，人们都不可能发现软件系统中所有的 Bug。一个成功的、投放市场的软件系统必定还存在着 Bug，因此软件测试必然有一定的局限。

(12) 软件测试容易受到心理影响。把程序测试定义为在程序中找出 Bug 的过程，就使软件测试成了可以完成的任务，从而克服了心理上存在的问题。

3. 软件测试的特殊性

(1) 独立性。独立性指软件测试工作由在经济上和管理上独立于开发机构的组织进行。采用独立软件测试方式，无论在技术上还是管理上，对提高软件测试的有效性都具有重要意义。经济上的独立性使软件测试有更充分的条件按软件测试要求去完成。

(2) 客观性。对软件测试和软件中的 Bug 抱着客观的态度，这种客观的态度可以解决软件测试中的心理学问题，既能以揭露软件中 Bug 的态度工作，也可以不受发现的 Bug 的影响。

(3) 专业性。软件测试作为一种专业工作，在长期的工作过程中势必能够积累大量实践经验，形成自己的专业知识。同时软件测试也是技术含量很高的工作，需要由专业队伍加以研究，并进行工程实践。专业化分工是提高软件测试水平、保证软件测试质量、充分发挥软件测试效应的必然途径。

(4) 权威性。由于专业优势，独立软件测试工作形成的测试结果更具信服力，而软件测试结果常常与对软件的质量评价联系在一起，专业化的独立软件测试机构的评价更客观、公正和具有权威性。

(5) 持久性。完整的软件测试工作应该贯穿整个软件生存周期，它有两方面的含义：① 软件开发不同阶段都有软件测试工作；② 软件测试工作的各个步骤分布在整个软件生存周期中。

(6) 资源保证性。独立软件测试机构的主要任务是进行独立软件测试工作，这使得软件测试工作在经费、人力和计划方面更有保证，不会因为开发的压力减少对软件测试的投入，以及降低软件测试的有效性。由此可以避免开发单位侧重软件开发而对软件测试工作产生不利的影响。

4. 软件测试的可操作特性

(1) 动态性：软件测试是在给出输入值的基础上进行的动态过程(这里不包括静态分析)。

(2) 有限性：软件测试执行的次数必须是有限的，而且软件测试过程还必须具有可管理性，也就是说软件测试意味着要在有限的资源与潜在的、无限的软件测试需求之间进行平衡，这一对矛盾就是软件测试技术要解决的两个根本问题：

- 制定相应的软件测试充分性判定准则；
- 制定相应的软件测试过程管理规范以考查软件测试的效果。

(3) 选择性：软件测试的关键问题就是如何选择有限的软件测试用例。选择不同的软件测试用例集合会产生截然不同的软件测试结果，在给定条件下，确定最合适的软件测试用例选择准则是目前软件测试技术研究的热点问题之一，也是能提高软件测试效果的有效手段。

(4) 预测性：应该能够判定程序执行后的结果是否可接受。常用预示程序给出程序运行的可能结果，但如何给出预示程序是软件测试的难点之一。

1.5　软件测试的原则

软件测试的基本原则是从用户和开发者的角度对产品进行全面测试。

中国软件评测中心的软件测试原则就是从用户和开发者的角度出发进行产品测试，通过软件测试，为用户提供放心的产品，并对优秀的产品进行认证。

(1) 应当把软件测试贯穿到整个软件开发的全过程，而不应该把软件测试看做是其过程中的一个独立阶段。因为在软件开发的每一环节都有可能产生意想不到的 Bug，其影响因素有很多，如软件本身的抽象性和复杂性、软件所涉及问题的复杂性、软件开发各个阶段工作的多样性，以及各层次工作人员的协作关系等。所以要坚持软件开发各阶段的技术评审，把 Bug 清除在早期，从而减少成本，提高软件质量。

(2) 程序设计单位不应测试自己设计的程序。要程序设计组织者持客观、公正的态度测试自己的程序是不现实，因为如果用正确的观点对待软件测试，就不大可能按预定计划完成软件测试，也不大可能把耗费的代价限制在要求的范围以内。

(3) 充分注意回归测试的关联性。实际中，往往修改一个 Bug 可能会引起更多的 Bug。软件 Bug 修改后要进行回归测试，即用修改前测试过的测试用例进行测试，再用新的测试用例进行测试。

(4) 充分注意软件测试中的群集现象。一定要充分注意测试中出现的 Bug 群集现象，这与程序员的编程水平和习惯有很大的关系。若发现 Bug 数目较多，则可能残存的 Bug 数目也较多，程序某部分中残存 Bug 数可能与在该段程序中已发现的 Bug 数成正比，这种 Bug 出现的群集现象，已被许多程序测试实践所证实。

(5) Bug 的 Good-enough 原则。软件测试是相对的，不能进行所有的测试，要根据人力物力合理安排测试，并选择好测试用例、测试方法和策略及工具。对于相对复杂的产品或系统来说，零 Bug 是一种理想，Good-enough 则是人们遵循的原则。Good-enough 是 Gerhart 于 1975 年在研究软件测试能否保证软件的正确性时提出的原则。Good-enough 原则就是一种权衡投入/产出比的原则：不充分的测试是不负责任的；相反的，过分的测试是资源的浪费，同样也是一种不负责任的表现。一般情况下，在分析、设计、实现阶段的复审和测试工作能够发现和避免 80%的 Bug，而系统测试又能找出其余 Bug 中的 80%，最后的 20%的 Bug 可能只有在用户大范围、长时间使用后才会暴露出来。因为软件测试只能够保证尽可能多地发现 Bug，无法保证能够发现所有的 Bug。

(6) 制定严格的软件测试计划。软件测试要以软件需求规格说明书为标准设计测试用例，并安排软件测试时间，严格执行测试计划，排除软件测试的随意性，以避免发生疏漏或做重复无效的工作。

(7) 要预先确定被测试软件的测试结果。应当对每一个测试结果做全面、仔细地检查，这一点常常被人们忽略而导致许多 Bug 被遗漏。

(8) 对软件测试 Bug 结果一定要有一个确认过程。确认 Bug 的有效性，一般由甲测试人员发现的 Bug，一定要由乙测试人员来进行确认。如果发现严重的 Bug，就要召开评审

会进行讨论和分析。

(9) 妥善保存一切测试过程文档。软件测试的重现往往要靠测试文档，测试用例作为测试报告，以后可以反复测试使用，重新验证程序是否有错。妥善保存一切测试过程文档、测试计划、测试用例、出错统计和最终分析报告，以备回归测试和方便软件维护。

在遵守以上原则的基础上进行软件测试，尽量以最少的时间和人力找出软件中的各种Bug，从而达到保证软件质量的目的。

1.6　软件测试性的定义和认识

软件测试性度量就是度量软件测试性大小，是软件测试性分析和设计的依据。合适的软件测试性度量是软件测试性研究的基础，是顺利进行软件测试性分析和设计的保证。通过软件测试性度量，软件测试人员能为软件的不同部分分配不同的软件测试资源以进行更充分的测试，并能针对软件测试性的薄弱环节采取措施，以改进设计；项目管理人员也能更全面地掌握软件情况、决定软件测试终止和软件发布的时机。因此，人们有必要对软件测试性度量进行深入研究。

最常见的软件测试性度量衍生自硬件、软件测试，分别用于衡量程序测试执行时的开销和程序的固有属性。简单地说，软件测试性是指软件易于软件测试和暴露Bug的能力。软件测试性高的软件不仅可以大幅节约软件测试成本，同时可以保证软件质量。

软件测试性的集合表示如下：ST={Sen, Und, Con, Obv, TSC, Sim, Dec, App, Tr}。其中，ST (Software Testability)表示软件测试性，Sen (Sensitivity)表示敏感性，Und(Understandability)表示可理解性，Con (Controllability)表示可控性，Obv (Observability)表示可观测性，TSC (Testing Support Capability)表示测试支持能力，Sim (Simple)表示简单性，Dec (Decomposability)表示可分解性，App (Applicability)表示适用性，Tr (Trace ability)表示可跟踪性。

软件测试性与软件测试性特性的关系如图1.2所示。

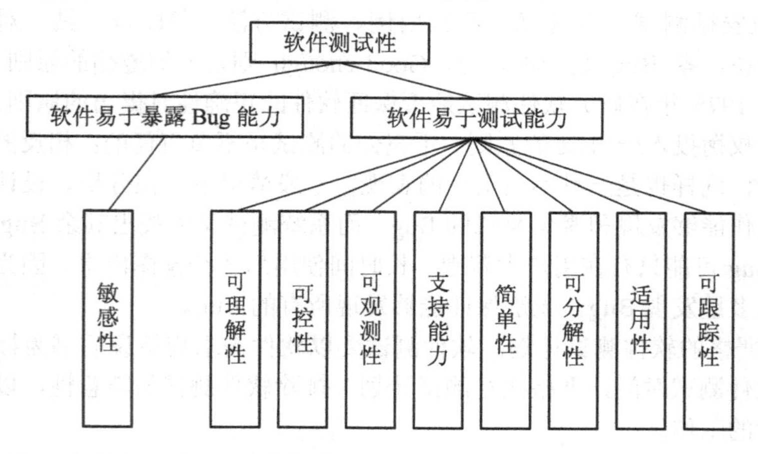

图1.2　软件测试性与软件测试性特性

软件测试性可划分为软件易于测试能力和软件易于暴露Bug能力两部分，其中软件易于测试能力又可细分为可理解性、可控性、可观测性、软件测试支持能力、简单性、可分解性、适用性和可跟踪性。软件测试性特性中除了可观测性和可跟踪性，其他软件测试性

特性分别代表了软件测试性的不同方面且相互独立。可跟踪性可看做是可观测性的一种扩展，要求能根据功能的执行观察相应的操作、属性或行为的输出。如果将可观测性限定为对固定的外部输出或内部状态的观测，可跟踪性就是对变化的输出的观察，两者将代表软件测试性两个互不交叉的范围。至此，软件测试性可用软件测试性特性集合表示，对软件测试性的分析也可分解为对各软件测试性特性的分析。

软件测试性与软件测试难易程度之间存在着密切关系：① 软件测试性能够预计软件测试的难易程度；② 软件测试难易程度同样能反映软件测试性能的好坏。但两者还有区别：软件测试性是软件本身的属性，理论上只要软件不发生变化，软件测试性也不会发生变化；而软件测试难易程度不仅与软件相关，而且与软件测试的过程、方法、工具等外部条件相关，使用不同的软件测试方法和不同的测试工具都会影响软件测试难易程度。因此，使用软件测试难易程度定义软件测试性并不恰当。

1.7　软件测试人员的素质和职责

1．测试人员的素质

软件测试人员处于重要的岗位。软件测试人员应该具备的素质归纳如下：

(1) 扎实的专业技能。专业技能是软件测试工程师应该必备的首要素质，是做好软件测试工作的前提条件。软件测试人员应具备三方面能力：软件测试专业技能、软件编程技能和掌握网络、操作系统、数据库等基础知识。

(2) 熟悉软件开发测试流程，掌握软件测试理论、方法和操作技能，能编写软件测试计划、设计软件测试方案、软件测试用例和软件测试报告；了解软件测试基本概念，具有实际测试操作经验。

(3) 熟悉中国和国际软件测试标准，熟练掌握和操作国际流行的系列软件测试工具，能够承担比较复杂的软件分析、软件测试、品质管理等任务，软件测试技术随着时间的变化也要进一步提高和改进。因此，软件测试人员要善于利用书籍、网站、论坛、交流等各种途径不断提高自己的软件测试水平。

(4) 当软件测试人员发现软件中存在 Bug 时，往往需要编写 Bug 报告，所以软件测试人员要有较高的写作能力。

(5) 软件测试人员还应当具有一定的市场意识和风险意识，能够站在不同的角度，尽可能地分析系统可能存在的风险场景。

2．软件测试人员的职责

软件测试人员要对最终软件产品的质量负责，甚至具有批准或者拒绝软件产品的发布的权限。软件测试是协助提高软件产品质量，因为软件产品的质量过程控制应该由软件质量保证(QA)负责，好的软件产品是设计和开发等共同生产出来的。为此，软件测试人员主要职责归纳如下：

(1) 为主管部门提供服务。软件测试人员将产品的软件测试报告提供给主管部门，由主管部门做出有关决策。

(2) 为项目经理提供服务。向项目经理提供的软件测试报告应满足项目经理关注的需

求，主要包括：产品的功能有哪些未满足，性能方面有哪些问题，哪些问题已与开发人员沟通但未达成一致意见等。

(3) 为开发人员提供服务。测试人员通常比开发人员更了解业务领域，因此他能从业务员的角度来检测产品的功能；通过软件测试能发现开发人员不易想到的问题；从最终用户的角度所进行的随机软件测试，检查产品的可用性。

(4) 为市场推广人员提供服务。软件产品最终要投放市场，在产品投产前，市场推广人员必须了解产品的优缺点和与同类产品对比的特色，从而有利于组织产品的广告宣传，这些资料都来源于软件测试人员以及软件测试报告。

(5) 软件测试人员应该与质量管理人员一样，在项目中起到过程监控点的作用，能够从全局的角度反映项目存在的问题。

1.8　软件测试的执行者

目前，按照软件测试主体来分，国内常见的软件测试执行者有三种类型：

(1) 承担项目的软件公司自己组织软件测试。其优点是对项目了解；缺点是软件测试同开发难以截然分离，在一定程度上影响到测试结果的客观公正性，而且由软件公司自己对其开发的软件进行软件测试，有时也不容易发现其中存在的Bug。

(2) 由用户自行组织软件测试。这一做法的好处是用户出于维护自身利益的目的，能够积极组织工作；缺点是由于用户往往缺乏系统的计算机知识，而且一般不具备可靠的软件测试工具和软件测试方法，所以软件测试结果往往不够系统、全面。

(3) 第三方软件测试。它指委托第三方专业软件测试机构，由专业软件测试人员采用特定软件测试工具、方法对软件质量进行全面检测。因为第三方软件测试机构独立于软件开发方和用户之外，具备独立性和权威性，如国家应用产品质量监督检验中心以及一些省级的软件评测中心等，这些都是经国家计量认证的第三方产品质量评测机构。由第三方产品质量评测机构进行软件测试是当前国内软件测试发展的方向。

在西方发达国家对一些需要比较专业的质量认证的软件或大型软件一般都是委托第三方机构来完成的，他们在软件开发初期就参与软件测试。但是，在我国委托第三方机构来进行软件测试通常都是在软件开发完成或基本完成之后，即软件测试被作为一个独立的工作阶段。现在软件开发项目的规模越来越大，越来越复杂，在软件开发完成之后再进行软件测试，如果到这时才发现软件有严重问题，有时甚至不得不全部推倒从头再来，就会大大增加软件的开发成本，同时也延长了软件开发的时间，并且增加了软件测试的难度。因此，目前作为我国第三方软件测试机构主力的国家和省级软件评测中心应当积极参与软件开发的整个过程，若能如此，将会对我国软件开发的质量保障起到极大的推动作用。此点也可以从软件开发的W模型中得到印证。

1.9　软件测试职业的发展前景

随着软件产业的发展，产品的质量控制与质量管理正逐渐成为软件企业生存与发展的核心。几乎每个大中型IT企业的产品在发布前都需要做大量的质量控制、软件测试和文档工作，而这些工作必须依靠拥有熟练技术的专业软件人员来完成。软件测试工程师就是这样一个企业的重头角色。随着我国软件业的发展，专业的软件测试人员成为了众多知名公司追逐的对象，软件测试有着广阔的发展前景。

1．软件测试人员划分

在一般中、大型 IT 企业内，软件测试人员具体可以分为以下几类：

(1) 初级软件测试工程师：初级职位，开发软件测试脚本，执行软件测试。

(2) 软件测试工程师/程序分析员：编写自动软件测试脚本程序。

(3) 高级软件测试工程师/程序分析员：确定软件测试过程并指导初级软件测试工程师。

(4) 软件测试组负责人：监管 1～3 人工作，负责规模/成本估算。

(5) 软件测试/编程负责人：监管 4～8 人，安排和领导任务完成，提出技术方法。

(6) 软件测试/质量保证/项目经理：负责 8 名以上人员的一个或多个项目，负责从软件项目可行性分析，到需求分析，软件设计、编码、测试、后期服务的全过程。

(7) 业务/产品经理：负责多个项目的人员管理，负责项目方向和财务盈亏。

2．软件测试职业发展方向

软件测试职业发展方向，大体上可以分为管理路线、技术路线、管理＋技术路线。

(1) 软件测试初级阶段：软件测试工程师属于软件测试职业生涯的初级阶段，其适用范围是入行软件测试 3 年内的常规软件测试从业者，其主要工作内容是按照软件测试主管(即直接上司)分配的任务计划，编写软件测试用例、执行软件测试用例、提交软件 Bug，包括提交阶段性软件测试报告、参与阶段性评审等。

(2) 管理＋技术路线：首先是常规路线，这条发展路线要求管理与技术并重，因为软件测试的行业特点决定了这个因素：软件测试工程师向上晋升到软件测试主管、软件测试经理、软件测试总监，直至咨询域的更高方向。

(3) 软件测试主管是企业项目级主管，其工作内容是根据项目经理或软件测试经理的计划安排，调配软件测试工程师执行模块级或项目级软件测试工作，并控制与监督软件 Bug 的追踪，保证每个软件测试环节与阶段的顺利进行。应该说，在一个企业里做了 3 年左右软件测试的人员，一般具有丰富的软件测试技术和方法，具有对测试流程的监控力与执行力的职业素质，就可晋升为测试主管。

(4) 软件测试经理是更高级别的软件测试管理者，属于高级软件测试方向域。对于大中型软件公司，该职位尤为重要，并且对其职业要求也比较高，一般适合 4～8 年的软件测试从业者，在管理与技术能力比较强的情况下，可以结合具体环境晋升到该级别。软件测试经理负责企业级或大型项目级总体软件测试工作的策划与实施。软件测试经理除了需要统筹整个企业级或项目级软件测试流程外，还要对于不同软件架构、不同开发技术下的软件测试方法进行研究与探索，为企业的软件测试团队成员提供指导与解决思路，同时还要合理调配不同专项软件测试的人力资源(如业务测试工程师、自动化测试工程师等)，对软件进行全面的测试；另外，软件测试经理还需要与用户交流与沟通，负责部分的销售性或技术支持性工作。

(5) 软件测试总监属于常规发展路线的最高域，该职位一般在大型或跨国型软件企业，或者软件测试服务型企业所设立。一般设立软件测试总监的企业，该职位都相当于 CTO 或

副总的级别，是企业级或集团级软件测试工作的最高领导者，驾驭着企业全部的软件测试与软件测试相关资源，管理着企业的全部软件测试及质量类工作，而其职业要求也是技术与管理双结合。

本章小结

本章介绍了软件测试的基本概念、对象、目标、目的、意义和特点，以及软件测试的原则和准则。介绍了软件测试性的基本概念和认识，比较了软件测试与软件测试性之间的关系，介绍了软件测试人员应具备的素质及其职责。

练习题

1. 给出软件测试的定义。
2. 如何理解“软件测试贯穿于软件生命周期的全过程”。
3. 叙述软件测试的目标、目的、意义和特点。
4. 叙述软件测试的原则和准则。
5. 简述软件测试性定义。
6. 简述软件测试与软件测试性之间的区别与联系。
7. 简述软件测试人员应具备的素质。

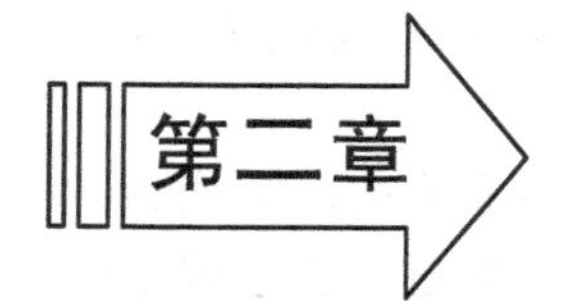

基本软件测试方法和常用测试工具

随着软件测试技术的发展，软件测试方法更加多样化，针对性更强。在实际中，选择合适的软件测试方法或软件测试工具可以让我们事半功倍。本章简要介绍常用的软件测试方法、测试技术和常用的测试工具。

2.1　软件测试方法简介

软件测试是由一系列不同类型的测试过程组成的，每种测试类型都有具体的测试目标和支持技术，只侧重于对测试目标的一个或多个特征或属性进行测试，准确的测试类型可以给软件测试带来事半功倍的效果。

1. 软件测试方法分类

软件测试的方法和技术是多种多样的。软件测试内容包括文档审查、代码审查、静态分析、代码走查、逻辑测试、功能测试、性能测试、接口测试、人机交互界面测试、强度测试、余量测试、可靠性测试、安全性测试、恢复性测试、边界测试、数据处理测试、安装性测试、容量测试、互操作性测试、敏感性测试、标准符合性测试、兼容性测试和本地化测试等。

(1) 从大的方面软件测试方法可以分为两大类：人工软件测试和基于计算机的软件测试。

(2) 从生成软件测试用例的数据来源划分，软件测试方法可以分为基于规约的软件测试(又称黑盒测试或功能测试)、基于程序的软件测试(又称白盒测试、玻璃盒测试或结构测试)以及这两种方法结合的软件测试。

① 基于规约的软件测试指软件测试人员无须了解程序的内部结构，直接根据程序输入和输出之间的关系或程序的需求规约来确定软件测试用例进行测试，具体包括：等价类划分、因果图、判定表、边值分析、正交实验设计、状态软件测试、事务流软件测试等。

② 基于程序的软件测试指软件测试人员根据程序的内部结构特征和与程序路径相关的数据特性设计软件测试数据，主要包括控制流测试和数据流测试两类主要技术，以及域软件测试、符号执行、程序插装和变异软件测试等其他技术。

③ 程序与规约相结合的软件测试方法综合考虑软件的规范和程序的内部结构来生成测试数据。

(3) 根据软件测试数据设计方法，或从软件测试是否针对系统的内部结构和具体实现

算法的角度来看，传统顺序程序的软件测试方法通常被分为功能性测试和结构性测试。在结构性测试过程中，软件测试者对程序的语句、分支和逻辑路径进行各种覆盖测试，可以在不同点检查程序的状态，以确定实际状态与预期状态是否一致。

(4) 按软件测试阶段分类，软件测试分为单元测试、组件测试、集成测试、系统测试、验收测试、安装测试等，测试阶段是“从小到大”、“由内至外”、“循序渐进”的测试过程，体现了“分而治之”的思想。单元测试的粒度最小，一般由开发小组采用白盒方式来测试，主要测试单元是否符合“设计”要求。

(5) 按软件测试的目的分类，软件测试分为正确性测试(白盒测试、黑盒测试)、性能测试、可靠性测试(强壮性测试、异常处理测试、负载测试)、回归测试、安全性测试和兼容性测试等。

(6) 按软件测试过程分类，软件测试分为需求阶段的测试、设计阶段的测试、程序阶段的测试、测试结果的评估、安装测试、验收测试、测试变化和维护。

(7) 按软件测试的实施方分类，软件测试分为开发方测试、用户测试、第三方测试。

一般软件测试方法的分类见图 2.1。

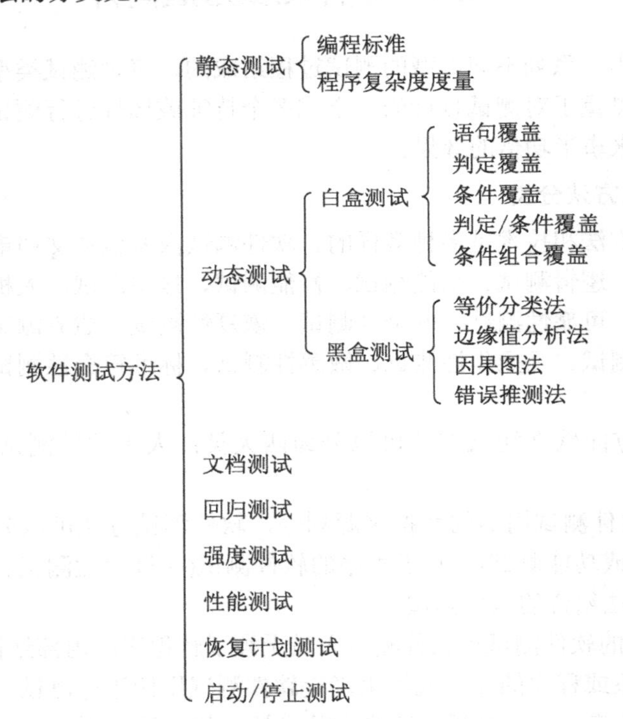

图 2.1　软件测试方法分类

2. 软件测试的基本方法

按照软件工程的观点，软件开发过程包括需求分析、概要设计、详细设计等多个阶段。为保证软件产品的质量，软件开发过程的每一个阶段都需要进行测试，即软件测试需要贯穿于软件开发的全过程。下面简单介绍不同阶段、不同目的等涉及多种软件测试的方法。

(1) 单元测试：单元测试是最微小规模的测试，以测试某个功能或代码块。很多情况下由程序员而非测试员来做，因为它需要知道内部程序设计和编码的细节知识。这个工作不容易做好，除非应用系统有一个设计很好的体系结构，还可能需要开发测试驱动器模块或测试工具。

(2) 白盒测试(结构测试、逻辑驱动测试或基于程序的测试)：白盒测试要利用白盒测试法进行动态测试时，需要测试软件产品的内部结构和处理过程，不需测试软件产品的功能。通过白盒测试可检测产品内部活动是否按照规格说明书的规定正常进行，白盒测试要按照程序内部的结构测试程序，检验程序中的每条通路是否都能按预定要求正确工作。白盒测试的主要方法有逻辑驱动、基路测试等，主要用于软件验证。

(3) 黑盒测试(功能测试、数据驱动测试或基于规格说明的测试)：测试人员通过各种输入和软件的各种输出结果来发现软件缺陷(Bug)，而不关心程序具体如何实现的一种测试方法，是根据软件的规格对软件进行的测试，黑盒测试不考虑软件内部的运作原理，软件对用户来说就像一个黑盒子，所依据的只有程序的外部特性。

(4) 动态测试：指通过运行软件来检验软件的动态行为和运行结果的正确性。动态测试一般通过对源代码或者二进制代码进行插装，然后根据程序执行所搜集到的信息进行 Bug 检测。根据动态测试在软件开发过程中所处的阶段和作用，动态测试又可分为单元测试、集成测试、系统测试、验收测试、回归测试等。

(5) 静态测试：指在不执行程序的情况下，应用各种技术对代码进行分析和评估。如检查和审阅产品说明书；直接分析程序源代码；借助专用的测试工具评审软件文档或程序，度量程序静态复杂度。静态测试通过分析或检查源程序的文法、结构、过程、接口等来检查程序的正确性，以便发现编写的程序的不足之处，减少错误出现的概率。

(6) 静态白盒测试(结构分析)：在软件不执行的条件下有条理地仔细审查软件设计、体系结构和代码，从而找出软件 Bug 的过程。

(7) 可靠性测试与排错性测试：可靠性测试以验证或评估软件的可靠性为目的，并不关心测试过程中所发现的 Bug。排错性测试则恰恰相反，是以排除软件 Bug 为目的，一旦测试发现 Bug，就立刻予以排除。一般而言，排错性测试用于测试的早期阶段，以白盒测试为主要测试手段。而可靠性测试用于测试的末尾阶段，一般以黑盒测试为主要测试手段。

(8) 人工测试：采用人工的手段对软件实施的测试，是相对自动测试而言的。与静态分析不同，人工测试贯穿于软件生存期的各个阶段，通过人工和审查会议的形式对软件实施测试。在人工测试中，主要是测试人员根据一些成熟的软件设计规则对软件的正确性等进行审查，检验所进行的设计是否能满足需要。统计表明，人工测试能发现 30%～70% 的 Bug。

(9) 自动测试：自动测试要依靠配置管理来提供良好的运行环境，同时需要与开发中的软件构建紧密配合。

(10) 等价划分测试(等价分配测试)：是根据等价类设计测试用例的一种技术，是黑盒测试的典型方法之一。该测试通过把被测试程序所有可能的输入数据域按等价原则划分成若干部分，缩减可能的测试案例组合数，但保证其仍然足以测试软件的控制范围。从而可有效减少测试次数，极大提高测试效率，缩短软件开发周期。等价类划分测试的目的就是为了在有限的测试资源的情况下，用少量有代表性的数据得到比较好的测试效果。

(11) 需求测试：根据软件工程统计，50%以上的系统 Bug 是由于错误的需求或缺少需求导致的，因此，需求测试是必要的，也是必不可少的。需求测试贯穿于整个软件开发周期，通过需求测试可指导测试的各个阶段，它可帮助我们设计整个测试，如测试计划怎样安排、测试用例怎样选取、软件的确认要达到哪些要求等。

(12) 初始化测试：指系统刚安装完成后，在数据位空的情况下，如果被调用的模块为空，点击调用模块时，系统是否进行容错的测试。

(13) 鉴定测试：对申报科技项目、科技成果的软件产品作为项目申报或专家鉴定的技术依据。从技术与应用的角度对软件应用情况作全面的质量评测。

(14) 健全测试：对软件的健全性进行测试目的在于确定其是否具备进行下一步测试的能力。例如如果一个新版软件每 5 分钟与系统冲突，使系统陷于瘫痪，说明该软件不够“健全”，目前不具备进一步测试的条件。

(15) 功能测试：功能测试主要是针对产品需求说明书的测试，是在规定的一段时间内运行软件系统的所有功能，以验证这个软件系统有无严重 Bug。功能测试包括原定功能的检验、是否有冗余功能、遗漏功能，以及菜单、工具栏、快捷键、下拉框、按钮、单选按钮、复选按钮，切换、链接、触发键等的检验。

(16) 衰竭测试：指软件或环境修复或更正后的“再测试”。一般很难确定需要多少遍再测试，尤其在接近开发周期结束时。自动测试工具对这类测试尤其有用。

(17) 竞争条件测试：在多任务环境软件设计中，必须处理随时被中断的情况，使之能够与其他任何软件在系统中同时运行，并且共享内存、磁盘、通信设备以及其他硬件资源。要达到这样的结果，可能竞争条件问题，即软件未预料到的中断发生，时序就会发生错乱。竞争条件测试难以设计，最好是首先仔细查看状态转换图中的每一个状态，以找出哪些外部影响会中断该状态；考虑要使用数据如果没有准备好，或者在用到时数据发生了变化，状态会怎样；数条弧线或者直线同时相连的情形如何等。

(18) 失败测试(破坏测试)：纯粹为了破坏软件、蓄意攻击软件的薄弱环节而设计和执行的测试，也称为追使出错测试。不合适数据(如非法、错误、不正确和垃圾数据)测试是失败测试的对象。这类测试没有实际规则，只是设法破坏软件。

(19) 过程测试：在一些大型的系统中，部分工作由软件自动完成，其他工作则需由各种人员，包括操作员、数据库管理员、终端用户等，按一定规程与计算机配合，人工来完成。指定由人工完成的过程也需经过仔细的检查，这就是过程测试。

(20) 互连测试：互连测试是要验证两个或多个不同的系统之间的互连性。

(21) 累积综合测试：当增加一个新功能后，对应用系统所做的连续测试。它要求应用系统的不同形态的功能能够足够独立以能够在全部系统完成前分别工作，或当需要时那些测试驱动器已被开发出来；这种测试可由程序员或测试员来做。

(22) 界面测试(UI 测试)：软件用户界面的设计是否合乎用户期望或要求，常包括菜单、对话框及对话框上所有按钮、文字、出错提示，所有按钮是否对齐、字符串字体大小、出错信息内容和字体大小、工具栏位置/图标、帮助信息(Menu 和 Help content)等很多方面的测试，以及测试用户界面的风格是否满足客户要求，文字是否正确，页面是否美观，文字和图片组合是否完美，操作是否友好等，包括登录界面、总界面、输入界面(增、删、改、查)、处理界面、输出界面、报表界面、提示界面。

(23) 文字测试：测试软件中文字是否拼写正确，是否易懂，不存在二义性，没有语法错误；提示文字与输入内容是否有出入等，包括图片文字。如请输入正确的证件号码，何谓正确的证件号码，证件可以为身份证、驾驶证，也可为军官证。如果改为：请输入正确的身份证号码，用户就比较容易理解。

(24) 文档测试：主要测试开发过程中针对用户的文档，以用户手册、安装手册等为主，检验文档是否与实际应用存在差别。文档测试不需要编写测试用例。这种测试是检查用户文档(如用户手册)的正确性、清晰性和精确性。用户文档中所使用的例子必须在测试中一一试过，确保叙述正确无误。

(25) 需求文档测试：主要测试需求文档中是否存在逻辑矛盾以及需求在技术上是否可以实现。

(26) 设计文档测试：测试设计是否符合全部需求以及设计是否合理。

(27) 文档审核测试：文档审核测试主要包括需求文档测试、设计文档测试，为前置测试中的一部分。前置测试方法越来越受到重视。

(28) 基于设计的测试：是根据软件的构架或详细设计引出测试用例的一种方法，是一种基于设计模型的测试方法。该方法利用用户界面自动生成法，把设计模型中的类属性定义和实现中的控件属性组织在一起，构建描述界面的逻辑对照表，辅助测试脚本引擎执行自动测试脚本。

(29) 基于模型的测试：模型实际上是用语言把一个系统的行为描述出来，定义出它可能的各种状态，以及它们之间的转换关系，即状态转换图。基于模型的测试主要考虑系统的功能，可以认为是功能测试的一种。

(30) 条件测试：条件测试的目的在于测试程序模块中所有的逻辑条件是否正确。

(31) 边界条件测试：指环绕边界值的测试，是一种黑盒测试方法，是适度等价类分析方法的一种补充。由长期的测试工作经验得知，软件经常在边界上失效，大量的 Bug 发生在输入或输出的边界上，采用边界值分析技术，针对边界值及其各种边界情况设计测试用例，可能发现更多新的 Bug。边界条件测试是单元测试中最后一项也是最重要的一项任务。

(32) 次边界条件测试：有些边界在软件内部，最终用户几乎看不到，但是仍有必要检查，这样的边界条件称为次边界条件或者内部边界条件。寻找这样的边界条件，不要求测试员成为程序员或者具有阅读源代码的能力，但是确实要求其大体了解软件的工作方式。

(33) 默认值测试(默认、空白、空值、零值和无)：好的软件会处理这种情况，常用的方法包括：① 将输入内容默认为合法边界内的最小值，或者合法区间内某个合理值；② 返回错误提示信息。这些值在软件中通常需要进行特殊处理。因此应当建立单独的等价区间。在这种默认下，如果用户输入 0 或 −1 作为非法值，就可以执行不同的软件处理过程。

(34) 数据测试：对数据进行测试就是检查用户输入的信息、返回结果以及中间计算结果是否正确。软件由数据(包括键盘输入、鼠标单击、磁盘文件、打印输出等)和程序(可执行的流程、转换、逻辑和运算)两个最基本的要素组成。数据类型，包括数值、字符、位置、数量、地址、尺寸等，都会包含确定的边界。

(35) 数据流测试：根据定义的位置和使用的变量选择测试路径进行测试。

(36) 数据完整性测试：指当主表的某一条件信息被删除后，与这一条相关的级联从表

的信息都应该被删除。如果某些数据的主键是由数据库本身实现，可以不用删除；如果有些主、从表是由程序员写的代码来实现，则要进行数据完整性测试。

(37) 隐藏数据测试：指在软件验收和确认阶段十分必要和重要的一部分。程序的质量不仅仅通过用户界面的可视化数据来验证，而且必须包括遍历系统的所有数据。

(38) 状态测试：指通过不同的状态验证程序的逻辑流程。测试员必须测试软件的状态及其转换。软件状态是指软件当前所处的情况或者模式。软件通过代码进入某一个流程分支，触发一些数据位，设置某些变量，读取某些变量，从而转入一个新的状态。

与数据测试一样，状态测试运用等价分配技术选择状态和分支。因为选择不完全测试，所以要承担一定的风险，但是通过合理选择可以减少危险。

(39) 比较测试：指与竞争伙伴的产品的比较测试，如软件的弱点、优点或实力。目的是取长补短，以增强产品的竞争力。

(40) 接受测试：指基于客户或最终用户的规格书的最终测试，或基于用户使用一段时间后，看软件是否满足客户要求。一般从软件功能、用户界面、性能、业务关联性进行测试。

(41) 可接受性测试：可接受性测试是在把测试的版本交付测试部门进行大范围测试以前，对基本功能进行的简单测试，即必须满足一些最低要求，如程序或系统不会很容易就挂起或崩溃。如果一个新版本没通过可接受性测试，就应该阻拦测试部门花时间在该测试版本上测试。同时还要找到造成该版本不稳定的主要Bug，并督促尽快加以修正。

(42) 可用性测试：指对“用户友好性”的测试。这是主观的，且将取决于目标最终用户或客户。用户面谈、调查、用户对话的录像和其他一些技术都可使用。程序员和测试员通常都不宜作可用性测试员。

(43) 探索或开放型测试：不是按部就班地按照一个又一个正式的测试用例来进行，也不局限于测试用例特定的步骤。这种测试是测试人员在理解该软件功能的基础上，运用灵活多样的想象力和创造力去模拟用户的需求来使用该软件的多种功能。通常涉及很多的测试用例或者通过更复杂的步骤来使用该软件。

(44) 深度测试：指执行一个产品的一个特性的所有细节，但不测试所有特性。当比较函数返回“真”时才显示出效果来。必须启用“深度测试”功能，才能执行深度测试。不使用时需要关闭。

(45) 域测试：域测试一般分为单域测试和多域测试，单域测试包括设备测试和业务测试。设备测试包括测试某个系统的软交换设备、中继媒体网关设备、信令网关设备、接入媒体网关和IAD设备等。

(46) 规格说明书测试：为了提高软件的可靠性及正确性，采用形式化的方法来书写需求规格说明书已成为符合软件工程要求的方法。形式化需求规格说明书是以特定的形式，如有限状态机、判定表及判定树等来表现；而传统需求规格说明书是以自然语言书写。从内容上讲，前者仅针对系统的一些关键的需求而省略所有的细节，如资源限制等；而后者却从系统的功能、资源、性能等方面进行详细的需求描述。这些区别决定了形式化测试有聚合性强的特点，因而容易进行形式化的测试。

(47) 接口测试(业务流程测试)：接口测试是系统组件之间接口的一种测试，包括程序内接口(如导入、导出)和程序外接口(调试)测试。接口测试在单元测试阶段进行了一部分工作，而大部分都是在集成测试阶段完成的，由开发人员进行。

(48) 模块测试：模块测试方法分模块的功能测试和模块的结构测试两种方法。

① 模块的功能测试法。设计阶段在完成概要设计和详细设计的同时，也为完成模块的功能测试创造了足够的条件，完成功能测试即利用功能测试方法生成测试用例。功能测试方法是为完成模块乃至函数的测试而提出的方法。

② 结构测试法。结构测试方法中用得较多的是控制流选择标准。对于一份流程图，最基本的测试方法是将程序中的路径遍历一次。但对较复杂的程序，满足这样条件的测试用例数是一个天文数字。因此，在实际中是不可行的，从而人们提出了一些覆盖标准，试图达到完全查错的目的。

(49) 结构覆盖测试：运行插装后的被测试软件，使用功能测试、人机界面测试、边界测试等各种测试用例，查看结构覆盖情况，并根据覆盖情况，设计新的测试用例，逐步达到结构覆盖测试的要求。

(50) 性能测试：指检验安装在系统内的软件运行性能。这种测试往往与强度测试结合起来进行。为记录性能需要在系统中安装必要的测量仪表或是为度量性能而设置的软件(或程序段)。性能测试关注的是系统的整体。它与通常所说的强度、压力/负载测试测试有密切关系。所以压力和强度测试应该与性能测试一同进行。

(51) 强度测试：是检验系统的能力最高实现限度，要检查在系统运行环境不正常乃至发生故障的情况下，系统可以运行到何种程度的测试。进行强度测试时，让系统处于资源的异常数量、异常频率和异常批量的条件下运行，验证软件的性能是否还能正常工作；或者说是验证软件的性能在各种极端环境和系统条件下的承受能力。

(52) 回归测试：回归测试是在软件维护阶段，对修改之后的软件重新进行测试先前的测试以保证修改的正确性。

(53) 一致性测试：旨在验证被测系统的测试行为与规范是否一致。

(54) 本地化测试：本地化测试的对象是软件的本地化版本。这类测试一般包括验证菜单、对话框、出错信息、帮助内容等所有用户界面上的文字都能够显示正确翻译好的当地文字。本地化就是将软件版本语言进行更改，如将英文的 Windows 改成中文的 Windows 就是本地化。本地化测试的目的是测试特定目标区域设置的软件本地化质量。

(55) α 测试(Alpha 测试)：α测试是指开发组织内部人员模拟各类用户对即将发布的软件产品(称为 α 版本)进行测试，试图发现 Bug 并修正。α 测试是在系统开发接近完成时对应用系统的测试，测试后仍然会有少量的设计变更。这种测试一般由最终用户或其他人员完成，由一个用户在开发环境下进行的测试，也可以是公司内部的用户在模拟实际操作环境下进行的受控测试，α 测试不能由该系统的程序员或测试员完成。

(56) β 测试(Beta 测试)：经过α测试调整的软件产品称为 β 版本。紧随其后的 β 测试是指开发者组织各方面的典型用户在日常工作中实际使用 β 版本，并要求用户报告异常情况、提出批评意见，然后开发者再对旧版本进行改错和完善。β 测试的关键在于尽可能通过真实地模拟实际运行环境和用户对软件产品的操作并尽最大努力涵盖所有可能的用户操作方式。

(57) 可移植性测试：可移植性测试是指测试软件是否可以被成功移植到指定的硬件或软件平台上，是测试软件在一个特定的硬件/软件/操作系统/网络等环境下的性能如何。

(58) 兼容性测试：这类测试主要希望验证软件产品在不同版本之间的兼容性，或验证该功能能够如预期的那样与其他程序或者构件协调工作。兼容性经常意味着新旧版本之间的协调，也包括测试的产品与其他产品的兼容使用。如用同样产品的新版本时不影响与用旧版本用户之间保存文件、格式和其他数据等操作。兼容性包括向上兼容、向下兼容、软件兼容、硬件兼容。软件的兼容性有很多，如浏览器兼容性，即测试软件在不同产商的浏览器下是否能够正确显示与运行，操作系统兼容性，即测试软件在不同操作系统下是否能够正确显示与运行，如测试软件在 Windows 98、Windows 2000、Windows XP、Linux、Unix 下是否可以运行。

(59) 面向复用的测试：主要从使用的合理性和方便性等角度对软件系统进行检查，发现人为因素或使用上的问题。要保证在足够详细的程度下，用户界面便于使用；对输入量可容错，响应时间和响应方式合理可行，输出信息有意义、正确并前后一致；出错信息能够引导用户去解决问题；软件文档全面、正规、确切。

面向复用的测试比传统的测试模型多了构件生成和入库过程，要求每一个测试实例一开始就要体现复用思想。可复用的资源有测试思想、测试工具、测试技巧、测试指南、测试数据、测试结果、测试生成器、测试框架、测试过程记录等，为在测试进行的同时提供详细的资料，这些记录将被测试库扩充和维护人员使用。

(60) 循环测试：对许多算法进行基本的循环测试。可以定义循环为简单的、并置的、嵌套的或是无结构的。

(61) 验收测试：验收测试是指相关的用户或独立测试人员根据测试计划和结果对系统进行测试和接收。验收测试让系统用户决定是否接收系统。它是一项确定产品是否能够满足合同或用户所规定需求的测试，旨在向软件的购买者展示该软件系统满足其用户的需求。它的测试数据通常是系统测试的测试数据的子集。所不同的是，验收测试往往有软件系统的购买者代表在现场，甚至是在软件安装使用的现场，也是软件在投入使用之前的最后测试。

(62) 负面测试(反向测试或逆向测试)：负面测试是相对于正面测试而言的，测试瞄准于使系统不能工作。负面测试与正面测试都是测试设计时的两个非常重要的划分。简单点说，正面测试指测试系统是否完成了它应该完成的工作；而负面测试指测试系统是否不执行它不应该完成的操作。

(63) 非功能性需求测试：非功能性需求测试是与功能不相关的需求测试，如性能测试、可用性测试等。虽然在设计解决方案的过程中满足功能性需求很重要，但是如果没有考虑非功能性需求，则解决方案很难取得实效。

非功能性需求特点：不要脱离实际环境、可靠性、可用性、有效性、可维护性、可移植性等。

(64) 按阶段测试：可以分为单元测试、集成测试、确认测试、系统测试(参见后面详细介绍)。可以把以上测试方法进行归类，归类原则可以选择：

① 此软件能做什么？如针对数据进行功能、接口、容错、界面、权限、初始化、数据完整性测试。

② 软件做得怎么样？如性能、负载、恢复、稳定性、并发、系统安全等。

③ 软件在什么环境条件下测试？如配置、安装、文档、可用性等。

软件测试是由一系列不同的测试方法和技术组成，主要目的是对以计算机为基础的系统进行充分的测试。虽然软件测试方法和技术很多，但不是所有的软件都要进行任何类型的测试。实际中，一般根据产品的具体情况进行组装不同类型的测试方法。不同的测试方法对各个阶段 Bug 的检测效果一般不同。有时在同一阶段，当各种方法组合使用时，Bug 检测的效果会更好。

2.2 软件审查

1974 年 M.E.Fagan 首先提出了软件审查会的想法，接着在 IBM 公司和其他一些软件开发机构中试行，取得了较好的效果。此后逐渐被更多的软件开发部门接受，至今成为在软件开发过程中把握产品质量的有效方法。有专家统计，这一方法用于检验程序时，能够有效地发现 30%～70%的逻辑设计 Bug 和编码 Bug。IBM 公司代码审查会的查错效率更高，竟能查出全部 Bug 的 80%。

软件审查的对象可以是各开发阶段的成果，如需求分析、概要设计、详细设计等阶段的成果以及编码、软件测试计划和软件测试用例等。

软件审查工作大致要经历以下几个步骤：制订计划、预审、准备、审查会、返工、终审。下面简要介绍每个步骤的内容。

(1) 制订计划：在软件产品已具备阶段审查条件后，可以着手制订审查工作计划。首先要确定审查会主持人。主持人负有组织审查会并最后决定审查结论的责任。他应该是客观公正的。为此，主持人不应是被审查软件的开发人员。他的首要责任是检验该软件的阶段产品是否确已具备了进行审查的条件。若能肯定这一点，则可决定预审，并确定参加审查的其他人员。通常包括开发者，但还需有“局外人”参加，以 4～5 人组成审查组为宜。接着就是决定审查工作的日程。

(2) 预审：是正式审查的初步，为了能公正准确地完成评审，应当把与评审相关的资料提供给参审人员。例如如果审查的对象是某一分时系统的软件模块，就需要在每个模块的审查开始以前，让所有参审人员对整个系统有个全面的了解。必要时，可举行专题报告，以介绍和讲解该软件设计和实现中所采用的特定技术和方法。比如若是同步独立处理采用了特定的入队和出队技术，就要在审查前做出专题介绍。

(3) 准备：软件审查的准备工作主要是单独进行的活动。开发人员收集有关的审查资料，并填写“软件审查概要”表。其他参审者则应认真阅读和研究所提供的资料，填写“软件审查准备工作记录”。其目的在于对被审软件有充分的了解，记录那些阅读中发现的问题。在这些问题中，有些可能是明显的 Bug，有些是不可理解的部分。这些问题都将在审查会上提出，以求得进一步分析和讨论。

(4) 审查会：审查会是使非开发人员的力量与开发人员结合起来，利用集体的智慧查找软件产品中存在的问题，从而保证软件产品质量。召开审查会是软件审查的中心环节，它的主要工作包括：

① 审查会主持人了解会议准备情况，包括各位参审人员在会前准备工作中所花的时间。如果他认为准备工作不够充分，那么很可能决定推迟审查会召开的时间。

② 仔细阅读并记录所发现的不妥之处是审查会的主要活动。在审查会上，由一位审查

员逐段介绍被审资料。参审人员可随时提出问题，中断介绍。对于发现了的 Bug，可以立即解决或记录下来。只要审查组同意或是主持人认为有必要，便由记录员将所发现 Bug 的位置、简要情况和 Bug 类别等登记在“审查会发现 Bug 报告”上。介绍结束后，主持人指示记录员检查，看是否确已把所有发现的 Bug 均已作了记录，并正确地作了分类。

③ 参审人员要决定对这次审查的结论，包括符合要求、需要返工或需要再次审查等。只有当被审查资料确已满足事先规定的一些“通过条件”时，才会做出“符合要求”的结论。若在审查后所作的返工中有较大的修改，就必须进行“再次审查”。

所有参审人员只要明确审查的目的在于找出软件产品的 Bug，则开发者和审查者的目标是一致的，并且大家认识到审查的对象是软件产品而不是开发者，都能认识到这样做的完全必要性。

(5) 审查返工：是在审查会后由开发者完成。这项工作通常只是把记录在“审查会发现问题报告”的 Bug 改正过来。

(6) 终审是由主持人完成的最后审查活动。在返工完成后，他要检验所有需要改正的地方是否确已改正，最后填写审查结果报告和审查总结报告。

图 2.2 显示处在两个开发阶段间的审查，其所获数据有三方面用途：反馈、前馈和馈入。

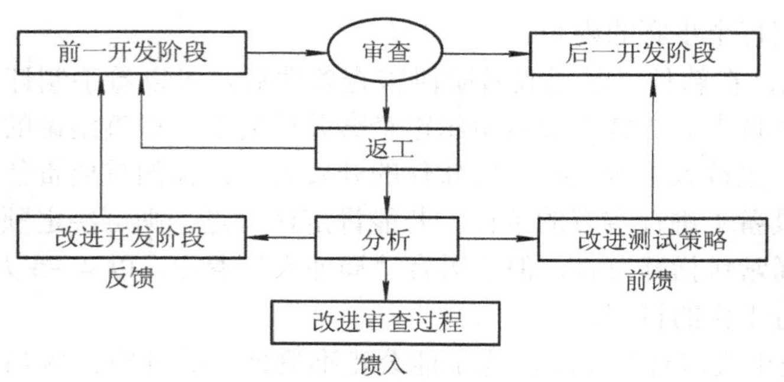

图 2.2　软件审查过程及其数据处理

任何一个软件审查都将取得一些数据，这些数据真实地反映了开发过程中出现的各种 Bug。充分利用这些数据指导和改进开发工作将是十分有益的。

如果设计审查发现数据定义的 Bug 特别突出，就要求更好地控制数据打印格式的文档，即需要作一些调整，以保证随后的产品有较高的质量；如果发现某一软件产品中逻辑问题所占的比例很大，那么就要进行更为严格的软件测试，并重点检验其中的逻辑关系。软件产品在审查中是否得到了严格的检验，参审人员在审查会前是否充分地做好了准备工作等。根据审查数据的收集和分析，再加上其他形式的开发阶段度量信息可以对特定的审查作一些调整，以求得更好的有效性。这一点如果用得恰当，软件审查便具有自调节功能。

软件开发的每个阶段审查都应规定它的进入条件、出口条件、推荐的参审人员、查出 Bug 分类以及查找 Bug 策略等。

(1) 进入条件是指准备好审查时必须具备的条件。

(2) 出口条件是审查工作完成的条件。审查的出口条件主要指确实已改正了所有发现的 Bug。

(3) 由于软件审查是集体进行的活动，审查小组内部协作得如何至关重要，因而，选

定参审人员往往是搞好审查的关键。在软件开发初期的阶段审查中(如需求分析审查或概要设计审查)，为了反映用户和系统测试的观点以及实现人员的观点，审查组成员有时多达7～8人。而开发的后期阶段，如编码阶段的审查则只涉及详细设计、编码和单元测试。由3～4个开发人员参加即可。

(4) 阶段审查所发现的Bug主要有三种表现形式：

① 遗漏：在规格说明或标准中指明应该有的内容，在送审资料中丢掉了。

② 多余：超出规格说明和标准，给出了多余的信息。

③ 错误：内容有误的信息。

对审查中发现的Bug归纳成12类：接口、数据、逻辑、标准、输入和输出、功能、性能、人为因素、文档、语法、软件测试环境、软件测试覆盖等。

2.3　软件测试自动化技术

自动化的软件测试工具意味着在软件测试活动中减少部分开销；同时，有些软件测试活动是靠手工方式难以实现和度量的。软件测试自动化是通过开发和使用一些软件测试工具、软件自动测试系统，特别适合于软件测试中重复而繁琐的活动。

自动软件测试要与开发中的软件构建紧密配合。在开发中的产品达到一定程度时，就应该开始进行每日构建和软件测试。这种做法能使软件的开发状态得到频繁的更新，进而及早发现设计和集成的Bug。所有的软件测试设计都与动态和静态两种软件测试活动有同步软件测试应伴随开发过程的每一个环节，真正达到开发、软件测试一体化。软件测试自动化特别适合于软件测试中重复而繁琐的活动，其优点主要体现在以下五个方面：

(1) 可以使某些软件测试任务比手工软件测试执行的效率高；可以运行更多更频繁的软件测试。如对程序的新版本可以自动运行已有的软件测试活动，特别是在频繁的修改过程中，一系列回归软件测试的开销应是最小的。

(2) 可以执行一些手工软件测试不容易或无法实现的测试活动，如对于系统的并发软件测试，用手工进行并发操作几乎是不可能的，但自动软件测试工具可以模拟大量并发输入。

(3) 软件测试具有一致性和可重复性。对于自动重复的软件测试可以重复多次相同的软件测试，如不同的硬件配置、使用不同的操作系统或数据库等，从而获得软件测试的一致性，这在手工软件测试中是很难保证的。一旦一系列软件测试被自动化，则可以更快地重复执行，从而缩短软件测试周期，使软件更快地推向市场。

(4) 自动软件测试前处理是要在软件测试执行前实现，如设置或恢复在软件测试运行前必须具备的先决条件。典型的前处理任务包括创建(文件、数据或数据库)，检验某些条件是否具备(如有无足够的磁盘空间)，重新组织文件以及转换数据。

(5) 自动软件测试后处理是在软件测试完成后执行的步骤。实际上整套软件测试必然有很多类似的任务。把这些任务完全可以进行自动化。这一点对于自动软件测试来说特别重要。典型的后处理任务包括删除(文件、数据或数据库、软件测试结果、副产物等)、检验(如文件是否存在)、重组(如把软件测试结果放到软件测试件结构中)、转换(把输出结果转换成易处理的格式)。

2.4　软件测试工具及其选择原则

什么是软件测试工具？人们一般认为任何能提高软件测试效率的工具都可以称之为软件测试工具，不仅指 Robot 或是 Load Runner 这类专门的软件测试工具，也不仅指使用各种编程工具编写的软件测试工具，如总账工具等，即使只是导入一些常用档案，能节约软件测试时间的都可以称为软件测试工具。

1．采用软件测试工具的目的

采用软件测试工具可以降低软件测试工作的难度；提高软件测试工作的效率和生产力；提高软件测试质量；减少软件测试过程中的重复工作；实现软件测试自动化；可以发现正常软件测试中很难发现的 Bug。

注意：工具不能代替思考、计划和设计。

2．软件测试工具的分类

为了实现高效的自动软件测试，必须有好的软件测试工具，每类工具在功能或其他特征方面具有相似之处。从不同的角度把软件测试工具可分为不同的类：

(1) 按软件测试活动或任务划分：代码验证、软件测试计划和软件测试执行。

(2) 按描述性功能关键词：工具实现的具体功能，如捕获/回放、逻辑覆盖和比较器。

(3) 按主要的区域划分，测试工具分类或归类如下：

① 软件测试设计工具：有助于准备软件测试输入或软件测试数据。它包括逻辑设计工具和物理设计工具，前者如软件测试案例生成程序，后者如从数据库中随机抽取记录的工具。

② 软件测试管理工具：包括软件测试流程管理、Bug 跟踪管理、软件测试用例管理等。帮助完成软件测试计划、跟踪软件测试运行结果等工具，包括有助于需求、设计、编程软件测试及 Bug 跟踪的工具。

③ 静态分析工具：分析代码而不执行代码的软件测试。

④ 覆盖工具：评估一系列的软件测试，软件测试工具被软件测试执行的覆盖程度。

⑤ 排错工具：发现 Bug 位置的工具。它不算软件测试工具，但在软件测试时会经常使用排错工具。

⑥ 动态分析工具：评估正在运行的软件。

⑦ 性能模拟工具：用模拟方式对软件产品进行性能测试。

⑧ 软件测试执行和比较工具：可使软件测试自动进行，从而将软件测试输出结果与期望输出进行比较。

(4) 在逻辑上将整个软件测试工具分成各自独立的三大部分：静态分析、动态分析和软件测试报告，其中只有静态分析工具与所采用的设计语言相关；而动态分析工具与软件测试报告则与源语言无关，它们之间的唯一联系是通过数据库文件(静态数据库文件和动态数据库文件)。动态分析是具有良好的通用性和高度可重用性的软件测试，也就是在将软件测试工具移植到新的设计语言时，对代码的修改和改动范围尽可能的小，以达到最大限度的软件复用。

(5) 根据软件测试方法的分类以及目前自动软件测试工具的现状，将软件测试工具划分为白盒测试工具、黑盒测试工具、专用测试工具、测试管理工具和测试辅助工具五大类。图 2.3 示出了这些软件测试工具和软件生存期中软件测试活动的关系。

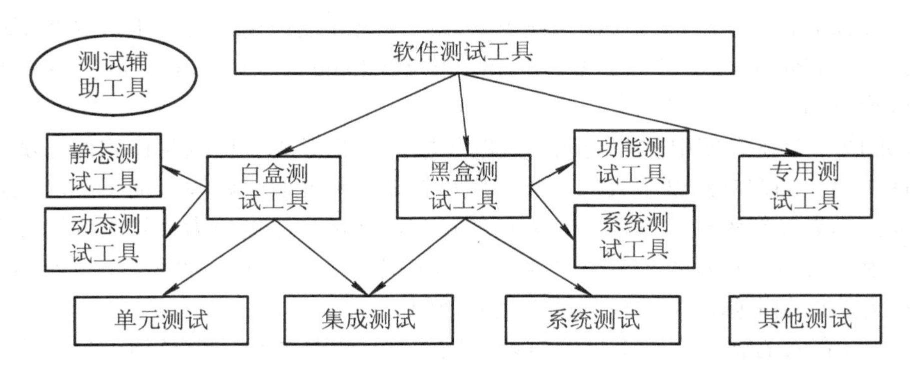

图 2.3　软件测试工具和软件生存期中软件测试活动的关系

虽然软件测试工具的应用能够提高软件测试的质量和软件测试效率，但是各个软件测试工具的应用范围有所不同，所以在软件测试过程中并不是所有的软件测试工具都适合人们使用。要让软件测试工具在软件测试工作中发挥作用，需要制定统一的评估、采购、培训、实施和维护计划等。在这方面掌握一定的专业知识是非常有益的。

3. 软件测试工具选择原则

合理地选择软件测试工具，可以更好地研究软件测试技术与方法、构建软件的测试环境、进行系统测试和交付软件测试，使软件测试中心具备比较先进、完备的开发工具和软件测试手段，也可以在软件选型、开发、运行、验收阶段进行充分的软件测试与评估，提高生产率和全面保证软件的可靠性。

面对如此多的软件测试工具，对测试工具的选择就成了一个比较重要的问题。市面上有好几百种软件测试工具，开发公司在规模、已建立的客户库、产品成熟度、管理深度，以及对软件测试和工具的理解方面差别很大。如何在众多的软件测试工具中选择合适的测试工具呢？

1) 选型/采购软件测试工具的建议

- 提供并保持对现有软件测试工具及其能力的评估是一项十分重要的工作。早期专家提供的建议是非常宝贵的。
- 要根据被测软件的特点(如被测软件的语言种类)选择几种适合的工具。
- 要了解软件测试工具的功能覆盖面和权威性。
- 要了解软件测试工具的友好程度。
- 要了解软件测试工具的二次开发方便性和售后服务情况。

2) 软件测试工具的选择

(1) 功能。在实际的选择过程中，适用且实用才是根本。

(2) 成本(价格)。除了功能之外，成本就应该是最重要的因素了。关于成本，重要的是确定实际成本和总成本，甚至生命期成本。

(3) 连续性和一致性。软件测试工具引入的目的是软件测试自动化，需要考虑工具引

入的连续性和一致性，也就是说，对软件测试工具的选择必须全面考虑，分阶段、逐步的引入软件测试工具。

(4) 考虑到公司的实际情况，避免盲目引入软件测试工具。人们知道，并不是每种软件测试工具都适合公司目前的实际情况。假设一个公司的应用项目需求、界面变动比较频繁，建议引入 Compuware 公司的 DevPartner 和 Telelogic 公司的 Logiscope，这两个工具在软件测试阶段和维护阶段可以发挥应有的作用。

(5) 形成一个良好使用软件测试工具的环境。需要形成一种机制让软件测试工具真正能够发挥作用。如白盒测试工具的一般使用场合是在单元测试阶段，而单元测试是由开发人员完成，如果没有流程来规范开发人员的行为，在项目进度压力比较大的情况下，开发人员很可能就会有意识地不使用软件测试工具来逃避问题。在这种情况下，就必须形成一种有约束力的机制来强制对软件测试工具的使用。

(6) 进行有效的软件测试工具的培训。软件测试工具的使用者必须对软件测试工具非常了解，有效的培训必不可少。

2.5　常用的软件测试工具介绍

1. 数据库软件测试数据自动生成工具

在数据库开发的过程中，为了软件测试应用程序对数据库的访问，应当在数据库中生成软件测试用数据，人们可能会发现当数据库中只有少量的数据时程序没有 Bug，但是当数据库中有大量数据时就出现问题了，这往往是程序的编写没有实现一些功能，所以一定及早地通过在数据库中生成大量数据来帮助开发人员尽快完善这部分功能和性能。长期以来生成大量软件测试数据是靠手工来完成的，要占用有经验的开发和软件测试人员大量宝贵时间。

(1) TestBytes。TestBytes 是一个用于自动生成软件测试数据的强大易用的工具，通过简单的点击式操作，就可以确定需要生成的数据类型(包括特殊字符的定制)，并通过与数据库的连接来自动生成数百万行的正确的软件测试数据，可以极大地提高数据库开发人员、QA 软件测试人员、数据仓库开发人员、应用开发人员的工作效率。

(2) TestCenter。TestCenter 是一款功能强大测试管理工具，它可以实现测试用例的过程管理，对测试需求过程、测试用例设计过程、业务组件设计实现过程等整个软件测试过程进行管理。实现测试用例的标准化，即每个软件测试人员都能够理解并使用标准化后的测试用例，降低了测试用例对个人的依赖；提供测试用例复用，用例和脚本能够被复用，以保护测试人员的资产；提供可伸缩的软件测试执行框架，提供自动软件测试支持；提供软件测试数据管理，帮助用户同意管理软件测试数据，降低软件测试数据和软件测试脚本之间的耦合度。

(3) TAR(Terminal Auto Runner)。TAR 适用于 VT100、VT220 等标准的应用系统，支持命令行模式和窗口模式(使用 Cursors 编写的应用程序)，支持自动录制脚本、所见即所得的资源和脚本编辑，具有稳定的自动同步功能，是目前国内最好的银行业务软件测试工具。

(4) AutoRunner。AutoRunner 是国内第一款自动化软件测试工具，可以用来完成功能测试、回归软件测试、每日构建软件测试与自动回归软件测试等工作，是具有脚本语言的、提供针对脚本完善的跟踪和调试功能的、支持 IE 软件测试和 Windows native 软件测试的自动化软件测试工具。

(5) LoadRunner。LoadRunner 是一种预测系统行为和性能的工业标准级负载软件测试工具。通过以模拟上千万用户实施并发负载及实时性能监测的方式来确认和查找问题，LoadRunner 能够对整个企业架构进行软件测试。通过使用 LoadRunner，企业能最大限度地缩短软件测试时间，优化性能和加速应用系统的发布周期。目前企业的网络应用环境都必须支持大量用户，网络体系架构中含各类应用环境且由不同供应商提供软件和硬件产品。难以预知的用户负载和愈来愈复杂的应用环境使公司时时担心会发生用户响应速度过慢，系统崩溃等问题。这些都不可避免地导致公司收益的损失。

(6) TestDirector 是全球最大的软件测试工具提供商 Mercury Interactive 公司生产的企业级软件测试管理工具，也是业界第一个基于 Web 的软件测试管理系统，它可以在您公司内部或外部进行全球范围内软件测试的管理。通过在一个整体的应用系统中集成了软件测试管理的各个部分，包括需求管理、软件测试计划、软件测试执行以及错误跟踪等功能，TestDirector 极大地加速了软件测试过程。

(7) Radview TestView 系列。Radview 公司的 TestView 系列 Web 性能测试工具和 WebLoad Analyzer 性能分析工具，旨在测试 Web 应用和 Web 服务的功能、性能、程序漏洞、兼容性、稳定性和抗攻击性，并且能够在软件测试的同时分析问题原因和定位故障点。

整套 Web 性能测试和分析工具包含两个相对独立的子系统：Web 性能测试子系统 Web 性能分析子系统。其中 Web 性能测试子系统包含三个模块：TestView Manager、WebFT 和 WebLoad。Web 性能分析子系统只有 WebLoad Analyzer。

在一个完整的软件测试系统中，TestView Manager 用来定制、管理各种软件测试活动；WebLoad 模拟多个用户行为进行测试，所测试的是系统性能、容量、稳定性和抗攻击性；WebFT 模仿单一用户行为进行测试，所测试的是系统功能、漏洞、兼容性和稳定性；WebLoad Analyzer 对 Web 服务、中间件和数据库进行监控和分析，找出问题原因和故障点。

(8) DTX 系列。福禄克网络公司推出的 DTX 系列电缆认证分析仪完成一次 6 类链路自动软件测试的时间比其他仪器快 3 倍(进行光缆认证软件测试时快 5 倍)。DTX 系列还具有 IV 级精度的智能故障诊断能力、900MHz 的软件测试带宽、12 小时的电池使用时间和快速的仪器设置，并可以生成详细的中文图形软件测试报告。

(9) IBM Rational ClearQuest。IBM Rational ClearQuest 提供基于活动的变更和 Bug 跟踪。以灵活的工作流管理所有类型的变更要求，包括 Bug、改进、问题和文档变更。能够方便地定制 Bug 和变更请求的字段、流程、用户界面、查询、图表和报告。拥有“设计一次，多处部署”的能力，从而可以自动改变客户端界面(Windows、Linux、UNIX 和 Web)。可与 IBM WebSphere Studio、Eclipse 和 Microsoft NET IDE 进行紧密集成，从而可以即时访问变更信息。支持统一变更管理，以提供经过验证的变更管理过程支持。易于扩展，因此无论开发项目的团队规模、地点和平台如何，均可提供良好支持。

包含并集成于 IBM Rational Suite 和 IBM Rational Team Unifying Platform，可以提供生命周期变更管理。

(10) File-AID/RDX。康博公司提供的 File-AID/RDX 使程序员能够迅速在软件测试表格中装入准确反映生产性关系的数据，但这些数据只是生产性数据的一个有关的子集，而且这是一个更小、更精确的数据库。

使用 File-AID/RDX 有三个好处：节省时间，用户不必编写一次性程序来向软件测试数据库中装入数据，确保使用正确的数据来对应用系统进行合格的软件测试；节省磁盘空间，软件测试中仅仅使用那些需要的生产性数据；提供了一种简单的显示方法，通过独立的表格串接起各种关系，用户可以方便地选择所需的数据。通过类似于 ISPF 的界面，用户可以迅速方便地浏览表格关系，建立数据抽取条件、将数据装入目的表格。

(11) Mercury 质量中心。Mercury 质量中心(Mercury Quality Center)提供一个全面的、基于 Web 的集成系统，可跨多种环境实施质量保证。它的集成应用自动化了关键质量行为，其中包括需求管理、软件测试管理、Bug 管理、功能测试和业务流程软件测试。Mercury 质量中心提供用户所需的流程、自动化操作和可见性，以实现高质量的应用。它通过将所有不同要素和正确应用维系起来，使质量流程自动化，从而缩短部署时间。其结果就是，它极大地提高了应用质量和可靠性。

(12) IXIA IxChariot。美国 IXIA 公司的应用层性能测试软件 IxChariot 是一个独特的软件测试工具，也是在应用层性能软件测试领域得到业界认可的软件测试系统。对于企业网而言，IxChariot 可应用于设备选型、网络建设及验收、日常维护等三个阶段，提供设备网络性能评估、故障定位和 SLA 基准等服务。

IxChariot 由两部分组成：控制端和远端，两者都可安装在普通 PC 或者服务器上，控制端安装在 Windows 操作系统上，远端支持各种主流的操作系统。控制端为该产品的核心部分，控制界面(也可采用命令行方式)、软件测试设计界面、脚本选择及编制、结果显示、报告生成以及 API 接口提供等都由控制端提供。远端根据实际软件测试的需要，安装在分布的网络上，负责从控制端接收指令、完成软件测试并将软件测试数据上报到控制端。

(13) 思博伦通信 SmartBits。思博伦通信(Spirent Communications)的 SmartBits 网络性能分析系统为进行十兆/百兆/千兆或万兆以太网、ATM、POS、光纤通道、帧中继网络和网络设备的高端口密度软件测试提供了行业标准。

作为一种强健而通用的平台，SmartBits 提供了软件测试 xDSL、电缆调制解调器、MPLS、IPQoS、VoIP、IP 多播、TCP/IP、IPv6、路由、SAN 和 VPN 的软件测试应用。SmartBits 使用户可以软件测试、仿真、分析、开发和验证网络基础设施并查找故障。从网络最初的设计到对最终网络的软件测试，SmartBits 提供了产品生命周期各个阶段的分析解决方案。

(14) 安立 MD1230A。安立公司的 MD1230A 提供以太网络和 IP 网络优良的软件测试能力。它的内置全球定位软件测试接收机选项，可在 1 微秒内进行点对点网络延滞软件测试。这样的解像度对在 IP 上应用话音和视像是十分重要的。

小巧轻便的 MD1230A 已内置计算机、显示装置，利用点击设备和键盘就可在恶劣环境下进行现场操作应用，这些优点符合服务供给者和企业网经理最迫切的栏位可移植性需求。

(15) Shunra Storm。Shunra 公司用于产品和系统测试阶段的硬件产品 Storm，是一种将

广域网仿真和用户端数据流模拟结合在一起的工具，辅以各种软件选件，除了仿真各种网络环境外，还可以提供协议分析等多种功能。Storm 产品配套解决方案基本上由 Storm Appliance 和 Storm Console，以及相关软件组成，以支持多种多样复杂的广域网及实验室的结构。

(16) i-Test2.0。i-Test2.0 是中科软件公司从软件测试的需求出发，按照国际质量管理标准研制的软件测试管理系统。它采用 B/S 结构，可以安装在 Web 服务器上，项目相关人员可以在不同地点通过 Internet 同时登录和使用 i-Test，协同完成软件测试，可减少为了集中人员而出差所产生的费用。它还提供相应的自动化功能，可高效地编写、查询和引用软件测试用例，快速填写、修改和查询软件 Bug 报告，减少了人力投入。它自带的软件测试用例数据库和软件 Bug 数据库，可以帮助项目成员更好地实施软件测试。

此外，除了可以监测和分析软件的质量，i-Test 还可以自动统计程序员和软件测试人员的工作进度。它提供的软件测试文档模板，可以将软件测试文档及数据直接传送到 MS-Office，使排版、打印等操作更为便捷。

2．嵌入式软件测试工具——LOGISCOPE

LOGISCOPE 是一组嵌入式软件测试工具集。它贯穿于软件开发、代码评审、单元/集成测试、系统测试和软件维护阶段，面向源代码进行工作。LOGISCOPE 针对编码、软件测试和维护。因此，LOGISCOPE 的重点是帮助代码评审(Review)和动态覆盖软件测试(Testing)。LOGISCOPE 对软件的分析，采用基于国际间使用的度量方法(Halstead、McCabe 等)的质量模型，以及从多家公司收集的编程规则集，可以从软件的编程规则、静态特征和动态软件测试覆盖等多个方面，量化地定义质量模型，并检查、评估软件质量。

LOGISCOPE 在开发阶段查找潜在的 Bug。在代码评审阶段，LOGISCOPE 定位那些具有 80%错误的程序模块。通过对未被软件测试代码的定位，LOGISCOPE 帮助找到隐藏在软件测试代码中的 Bug。项目领导和质量工程师用 LOGISCOPE 定期地检查整个软件的质量。在各个阶段用 LOGISCOPE，改进软件工程的实践，训练程序员的编写良好的代码和软件测试活动，确保系统易于维护，减少风险。在有合同关系时，合同方可以用 LOGISCOPE 明确定义验收时质量等级和执行软件测试。承制方可以用 LOGISCOPE 演示其软件的质量。

3．NuMega DevPartner Studio

这是一组白盒测试工具，主要用于在代码开发阶段检查应用的可靠性和稳定性。它提供了先进的 Bug 检查和调试解决方案，充分地改善生产力和开发团队的软件开发质量。NuMega 产品线是一个全面的 Smart DeBugging 工具包，自动地检查企业级或 Internet 级用多语言创建的组件和应用中出现的软件错误和性能问题，并能很快地给予解决。

NuMega DecPartner Studio 满足在软件开发过程中每一个开发人员的需求，无论人们是使用一种或多种语言，NuMega 产品都能够帮助人们提高生产力。它的产品主要有自动 Bug 检测、性能分析、代码覆盖分析等功能，分别用于捕获、定位错误，抽取代码执行频度，以及抽取代码覆盖率等数据。

4．QACenter

这是一类黑盒测试工具，QACenter 帮助所有的软件测试人员创建一个快速、可重用的

软件测试过程。这些软件测试工具自动帮助管理软件测试过程，快速分析和调试程序，包括针对回归、强度、单元、并发、集成、移植、容量和负载建立软件测试用例，自动执行软件测试和产生文档结果。QACenter 主要包括以下几个模块：

QARun：软件的功能测试工具。

QALoad：强负载下软件的性能测试工具。

QADirector：软件测试的组织设计和创建以及管理工具。

TrackRecord：集成的 Bug 跟踪管理工具。

Ecotools：高层次的性能监测工具。

5. CodeTEST ACT

CodeTEST ACT 具有强大的测试分析能力，嵌入 CodeTEST 系统的代码覆盖工具可以实现实时、精确的监视代码覆盖、条件决策覆盖、语句覆盖等。

1) 使用 CodeTEST ACT 的理由

(1) 不是纯软件模拟；而是终端系统的监视。

(2) 不仅可以分析哪些代码执行过，而且可以分析什么条件执行和为什么执行。

(3) 提供比一般代码块覆盖更详细、更明确的监视。

(4) 满足特定行业机构的需求，如: FAA –航空、FDA –医疗、DOD、空间技术、ISO 等。

2) CodeTEST 性能分析

(1) 一次可同时测量多达 32 000 个函数，工作效率高。

(2) 精确度提高：非采样方式，收集全部数据，完全精确，同时监视整个程序，上下文相关跟踪，时间误差不大于 50 ns。

(3) 易于理解：以不同的级别显示性能数据(函数级，任务级)，组织严密的性能数据显示简明易读。

(4) 提前故障警告，动态内存分配分析，识别内存漏洞，查出无用的内存区域，知道真正的内存分配情况。

(5) 可视化的内存错误提示：当出现错误时识别精确的逻辑关系，准确地识别每一个错误，精确定位内存错误，显示分配的内存块的大小，检测内存泄露。

3) 实际测量的范围

(1) 应用程序中有 32 000 个函数。

(2) 五分钟内 32 000 个函数每个运行了 100 次。

(3) 逻辑分析仪捕获 80 个预先选定函数的 1%的运行数据。

(4) 运行目标代码。五分钟后 CodeTEST 捕获 32 000 个函数且每个运行了 100 次，共执行 3 200 000 次。做 90%采样，有 2 880 000 次执行的数据，做 50%采样，有 1 600 000 次执行的数据，做 10%采样，有 320 000 次执行的数据；逻辑分析仪捕获 80 个函数，每个运行一次，共执行 80 次。

4) 对 CodeTEST 的评价

使用了两个月 CodeTEST 后，Nortel 的 ATM 网络数据交换性能已经提高了 50%；整个系统的性能提高了 150%。其中 50%得益于内存速度的提高，50%得益于系统缓存的调整，最后的 50% 则得益于功能强大的 CodeTEST。

本章小结

软件测试方法、技术和测试工具很多，本章简单介绍了较常用的软件测试方法和软件测试工具，并给出了软件测试工具的选择原则。

练习题

1．分析静态测试与动态测试方法的区别与联系。
2．如何理解“测试工具不能代替人工测试”。
3．什么是软件审查？
4．软件测试工具的选择原则是什么？
5．简述 CodeTEST 测试工具的优点。

软 件 缺 陷

软件测试的主要目的是发现软件存在的缺陷(Bug)。Bug存在于软件生存期的各个阶段，不同阶段的Bug的性质不同，而且不同的Bug需要的软件测试方法不同。对于如何处理测试中发现的Bug，将直接影响到测试的效果。只有尽早发现Bug、适当描述Bug、准确处理Bug，才能确保软件质量。本章介绍关于Bug的基本知识，以及Bug的确认、修复、验证、跟踪管理和处理等过程。

3.1 基 本 概 念

(1) 软件错误：指在软件生存期内的不希望或不可接受的人为错误，其结果导致软件Bug的产生。软件错误是一种人为过程，相对于软件本身，是一种外部行为。

(2) 软件故障：软件故障是指软件运行过程中出现的一种不希望或不可接受的内部状态。当软件出现故障时，若无适当措施(如容错措施)加以及时处理，便产生软件失效。软件故障是一种动态行为。

(3) 软件缺陷(Bug)：是对软件产品预期属性的偏离现象。IEEE729-1983对Bug有一个标准定义：从产品内部看，Bug是软件产品开发或维护过程中存在的错误、毛病等各种问题；从产品外部看，Bug是系统所需要实现的某种功能的失效或违背。

(4) 软件失效：软件失效是指软件运行时产生的一种不希望或不可接受的外部行为结果。用户可以根据软件失效对系统服务的影响选择对于各种不同的失效的严重程度级别，如灾难性的失效、重大失效、微小失效等。

(5) Bug严重程度：Bug严重程度是指因Bug引起的故障对软件产品的影响程度，是软件Bug对软件质量的破坏程度，即此软件Bug的存在将对软件的功能和性能产生怎样的影响。

在软件测试中，软件Bug的严重性的判断应该从软件最终用户的观点出发，即判断Bug的严重性要为用户考虑，即考虑Bug对用户使用造成的恶劣后果的严重性。

(6) Bug优先级：Bug的优先级指Bug必须被修复的紧急程度，是表示处理和修正软件Bug先后顺序的指标，即哪些Bug需要优先修正，哪些Bug可以稍后修正。

确定软件Bug优先级，更多的是站在软件开发工程师的角度考虑问题，因为Bug的修正是一个复杂的过程，有些不是纯粹技术问题，而且开发人员更熟悉软件代码，能够比测试工程师更清楚修正Bug的难度和风险。

(7) 软件Bug的主要现象：

- 功能、特性没有实现或部分实现。
- 设计不合理，存在Bug。

- 实际结果和预期结果不一致。
- 运行出错，包括运行中断、系统崩溃、界面混乱。
- 数据结果不正确、精度不够。
- 用户不能接受的其他问题，如数据存取时间长、界面不美观等。

(8) 每日构造 Bug：每日构造 Bug 是现实“零 Bug”管理的一项具体措施。所谓“零 Bug”，只是一种高度负责的理念，是小组对质量的承诺。“零 Bug”的产品并非没有 Bug，而是符合预先定义的质量标准。所谓每日构造就是把每天做的源程序都编译成可执行的形式并在组内公开，每个人都可以看到每天的进展，并能做出评估。每日构造的好处在于易于暴露未预料的设计 Bug；较早地诊断 Bug；同步小组成员的工作；减少 Bug 集成的风险；提高了软件质量；保持对项目进度监控并且有利于增强小组成员和客户信心，同时增强项目成功的信心。

3.2　软件 Bug 的生命周期和 Bug 评估

软件 Bug 的生命周期中的不同阶段是测试人员、开发人员和管理人员一起参与、协同测试的过程。软件 Bug 一经发现，便进入测试人员、开发人员、管理人员的严格监控之中，直至软件 Bug 的生命周期终结，这样可保证在较短的时间内高效地关闭所有 Bug、缩短软件测试的进程、提高软件质量，同时减少开发和维护成本。

1. 概念

软件 Bug 的生命周期是指一个软件 Bug 被发现、报告到这个 Bug 被修改、验证直至最后关闭的完整过程。图 3.1 为 Bug 的生命周期描述。

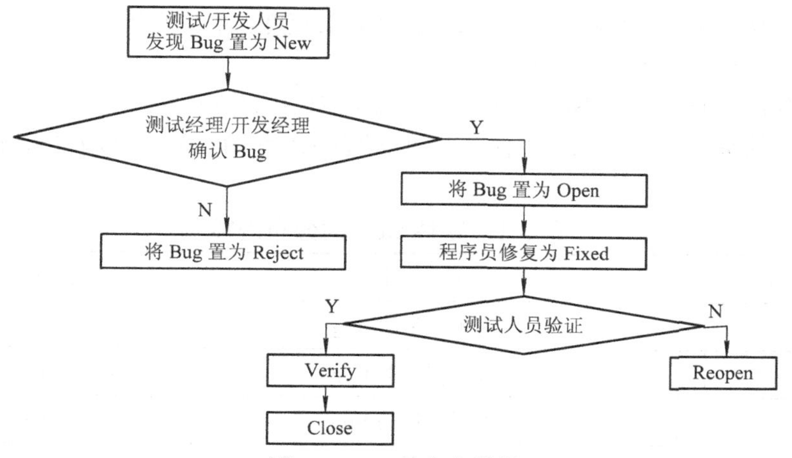

图 3.1　Bug 的生命周期

具体的软件 Bug 的生命周期分为 7 个生命状态：New、Open、Reopen、Verify、Fixed、Close 和 Reject。这些状态能详细记录、跟踪和管理每个软件 Bug 的生命过程，直至排除这个 Bug。

为软件 Bug 设定严重级别、优先级、Bug 类型等属性，以自动分清软件 Bug 的轻重缓急，并能提供相关的分析和统计功能。

软件Bug的生命周期分为简单的和复杂的软件Bug生命周期。

(1) 简单的软件Bug生命周期的过程如下：

发现Bug→打开Bug→修复Bug→关闭Bug

- 发现→打开：测试人员找到软件Bug并将软件Bug提交给开发人员。
- 打开→修复：开发人员重现、修改Bug，然后提交给测试人员去验证。
- 修复→关闭：测试人员验证修改过的软件，关闭已不存在的Bug。

上面的过程只是一种理想的状态，在实际的测试中是很难这样顺利执行，需要考虑到各种突发情况。

(2) 复杂的软件Bug生命周期的过程如图3.2所示。

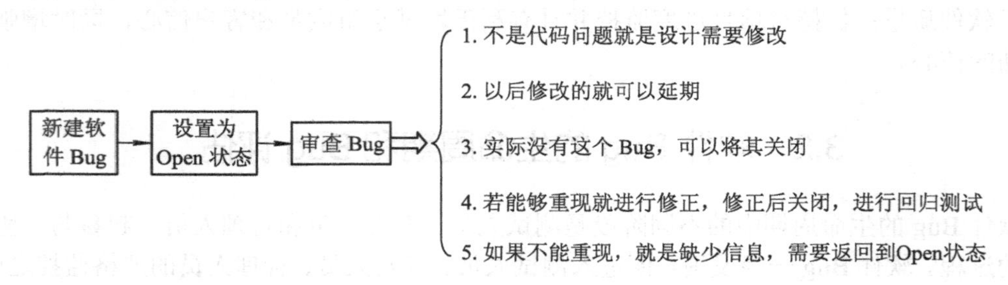

图3.2　复杂的软件Bug生命周期

2. 软件生命周期中Bug的费用统计

在计算机科学与技术领域，基于以下几点理由需要对Bug进行统计分析：① 软件正成为一些关键系统中的重要部分；② 软件是由易于出错的人来编制的；③ 软件的运行环境难以准确预计；④ 软件在开发和维护过程中对经费预算和进度的重视程度远比对其他环节的重视程度高；⑤ 软件规模日益扩大，软件复杂程度日益增高等，也促使软件测试正在逐步成为软件过程中一个新的重要行业。

据统计分析表明，软件Bug在软件全生命周期中的分布规律见表3.1。软件测试在软件生命周期中的费用已占43%，见图3.3。比较表3.1和图3.3，可以看出软件测试和维护的重要性。

表3.1　软件Bug的分布规律

序号	缺　　陷	百分比
1	需求产生的Bug	20%
2	设计产生的Bug	30%
3	编码产生的Bug	35%
4	软件集成产生的Bug	10%
5	文档Bug	5%

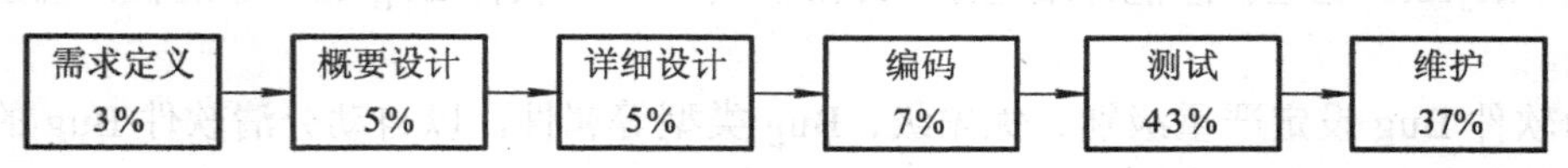

图3.3　软件生命周期费用

软件 Bug 并不像人们想象的那样，软件经过一段时间运行后 Bug 就很少了。但由于软件和硬件一样都有一个从成熟到衰老、直至淘汰的过程，而且在软件的使用过程中，其突发性 Bug 相比硬件来说会更突然、更致命。

3.3 软件 Bug 的特点和属性描述

软件 Bug 隐藏在代码中，如果按照正常的运行顺序、给出合乎常规的输入数据显示就不会使软件出异常。一旦发现软件 Bug，就要设法找到引起这个 Bug 的原因，分析其对产品质量的影响，然后确定软件 Bug 的严重性和处理这个 Bug 的优先级。

1．软件 Bug 不可避免

软件 Bug 的一个最大特点是 Bug 不可避免。原因如下：

(1) 在软件开发中会产生各种各样 Bug。这些 Bug 可能从软件项目进行的初期阶段，如需求分析阶段就存在了。随着软件项目的进展，Bug 的影响范围可能会不断扩大，到后期发现时可能已经到了无法弥补的程度，因为要修改这个 Bug 可能需要这个项目从头开始。在这种情况下，项目管理者和开发人员一般会尽全力进行补救，但是所有的办法可能都是权宜之计，根本的 Bug 仍然存在。

(2) 从软件测试的角度认为根本不可能“完全”测试一个程序，因为在实际中人们不可能测试所有的输入，也不可能测试程序中所有的执行路径。如对于一个最简单的两个一位或两位数相加的程序，其有效的输入就有 39 601 个不同数对；又如一个仅包含一个循环和一些 IF 语句的 20 行代码的简单程序，其程序的执行路径就有 100 万亿条之多，所以人们不可能“完全”测试程序，所以说软件总是存在 Bug。

(3) 在软件测试过程中，即使发现了 Bug，并进行了改正，但是人们必须再一次进行测试，也可能会发现更多的 Bug。因为改正一个 Bug，可能会产生另一个 Bug，只有改正了第一个，第二个才会暴露出来。有统计得出：如果对程序源代码的改动在 10 行以上或更多，那么首次就正确改正程序的可能性有 50%；如果对程序源代码的改正 50 行左右，那么首次就正确改正程序的可能性仅有 20%。

2．Bug 属性描述

软件 Bug 属性一般包括 Bug 来源、Bug 根源、Bug 严重性、Bug 优先级、Bug 状态、Bug 标识、Bug 类型等。

1) *Bug 来源描述*

- Requirement：由需求问题引起的 Bug。
- Architecture：由构架问题引起的 Bug。
- Design：由设计问题引起的 Bug。
- Code：由编码问题引起的 Bug。
- Test：由测试问题引起的 Bug。
- Integration：由集成问题引起的 Bug。

2) *Bug 根源描述*

- 目标：错误的范围，误解了的目标，超越能力的目标等。

● 过程、工具和方法：无效的需求收集过程，过时的风险管理过程，不适用的项目管理方法，没有估算规程，无效的变更控制过程等。

● 人：项目团队职责交叉，缺乏培训，没有经验的项目团队，缺乏士气和动机不纯等。

● 缺乏组织和通讯：缺乏用户参与，职责不明确，管理失败等。

● 硬件：处理器 Bug 导致算术精度丢失，内存溢出等。

● 软件：操作系统错误导致无法释放资源、工具软件的错误、编译器的错误等。

● 环境：组织机构调整，预算改变、罢工、噪音、中断、工作环境恶劣等。

3) Bug 严重性等级描述

各种 Bug 所造成的后果不一样，有的仅仅是不方便，有的可能是灾难性的。根据 Bug 对系统的影响程度设定 Bug 的等级。一般 Bug 越严重，其处理优先级就越高，软件 Bug 可以概括为以下五种级别：

(1) 轻微的(Cosmetic)。使操作者不方便或遇到麻烦，但它不影响执行工作功能或重要功能，例如某个控件没有对齐，某个标点符号丢失等。

(2) 微小的(Minor)。一些小 Bug，指影响系统要求或基本功能的实现，但存在合理的更正办法。对功能几乎没有影响，产品或属性仍可以使用，如有个别错别字、文字排版不整齐等。

注意：重新安装或重新启动该软件不属于更正办法，如本地化软件的某些字符没有翻译或者翻译不准确。

(3) 一般的(Major)。不太严重的 Bug，指严重地影响系统要求或基本功能的实现，且没有办法更正。如次要功能模块丧失、提示信息不够准确、用户界面差和操作时间长等。这样的 Bug 虽然不影响系统的基本使用，但没有很好地实现功能，没有达到预期效果。注意：重新安装或重新启动该软件不属于更正办法，如软件的某个菜单不起作用或者产生 Bug 的结果。

(4) 严重的(Critical)。严重 Bug，指不能执行正常工作功能或重要功能，或者危及人身安全。功能模块或特性没有实现，主要功能部分丧失，次要功能全部丧失，或致命的错误声明，例如软件的意外退出甚至操作系统崩溃，造成数据丢失。

(5) 致命的(Fatal)。致命的 Bug，造成系统崩溃、死机、系统悬挂，或造成数据丢失、主要功能完全丧失等。

此外，有时还需要设置建议(Suggestion)级别来处理测试人员所提出的建议或质疑。

有时我们还会看到下面三种等级：

● 错误(Error)：可能会影响某个模块或功能的)。

● 功能 Bug(DE-Bug)：指功能可以完成，但是还存在一些异常的小 Bug。

● 缺陷(Bug)：指不会影响系统功能的 Bug，如页面显示、美观、操作方便性等。

4) Bug 优先级描述

Bug 优先级可以分为 4 级：1、2、3、4。描述如下：1 级：最高优先级，如软件的主要功能 Bug 或者造成软件崩溃，数据丢失的 Bug；2 级：较高优先级，如影响软件功能和性能的一般 Bug；3 级：一般优先级，如本地化软件的某些字符没有翻译或者翻译不准确的 Bug；4 级：低优先级，如对软件的质量影响非常轻微或出现几率很低的 Bug。

解决优先级描述：

- 立即解决(Resolve Immediately)—Bug 必须被立即解决。
- 正常排队(Normal Queue)—Bug 需要正常排队等待修复或列入软件发布清单。
- 不紧急(Not Urgent)—Bug 可以在方便时被纠正。

一般地，严重性程度高的软件 Bug 具有较高的优先级。严重性高说明 Bug 对软件造成的质量危害性大，需要优先处理，而严重性低的 Bug 可能只是软件不太尽善尽美，可以稍后处理。但是，严重性和优先级并不总是一一对应。有时候严重性高的软件 Bug，优先级不一定高，甚至不需要处理，而一些严重性低的 Bug 却需要及时处理，具有较高的优先级。

5) Bug 状态描述

除了严重性和优先级外，还存在反映软件 Bug 处于一种什么样的状态，以便于及时跟踪和管理。Bug 的不同状态有：

- 激活状态(Active or Open)：测试人员新报的 Bug，或验证后的 Bug 依然存在。
- 已修正状态(Fixed or Resolved)：开发人员针对所存在的 Bug，修改程序后已解决问题或通过单元测试。
- 关闭或非激活状态(Close or Inactive)：测试人员验证 Fixed Bug 后，确认 Bug 不存在后的状态。
- 仍存在的(Reopen)：程序员修改过，而测试未通过。

除了以上的基本状态，此外还有一些中间状态：

- 保留(Hold)：Bug 目前无法解决或是由第三方软件产品引起的。
- 延期(Defer)：Bug 暂时不需要解决或在下一版本中解决更彻底一些。

Bug 处理状态描述：

- Submitted：已提交的 Bug。
- Open：确认“提交的 Bug”，等待处理。
- Rejected：拒绝“提交的 Bug”，不需要修复或不是 Bug。
- Resolved：Bug 被修复。
- Closed：确认被修复的 Bug，将其关闭。

同行评审 Bug 的严重程度：Major 指主要的较大的 Bug；Minor 指次要的小的 Bug。

根据一般的 Bug 管理软件，系统中的 Bug 一般采用状态管理方法。

设置 Bug 的状态及等级的建议：

- 可以根据团队的习惯设置。
- Bug 的状态及等级，主要是以能使所有的开发人员及测试人员看懂 Bug 的情况为准。

6) Bug 处理角色

- 高级测试人员验证 Bug，如果确认是 Bug，分配给相应的开发人员，设置状态为 Open；如果不是 Bug，则拒绝，设置为 Declined 状态。
- 开发人员查询状态为 Open 的 Bug，如果不是 Bug，则状态置为 Declined；如果是 Bug，则修复并置状态为 Fixed；不能解决的 Bug，要文字说明及保持 Bug 为 Open 状态。

● 对于不能解决和延期解决的 Bug，不能由开发人员自己决定，一般要通过某种会议(评审会)认可。

● 测试人员查询状态为 Fixed 的 Bug，然后验证 Bug 是否已解决，如解决置 Bug 的状态为 Closed，如没有解决状态置为 Reopen。

7) Bug 的严重性和优先级

确定 Bug 的严重性和优先级要全面了解和深刻体会 Bug 的特征，从用户和开发人员以及市场的因素综合考虑。通常功能性的 Bug 较为严重，具有较高的优先级，而软件界面类 Bug 的严重性一般较低，优先级也较低。

Bug 的严重性和优先级通常按照级别划分，各个公司和不同项目的具体表示方式有所不同。为了尽量准确的表示 Bug 信息，通常将 Bug 的严重性和优先级分成 4 级。如果分级数超过 4 级，则造成分类和判断尺度过于复杂，而少于 4 级，精确性有时不能保证。

具体的表示方法可以使用数字表示，也可以使用文字表示，还可以数字和文字综合表示。使用数字表示通常按照从高到低或从低到高的顺序，需在软件测试前达成一致。例如使用数字 1、2、3、4 分别表示轻微、一般、较严重和非常严重的严重性。对于优先级而言，1、2、3、4 可以分别表示低优先级、一般、较高优先级和最高优先级。

8) Bug 的严重性和优先级之间的联系

Bug 的严重性和优先级是含义不同但相互联系密切的两个概念。它们从不同的侧面描述了软件 Bug 对软件质量和最终用户的影响程度和处理方式。软件测试初学者或者没有软件开发经验的测试工程师，对于软件 Bug 的严重性和优先级的作用及处理方式往往理解的不彻底。实际测试工作中不能正确表示 Bug 的严重性和优先级将会影响软件 Bug 报告的质量，不利于尽早处理严重的软件 Bug，可能影响软件 Bug 的处理时机。

9) 其他注意事项

修正软件 Bug 不是一件纯技术问题，有时需要综合考虑市场发布和质量风险等问题。

(1) 如果某个严重的软件 Bug 只在非常极端的条件下产生，则没有必要马上解决。

(2) 如果修正一个软件 Bug，需要重新修改软件的整体架构，可能会产生更多潜在的 Bug，而且软件由于市场的压力必须尽快发布，此时即使 Bug 的严重性很高，是否需要修正，需要多方面考虑。

(3) 如果软件 Bug 的严重性很低，如界面单词拼写错误，可暂缓处理。但如果是软件名称或公司名称的拼写错误，则必须尽快修正，因为这关系到软件和公司的市场形象。

比较规范的软件测试，使用软件 Bug 管理数据库进行 Bug 报告和处理，需要在测试项目开始前对全体测试和开发人员进行培训，对 Bug 严重性和优先级的表示和划分方法统一规定和遵守。

在项目测试过程中和项目交付后，充分利用统计方法，做以下两项工作：

(1) 统计 Bug 的严重性，确定软件模块的开发质量，评估软件项目实施进度。

(2) 统计 Bug 优先级的分布情况，控制开发进度，使开发按照项目计划尽快进行，有效处理 Bug，降低风险和成本。

为了保证报告 Bug 的严重性和优先级的一致性，质量保证人员需要经常检查测试和开发人员对于这两个指标的分配和处理情况，发现的 Bug 及时反馈给项目负责人及时解决。

对于测试人员而言，一般经验丰富的人员可以正确的表示 Bug 的严重性和优先级，为 Bug 的及时处理提供准确的信息。对于开发人员来说，开发经验丰富人员的严重的 Bug 较少。但是不要将 Bug 的严重性作为衡量开发人员水平高低的主要判断指标，因为软件模块的开发难度不同，各个模块的质量要求也有所差异。

因此，正确处理和区分 Bug 的严重性和优先级，是软件测试人员和开发人员，以及全体项目组人员的一件大事。处理严重性和优先级，既是一种经验技术，也是保证软件质量的重要环节，应该引起测试人员的足够重视。

3.4 软件 Bug 分类与评估

很多学者试图对软件的 Bug 进行分类，包括根据 Bug 发生的时间、Bug 引起的后果、Bug 性质等分类。这些分类方法都是从 Bug 的表现来分类的，其作用只能是加深人们对软件 Bug 的认识，从以往所检测的效果分析出软件的 Bug 来源，从而可进一步分析 Bug 产生的原因，以期在未来的软件开发过程中尽量避免此类 Bug 的产生。但是这种模式对 Bug 的检测而言意义不大。其原因是每类 Bug 又对应着多种具体的子类型，难以用统一的方法对其进行测试。

3.4.1 Bug 分类

1. 按 Bug 的严重性分类(参考 Bug 的属性)

(1) 致命 Bug：使系统崩溃或挂起、破坏数据。

(2) 严重 Bug：使系统不稳定、菜单功能无法实现，而且是常规操作中经常发生或非常规操作中不可避免的。

(3) 一般 Bug：在完成某一功能时出现的 Bug，但并不影响该功能的实现。系统性能降低或响应时间变慢、产生 Bug 的中间结果但不影响最终结果(如显示不正确但输出正确)，界面拼写错误或用户使用不方便。

(4) 建议项：软件不完善或用户使用不方便之处。

从软件测试观点出发，可以把 Bug 分为五类：功能 Bug、系统 Bug、加工 Bug、数据 Bug 和代码 Bug 等。

2. 从功能角度分类(称为功能 Bug)

(1) 规格说明书 Bug：规格说明书不完全、有二义性或自身矛盾。另外，在设计过程中可能修改功能，如果不能根据这种变化及时修改规格说明书，则产生规格说明书错误。

(2) 产品说明书 Bug：软件未达到产品说明书中规定的功能；软件功能超出产品说明书指定的范围。

(3) 隐藏 Bug：程序实现的功能与用户要求的不一致。一般是由于规格说明书包含错误的功能、多余的功能或遗漏的功能所致。在发现和改正这些 Bug 的过程中又可能引入新的 Bug。

(4) 文档 Bug：是指对文档的静态检查过程中发现的 Bug，通过测试需求分析、文档审查而发现的 Bug。

(5) 测试 Bug：软件测试的设计与实施发生 Bug，是指由测试执行活动发现的被测对象(被测对象一般是指可运行的代码、系统)的 Bug，因此软件测试自身也可能发生 Bug。另外，如果测试人员对系统缺乏了解，或对规格说明书做了错误的解释，也会发生许多 Bug。

(6) 测试标准引起的 Bug：对软件测试的标准要选择适当，若测试标准太复杂，则导致测试过程出错的可能性就大。

(7) 稳定性 Bug：影响用户正常运行，系统不断申请但不完全释放资源，造成系统性能越来越低，并出现不规律的死机现象且不能重现的 Bug，有些与代码中的未初始化变量有关，有些与系统不检查异常情况有关。

(8) 界面 Bug：用户无法使用或不方便使用设计的界面。

(9) 测试人员认为软件难以理解、不易使用、运行速度缓慢，或最终用户认为该软件不好。

3. 从系统角度分类

(1) 外部接口 Bug：外部接口是指终端、打印机、通信线路等系统与外部环境通信的接口。所有外部接口之间、人与机器之间的通信使用专门的协议，如果协议有错，或太复杂难以理解，致使在使用中出错。此外，还包括对输入/输出格式的错误理解，对输入数据不合理的容错等。

(2) 内部接口 Bug：内部接口是指程序内部子系统或模块之间的联系。它所发生的 Bug 与外部接口相同，只是与程序内实现的细节有关，如使用协议错、输入/输出格式错、数据保护不可靠、子程序访问错误等。

(3) 硬件结构 Bug：与硬件结构有关的软件 Bug 在于不能正确地理解硬件如何工作。如忽视或错误地理解分页机构、地址生成、通道容量、I/O 指令、中断处理、设备初始化和启动等而导致的出错。

(4) 软件结构 Bug：由于软件结构不合理而产生的 Bug。这种 Bug 通常与系统的负载有关，而且往往在系统满载时才出现。如错误地设置局部参数或全局参数；错误地假定寄存器与存储器单元已初始化；错误地假定被调用子程序常驻内存或非常驻内存等，都可能导致软件出错。

(5) 操作系统 Bug：与操作系统有关的软件 Bug 在于不了解操作系统的工作机制而导致出错。当然，操作系统本身也有 Bug，而一般用户很难发现这种 Bug。

(6) 控制与顺序 Bug：如忽视了时间因素而破坏了事件的顺序；等待一个不可能发生的条件；漏掉先决条件；规定 Bug 的优先级或程序状态；漏掉处理步骤；存在不正确的处理步骤或多余的处理步骤等。

(7) 资源管理 Bug：由于不正确地使用资源而产生的 Bug。如使用未经获准的资源；使用后未释放资源；资源死锁；把资源链接到错误的队列中等。

4. 从加工的角度分类

(1) 算法与操作 Bug：指在算术运算、函数求值和一般操作过程中发生的 Bug。如数据类型转换错；除法溢出；不正确地使用关系运算符；不正确地使用整数与浮点数进行比较等。

(2) 初始化 Bug：如忘记初始化工作区，忘记初始化寄存器和数据区等；错误地对循环控制变量赋初值；用不正确的格式、数据或类的类型进行初始化等。

(3) 控制和次序 Bug：与系统级同名 Bug 相比，它是局部 Bug。如遗漏路径；不可达到的代码；不符合语法的循环嵌套；循环返回和终止的条件不正确；漏掉处理步骤或处理步骤有错等。

(4) 静态逻辑 Bug：如不正确地使用 switch 语句；在表达式中使用不正确的否定(如用">"代替"<"的否定)；对情况不适当地分解与组合；混淆"或"与"异或"等。

(5) 过程 Bug：又称为不符合项 Bug，指通过过程审计、过程分析、管理评审、质量评估、质量审核等活动发现的关于过程的 Bug。过程 Bug 的发现者一般是质量经理、测试经理、管理人员等。

5．从数据角度分类

(1) 动态数据 Bug：动态数据是在程序执行过程中暂时存在的数据，它的生存期非常短。各种不同类型的动态数据在执行期间将共享一个共同的存储区域。若程序启动时对这个区域未初始化而导致数据出错。

(2) 静态数据 Bug：静态数据在内容和格式上都是固定的。它们直接或间接的出现在程序或数据库中，有编译程序或其他专门对他们做预处理，但预处理也会出错。

(3) 数据内容、结构和属性 Bug：数据内容指存储于存储单元或数据结构中的位串、字符串或数字。数据内容 Bug 是指由于内容被破坏或被错误地解释而造成的 Bug。数据结构指数据元素的大小和组织形式。在同一存储区域中可以定义不同的数据结构。数据结构 Bug 包括结构说明 Bug 及数据结构误用的 Bug。数据属性是指数据内容的含义或语义。数据属性 Bug 包括对数据属性不正确地解释，如错把整数当实数，允许不同类型数据混合运算而导致的 Bug 等。

(4) 数据有效性 Bug：对输入的数据没有进行充分并且有效的有效性检查，造成不合要求的数据进入数据库。

6．从代码的角度分类

代码 Bug 指在代码被同行评审、审计或代码走查过程中发现的 Bug，包括数据说明 Bug、数据使用 Bug、计算 Bug、比较 Bug、控制流 Bug、界面 Bug、输入\输出 Bug 等。

3.4.2 Bug 评估

Bug 评估是对测试过程中 Bug 达到的比率或发现的比率提供一个软件可靠性指标。对于 Bug 分析，常用的主要参数有四个：① 状态：Bug 的当前状态；② 优先级：必须处理和解决 Bug 的相对重要性；③ 严重性：对最终用户、组织或第三方的影响等；④ 起源：导致 Bug 的起源故障及其位置，或排除该 Bug 需要修复的构件。

软件测试的 Bug 评估可依据以下四类进行度量：Bug 发现率、Bug 潜伏期、Bug 分布(密度)和整体软件 Bug 清除率。

(1) Bug 发现率：将发现的 Bug 数量作为时间的函数来评估。创建 Bug 趋势图或报告，如图 3.4 所示。

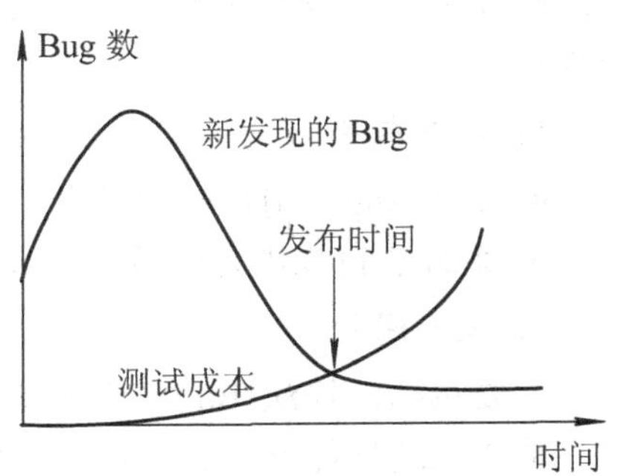

图 3.4 Bug 发现率

由图 3.4 看出，Bug 发现率将随着测试时间和修复进度而减少；随着测试时间延长而测试成本增加。可以设定一个阈值，在 Bug 发现率低于该阈值时才能应用软件。

(2) Bug 潜伏期：Bug 潜伏期是一种特殊类型的 Bug 分布度量。Bug 潜伏期报告显示 Bug 处于特定状态下的时间长短。在实际测试工作中，发现 Bug 的时间越晚，此 Bug 所带来的危害就越大，修复该 Bug 所消耗的成本就越多。

(3) Bug 分布：Bug 分布报告允许把 Bug 计数作为一个或多个 Bug 参数的函数来显示。软件 Bug 分布是一种以平均值来估算软件 Bug 的分布值。程序代码通常是以千行为单位，软件 Bug 分布度量使用下面的公式计算：

$$\text{软件Bug密度}=\frac{\text{软件Bug数量}}{\text{代码行或功能点的数量}}$$

(4) 整体软件质量、Bug 注入率、清除率：

设 F 为描述软件规模用的功能点；D1 为软件开发过程中发现的所有软件 Bug 数；D2 为软件使用后发现的软件 Bug 数；D 为发现软件 Bug 的总数，则 D = D1 + D2。

对于一个软件项目，可从不同角度来估算软件的质量、Bug 注入率、清除率：

$$\text{软件质量(每个功能点的Bug数)}=\frac{D2}{F}$$

$$\text{软件Bug注入率}=\frac{D}{F}$$

$$\text{整体软件Bug清除率}=\frac{D1}{F}$$

(5) Bug 修复率标准。

① 一、二级 Bug 修复率应达到 100%(若对一、二、三级 Bug 给出了定义)。

② 三、四级 Bug 修复率应达到 80%以上。

③ 五级 Bug 修复率应达到 60%以上。

3.5 Bug 产生的原因、查询经验和消除措施

1. Bug 产生的原因

在软件开发过程中，软件 Bug 的产生是不可避免的。造成软件 Bug 的原因有很多，下面从软件本身、技术问题、团队工作和软件项目管理问题等角度，分析造成软件 Bug 的主要因素。

1) 软件本身

- 文档 Bug。用户使用场合、时间上不一致或不协调所带来的 Bug。
- 系统的自我恢复或数据的异地备份、灾难性恢复等的 Bug。

2) 技术问题

主要包括：算法 Bug、语法 Bug、计算和精度 Bug、系统结构不合理、算法选择不科学，造成系统性能低下、接口参数传递不匹配、导致模块集成出现的 Bug 等。

- 算法 Bug 指在给定条件下没能给出正确或准确的结果。

● 语法 Bug 指对于编译性语言程序，编译器可以发现这类 Bug；但对于解释性语言程序，只能在测试运行时才能发现这类 Bug。

● 计算和精度 Bug 指计算的结果没有满足所需要的精度。

3) 团队工作

● 系统需求分析时对客户的需求理解不清楚，或与用户的沟通存在一些困难。

● 不同阶段的开发人员相互理解不一致。如软件设计人员对需求分析的理解有偏差，编程人员对系统设计规格说明书某些内容重视不够，或存在误解。

● 对于设计或编程上的一些假定或依赖性，相关人员之间没有充分沟通。

● 项目组成员技术水平参差不齐，新员工较多，或培训不够等原因也容易引起 Bug。

4) 项目管理的问题

● 缺乏质量文化，不重视质量计划，对质量、资源、任务、成本等的平衡性把握不好，容易挤掉需求分析、评审、测试等所需要的时间，遗留的 Bug 会比较多。

● 系统分析时对客户的需求不是十分清楚，或与用户的沟通存在一些困难。

● 开发周期短，需求分析、设计、编程、测试等各项工作不能完全按照拟定的流程来进行，工作不够充分，结果也就不完整、不准确，错误较多；周期短还给各类开发人员造成太大的压力，引起一些人为的 Bug。

● 开发流程不够完善，存在一些随机性和缺乏严谨的内审或评审机制，容易产生问题。

● 文档不完善，风险估计不足等。

5) 其他原因

从软件产品的特点和开发过程分析，软件 Bug 产生的主要因素如下：

● 需求不清晰，导致设计目标偏离客户的需求，从而引起功能或产品特征上的 Bug。

● 需求规格说明书包含错误的需求，或漏掉一些需求，或没有准确表达客户所需要的内容。

● 需求规格说明书中有些功能不可能或无法实现。

● 程序设计中的 Bug，或程序代码中的问题，包括错误的算法、复杂的逻辑等。

● 对程序逻辑路径或数据范围的边界考虑不够周全，漏掉某些边界条件，造成容量或边界 Bug。

● 系统设计中的不合理性。

● 系统结构非常复杂，而又无法设计成一个很好的层次结构或组件结构，结果导致意想不到的问题或系统维护、扩充上的困难；即使设计成良好的面向对象的系统，由于对象、类太多，很难完成对各种对象、类相互作用的组合测试，而隐藏着一些参数传递、方法调用、对象状态变化等方面 Bug。

● 对一些实时应用，要进行精心设计和技术处理，保证精确的时间同步，否则容易引起时间上不协调、不一致性带来的 Bug。

● 没有考虑系统崩溃后的自我恢复或数据的异地备份、灾难性恢复等 Bug，从而存在系统安全性、可靠性的隐患。

● 系统运行环境的复杂，不仅用户使用的计算机环境千变万化，包括用户的各种操作方式或各种不同的输入数据，容易引起一些特定用户环境下的 Bug；在系统实际应用中，

数据量很大。从而会引起强度或负载 Bug。

- 由于通信端口多、存取和加密手段的矛盾性等，会造成系统的安全性或适用性等 Bug。
- 新技术的采用可能涉及技术或系统兼容的 Bug。

2. 查找 Bug 的经验

(1) 像无经验的用户那样做：输入意想不到的数据；中途变卦而退回去执行其他操作；单击不应该单击的选项等。

(2) 在已找到软件 Bug 之处再找，原因是：① 软件 Bug 具有集中性特点。如果发现在不同的特性中找出了大量上边界条件 Bug，那么就应该对所有特性着重上边界条件。对某个存在的 Bug，应当投入一些案例来保证这个问题不是普遍存在；② 程序员往往倾向于只修改报告出来的软件 Bug。如报告启动一终止一再启动 255 次导致冲突，程序员可能只修复了这个问题。重新测试时，一定要重新执行同样的测试 256 次以上。

(3) 凭借经验、直觉和预感：记录哪些技术有效，哪些不行。尝试不同的途径，如果认为有可疑之处，就要仔细探究。按照预感行事，直至证实这是 Bug 为止。

3. 消除措施

任何软件都存在 Bug，通过完全测试发现所有的软件 Bug 是不现实也是不可能的。有两项措施来尽量减少软件中的 Bug：

(1) 应该在开发软件时由软件开发机构和客户一起制订合理、客观的验证规则，满足客户需求。

(2) 由于需求的改变造成设计、编码上的修改要及时以文档的形式给出。

3.6 实际软件测试中常见的 Bug

在软件开发过程中可能出现的 Bug：问题判定 Bug、算法 Bug、设计 Bug、逻辑 Bug、语法 Bug、编译 Bug、输入 Bug、输出 Bug 等。

1. 软件开发过程 Bug 列举

根据软件开发过程，人们认为以下 7 种情况软件有 Bug：

(1) 软件没有完成需求规格说明书给出的功能需求。

(2) 由于理解上的偏差，没有严格遵循软件设计要求。

(3) 由于编码实现与软件设计之间的接口出现了问题，使得软件出现了不应有的 Bug，有时甚至无法运行。

(4) 软件功能超出了产品说明书预先指明的范围。

(5) 软件没有达到产品说明书虽未指出但应达到的目标。

(6) 软件测试人员在实施静态分析时，发现编码实现冗余，导致运行速度缓慢。

(7) 客户认为软件有 Bug，不能满足其要求。

2. 常见的 Bug 类型

下面给出一些常见的 Bug 类型：

● 功能：影响了重要的特性、用户界面、产品接口、硬件结构接口和全局数据结构，并且设计文档需要正式的变更，如逻辑、指针、循环、递归和功能等 Bug。

● 赋值：需要修改少量代码，如初始化或控制块、声明、重复命名、范围、限定等 Bug。

● 性能：不满足系统可测量的属性值，如执行时间、事务处理速率等。

● 接口：与其他组件、模块或设备驱动程序、调用参数、控制块或参数列表相互影响的 Bug。

● 检查：提示错误信息，不适当的数据验证等的 Bug。

● 联编打包：由于配置库、变更管理或版本控制引起的 Bug。

● 文档：需求、设计、影响发布和维护等文档，包括注释的 Bug。

● 语法：拼写、标点符号、打字等的 Bug。

● 用户接口：人机交互特性，如屏幕格式，确认用户输入，功能有效性，页面排版等方面的 Bug。

● 数据接口：未提供与一些常用的文件格式的接口，如 txt 文件、Word 文件。

● 标准：不符合各种标准的要求，如编码标准、设计符号等的 Bug。

● 环境：设计、编译、其他支持系统问题等的 Bug。

3．容易忽略的 Bug

下面列举一些显而易见的、容易被项目组忽略的 Bug，这些 Bug 可能是容易修改或容易避免的，但是常常会给软件测试组测试或用户使用造成困难。

● 不符合用户操作习惯。如快捷键定义不科学、不实用，键位分布不合理，按键太多，甚至没有快捷键。

● 输入无合法性检查和值域检查，允许用户输入 Bug 的数据类型，并导致不可预料的后果。

● 无自动安装程序或安装程序不完善。

● 程序名/路径名是程序员的名字、或没有安装程序、或安装程序不完善(缺少一些必要的模块或文件)。

● 说明书或帮助的排版格式不对：如中英文搭配不对、标点符号全角半角不分、没有排版准则等。

● 要求用户输入多余的、本来系统可以自己得到的数据。如服务是否启动，安装后用户要手动修改某些配置文件。

● 某一项功能的冗余操作太多，如对话框嵌套层次太多。

● 对复杂的操作无联机帮助。

● 对一般性 Bug 的屏蔽能力较差。

4．稳定性问题的 Bug

● 不可重现的死机，或不断申请但不完全释放资源，系统性能越来越低。

● 主系统和子系统使用同样的临界资源而互相不知道。如使用同样的类名或临时文件名、使用同样的数据库字段名或登录账号。

● 不能重现的 Bug，许多与代码中的未初始化变量(在 DeBug 时一般是缺省初始化的)

有关，有些与系统不检查异常情况(如内存申请不成功、网络突然中断或长时间没有响应)有关。

5. 计算中常见的 Bug

- 误解或用错了运算符的优先级。
- 精度不够。
- 混合类型运算错误。
- 表达式符号错误。
- 变量初值错误。

6. 用户界面 Bug

- 界面元素参差不齐，文字显示不全，按 Tab 键时鼠标乱走。
- 界面中英文混杂，经常弹出莫名其妙的信息，而且还拼错单词。
- 表达不清或模糊的信息提示。
- 为了达到某个设置或对话框，用户必须做许多冗余操作，如对话框嵌套层次太多。
- 不能记忆用户的设置或操作习惯，用户每次进入都需要重新设置初始环境。
- 使用不完善的功能且不给用户以恰当的提示。
- 提示信息意义不明或为原始的英文提示。如 Setup 界面中“Copy Right 1994-1996 和缺省认为用户使用某种分辨率”，用户不知何意。
- 不经用户确认就对系统或数据进行重大修改，影响用户正常工作。
- 界面中的信息不能及时刷新，不能正确反映当前数据状态，可能误导用户。如数据库中剩余记录个数和参数设置对话框中的预设值常常显示为历史值而不是当前值。

7. 其他的 Bug

- 用户文档问题：无标准；无新功能使用方法；无版本改动说明。
- 兼容性问题：对硬件平台或软件平台的兼容性不好。如在这台计算机上可以稳定运行，而在另一台上运行就极不稳定。
- 运行时不检查内存、数据库或硬盘空间等。
- 无根据地假设用户环境：硬件/网络环境；某些动态库；假设网络随时都是连通的。
- 提供的版本带病毒，或根本无法安装，或没有加密。
- 提供Bug版本给软件测试组或软件测试用户，或项目组与软件测试组使用不同版本。
- 用户现场开发和修改，又没有记录和保留。
- Bug 反复出现，改动得不彻底、或版本管理出现混乱。
- Bug 越改越多，改动得不彻底、或改动得不细心。
- 版本中部分内容和接口倒退。
- 有些选项永远是灰的；有些选项、菜单项在该灰色时不灰，并且还能状态显示。
- 资源没有和代码分离，不同语言版本间不能平滑转换。
- 缺少第三方软件产品的评估。
- 软件产品配合不好，准备当做一套软件产品或方案推出，互相之间却各不负责，没有整个项目负责人等。

项目组期望关注的一些 Bug：

● 修改 Bug 的人考虑得不够周全，可能没有能力考虑周全，因为他不懂全部程序。

● 一些开发人员不仔细进行软件测试、不小心修改、甚至不全面修改(不彻底)，存在问题留给软件测试组去发现的心态。

在程序代码中，比较判断语句与控制流语句常常紧密相关，测试用例还应致力于发现下列 Bug：

● 不同数据类型的对象之间进行比较。
● 错误地使用逻辑运算符或优先级。
● 因计算机表示的局限性，期望理论上相等而实际上不相等的两个量相等。
● 比较运算或变量出错。
● 循环终止条件或不可能出现。
● Bug 修改了循环变量。
● 迭代发散时不能退出。

一个好的设计应能预见各种出错条件，并预设各种出错处理通路，出错处理通路同样需要认真测试，测试应着重检查下列 Bug：

● 输出的出错信息难以理解。
● 记录的 Bug 与实际遇到的 Bug 不相符。
● 在程序自定义的出错处理段运行之前，系统已介入。
● 异常处理不当。
● Bug 陈述中未能提供足够的出错定位信息。

3.7 Bug 收集、描述、分析、提交

人们平时测得的 Bug 实际上是软件故障与失效的体现。一旦软件 Bug 得到修改，相应的故障与失效也就解除了。为了对 Bug 进行管理，首先应对 Bug 进行分类，通过对 Bug 进行收集、分析、分类、提交和跟踪管理，可以迅速找出哪一类 Bug 的问题最大，然后集中精力预防和排除这一类 Bug。这也是 Bug 管理的关键，一旦这类 Bug 得到控制，再进一步找到新的容易引起问题的几类 Bug。确保每个被发现的 Bug 都能够及时得到处理，是软件测试工作的一项重要内容。

1．收集

Bug 管理的第一步是了解 Bug。为此，首先必须收集 Bug 数据，并且找出如何处理它们的方法，同时也能更好地发现、修复甚至预防仍在引入的 Bug。收集关于 Bug 的数据的步骤如下：

(1) 对测试和同行评审中发现的每个 Bug 要记录详细的信息，以便能更好地了解这个 Bug。

(2) 分析这些数据，找出引起大部分问题的 Bug 类型。

(3) 设计出发现这些 Bug 的方法(以便排除 Bug)。

通常为了收集 Bug 数据，可以采用 Bug 记录日志方式登记(见表 3.2)所发现的每一个 Bug。

表 3.2　Bug 记录日志

日期	编号	状态	类型	引入阶段	排除阶段	修改时间	修复 Bug
	描述						
	描述						

修复 Bug 一栏说明此 Bug 是由于修复其他 Bug 而引入。引入阶段表示该 Bug 的来源，排除阶段表示发现这个 Bug 的阶段。对于 Bug 记录日志中的描述应该足够清楚，以便今后可以了解该 Bug 的起因。

系统测试中需详细记录 Bug 的信息。

(1) 出现 Bug 的操作顺序及操作数据。以便程序员更改 Bug 时可以重现。最好有截图显示 Bug。

(2) Bug 出现的版本或日期。

(3) Bug 的严重程度——对系统的影响程度。

2. Bug 信息描述

Bug 记录总的来说包括两方面：由谁提交和 Bug 描述。一般而言，Bug 都是谁测试谁提交，当然有些公司可能为了保证所提交 Bug 的质量，还会在提交前进行 Bug 评估，以确保所提交的 Bug 的准确性。如果做得不好，会误导读者；好的 Bug 描述应该包括以下基本部分：标题、项目、预置条件、操作步骤、预期结果、所属模块、优先级、严重性、异常等级、重复性、分布概率、版本、测试者、测试日期和附件等。至少要包括以下一些方面内容(可以填表形式提交)，见表 3.3。

表 3.3　Bug 信息描述

序号	标题	预置条件	操作步骤	预期结果	实际结果	注释	严重程度	概率	版本	测试者	测试日期

Bug 的基本信息详细介绍

- Bug 的 ID：唯一的表示 Bug，可以根据该 ID 追踪 Bug。
- Bug 状态：Bug 的状态分为已提交、待分配、已分配、已处理、已关闭、未关闭。
- Bug 标题：描述 Bug 的标题。
- Bug 级别：一级(功能错误或系统错误)、二级(加工或数据错误)、三级(数据完整性或规范性错误)、建议类(界面提示错误)、疑问(此功能不理解错误)。
- Bug 优先级：立刻解决、一般关注、低优先级。
- Bug 类别：程序错误、接口错误、文档错误、数据错误等。
- Bug 提交人、时间：Bug 提交人的名字(包括邮件地址)、Bug 提交时间。
- Bug 所属项目、模块：Bug 所属的项目和模块最好能较精确的定位至模块。
- Bug 指定解决人：在 Bug 分发状态下由项目经理指定相关开发人员修改 Bug、修改结果反馈。

- Bug 处理人：最终处理 Bug 的处理人的姓名和邮件地址。
- Bug 指定解决时间：项目经理指定的开发人员修改此 Bug 的期限。
- Bug 处理时间：处理 Bug 的时间。
- Bug 处理结果描述：如果对代码进行了修改，要求在此处体现出修改的过程和修改内容。
- Bug 验证人：对被处理 Bug 验证的验证人。
- Bug 验证结果描述：对验证结果的描述(通过、不通过)。
- Bug 验证时间：对 Bug 验证的时间。
- 对于某些文字很难表达清楚的 Bug，可使用图片。
- 对 Bug 的详细描述：对 Bug 描述详细程度直接影响开发人员对 Bug 的修改，描述应该尽可能详细，包括对测试环境的描述。

以上是描述一个 Bug 时通常所要描述的内容，当然在实际提交 Bug 时还可以根据实际情况进行补充，如附上图片、log 文件等。另外，一个版本软件测试完毕，还要根据测试情况给出一份测试报告，这也是需要经过的一个环节。

3. 状态描述(参考上面描述)

软件 Bug 的状态描述如下：

(1) 新信息：测试中新报告的软件 Bug。

(2) 打开：被确认并分配给相关开发人员处理。

(3) 修正：开发人员已完成修正，等待测试人员验证。

(4) 拒绝：拒绝修改 Bug。

(5) 延期：不在当前版本修复的 Bug，在下一版本修复。

(6) 关闭：Bug 已被修复。

4. Bug 分布、统计分析

(1) 按照 Bug 严重程度及软件类型分布：由此可以统计整个项目生命周期中所有同行评审的 Bug 分布，也可以统计某一阶段所有同行评审的 Bug 分布。

(2) 按照 Bug 类型分布：按照 Bug 类型统计分布图。

- 某一次评审的 Bug 统计。
- 某一类型软件评审的 Bug 统计。
- 某一阶段所有同行评审的 Bug 统计。
- 整个项目周期内所有同行评审的 Bug 统计。

建议以某一类型软件和某一阶段来进行统计分布。

(3) 按 Bug 的分布曲线：

- 正常的 Bug 分布曲线描述为刚开始 Bug 数很多，几个版本后，Bug 数趋于收敛，到最后 Bug 数很少或没有严重、致命的 Bug。
- 非正常的曲线描述为刚开始很少，到后期越来越多的趋势，而且很多隐藏比较深的 Bug 也是在软件快要交付的时候才被发现，甚至在软件系统试验后。在这种情况下，往往在规定的时间测试无法正常结束，产品也就不能按时交付，其成本很高。

5. Bug 提交

测试人员将需求 Bug 不是提交给程序员，而是提交给需求分析人员，由他们进行处理。如果这个 Bug 在软件需求说明书中明确提到，称其为软件功能 Bug，它必须让程序员实现，提交程序员进行处理。但如果需求说明书没有明确提到，则可以定位为需求 Bug。这样处理有以下好处：

(1) 需求 Bug 再不像以前，没有人进行确认，需求的处理人员本来就是需求人员，应该由他们确认与跟踪需求 Bug，因为他们对需求有绝对的权威。同时测试人员其实就是最早的用户，他们的需求就是用户的需求，这种方法加强了需求人员与测试人员的沟通，使需求得到有效的补充，从而让产品更加完善。

(2) 测试人员从本质上来说与程序员是对立的。测试人员协调好与开发人员的关系，让他们更有效的对软件本身的 Bug 形成有效的关注是最好的。

(3) 测试人员的激情很重要，如果他们的想法没有得到体现，这时会渐渐地失去对测试的兴趣，从而软件的质量就无法得到保证。他们的建议通过对需求人员的反映得到实现，让他们时时觉得自己的想法是可以通过这种方法来有效的推行，这样工作的积极性才会有保障。

对于一个测试人员，要提交好的测试 Bug 必须遵循以下八个步骤：

① 结构：无论是做探索性的还是描述性的、手工的、自动的测试，都要认真仔细测试。

② 再现：尽量三次再现 Bug。如果问题是间断的，则最好报告 Bug 发生的概率。如每测试三次出现一次，每测试三次出现两次等。

③ 推广：确定系统其他部分是否可能出现这种 Bug，以及使用不同的数据是否可能出现这种 Bug，特别是那些存在严重影响的 Bug。

④ 总结：简要描述客户或用户的质量体验和观察到的一些特征。

⑤ 精简：精简任何不必要的信息，特别是冗余的测试步骤。

⑥ 去除歧义：使用清晰的语言，尤其要避免使用那些有多个不同或相反含义的词汇。

⑦ 中立：公正地表达自己的意思，对 Bug 及其特征的事实进行描述，避免夸张或忽略的语句，引起过度的注意力或忽视。

⑧ 评审：至少有一个同行，最好是一个有经验的测试工程师或测试经理，在提交测试报告或测试评估报告之前先自己读一遍。

测试 Bug 的正确描述是测试人员发现了什么，而不是他做了什么。因此，只需要根据上述八个步骤写下最少的必须重现步骤即可。

6. Bug 分析

分析 Bug 的标准是通过收集 Bug，对比测试用例和 Bug 数据库，分析确定是漏测还是 Bug 复现。漏测反映了测试用例的不完善，应立即补充相应测试用例，最终达到逐步完善软件质量。对于已有相应测试用例，则反映实施测试或变更处理存在问题。

3.8 Bug 确认、跟踪管理及管理系统

1. 确认

(1) 程序员修改 Bug 后，可能出现因修改一个 Bug，引起更多其他 Bug 的情况。所以

对 Bug 的确认，不但要确认修改的 Bug 情况，更要重新测试与 Bug 相关的其他功能，有时甚至要对整个系统重新测试。

(2) 系统后期测试。因时间比较紧迫，当进行 Bug 确认测试时，测试员往往只忙于正确性测试，容易忽略做破坏性测试，导致测试不全面。

2．Bug 跟踪管理

对 Bug 进行跟踪管理，确保每个被发现的 Bug 都能够及时得到处理是测试工作的一项重要内容。Bug 管理的一般步骤：

(1) 测试人员提交新的 Bug 入库，Bug 状态为 New。

(2) 高级测试人员验证 Bug，如果确认是 Bug，分配给相应的开发人员，设置状态为 Open。如果不是 Bug，则拒绝，设置为 Reject 状态。

(3) 开发人员查询状态为 Open 的 Bug，如果不是错误，则置状态为 Reject；如果是 Bug 则修复并置状态为 Fixed。不能解决的 Bug，要留下文字说明及保持 Bug 为 Open 状态。

(4) 对于不能解决和延期解决的 Bug，不能由开发人员自己决定，一般要通过某种会议(评审会)通过才能认可。

(5) 测试人员查询状态为 Fixed 的 Bug，然后验证 Bug 是否已解决，若解决置 Bug 的状态为 Closed；若没有解决置 Bug 的状态为 Reopen。

1) 软件 Bug 流程管理要点

(1) 为了保证 Bug 的正确性，需要有丰富测试经验的测试人员验证发现的 Bug 是否是真正的 Bug，书写的测试步骤是否准确，可以重复。

(2) 每次对 Bug 的处理都要保留处理信息，包括处理者姓名、时间、处理方法、处理意见、Bug 状态等。

(3) 拒绝或延期 Bug 不能由程序员单方面决定，应该由项目经理、测试经理和设计经理共同决定。

(4) Bug 修复后必须由报告 Bug 的测试人员验证后，确认已经修复，才能关闭 Bug。

(5) 加强测试人员与程序员的交流，对于某些不能重复的 Bug，可以请测试人员补充详细的测试步骤和方法，以及必要的测试用例。

2) Bug 管理中的角色

(1) 测试人员：进行测试的人员和 Bug 的发起者。

(2) 项目经理：对整个项目负责，对产品质量负责的人员。

(3) 开发人员：执行开发任务的人员，完成实际的设计和编码工作。

(4) 评审委员会：对 Bug 进行最终确认，在项目成员对 Bug 达不成一致意见时，行使仲裁权力。

3) Bug 管理应注意的问题

(1) 邮件问题：Bug 管理系统，除了具有上述功能外，还能够通过邮件系统方便地向相关人员发送提醒信息(Bug 处理超时提醒、Bug 待处理提醒等)。因为现在大多数公司都是分散在不同的地点，需要一种有邮件管理或基于 WEB 的 Bug 管理工具，通过赋予不同用户的权限、在 WEB 服务器上共享资源。

(2) 权限问题：作为一个 Bug 跟踪管理系统，还必须注意权限分配问题。Bug 记录作为软件开发过程中的重要数据，不能轻易地被删除；对于已经关闭的 Bug，也不能随意进行修改。因此，Bug 跟踪管理系统必须设置严格的管理权限，非相关人员不得进行相应操作，修改相应数据。

(3) 关于 Bug：软件测试绝不等同于找 Bug，测试是为了证明程序有错，而不是证明程序无错误。

3. Bug 跟踪管理系统

Bug 跟踪管理系统为了正确跟踪每个软件 Bug 的处理过程，通常将软件测试发现的每个 Bug 作为一条记录输入制订的 Bug 跟踪管理系统。对于一个 Bug 跟踪管理系统，需要正确设计每个 Bug 包含信息的字段内容和记录 Bug 的处理信息的全部内容。字段内容可能包括测试软件名称、测试版本号、测试人姓名、测试事件、测试软件和硬件配置环境，发现软件 Bug 的类型、Bug 的严重等级、详细步骤、必要的附图、测试注释等。处理信息包括处理者姓名、处理时间、处理步骤、错误记录的当前状态等。

目前已有的 Bug 跟踪管理软件包括 Compuware 公司的 TrackRecord 软件(商业软件)、Mozilla 公司的 Buzilla 软件(免费软件)，以及国内的微创公司的 BMS 软件，这些软件在功能上各有特点，可以根据实际情况选用。基于 Notes 的 Bug 跟踪系统还能够通过 Notes 的邮件系统方便地向相关人员发送提醒信息(Bug 处理超时提醒、Bug 待处理提醒等)。当然，也可以自己开发 Bug 跟踪软件。

3.9　软件 Bug 处理及处理代价

所有软件是由文档、代码等组成。最初的 Bug 是来自于这些软件错误，如代码中加法错写成减法。软件错误导致软件 Bug，如设计 Bug、代码 Bug 等，软件的 Bug 可能导致一个或多个软件故障，故障有内部故障、外部故障。

在讨论软件测试原则时，一开始就强调测试人员要在软件开发的早期，如需求分析阶段就应介入，问题发现的越早越好。发现 Bug 后，要尽快修复 Bug。如果 Bug 不能及早发现，可能造成越来越严重的后果。Bug 发现或解决得越迟，成本就越高。平均而言，如果在需求阶段修正一个 Bug 的代价是 1，那么在设计阶段修正是 3～6，在编程阶段修正代价是 10，在内部测试阶段修正代价是 20～40，在外部测试阶段修正代价是 30～70，而到了产品发布出去时，这个数字就是 40～1000，修正 Bug 的代价不是随时间线性增长，而几乎是呈指数增长。图 3.5 为修改 Bug 的代价。从图 3.5 可以看到，软件产品质量问题越晚发现，修复的代价越大。

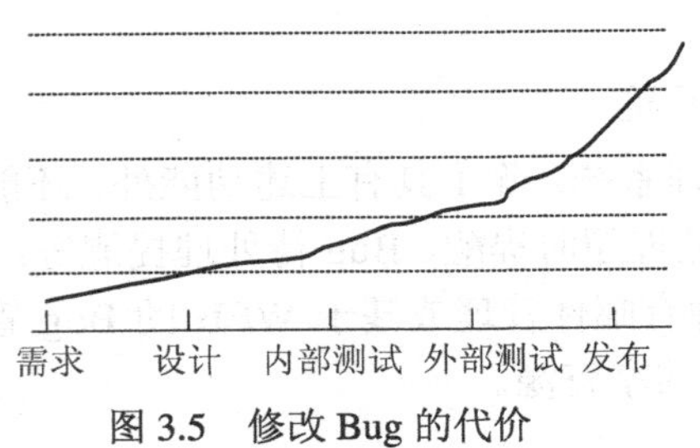

图 3.5　修改 Bug 的代价

软件测试的工作原则是如何将无边无际出现 Bug 的可能性减小到一个可以控制的范围，以及如何针对软件风险做出恰当选择，去粗存精，找到最佳的测试量，使得测试工作量适中，既能达到测试的目的，又能较为经济。图 3.6 为测试工作量和软件 Bug 数量之间的关系。

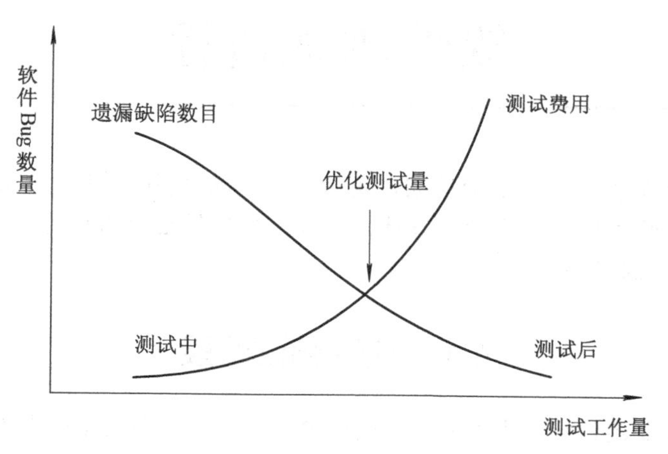

图 3.6　测试工作量和软件 Bug 数量之间的关系

本 章 小 结

本章的目的是指导如何管理同行评审、软件测试中发现的 Bug，即通过收集 Bug、分析和统计 Bug、排除 Bug 以及预防 Bug 等步骤达到有效地减少软件产品的 Bug 数。

练 习 题

1. 什么是软件 Bug？如何描述？
2. Bug 有几种状态？
3. 简述 Bug 产生的原因。简述查询 Bug 的经验和消除措施。
4. 简述 Bug 管理的一般步骤。
5. 图 3.5 与图 3.6 说明什么问题？

软件测试过程

软件测试贯穿于整个软件生命周期，是对软件产品(包括阶段性产品)进行验证和确认的全过程。测试工作渗透到从分析、设计、编程、使用等生命周期的各个阶段中。本章简单介绍软件测试的过程和步骤。

4.1 软件测试阶段

软件开发经过制定计划、需求分析、设计阶段之后，就进入编程阶段。程序中的 Bug，并不一定由编码所引起，很可能是由详细设计、概要设计阶段，甚至是由需求分析阶段的问题引起，即使针对源程序进行测试，所发现 Bug 的根源也可能在软件开发前期的各个阶段。定位、解决、排除 Bug 也可能需要追溯到前期的工作。因此，测试应贯穿于软件定义和开发的整个生命周期中。

1. 软件测试的工作流程

测试的工作流程与公司的整体工作流程、项目的测试要求等因素相关。图 4.1 为软件测试的一般工作流程。从图 4.1 可以看出软件测试经历了 5 个过程。

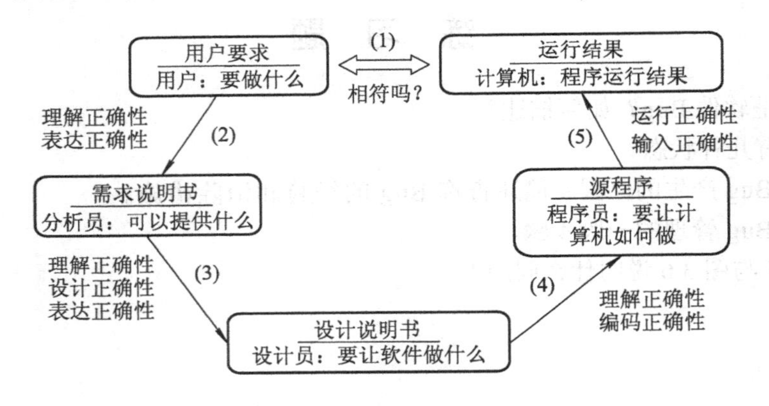

图 4.1　软件测试的工作流程

2. 测试过程中的数据

测试过程中所用的数据可分为正常数据、错误数据和边缘数据：

(1) 正常数据：在测试中所用的正常数据的量是最大的，而且也是最关键的。人们要从中提取出一些具有高度代表性的数据作为测试数据，以减少测试时间。

(2) 错误数据：错误数据是编写与程序输入规范不符的数据，从而检测程序输入、筛选、错误处理等程序的分支。

(3) 边缘数据：介于正常数据和错误数据之间的一种数据。它可以针对某一种编程语言、编程环境或特定的数据库而专门设定。如若使用 SQL Server 数据库，则可把 SQL Server 关键字(如：'; AS;Join 等)设为边缘数据。其他边缘数据如：HTML 的 HTML；<>等关键字以及空格、@、负数、超长字符等。边缘数据要靠测试人员的丰富经验来制订。

3. 测试过程中的信息流

图 4.2 为测试过程中的信息流。其中，

软件配置：软件需求规格说明、软件设计规格说明、源代码等。

测试配置：测试计划、测试用例、测试程序等。

测试工具：测试数据自动生成程序、静态分析程序、动态分析程序、测试结果分析程序以及驱动测试的测试数据库等。

测试结果分析：比较实测结果与预期结果，评价 Bug 是否发生。

排错(调试)：对已经发现的 Bug 进行 Bug 定位和确定出错性质，并改正这些 Bug，同时修改相关的文档。

回归测试：修正 Bug 后再测试，直到通过测试为止。

可靠性：通过收集和分析测试结果数据，对软件建立可靠性模型。利用可靠性分析评价软件质量，即软件的质量和可靠性达到可以接受的程度。

如果测试发现不了 Bug，就可以肯定测试配置考虑得不够细致充分，Bug 仍然潜伏在软件中，则所做的测试不足以发现严重的 Bug。

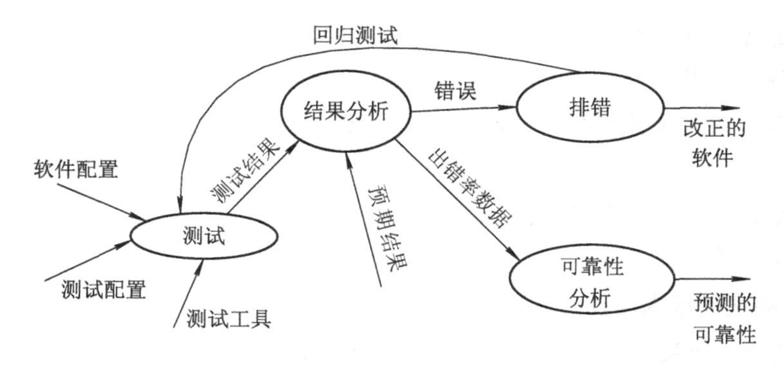

图 4.2　测试信息流

4. 测试阶段划分

按照测试流程，将测试工作划分为计划(指进行测试计划)、设计(指进行测试设计)和执行(含评价、执行测试并判别结果、评价测试效果和被测试软件)等几个阶段。

可以从三个不同的角度将测试划分为多个阶段：

(1) 面向测试操作类型的划分：调试、集成、确认、验证、组装、验收、操作等。

(2) 面向测试对象粒度的划分：语句、结构、单元、部件、配置项、子系统、系统、大系统等。

(3) 面向测试实施者的划分：开发者、测试者、验收者、使用者等。

每个测试阶段一般都要经历以下步骤：测试需求分析、测试过程设计、测试实现和实

施、测试评价、测试维护。详细叙述如下：

① 测试需求分析：测试需求是整个测试过程的基础，主要确定测试对象以及测试工作的范围和作用。

② 测试过程设计：包括测试计划、测试策略制定、测试时间安排、测试用例编写等。

③ 测试实现：包括配置环境、制作新的版本、培训测试人员等。

④ 测试实施：已经按照测试计划进行展开，如手工测试、自动化测试等。

⑤ 测试评价：对版本测试覆盖率、测试质量、人员测试工作以及前期的一些工作制定情况进行评价、评估。

⑥ 测试维护：对测试用例库、测试脚本、Bug 库等进行维护、保证延续性等。

⑦ 测试工作的组织与管理：制定测试策略、测试计划，确认所采用的测试方法与规范、控制测试进度、管理测试资源。

⑧ 测试工作的实施：编制符合标准的测试文档，搭建测试环境，开发测试脚本，与开发组织协作实现各阶段的测试活动。

5. 角色和职责

1) 测试设计员

- 制定和维护测试计划。
- 设计测试用例及测试过程。
- 评估测试，生成测试分析报告。

2) 测试员

- 执行集成测试和系统测试。
- 记录测试结果。

3) 设计员：设计测试需要的驱动程序和稳定桩。

4) 编码员

- 编写测试驱动程序和稳定桩。
- 执行单元测试。

6. 软件测试的基本活动

软件测试是一个极为复杂的工作，通常包括以下基本测试活动：

- 拟定测试计划和编制测试大纲。
- 确定和建立必要的测试环境。
- 设计和生成测试用例，按照所写的测试用例，编写测试脚本。
- 根据测试对象和目的，构造测试用例集合。
- 运行测试脚本或手工按测试用例进行。
- 记录测试结果。
- 结果比较分析，找出软件 Bug。
- 跟踪和管理软件 Bug。
- 将软件 Bug 记录到 Bug 数据库，清楚描述该 Bug。
- 验证被处理的软件 Bug，并进行回归测试。

● 对测试过程进行管理，保证测试工作执行的准确性，实现资源调拨和相关合作方的协调，对测试中的问题进行全程跟踪。

● 生成测试报告。

7. 软件测试的主要过程

一般软件测试的主要过程为计划→配置→开发→测试执行。其中，

● 配置：指软、硬件资源的设置。

● 开发：指构造或配置测试工具、创建测试套件和测试方案库、准备适当的报告工具并记录测试系统如何运行。

● 测试执行：指进行测试、记录测试条件和 Bug 以及报告结果。

8. 动态测试的一般过程

软件动态测试的一般过程如图 4.3。其中，测试过程有两类输入：软件配置和测试配置。

● 软件配置包括软件需求规约、设计规约、源代码等。

● 测试配置包括测试计划、测试用例、测试工具等。最核心的过程是生成测试用例、运行程序(测试)和验证程序的运行结果(评估)。

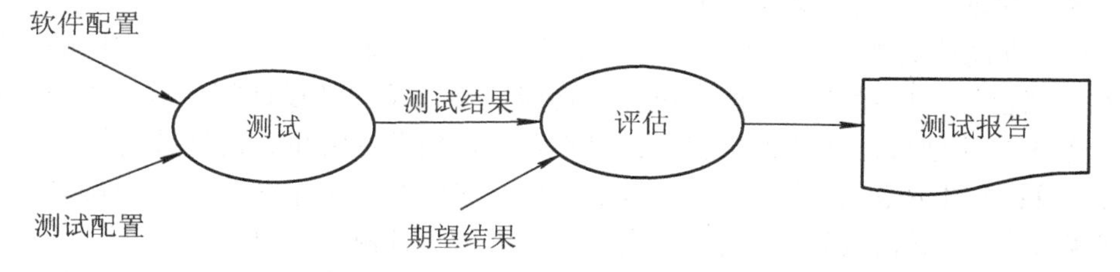

图 4.3　软件动态测试过程示意图

一般而言，软件测试的全过程指测试工作从项目确立时就开始，贯穿于软件生命周期，前后要经过以下主要过程：

需求分析→测试计划→测试设计→测试场景设计→测试执行→测试报告→Bug 管理→评估→RTM→软件系统组成→总结和维护

说明：

(1) 以上流程各过程并未包含测试过程的全部，如根据实际情况还可以实施一些测试计划评审、用例评审、测试培训等。在软件正式发行后，还需要进行一些后续维护测试等。当遇到一些严重 Bug 时，需要召开审查会等。

(2) 以上各过程并不是独立的，实际工作千变万化，各过程之间有一些交织、重叠在所难免，如编写测试用例的同时就可以进行测试环境的搭建工作，当然也可能由于一些需求不清楚而重新进行需求分析等。在实际测试过程中要做到具体问题具体分析、具体解决。

(3) 一般而言，需求分析、测试用例编写、测试环境搭建、测试执行等属于测试开发人员工作范畴，而测试执行以及 Bug 提交等属于普通测试人员的工作范畴，测试负责人负责整个测试各个过程的 Bug 的跟踪、测试实施和管理等。

下面详细介绍软件测试的全过程。

1) 需求调研、分析

一般而言，需求分析包括软件功能需求分析、测试环境需求分析、测试资源需求分

析等，其中最基本的是软件功能需求分析。经过需求调研分析后编写需求规格说明书，它是整个开发过程的基线。当系统分析员完成了需求分析，他将提交需求规格说明书。测试人员根据在需求调研阶段获取的对需求的理解审查整个文档，检查文档是否覆盖了所有需求。

2) 测试计划

测试计划一般由测试负责人来编写。测试计划的依据主要由项目开发计划和测试需求分析结果而制定。测试过程与整个软件开发过程基本上是平行进行。测试计划早在需求分析阶段就应开始制定。其他相关工作，包括测试大纲的制定、测试数据的生成、测试工具的选择和开发等也应在测试阶段之前进行。充分的准备工作可以有效克服测试的盲目性，缩短测试周期，提高测试效率，并且可以起到开发文档与测试文档互查的作用。

3) 测试设计

测试设计主要包括测试大纲、审查设计文档、测试用例编写：

(1) 测试大纲。测试大纲是测试的依据，它明确、详尽规定了在测试中针对系统的每一项功能或特性所必须完成的基本测试项目和测试完成的标准。无论是自动测试还是手动测试，都必须满足测试大纲的要求。

(2) 审查设计文档。在系统设计阶段，测试人员要理解系统是怎样实现的。这个阶段的开发文档包括概要设计、数据库设计、功能说明以及详细设计等。测试人员审查这些文档，检查这些计划与设计是否合理。如果不合理，问题在哪里、怎样改进等。

(3) 设计和生成测试用例。在计划测试时，需要将整个系统分解。正确划分子系统可以降低测试的复杂性，减少重复与冗余，更加方便设计测试用例。

设计测试用例是一件非常细致的工作。通常每个用例需要包括：序号和标题、用例说明、测试优先级、测试输入及测试步骤、期望输出与实际输出(当执行测试时，它被用来记录测试的结果)。测试用例设计要考虑以下几点：覆盖率(要达到最大覆盖软件系统功能的功能点)、数量(一个多于半年的开发周期，用例不得少于4000个)、使用管理工具软件等。

4) 测试场景设计

测试场景设计主要是测试环境问题。测试环境对测试很重要，为了测试软件，人们可能根据不同的需求使用很多不同的测试环境。有些测试环境人们可以搭建，有些环境人们无法搭建或者搭建的成本很高。不同软件产品对测试环境有着不同的要求，符合要求的测试环境能够帮助人们准确的找出软件Bug，并且做出正确的判断。

测试环境是一个确定、可以明确说明的条件，不同的测试环境可以得出对同一软件的不同测试结果，这说明测试并不完全是客观的行为，任何一个测试的结果都是建立在一定的测试环境之上。测试环境中特别需要明确说明的是测试人员的水平，包括专业上、计算机操作的能力以及与被测试程序的关系，这种说明还要在评测人员对评测对象做出的判断的权值上有所体现。这就要求测试机构建立测试人员档案库，并对其参与测试的工作业绩不断做出评价。

测试计划是可以变动的。一份计划做得再好，当实际实施时就会发现往往很难按照原有计划开展。如在软件开发过程中资源匮乏、人员流动等都会对测试过程和测试结果造成一定的影响。所以，就要求测试负责人能够从宏观上来实时调控和修改测试计划。

5) 测试实施、执行

当以上的准备工作完成后，系统开发也进入到尾期。测试人员可以根据前面的测试计划和测试用例逐个实施测试。每一个独立的软件部分要接受单元测试，若干个部分组合起来接受集成测试。当所有的软件产品完成后要接受系统测试，系统测试是保证整个系统符合用户需求。而性能测试也是必不可少的，保证软件的各个部分满足需求的性能标准。

测试执行阶段是由一系列不同的测试类型的执行过程组成，每种测试类型都有其具体的测试目标和支持技术，每种测试类型都只侧重于对测试目标的一个或多个特征、或属性进行测试，准确的测试类型可以给测试带来事半功倍的效果。具体的测试实施过程分为四个阶段：单元测试→集成测试→系统测试→出厂测试，其中每个阶段还要进行回归测试等。

从测试的角度而言，实施测试包括一个量和度的问题，也就是测试范围和测试程度的问题。比如一个版本需要测试哪些方面？每个方面要测试到什么程度等？从管理的角度而言，在有限的时间、有限人员甚至短缺的情况下，要考虑如何分工，如何合理地利用资源来开展测试。还要考虑以下问题：① 当测试人员执行测试不到位、测试不认真时该如何解决？② 怎样提高测试效率；③ 根据版本的不同特点是只做验证测试还是采取冒烟测试，或是系统全面测试？④ 当测试过程中遇到一些偶然性、随机性问题该怎样处理？⑤ 当版本中出现很多新问题时该怎样对待？⑥ 测试停止标准是什么？

总之，测试执行过程中可能会遇到很多复杂的问题，要具体问题具体解决。

6) 测试记录

生成测试报告，即 Bug 记录，分为软件 Bug 报告和测试结果报告。一般测试 Bug 报告中要包含对项目的概述、测试的功能点(可以目录形式列出)、Bug 在功能点的分布(可用柱状或饼状图表示)、Bug 按严重等级划分的百分比，以及是否通过本次测试的结论。

Bug 记录一般包括两方面：由谁提交和 Bug 描述。一般而言，Bug 都是谁测试谁提交。当然有些公司为了保证所提交 Bug 的质量，还会在提交前进行 Bug 评估，以确保所提交的 Bug 的准确性。Bug 记录格式见表 4.1。

表 4.1　Bug 记录格式

序号	标题	预置条件	操作步骤	预期结果	实际结果	注释	严重程度	概率	版本	测试者	测试日期

在实际提交 Bug 时可以根据实际情况进行补充，如可以附上图片、log 文件等。另外，一个版本测试完毕还要根据测试情况给出测试报告。

7) Bug 管理、测试维护和软件评估

(1) Bug 管理：很多公司都利用 Bug 管理工具来进行管理。常见 Bug 管理工具有 Test Director、Bugfree 等。

(2) 测试维护。由于实际测试的不完全性，当软件正式发布后，客户发现的问题需要修改，修改后需要进行回归测试，再次对软件进行测试、评估、发布。

(3) 软件评估。软件评估指软件经过一轮又一轮测试后，确认软件无重大问题或者问题很少的情况下，对准备发给客户的软件进行评估，以确定是否能够发行给客户或投放市场。

软件评估小组一般由项目负责人、营销人员、部门经理等组成，也可能由客户指定的第三方人员组成。

主要的三类评估：

① 测试工作估计。测试工作估计包括对工作量、资源和成本的估计。估计一般使用类比法、经验法、模型法等。项目负责人可以根据被测试软件的需求规格说明或者详细设计计划，进行工作量估计。也可以根据选用的测试方法、测试环境、被测试软件的工作特性以及对工作量的估计提出资源需求。

② 设计评审。从测试的视角看，设计评审非常重要，通过全面评审软件设计内容，可以在软件开发的早期发现一些潜在与性能和安全性有关的 Bug。如果这些 Bug 在编程阶段才被发现，则修正 Bug 耗费的时间将比设计阶段修改 Bug 长得多。

③ 实现代码评审。在实现代码评审阶段，从详细测试计划文档中执行测试用例，对软件的代码进行审阅，这是单元测试的重要步骤。通过代码评审，可以在软件开发的早期发现 Bug。

(4) 测试系统组成。让软件测试趋于规范——建立测试管理体系。测试系统主要由下面六个相互关联、相互作用的过程组成：测试规划、测试设计、测试实施、配置管理、资源管理、测试管理。测试实施阶段是由一系列的测试周期组成。在每个测试周期中，测试工程师将依据预先编制好的测试方案和准备好的测试用例，对被测试软件进行完整测试。

(5) 测试总结。每个版本有各自的测试总结，每个阶段有各自的测试总结。当项目完成后，一般要对整个项目作回顾总结，检查有哪些做得不足的地方，有哪些经验可以对今后的测试工作起借鉴作用等。测试总结没有严格格式和字数限制等。

(6) 测试维护。由于测试的不完全性，当软件正式发布后，客户在使用过程中，难免遇到一些问题，有的甚至是严重性的问题，这就需要修改有关问题，修改后需要再次对软件进行测试、评估、发布，这个过程就是测试维护。

9. 测试与软件开发各阶段的关系

软件开发过程是一个自顶向下、逐步细化的过程。软件计划阶段定义软件作用域。软件需求分析建立软件信息域、功能和性能需求、约束等。软件设计是把设计结果用某种程序设计语言转换成程序代码。测试过程是依相反顺序安排的自底向上，逐步集成的过程(见图 4.4)。

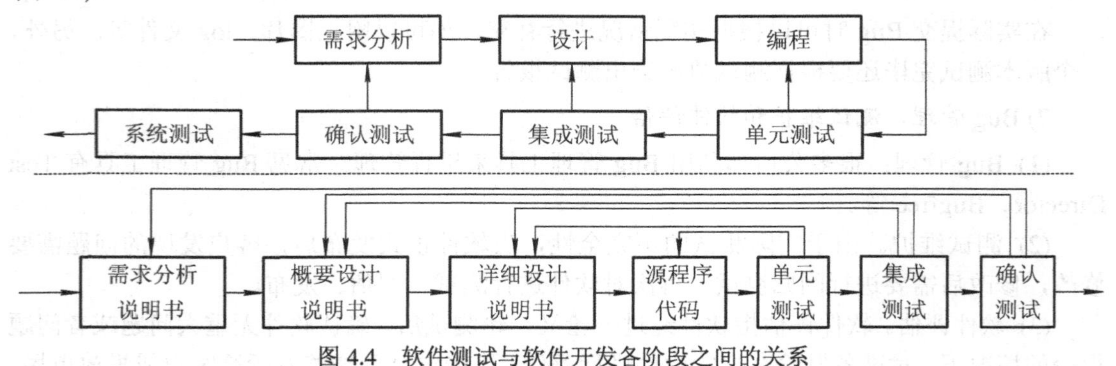

图 4.4　软件测试与软件开发各阶段之间的关系

4.2　软件测试生命周期和软件测试的流程

软件测试在软件生存周期中横跨两个阶段：

(1) 通常在编写完成每一个模块之后就对它进行必要的软件测试(即单元测试)，编码和单元测试属于软件生存期中的同一个阶段；

(2) 在结束这个阶段后对软件系统还要进行各种综合测试，这是软件生存期的另一个独立阶段，即软件测试阶段。

4.2.1　软件测试的生命周期

软件测试生命周期归纳为 7 个阶段：计划、分析、设计、构建、周期测试、测试与实施以及实施后期。

1．计划(即产品定义阶段)

- 高层次的测试计划(包含多重测试周期)。
- 质量保证计划(质量目标，测试标准等)。
- 确定计划评审的时间。
- 报告问题过程。
- 确定问题的分类。
- 确定项目质量度量。
- 确定验收标准——提供给质量保证员和用户。
- 确定衡量标准，如 Bug 数量/严重程度和 Bug 起源等。
- 建立应用程序测试数据库。
- 开始制定项目整体测试时间表(包括时间、资源等)。
- 评审产品定义文档，在文档中加入质量保证标准，作为工程改善进程的一部分。
- 数据库管理所有测试用例，包括手工方面或自动化方面。
- 大约每月要花费 5～10 小时。

2．分析(外部文档阶段)

- 根据业务需求开发功能验证矩阵。
- 制定测试用例格式，包括估计时间和分配优先级等。
- 制定测试周期矩阵与时间线。
- 根据功能验证矩阵开始编写测试用例。
- 根据业务需求，计划测试用例基准数据。
- 确定用于自动化测试的测试用例。
- 自动化团队开始在测试工具中创建变量文件和高层次的测试脚本。
- 为自动化系统中的跟踪组件设置路径和自动化引导。
- 界定压力和性能测试的范畴。
- 按照每个测试用例的数据，要求开始建立基准数据库。

- 定义维护基准数据库的过程，即备份、恢复、验证。
- 建立反馈机制并录入文档。
- 规划项目所需的测试周期数和回归测试次数。
- 文档复查，如功能设计文档、业务需求文档、产品规格说明书、产品外部文档等。
- 审查测试环境和实验室，前端与后端系统都要审查。
- 准备使用 McCabe 工具，以支持白盒测试中代码的研发和复杂性分析。
- 必需阶段审查外部文件。
- 该文档中加入质量保证标准，作为工程改善进程的一部分。
- 根据群体执行反馈编写测试用例。
- 开始研制测试用例估计数目、每个用例的执行时间和用例是否自动化这些方面度量。
- 为每个测试用例确定基准数据。
- 大约每月要花 25 小时。

3．设计(即文档架构阶段)

- 根据变更修改测试计划。
- 修改测试周期矩阵和时间线。
- 核实测试计划和用例用到的数据并输入到数据库。
- 修改功能验证矩阵。
- 继续编写测试用例，根据变化添加新的用例。
- 规范自动化测试和多用户测试的细节。
- 挑选出一套用于自动化测试的测试用例，并且把这些用例脚本化。
- 规范压力测试和性能测试的细节。
- 最终确定测试周期。根据测试用例的估计时间和优先权确定每个周期所用的测试用例数。
- 制定风险评估标准。
- 最终确定的测试计划。
- 估计单元测试所需资源。
- 必需阶段，审查架构文件。
- 该文档中加入质量保证标准，作为工程改善进程的一部分。
- 确定要进行编码的实际组件或模块。
- 定义单元测试标准，通过/失败准则等。
- 列出所有要进行单元测试的模块。
- 单元测试报告，报告进行单元测试后的模块质量如何，白盒测试和黑盒测试都要包括输入/输出数据和所有决定点。

4．构建(单元测试阶段)

- 完成所有计划。
- 完成测试周期矩阵和时间线。
- 完成所有测试用例。

- 完成第一套自动化测试用例的测试脚本。
- 完成压力和性能测试的计划。
- 开始压力和性能测试。
- McCabe 工具支持：提供度量。
- 测试自动化测试系统，并修复 Bug。
- 运行质量保证验收测试套件，以确保软件已经可以交给中心测试。

5．周期测试/Bug 修正(重复/系统测试阶段)

- 测试周期一，执行第一套的测试用例(包括前端和后端)。
- 报告 Bug。
- Bug 审核。
- 根据需求修改、增加测试用例。
- 测试周期二、测试周期三等。

6．测试和实施(代码冻结阶段)

- 执行所有前端测试用例：人工和自动化。
- 执行所有后端测试用例：人工和自动化。
- 执行所有压力和性能测试。
- 提供对正在进行的 Bug 跟踪度量。
- 提供对正在进行的复杂性和设计的度量。
- 更新测试用例和测试计划的估计时间。
- 文件测试周期，回归测试，并更新相应文档。

7．实施后期

- 召开实施后评估会议以回顾整项工程。
- 准备最终的 Bug 报告和相关度量。
- 制定战略以防止类似的问题在今后的项目中重复出现。
- 创建如何改进流程的计划目标和里程碑，使用 McCabe 工具制作最后的报道和分析。自动化测试组：① 审查测试用例以评估其他可用于自动化回归测试的用例；② 清理自动化测试用例和变量；③ 审查自动化测试和手工测试结果的整合过程；④ 测试实验室和测试环境-清理测试环境，标记和存档用过测试用例和数据，恢复测试仪器到原始状态等。

4.2.2　软件测试的流程

软件测试是一个涉及软件开发周期各阶段的很多活动，其过程是循环的、周而复始的，并不是单一、有顺次的。它的大致流程如下：

测试之初(原始状态)→测试需求测试设计→测试设计→故障管理→测试计划→测试复查→测试执行→测试报告→单元测试→自动化测试→性能测试→提高测试技能→总结→回到起点。

为了详细说明软件的测试过程，图 4.5 给出了软件开发和处理整个流程。

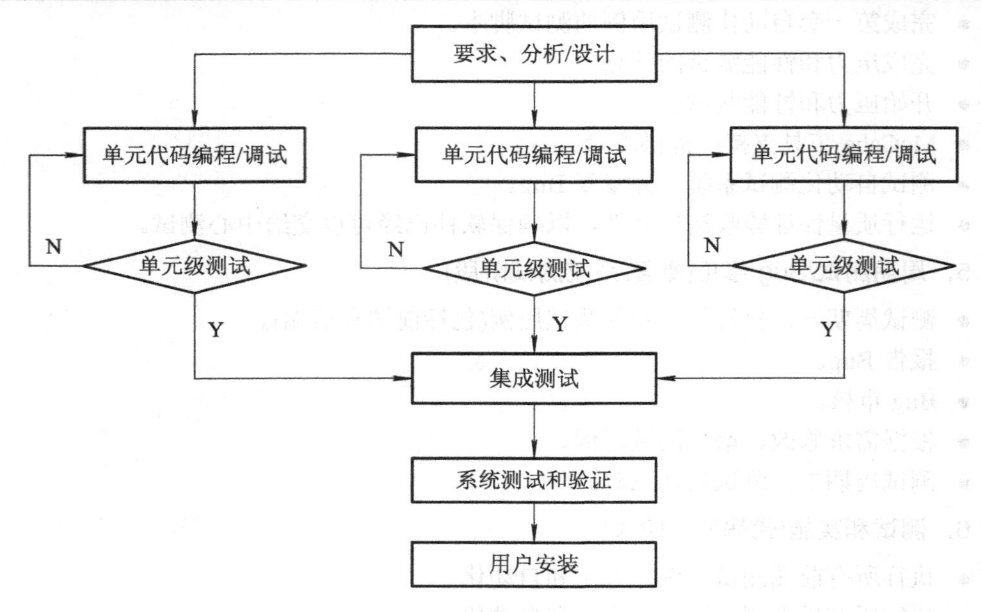

图 4.5　软件开发和处理流程

在软件测试的整个流程中，每个阶段都很重要。

下面 3 个图都是描述软件测试的生命周期流程图。其中，图 4.6(a)为传统的软件测试生命周期，直到编码结束以后才开始测试活动；图 4.6(b)为传统并行的软件测试生命周期，执行测试在编码之后开始，测试计划和设计与开发同步；图 4.7 为软件测试生命周期的全过程。

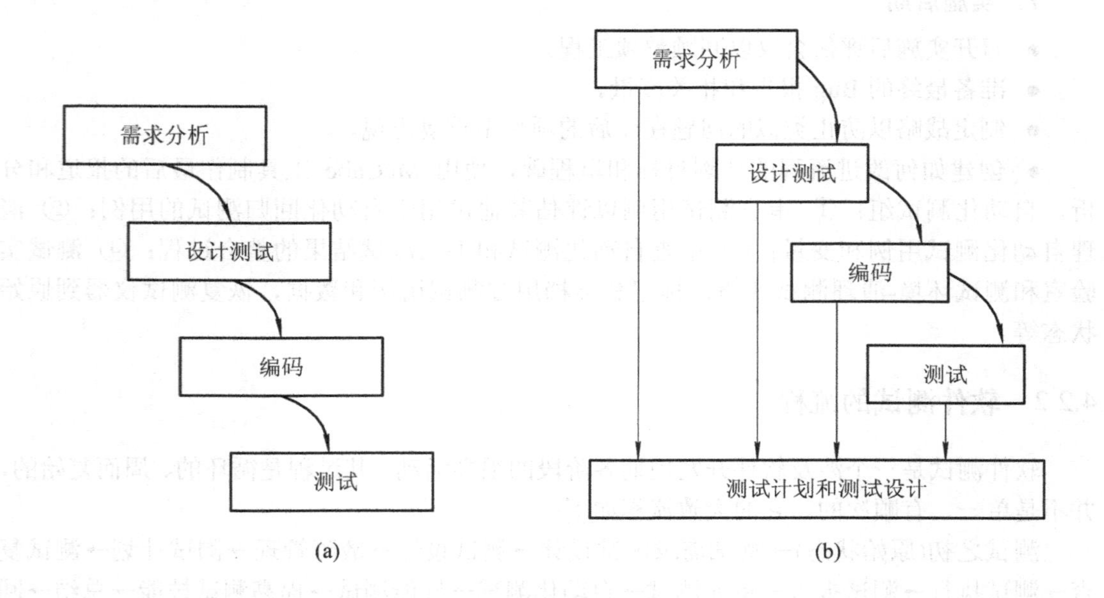

图 4.6　测试生命周期

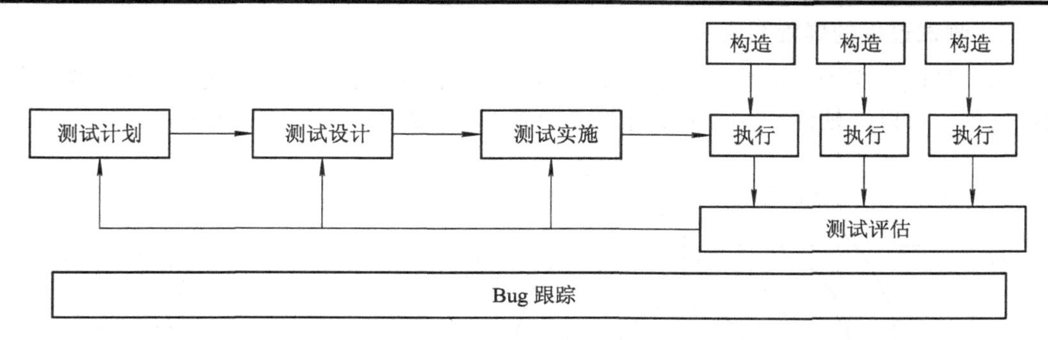

图 4.7　软件测试生命周期的全过程

4.3　软件测试步骤

测试时，每执行一次“输入”，就要根据软件的可靠性需求，对被测系统所表现出的“状态”是否符合预期的“状态”做出判断。

软件测试可以分为若干步骤(或阶段)。

1．按流程顺序将其分为 6 个步骤

(1) 文档、代码测试：由项目小组完成；

(2) 单元测试：由项目小组完成；

(3) 集成测试：由项目小组完成；

(4) 系统测试：由专业测试小组完成；

(5) 验收测试：由用户和开发商共同完成；

(6) 安装维护：由用户和开发商共同完成。

这几个步骤完全逆向检测了软件开发的各个阶段。文档代码测试是对软件文档和代码进行检查和审阅，此测试应贯穿于整个软件开发生命周期中，尤其在开发早期，其作用比较显著。单元测试主要测试程序代码；集成测试主要对设计检测；系统测试主要测试软件功能；验收测试主要对用户需求检测。但是，每个测试阶段仍要对其他测试阶段的测试内容加以测试，只是测试重点不同。

软件项目一开始，测试就开始了，从产品的需求分析审查到最后的验收测试、安装测试结束，整个测试过程的步骤如图 4.8 所示。

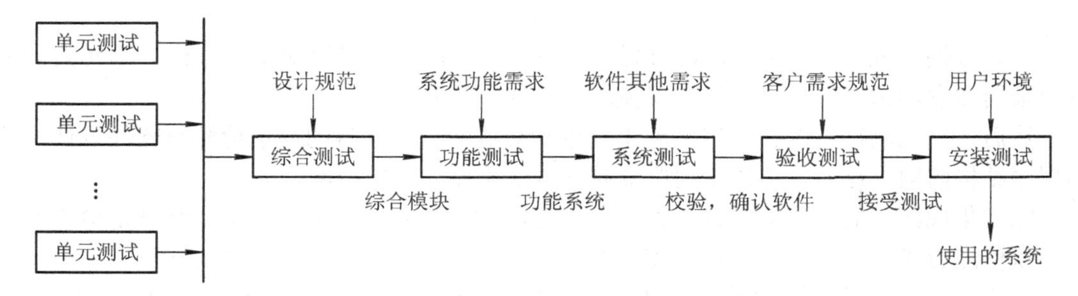

图 4.8　软件测试步骤

2．测试过程的螺旋图表示

由于测试贯穿于软件整个开发生命周期中，而且测试的各个阶段是交叉的，为了说明测试过程，可以把软件开发与测试过程表示成一个螺旋图，如图 4.9 所示。

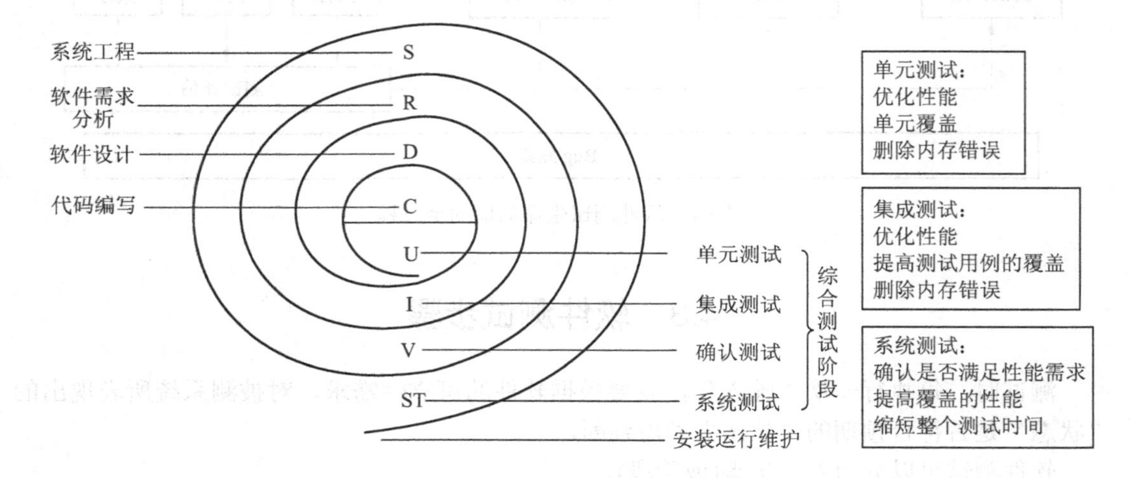

图 4.9　软件开发与测试全过程

3．测试过程的一般表示

从螺旋线图上可以把测试阶段从系统中分离开来分析研究。用螺旋线表明的测试过程可以分成 4 个阶段：单元测试、集成测试、确认测试和系统测试，见图 4.10。

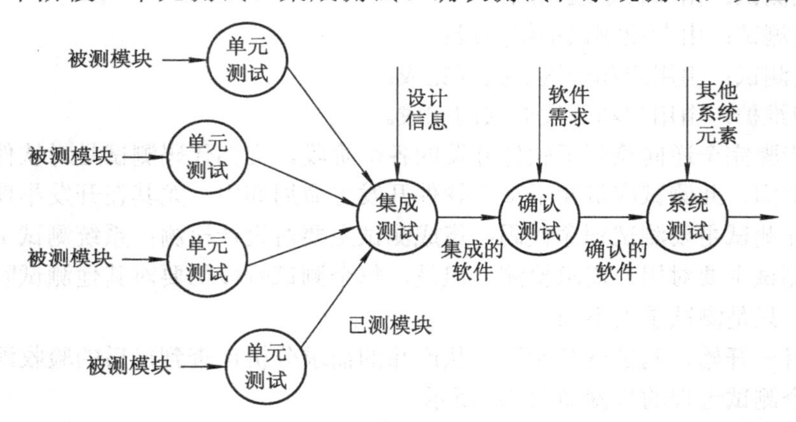

图 4.10　软件测试的 4 个阶段

首先分别完成每个单元(模块)的测试任务，以确保每个模块能正常工作。单元测试大量地采用白盒测试方法，尽可能发现模块内部的程序 Bug。

然后，把已测试过的模块组装起来，进行集成测试。其目的在于检验与软件设计相关的程序结构问题。这时较多的采用黑盒测试方法来设计测试用例。

完成集成测试后，要对开发工作初期制定的确认准则进行检验。确认测试是检验所开发的软件能否满足所有功能和性能需求的最后手段，通常均采用黑盒测试方法。

完成确认测试后，给出合格的软件产品。但为了检验它能否与系统的其他部分(如硬件、数据库及操作人员)协调工作，还需要进行系统测试。

4．不同测试过程的代价

很多研究成果表明，无论何时做出修改都要进行完整的回归软件测试，在软件生命周期中尽早地对软件产品进行软件测试将使效率和质量得到最好的保证。Bug 发现的越晚，修改它所需的费用就越高，因此应该尽可能早的查找和修改 Bug。美国质量保证研究所对软件测试的研究结果表明，越早发现软件中存在的 Bug，开发费用就越低；在编码后修改软件 Bug 的成本是编码前的 10 倍；在产品交付后修改软件 Bug 的成本是交付前的 10 倍。图 4.11 为不同测试阶段软件测试的代价。

图 4.11 摘自《实用软件度量，1991》，它列出了准备软件测试、执行软件测试和修改 Bug 所花费的时间(以一个功能点为基准)，这些数据显示：单元测试的成本效率大约是集成测试的两倍，是系统测试的三倍(参见条形图)。域软件测试意思是在软件投入使用后，针对某个领域所作的所有软件测试活动。图 4.11 说明尽可能早的排除尽可能多的 Bug 可以减少后期阶段软件测试的费用。

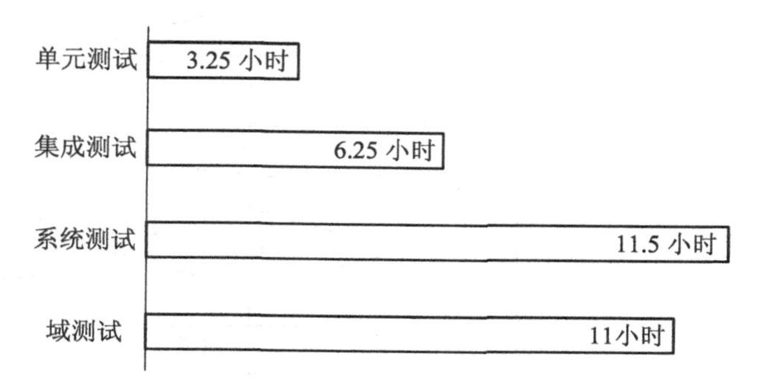

图 4.11　不同测试阶段的软件测试费用

5．测试过程的总体流程图及不同阶段的流程图

按测试执行阶段划分主要包括：单元测试、集成测试、确认测试、系统测试、业务测试、压力测试、性能测试、安装测试、验收测试等。其中，单元测试着重于软件以源代码形式实现的各个单元；集成测试着重于对软件的体系结构的设计和构造；系统测试着重于把软件、硬件和其他的系统元素集成在一起，根据软件需求说明对已经建造好的系统进行测试；回归测试着重于软件的更改、更新后的测试。这四种测试是软件全生命周期持续不断的事情，而不是一个阶段性的事情，并且要把测试概念的外延进一步扩大。

图 4.12 为测试执行阶段总体流程图，特别集成测试和系统测试的反馈意见可能导致设计文档(需求或数据库)的修改。图 4.13 为需求阶段流程图，图 4.14 为设计编码阶段流程图。其他阶段的流程图类似，这里就不介绍了。

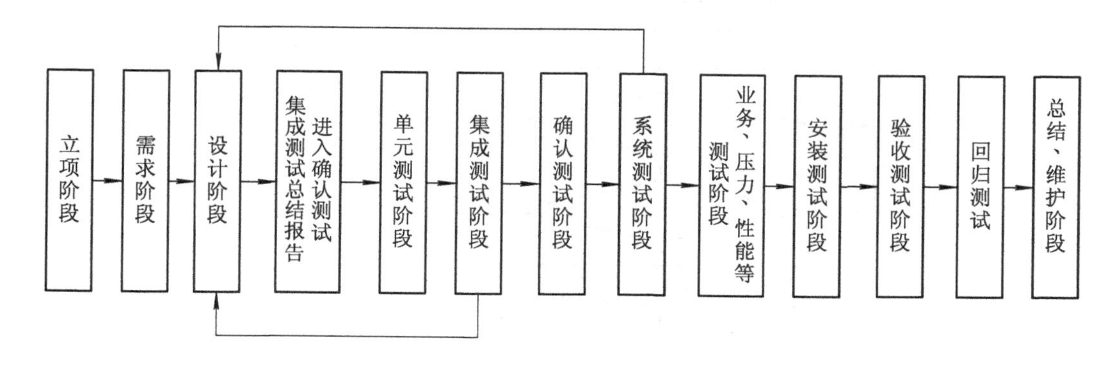

图 4.12　软件测试工作总体流程

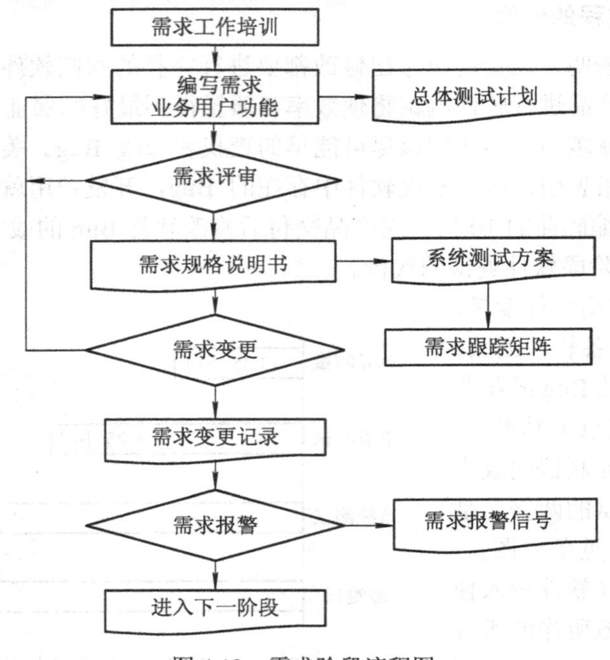

图 4.13　需求阶段流程图

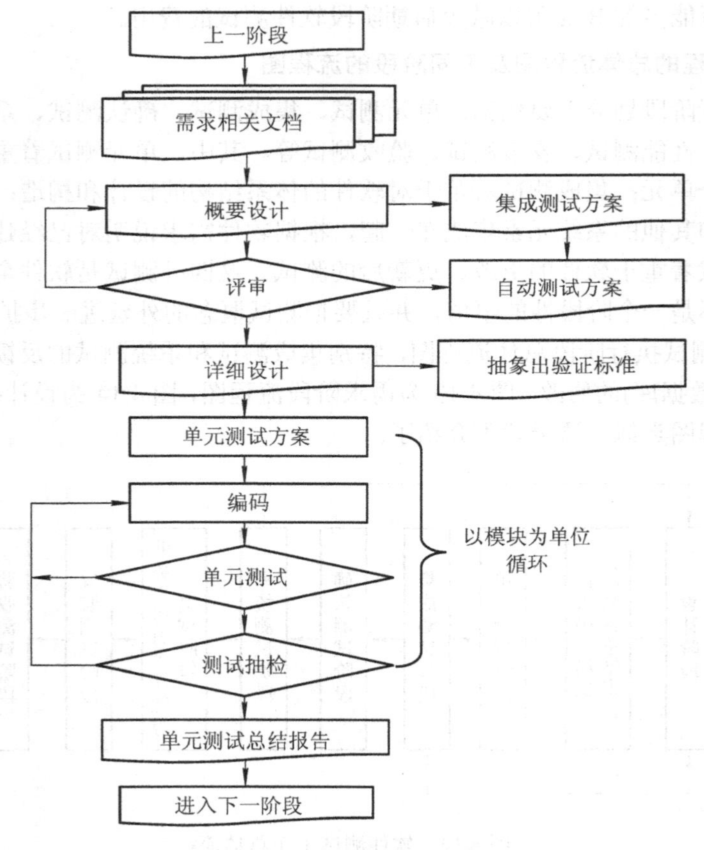

图 4.14　设计编码阶段工作流程

下面按照软件测试步骤，对单元测试、集成测试、确认测试和系统测试作进一步说明。

4.4　单元测试(模块测试、逻辑测试、结构测试)

单元测试的要点是进行单元模块所有数据项的正确性、完善性测试，主要关注模块的算法细节和模块接口间流动的数据。单元测试可看作是编码工作的一部分，应该由程序员完成。一般以白盒测试为主，辅以黑盒测试。单元级测试易于发现程序的 Bug，易于达到完全代码覆盖率，减少测试费用与开发时间。单元测试需求所确定的是单元测试的内容，根据概要设计、详细设计和软件单元获取。进行单元测试主要采用编程人员之间相互交叉测试，因为通常编程人员比较容易发现其他人员编写代码中的 Bug，所以必须采用交叉测试。

1. 测试单元

测试单元定义是一个包括一个或多个计算机程序模块及相应控制数据(如表格)、调用过程、操作过程的模块集合，且该集合成员满足下面条件：

- 所有模块属于同一个计算机程序系统。
- 集合中至少有一个模块(新的或改变过的模块)尚未完成单元测试。
- 所有模块及相应数据和过程的集合是一个测试过程的唯一对象。

2. 单元测试定义

为了更清晰的了解单元测试，在单元测试前，先要明白以下几个问题：

- 单元测试的目标：确保模块被正确地编码。
- 由谁去做：通常由程序人员测试。
- 怎样去测试：功能测试可以用黑盒测试方法，代码测试可用白盒测试方法。
- 什么时候可以停止：当程序员感到代码没有 Bug 时。
- 记录：通常没有记录，人们在清楚以上问题后就可以编写测试用例了。

单元测试是针对软件设计中用源代码实现的每一个基本单元——程序模块，进行正确性检验的测试工作，检查各个程序模块是否正确地实现了规定的功能，它所测试的内容包括单元的内部结构(如逻辑和数据流)以及单元的功能和行为。目的在于发现各个模块内部可能存在的各种 Bug。单元测试需要从程序内部结构出发设计测试用例，多个模块可以平行、独立地进行测试。

3. 单元测试采取的方法

单元测试一般运用白盒测试(控制流、数据流测试)，以路径覆盖为最佳测试准则，验证单元实现的功能，而不需要知道程序是如何实现它们；有时也采用黑盒测试(等价类划分、因果图、边值分析)等多种测试技术。黑盒测试关注的是单元的输入与输出，不是白盒测试的替代品，而是辅助白盒测试发现其他类型的 Bug。

4. 单元测试要解决的问题

进行单元测试是为了证明这段代码的行为和人们期望是否一致。单元测试在程序编码中就已经进行。其内容包括：设计测试用例要测试哪几方面的问题，针对这几方面问题各

自测试什么内容、测试的具体步骤、实用测试策略。

通常单元测试由编码人员自己来完成，因而有人认为编码与单元测试合为一个开发阶段。单元测试大多从程序的内部结构出发设计测试用例，即多采用白盒测试。多个程序单元可以并行地独立开展测试工作。下面介绍单元测试要解决的问题和单元测试的步骤。

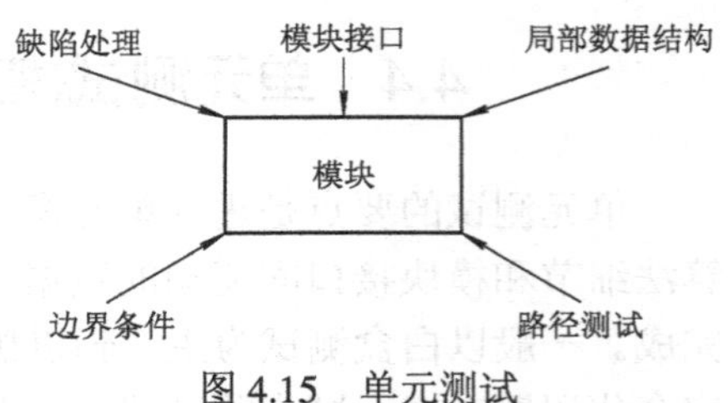

图 4.15　单元测试

单元测试是要针对每个模块的程序，解决以下五个问题，见图 4.15。

(1) 模块接口测试：模块接口测试是单元测试的基础，只有在数据能正确流入、流出模块的前提下，其他测试才有意义。在开始单元测试时，应对通过被测试模块的数据流进行测试。在模块接口测试时，进行内外存交换时要考虑下列问题：

- 文件属性是否正确。
- OPEN 与 CLOSE 语句是否正确。
- 缓冲区容量与记录长度是否匹配。
- 在进行读写操作之前是否打开了文件。
- 在结束文件处理时是否关闭了文件。
- 正文书写/输入错误。
- I/O 的 Bug 是否检查并做了处理。

(2) 局部数据结构测试：在模块工作过程中，其内部的数据能否保持其完整性，包括内部数据的内容、形式及相互关系不发生错误。主要检查：

- 不正确或不一致的数据类型说明。
- 使用尚未赋值或尚未初始化的变量。
- 上、下溢出或地址 Bug。
- 错误的初始值或错误的缺省值。
- 变量名拼写 Bug 或书写 Bug。
- 全局数据对模块的影响。

(3) 路径测试：路径条件指模块的运行能否做到满足特定的逻辑覆盖。

在单元测试中，最主要的测试是针对路径的测试。测试用例必须能够发现由于计算错误、不正确的判定或不正常的控制流等产生的 Bug。单元测试中常见的 Bug 有：

- 误解的或不正确的算术优先级。
- 混合模式的运算 Bug。
- 错误的初始化。
- 精确度不够精确。
- 表达式的不正确符号表示。

针对判定和条件覆盖，设计测试用例要能够发现如下 Bug：

- 不同数据类型的比较。
- 不正确的逻辑操作或优先级。
- 应当相等的地方由于精确度的 Bug 而不能相等。

- 正确的判定或不正确的变量。
- 不正确或不存在的循环终止。
- 当遇到分支循环时不能退出。
- 不适当的修改循环变量。

给出三点建议：

- 选择适当的测试用例，对模块中重要的执行路径进行测试。
- 应设计测试用例查找由错误的计算、不正确的比较或不正常的控制流而导致的Bug。
- 对基本执行路径和循环进行测试可以发现大量的路径Bug。

(4) Bug处理：在测试中，Bug处理的重点是模块在工作中发生了Bug，其中的Bug处理方法是否有效。检验程序中的Bug处理可能面对的情况有：

- 对运行发生的Bug描述难以理解。
- 所报告的Bug与实际遇到的Bug不一致。
- 出错后，在Bug处理之前就引起系统的干预。
- 对错误条件的处理正确与否。
- 提供的Bug信息不足，以至于无法找到Bug的原因。
- 出错的描述是否能够对Bug定位。

(5) 边界测试：边界测试是单元测试的最后一步，采用边界值分析法来设计测试用例，认真仔细地在为限制数据处理而设置的边界处进行测试，看模块是否能够正常工作。

一些可能与边界有关的数据类型，如数值、字符、位置、数量、尺寸等，还要注意这些边界的首个、最后一个、最大值、最小值、最长、最短、最高、最低、等于、大于或小于确定的比较值。对这些地方要仔细地选择测试用例，认真加以测试。

在边界条件测试中，应设计测试用例检查以下情况：

- 在n次循环的第0次、第1次、第n次是否有Bug。
- 运算或判断中取最大值、最小值时是否有Bug。
- 数据流、控制流中等于、大于、小于确定的比较值是否出现Bug。

如果对模块运行时间有要求的话，还要专门进行关键路径测试，以确定最坏情况下和平均意义下影响模块运行时间的因素。

5. 单元测试环境

由于被测模块并不是一个独立可运行的程序，因此需要构造该模块的测试环境，要考虑它和外界的联系，用一些辅助模块去模拟与所测模块相联系的其他模块。这些辅助模块分为两种：

(1) 驱动模块：用以模拟被测模块的上级模块。相当于被测模块的主程序，它接收测试数据，把这些数据传送给所测模块，最后再输出实测结果。

(2) 桩模块(存根模块)：用以代替所测模块工作过程中调用的子模块，由被测模块调用，它们仅作很少的数据处理，例如打印入口和返回，以便检验被测模块与其下级模块的接口。桩模块可以做少量的数据操作，不需要把子模块所有功能都带进来，但不允许什么事情也不做。被测模块、与它相关的驱动模块和桩模块共同构成了一个“测试环境”，如图4.16所示。

图 4.16 中设置了一个驱动模块和 3 个桩模块。驱动模块在单元测试中接受测试数据，把相关数据传送给被测模块，启动被测模块，并打印出相应的结果。

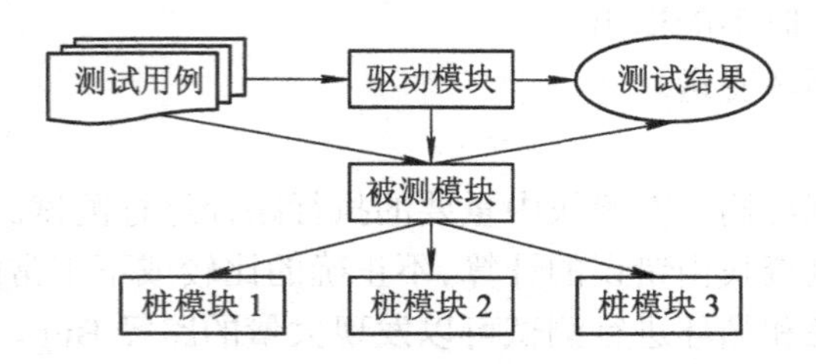

图 4.16　单元测试工作环境

6．单元测试步骤

单元测试步骤见图 4.17 和表 4.2。其中图 4.17(b)是采用白盒测试时的工作流程图。

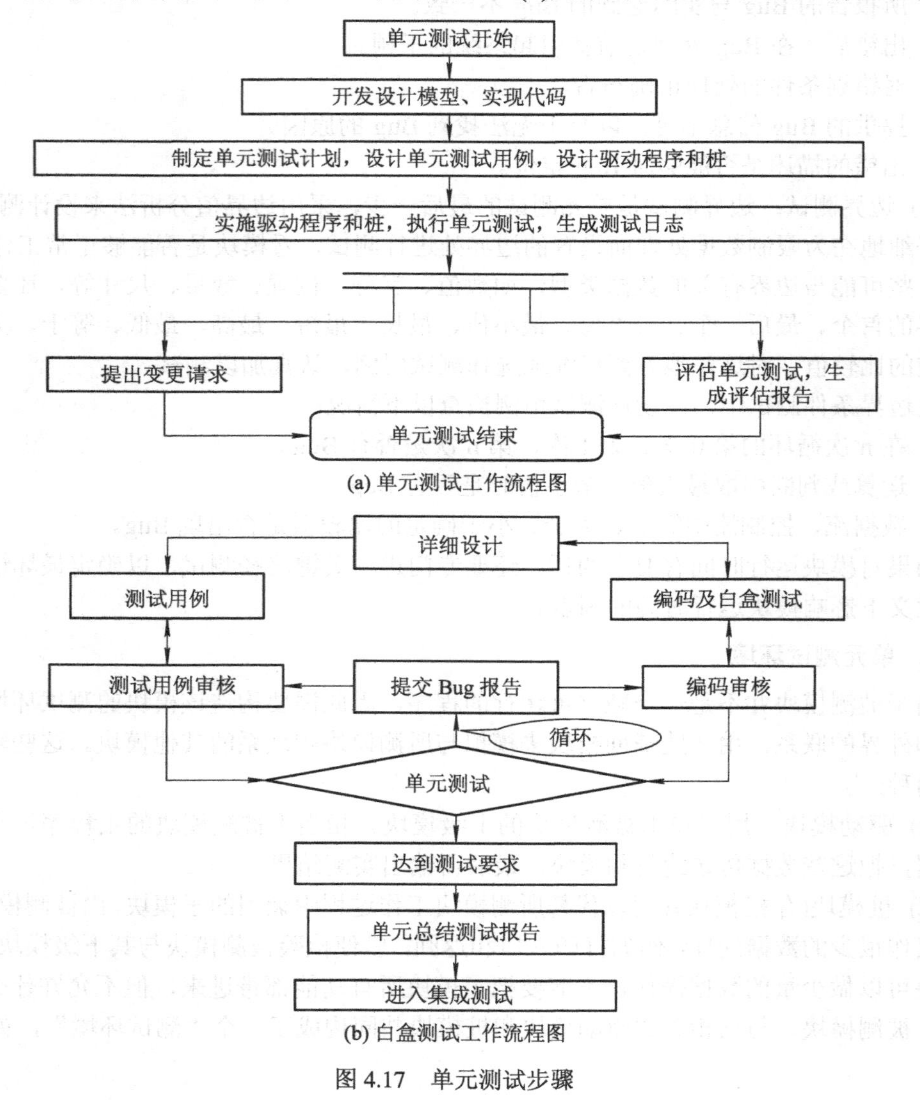

图 4.17　单元测试步骤

表 4.2　单元测试步骤描述

测试步骤	输入	输出	参与人员和职责
1. 制定单元测试计划	详细设计 实现代码(可选)	单元测试计划(可不是一个独立的计划，包含在实施计划中)	设计员负责制定单元测试计划
2. 设计单元测试	单元测试计划 详细设计 实现代码(可选)	单元测试用例 已设计好的单元测试驱动模块 已设计好的单元测试桩模块	设计员负责设计单元测试用例、设计驱动程序桩
3. 实施单元测试	单元测试用例	单元测试驱动模块 单元测试桩模块	编码员负责编写测试驱动程序和稳定桩
4. 执行单元测试	实现代码 单元测试计划 单元测试用例 被测试单元 单元测试驱动模块和桩模块	测试结果 测试问题报告	编码员执行测试并记录测试结果
5. 评估单元测试	单元测试计划测试结果	测试评估报告	设计员负责评估单元测试并生成测试评估报告

在单元测试的基础上，将所有模块按照设计要求组装成集成测试。

7. 单元测试阶段的主要数据流

在每个阶段，每个基本活动都有其自身的输入集和输出集，其内容由一系列任务组成。所有活动的输出集应当包含足够的信息来创建至少以下两个文件：测试设计说明和测试总结报告。图 4.18 为单元测试阶段的数据流。

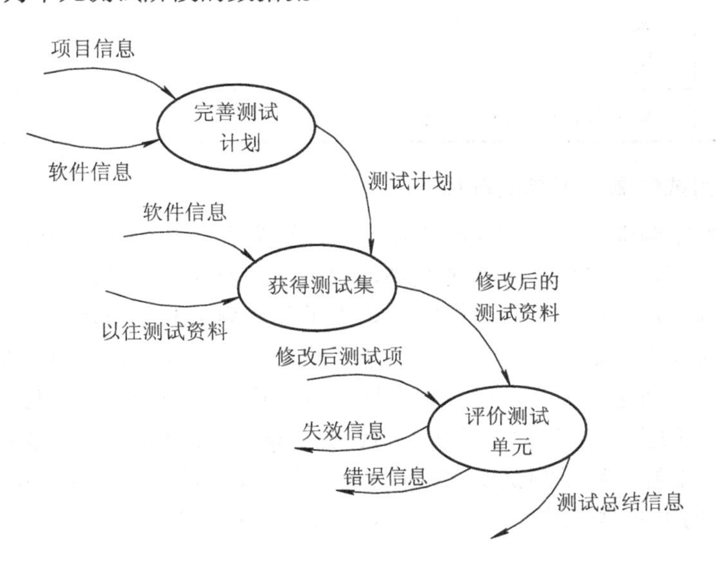

图 4.18　单元测试阶段的主要数据流

8. 执行单元测试

编程人员进行单元测试主要采用程序员之间交叉测试，因为通常编码人员比较容易发现其他人员编写代码中的 Bug，所以必须采用交叉测试。软件测试工作由产品评测部担任，

需要项目组相关人员配合完成。

在模块中应对每一条独立执行路径进行测试，单元测试的基本任务是保证模块中每条语句至少执行一次。此时设计测试用例是为了发现因错误计算、不正确的比较和不适当的控制流造成的 Bug。此时基本路径测试和循环测试是最常用且最有效的测试技术。

在单元测试过程中，一般认为单元测试应紧接在编码后，当源程序编制完成并通过复审和编译检查，便可开始单元测试。测试用例的设计应与复审工作相结合，根据设计信息选取测试数据，将增大发现各类 Bug 的可能性。在确定测试用例的同时，应给出期望结果。

9. 单元测试产生的工件清单

工件清单包括：软件单元测试计划、单元测试用例、测试过程、测试脚本、测试日志、测试评估摘要等。

10. 单元测试人员职责

软件测试工作由产品评测部担任，需要项目组相关人员配合完成。测试人员及其职责见表 4.3。

表 4.3　测试人员职责

人员	职　责
设计人员	制定和维护单元软件测试计划，设计单元测试用例及单元测试过程，生成软件测试评估报告 设计软件测试需要的驱动程序和桩 根据单元测试发现的Bug提出变更申请
编码人员	编写软件测试驱动程序和稳定桩 执行单元测试
配置管理员	负责对软件测试工件进行配置管理。

11. 单元测试中测试工具的选择

在结构化程序编程中，测试的对象主要是函数或者子程序过程；在面向对象的编程中，如 Java/C++等语言，测试的对象可能是类，也可能是类的成员函数，或者是被典型定义的一个菜单、屏幕显示界面或者对话框等等。由于单元测试的本质是针对代码进行测试，所以，不同语言的程序需要选择适合本身的单元测试工具。其实，有很多测试工具都支持单元测试。如果能借助这些工具，可以极大地减少工作量，减少测试的盲目性，提高单元测试的覆盖率和准确度。例如针对 C 和 C++ 代码，Logiscope、C++ Test、QA C++ 及 Klocwork 等测试工具可以很好地满足测试要求；对于汇编语言，可以用 AsmTester 单元测试工具；对于 Java 语言的单元测试过程，可以借助 Junit 单元测试包来完成。

4.5　集成测试(组装测试、联合测试)

在实际中，软件的每个模块都能单独工作，但这些模块集成在一起之后却不能正常工作。主要原因是模块相互调用时接口会引入许多新问题。如数据经过接口可能丢失；一个模块对另一模块可能造成不应有的影响；几个子功能组合起来不能实现主功能；误差不断积累达到不可接受的程度；全局数据结构出现 Bug 等。解决的办法是在每个模块完成单元测试后，需要按照设计时做出的结构图，把它们连接起来，将所有模块按照设计要求组装成系统，进行集成测试。

1．集成测试概念

集成测试是将已测试过的所有模块按设计要求(如根据结构图)集成为子系统或系统，主要对与设计相关的软件体系结构的构造进行测试，以检验总体设计中各模块之间的接口设计问题、模块之间的相互影响、上层模块存在的各种差错及全局数据结构对系统的影响等方面，发现并排除在模块连接中可能出现的 Bug，最终构成要求的软件系统。由于单元测试不能穷尽，单元测试又会引入新 Bug，单元测试后肯定会隐藏 Bug，集成一般不可能一次成功，必须经测试后才能成功。实践表明，一些模块虽然能够单独的工作，但并不能保证集成起来也能正常工作。程序在某些局部反映不出来的 Bug，在全局上很可能暴露出来，影响功能的实现。

在集成测试中需要考虑的问题是：

(1) 在把各个模块连接起来时，穿越模块接口的数据是否会丢失；

(2) 一个模块的功能是否会对另一个模块的功能产生不利的影响；

(3) 各个子功能组合起来，能否达到预期要求的父功能；

(4) 全局数据结构是否有问题；

(5) 单个模块的误差累积起来，是否会放大，是否到了不能接受的程度。

在单元测试的同时可进行集成测试，发现并排除在模块连接中可能出现的 Bug，最终构成要求的软件系统。

2．所采取的方法

集成测试主要采用黑盒测试中的等价类划分、边值分析，白盒测试中的数据流测试、域测试、调用、覆盖等测试技术。集成测试的策略指进行单元组装的方法和步骤。集成测试的策略分为一次集成测试和渐增式集成测试。

1) 一次性集成方式

一次性集成方式是一种非增式组装方式(又称为整体拼装)。在配备辅助模块的条件下，对所有模块进行单元测试。然后，把所有模块组装在一起进行测试，最终得到满足要求的软件系统。一次性集成过程见图 4.19。

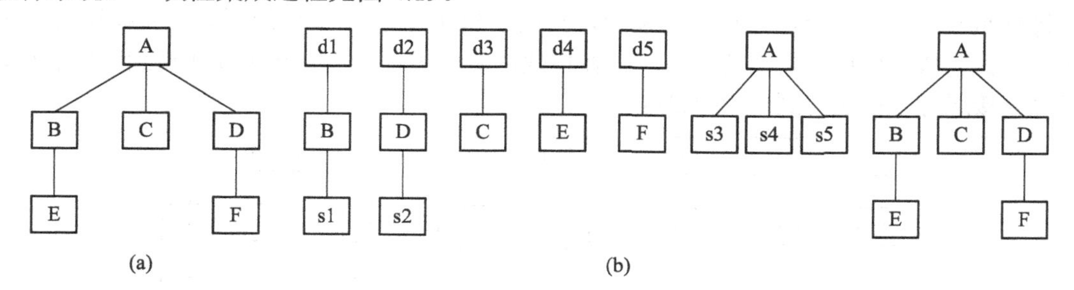

图 4.19　一次性集成测试过程示意图

2) 渐增式集成方式(也称为增式集成)

增式集成测试与一次性集成测试方式有所不同。它的集成是逐步实现的，集成测试也是逐步完成的。首先对每个模块进行模块测试，然后将这些模块逐步组装成较大的系统。在集成的过程中边连接边测试，以发现连接过程中产生的 Bug，通过增量逐步组装成为要求的软件系统。

一次性集成测试方法是先分散测试，再集中起来一次完成集成测试。如果在模块的接口处存在差错，只会在最后的集成时一下子暴露出来。与此相反，增式集成测试的逐步集成和逐步测试的办法，把可能出现的差错分散暴露出来，便于找出问题和修改。其次，增式集成测试使用了较少的辅助模块，也就减少了辅助性测试工作。并且一些模块在逐步集成的测试中，得到了较为频繁的考验，因而可能取得较好的测试效果。总的说来，增式集成测试比一次性集成测试具有一定的优越性。

渐增式集成测试可按不同的次序实施，分为自底向上、自顶向下和混合渐增式测试。

3) 自顶向下测试

自顶向下增式测试表示逐步集成和逐步测试是按结构图自上而下进行的。这种集成方式将模块按系统程序结构，沿控制层次自顶向下进行组装。在测试过程中较早地验证了主要的控制和判断点。选用按深度方向组装的方式，可以首先实现和验证一个完整的软件功能。图 4.20 为按深度方向组装的例子。

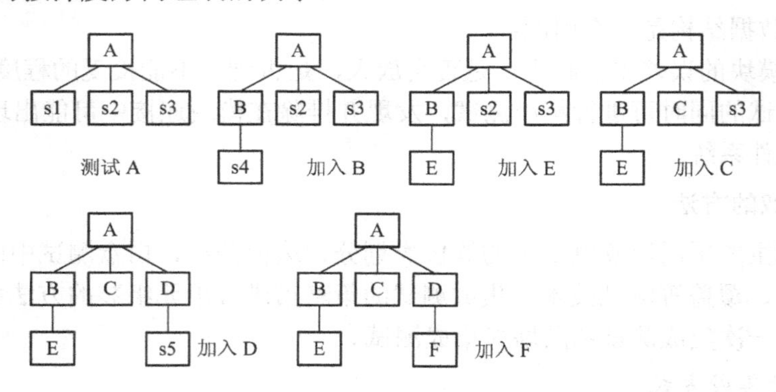

图 4.20　按深度方向组装测试示意图

4) 自底向上的渐增式

这种集成方式是从程序模块结构的最底层的模块开始集成和测试。因为模块是自底向上进行组装，对于一个给定层次的模块，它的子模块(包括子模块的所有下属模块)已经组装并测试完成，所以不再需要桩模块。在模块的测试过程中需要从子模块得到的信息可以通过直接运行子模块得到(见图 4.21)。

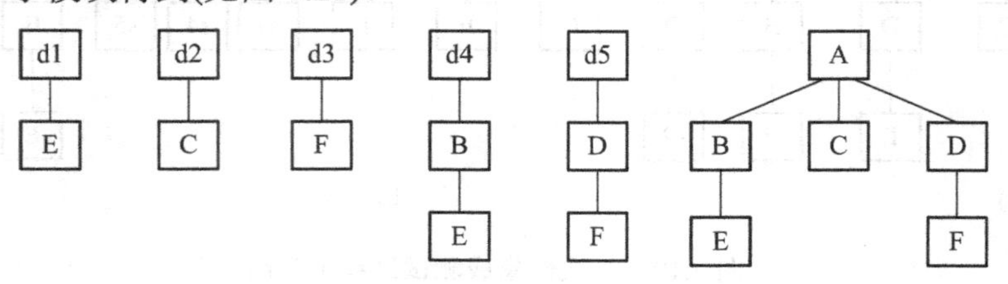

图 4.21　自底向上渐增式测试示意图

自顶向下增量的方式和自底向上增量的方式各有优缺点。一般来说，一种方式的优点可能是另一种方式的缺点。

5) 混合渐增式测试

即衍变的自顶向下的增量测试：首先对输入/输出模块和引入新算法模块进行测试；然后自底向上组装成功能相当完整且相对独立的子系统；再由主模块开始自顶向下进行增量测试。

3. 集成测试需求

集成测试需求所确定的是对某一集成测试版本的测试内容，即测试的具体对象。集成测试需求主要来源于设计模型和集成构件计划，归纳如下：

(1) 集成测试版本应分析其类协作与消息序列，从而找出该测试版本的外部接口。

(2) 由集成测试版本的外部接口确定集成测试用例。

(3) 测试用例应覆盖工作版本每一外部接口的所有消息流序列。

集成测试着重于集成版本的外部接口的行为。因此，测试需求应具有可观测、可测评性。

注意：一个外部接口和测试用例的关系是多对多，部分集成工作版本的测试需求可映射到系统测试需求，因此对这些集成测试用例可采用重用系统测试用例技术。

4. 集成测试步骤

集成测试步骤见表 4.4。

表 4.4　集成测试步骤

活　动	输　入	输　出	参与者及职责
1. 制订测试计划	设计模型 集成构建计划	集成测试计划	测试设计员负责制订集成测试计划
2. 设计测试	集成测试计划 设计模型	集成测试用例　测试过程	测试设计员负责设计集成测试用例和测试过程
3. 实施测试	集成测试用例 测试过程 工作版本	测试脚本(可选) 测试过程(更新) 驱动程序或稳定桩	测试设计员负责编制测试脚本(可选)，更新测试过程 设计员负责设计驱动程序和桩， 实施员负责实施驱动程序和桩
4. 执行测试	测试脚本 工作版本	测试结果	测试员负责执行测试并记录测试结果
5. 评估测试	集成测试计划 测试结果	测试评估摘要	测试设计员负责会同集成员、编码员、设计员等有关人员(具体化)评估此次测试，并生成测试评估摘要

5. 集成测试全过程和流程图

集成测试用图来描述：图 4.22 和图 4.23 分别为集成测试的全过程和流程图。

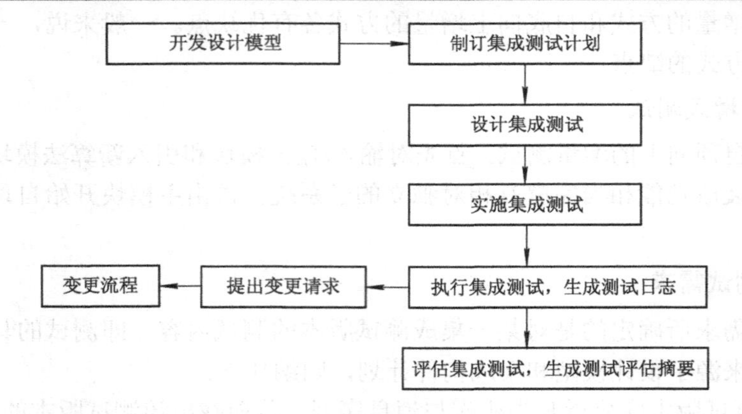

图 4.22　集成测试全过程

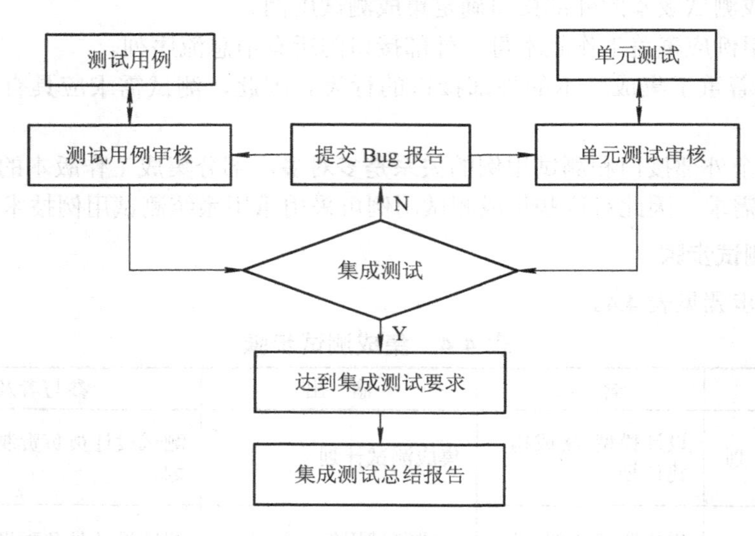

图 4.23　集成测试流程图

6. 集成测试产生的工件清单

- 软件集成测试计划；
- 集成测试用例；
- 测试过程；
- 测试脚本和测试日志；
- 测试评估摘要。

4.6 系统测试

系统测试是在实际使用环境下，对计算机系统进行一系列综合全面的组装测试和确认测试，对系统的准确性及完整性等方面进行测试。具体来说就是把已经经过确认的软件产品放入整个实际的计算机系统中，与其他系统成分，包括计算机硬件、外设、网络、支持软件、数据、使用人员等其他元素，甚至还可能包括受计算机控制的执行机构结合在一

起，进行系统的各种安装测试、功能测试、确认测试等相结合的综合测试。

下面给出系统测试进入条件。

(1) 具有软件技术规格书、软件需求规格说明、软件设计文档、用户手册、操作手册及单元测试、软部件测试、配置项测试的测试用例、测试报告和全部软件问题报告。

(2) 配置项必须通过测试，所有软件配置项纳入配置管理。

(3) 有经过审批并纳入系统试验大纲的测试用例。

系统测试的测试人员由测试组成员(质量保证人员)或测试组成员与用户共同组成。系统测试在整个系统开发完成，即将交付用户使用前进行。在这一阶段，完全采用黑盒法对整个系统进行测试。软件在系统中毕竟占有相当重要的位置，软件的质量如何，软件的测试工作进行得是否扎实与能否顺利、成功地完成系统测试密切相关。系统测试实际上是针对系统中各个小的组成部分进行的综合性检验。尽管每一个检验有着特定的目标，然而所有的检测工作都要验证系统中每个部分均已得到正确集成，并能完成指定的功能。

系统测试过程如下：

制订系统测试计划→设计系统测试→实施系统测试→执行系统测试→评估系统测试

图 4.24 为系统测试流程图。

系统测试阶段内容很多，主要包括功能测试、确认测试、性能测试、内存使用测试、接口测试、人机界面测试、恢复测试、安全测试、强度测试、负载测试、容量测试、配置测试、文档测试、正确性测试、安装测试、运行测试、安全可靠性测试、业务测试、压力测试和验收测试等。其中，功能测试、配置测试、安装测试等在一般情况下是必需的。其他的测试则需要根据软件项目的具体要求进行删减。系统的确认测试已经完全超出了软件工作的范围。下面简单介绍一些主要的系统测试。

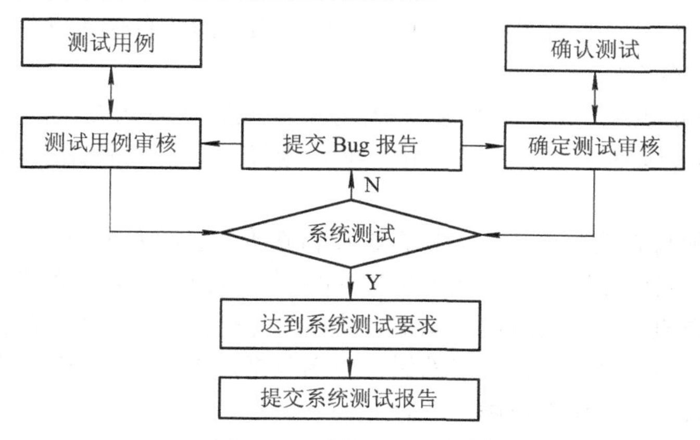

图 4.24　系统测试流程图

1．功能测试

功能测试就是对产品的各项功能进行验证，根据功能测试用例，逐项测试，检查产品是否达到用户要求的功能。功能测试主要使用的测试方法是等价类划分法，包括有效等价类和无效等价类。等价类划分法着重考虑输入条件，未考虑各功能输入条件之间的联系即相互组合的情况。在功能组合状态下，软件可能会产生不同于独立功能测试时的新失效，因此必须采用一种适合于描述多种输入条件下的功能组合测试。目前比较适用于工程实践

的功能组合测试方法是因果图法。

常用的功能测试内容如下：

(1) 正常值或非正常值的等价类输入数据检测。

(2) 边界值的输入数据检测。

(3) 逐项测试软件需求规格说明中所规定的软件合格项，以验证其功能是否满足需求规格说明的要求。

(4) 对软件配置项的控制流程的正确性、合理性等进行验证。

(5) 页面链接检查：每一个链接是否都有对应的页面，并且页面之间切换正确。

(6) 相关性检查：删除/增加一项会不会对其他项产生影响，如果产生影响，这些影响是否都正确。

(7) 检查按钮的功能是否正确：如 update、cancel、delete、save 等功能是否正确。

(8) 回车键检查：在输入结束后直接按回车键，查看系统处理如何，会否报错。

(9) 字符串长度检查：输入超出需求所说明的字符串长度的内容，查看系统是否检查字符串长度，会不会出错。

(10) 字符类型检查：在应该输入指定类型的内容的地方输入其他类型的内容(如在应该输入整型的地方输入其他字符类型)，查看系统是否检查字符类型，会否报错。

(11) 标点符号检查：输入内容包括各种标点符号，特别是空格，各种引号。查看系统处理是否正确。

(12) 中文字符处理：在输入中文的系统输入英文，查看会否出现乱码或出错。

(13) 检查带出信息的完整性：在查看信息和 update 信息时，查看所填写的信息是不是全部带出，带出信息和添加的是否一致。

(14) 信息重复：在一些需要命名，且名字应该唯一的信息输入重复的名字或 ID，查看系统有没有处理，会否报错。

(15) 检查删除功能：在一些可以一次删除多个信息的地方，不选择任何信息，按“delete”，查看系统如何处理，会否出错；然后选择一个和多个信息，进行删除，查看是否正确处理。

(16) 检查添加与修改是否一致：检查添加和修改信息的要求是否一致，例如添加要求必填的项，修改也应该必填；添加规定为整型的项，修改也必须为整型。

(17) 检查修改重名：修改时把不能重名的项改为已存在的内容，查看会否处理、报错。同时也要注意，会不会报与自己重名的错；重名包括是否区分大小写，以及在输入内容的前后输入空格，系统是否作出正确处理。

(18) 重复提交表单：一条已经成功提交的纪录，back 后再提交，查看系统是否做了处理。

(19) 检查多次使用 back 键的情况：在有 back 的地方，按 back，回到原来页面，再按 back，重复多次，查看会否出错。

(20) search 检查：在有 search 功能的地方输入系统存在和不存在的内容，查看 search 结果是否正确。如可以输入多个 search 条件，可以同时添加合理和不合理的条件，查看系统处理是否正确。

(21) 输入信息位置：注意在光标停留的地方输入信息时，光标和所输入的信息会否跳到别的地方。

(22) 上传/下载文件检查：上传/下载文件的功能是否实现，上传文件是否能打开。对上传文件的格式有何规定，系统是否有解释信息。

(23) 必填项检查：应该填写的项没有填写时系统是否都做了处理，对必填项是否有提示信息，如在必填项前加 *。

(24) 快捷键检查：是否支持常用快捷键，如 Ctrl + C、Ctrl + V、Backspace 等，对一些不允许输入信息的字段，如选择人、选择日期对快捷方式是否也做了限制。

(25) 完成相同或相近功能的菜单用横线隔开放在同一位置。

(26) 菜单深度一般要求最多控制在三层以内。

2．确认测试(又称合格测试或有效性测试)

集成测试完成后，分散开发的模块被连接起来，构成了完整的程序(或软件包)。其中各模块之间接口存在的各种 Bug 都已消除。这时测试工作进入最后阶段——确认测试。确认测试是要检查已实现的软件是否满足需求规格说明中确定的各种需求，以及软件配置是否完全、正确。确认测试主要由用户参加测试，主要检验已实现的软件的功能、性能、限制条件，以及软件配置等其他特性与需求说明书中的规定或用户的要求是否一致。在软件需求规格说明书中已经明确规定软件的功能和性能要求，它包含的信息就是软件确认测试的基础。确认测试是保证软件质量的一个关键环节，主要采用黑盒测试中的状态测试、事务流测试等测试技术。

确认测试同样需要制订测试计划和过程，测试计划应规定测试的种类和测试进度，测试过程则定义一些特殊的测试用例。

确认测试步骤如下：

(1) 制订测试计划，规定要做测试的种类；制订一组测试步骤，描述具体的测试用例。

(2) 通过实施预定的测试计划和测试步骤确定：

- 软件的特性是否与需求相符。
- 所有的文档都是正确且便于使用。
- 对软件其他需求，如可移植性、兼容性、出错自动恢复、可维护性等也要进行测试。

(3) 得到测试结果。在全部测试的测试用例运行完后，所有的测试结果分为两类：

- 测试结果与预期的结果相符。说明软件的这部分功能或性能特征与需求规格说明书相符合，从而这部分程序被接受。
- 测试结果与预期的结果不符。说明软件的这部分功能或性能特征与需求规格说明书不一致，因此要提交一份问题报告。

(4) 软件配置复查，有时也称配置审查，是确认过程的重要环节，其目的在于确保已开发软件的所有文件资料均已编写齐全，并得到分类编目，足以支持投入运行后的软件维护工作。这些文件资料包括：用户所需的资料(如用户手册、操作手册等)，设计资料(如设计说明书等)，源程序以及测试资料(如测试说明书、测试报告等)。

应当严格检查这些文档资料的完整性和正确性。

确认测试和配置复查后的软件，交给主管部门审批，最后交付使用，其过程见图 4.25。

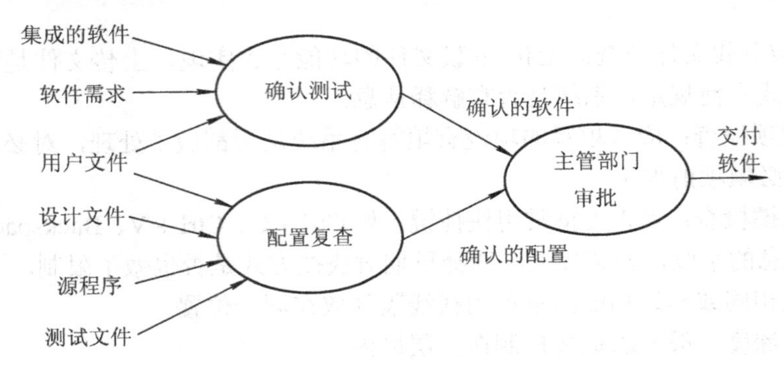

图 4.25　确认测试与配置复查结合过程

3．接口测试

(1) 系统内部接口的正确性和一致性。设计软件配置项内部接口(未被测试的软件之间的接口)的测试用例，以验证其接口特性以及其接口的正确性和协调性。

(2) 系统外部接口的正确性和一致性。设计软件配置项外部接口(软件配置项、硬件配置项和其他系统的接口)的测试用例，以验证其接口特性及其接口的正确性和协调性；在与其有接口联系的软件配置项、硬件配置项和其他系统不具备的状态下，可采用仿真测试环境。

(3) 使用软件之间调用关系覆盖测试来确保内部接口测试的充分性。如果与其有接口联系的其他系统不具备条件，可采用仿真测试环境。

4．内存使用测试

(1) 内存使用 Bug：内存使用 Bug 测试方法主要通过内存监控的方式完成，根据不同的内存使用 Bug 可以采用目标代码插装、系统代码插装等方法。此类 Bug 通常只在运行过程中暴露，测试用例应采用功能测试过程和覆盖测试过程中采用的全部测试用例。针对以下问题进行检测：动态分配的内存越界、释放仍处于锁定状态之中的句柄、对未处于锁定状态之中的句柄进行解锁操作、内存分配冲突、读溢出的内存、写溢出的内存、读未初始化的内存、栈溢出和静态内存溢出。

(2) 指针与内存泄漏 Bug：指针与内存泄漏 Bug 通过静态分析指针引用、内存分配和释放、指令插装等方法检测，针对以下问题进行检测：数组索引越界、指针指向越界、在表达式中使用悬空的指针、在表达式中对不相关的指针进行比较、函数指针未正确指向函数、内存泄漏(由不正确的 free 操作造成的内存泄漏、由再次分配内存造成的内存泄漏、离开某作用域时造成的内存泄漏)、资源泄漏、返回指向局部变量的指针、使用未分配的指针。

5．人机界面测试

(1) 人机界面字符、文字的正确性。通过人工检查人机交互界面的字符、文字，如菜单或按钮上的字符显示、关键数据显示的时间长度、位置等，检验界面显示的正确性，有无错别字、二义性文字和显示不全的文字等。

(2) 人机界面的有效性。通过点击人机交互界面的菜单或功能按钮，检验人机交互界面的有效性。

(3) 人机界面的健壮性。通过测试所有人机交互界面的非法操作，检验界面的健壮性。

(4) 人机界面与用户手册或操作手册的一致性。对照用户手册/操作手册逐条进行操作和观察，并确认界面和手册的一致性。

(5) 操作和显示界面与软件需求规格说明的要求的一致性和符合性。

(6) 人机界面在非常规操作、误操作、快速操作下的可靠性。

(7) 对错误命令或非法数据输入的检测能力与提示情况。

(8) 对错误操作流程的检测与提示。

6. 文档审查

文档审查包括：

(1) 文档内容的直观性和易于理解性。

(2) 文档的完整性、一致性和准确性。

7. 正确性测试

正确性测试的目的是检查软件的功能是否符合规格说明。正确性测试方法有枚举法和边界值法。

(1) 枚举法指构造一些合理输入，检查是否得到期望的输出。测试时应尽量设法减少枚举的次数，关键在于寻找等价区间，因为在等价区间中，只需用任意值测试一次即可。

(2) 边界值法指采用定义域或等价区间的边界值进行测试。因为程序设计容易疏忽边界情况，程序也容易在边界值处出错。

8. 恢复测试

恢复测试是通过各种手段，强制性使软件出错，使其不能正常工作，进而检验系统的恢复能力。恢复测试包含的内容：

(1) 如果系统恢复是自动的(由系统自身完成)，则应重新初始化、检验点设置机构、数据恢复以及重新启动是否正确。

(2) 如果恢复需要人为干预，则应考虑平均修复时间是否在限定的范围以内。当系统出错时，能否在指定时间间隔内修正 Bug 并重新启动系统。

对于自动恢复需验证重新初始化、检查点、数据恢复和重新启动等机制的正确性；对于人工干预的恢复系统，还需估计测试平均修复时间，确定其是否在可接受的范围内。为此，可采用各种人工干预手段，模拟硬件故障，故意造成软件出错。并由此检查：

(1) 错误探测功能——系统能否发现硬件失效与故障；

(2) 能否切换或启动备用的硬件；

(3) 在 Bug 发生时能否保护正在运行的作业和系统状态；

(4) 在系统恢复后能否从最后记录下来的无 Bug 状态开始继续执行作业等。

9. 安全、可靠性测试

软件的安全、可靠性是衡量软件好坏的一个重要标准。安全性指与防止对程序及数据的非授权的故意或意外访问的能力有关的软件属性，可靠性指在规定的时间和条件下，软件能维持与其性能水平能力有关的一组属性。

(1) 可靠性测试：从验证的角度出发，检验系统的可靠性是否达到预期的目标，同时给出当前系统可能的可靠性增长情况。对可靠性测试来说，关键的测试数据包括失效间隔时间、失效修复时间、失效数量、失效级别等。根据获得的测试数据，应用可靠性模型，

可以得到系统的失效率及可靠性增长趋势。可靠性指标有时很难测试，通常采用平均无 Bug 时间或系统投入运行后出现的 Bug 不能大于多少数量这些指标来对可靠性进行评估。

(2) 安全性测试：测试目的在于验证安装在系统内的保护机构确实能够对系统进行保护，使之不受各种非常的干扰。系统的安全测试要设置一些测试用例，试图突破系统的安全保密措施，检验系统是否有安全保密的漏洞。

对于不同类型的软件，在安全可靠性方面还有更多的评测指标。

10．强度测试

检验系统的最高实际能力。进行强度测试时，让系统的运行处于资源的异常数量、异常频率和异常批量的条件下。强度测试有下面几种：

(1) 性能强度测试，主要包括：

① 用手工或工具使系统处理的信息量超出软件设计允许的最大值，测试软件对超出范围的内容是否接收和处理。如果不能处理，是否给用户明确的提示。

② 用手工或工具使数据传输超出饱和后，记录系统的反应和处理结果。

③ 设计测试用例使存储范围(如表格区)从额定值逐渐增加，同时记录系统的反应、处理和超出额定的值。

(2) 降功能能力的强度测试。对于设计上允许降级运行的软件，将硬件进行物理降级(在保证安全的前提下)，例如切断某个设备或部件的电源，记录比较系统的降功能能力是否达到设计要求。必须验证失效处理的正确性，包括回到正常运行方式的能力。

(3) 健壮性测试。分别设计测试用例测试系统在以下情况下的反应，检查系统是否存在保护措施、提示信息，验证系统在遇到意外情况下的健壮性，主要包括接口故障、人为错误操作、外部干扰等。

下面再给出几个强度测试的例子：

① 把输入数据速率提高一个数量级，确定输入功能将如何响应。

② 设计需要占用最大存储量或其他资源的测试用例进行测试。

③ 设计出在虚拟存储管理机制中引起“颠簸”的测试用例进行测试。

④ 设计出可能对磁盘常驻内存的数据过度访问的测试用例进行测试。

⑤ 如果正常的中断平均频率为每秒 1 到 2 次，强度测试设计为每秒 10 次中断。

⑥ 如果某系统正常运行可支持 10 个终端并行工作，强度测试要检验 15 个终端并行工作的情况。

⑦ 在最低的硬盘驱动器空间或系统记忆容量条件下，验证程序重复执行打开和保存一个巨大的文件 1000 次后也不会崩溃或死机。

强度测试的一个变形是敏感性测试。在程序有效数据界限内一个小范围内的一组数据可能引起极端的或不平稳的错误处理，或者导致极度的性能下降。此测试以便发现可能引起这种不稳定性或不正常处理的某些数据组合。

11．安装测试

安装是软件产品实现其功能的第一步，没有正确的安装根本就谈不上正确的执行，因此安装测试就显得尤为重要。安装测试是在系统安装之后进行测试，要找出在安装过程中出现的错误。

对于安装测试需要注意以下几点：

(1) 在安装软件系统时，会有多种选择：要分配和装入文件与程序库；布置适用的硬件配置；进行程序的联接。

(2) 在安装之前要备份系统的注册表。安装之后，查看注册表中是否有多余的垃圾信息。

(3) 在软件安装手册上说明的标准硬件(资源)配置条件和标准的操作系统平台版本范围内，进行不同硬件配置和不同的操作系统平台版本交叉组合环境下的安装测试。

(4) 对已经拷贝在安装介质的被测试软件，按照安装手册对安装过程的描述进行安装，正常安装完毕后，应能启动被测试软件。

(5) 自动安装或手工配置安装，测试各种不同的安装组合，并验证各种不同组合的正确性，最终目标是所有组合都能安装成功。

(6) 安装测试要检验用户选择的一套任选方案是否兼容；系统的每一部分是否都齐全；所有文件是否都已产生并确有所需要的内容；硬件的配置是否合理等。

(7) 异常情况包括磁盘空间不足、缺少目录创建权限等场景。核实软件在安装后可否立即正常运行。

(8) 在上述安装过程中，测试用例应包含安装程序的容错性验证，并与安装手册进行比较，验证与手册的一致性。测试完成后，进行被测试软件卸载，验证被测试软件安装程序对目标系统和目标系统软件的影响。

(9) 卸载测试和安装测试同样重要。如果系统提供自动卸载工具，那么卸载之后需检验系统是否把所有的文件全部删除，注册表中有关的注册信息是否也被删除。

(10) 至少要在一台笔记本上进行安装测试，因为有很多产品在笔记本中会出现问题，尤其是系统级的产品。

(11) 安装完成后，可以在简单地使用后再执行卸载操作。有的系统在使用后会发生变化，变得不可卸载。

(12) 对于客户服务器模式的应用系统，可以先安装客户端，然后安装服务器端，测试是否会出现问题。

(13) 考察安装该系统是否对其他的应用程序造成影响，特别是 Windows 操作系统，经常会出现此类的问题。

12．性能测试

性能测试类似于功能测试，它的目的是检验安装在系统内的软件运行性能，是检查软件是否满足需求说明书中规定的性能，度量软件与定义目标的差距：① 检验软件性能是否符合要求；② 得到某些客户感兴趣的数据以供软件产品宣传。理想的性能测试应在需求文档或质量保证、测试计划中定义。

通常验证软件的性能在正常环境和系统条件下重复使用是否还能满足性能指标。性能测试在软件质量保证中起着重要的作用，它包括的测试内容丰富多样。通常，对软件性能的测试表现在以下几个方面：响应时间、吞吐量、辅助存储区，例如界面操作效率、报表输出及查询效率、缓冲区、工作区的大小、处理精度等。目前性能测试工具偏向于多用户的并发操作，侧重于负载压力的产生和服务器的监控，忽略负载压力情况下的功能不稳定

问题。性能测试主要内容包括：

(1) 有实时性要求时，计算完成功能的时间。有时间要求的软件配置项，应测试其时间特性及实际运行时间。

(2) 软件配置项在获得定量结果时计算的精确性。

(3) 软件配置项各部分的协调性。

(4) 软/硬件中的因素是否限制了软件的性能。软件需求规格说明中所要求的其他性能指标。

(5) 软件在获得定量结果时程序计算的精确性。

(6) 系统的负载能力。

(7) 系统运行时软件占用的空间。

(8) 系统对并发事务和并发访问的处理能力。

测试工作连续不断地在软件开发过程中进行。图 4.26 为集成测试、系统测试、验收测试三个阶段结合在一起的工作流程。

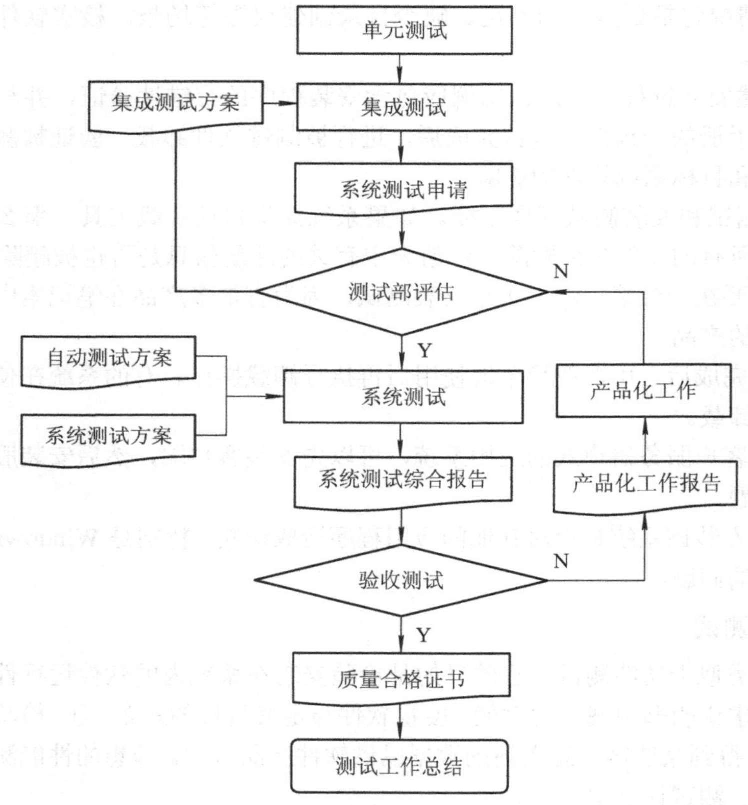

图 4.26　集成、系统、验收测试阶段工作流程

本章小结

本章介绍了软件测试的阶段、过程和步骤，并详细介绍了三个主要的测试过程，即单元测试、集成测试和系统测试。

练 习 题

1. 软件测试分哪几个阶段？
2. 什么是软件生存周期和软件测试周期？
3. 介绍软件测试的一般步骤。
4. 简要介绍何时进行单元测试、集成测试或系统测试。

测试用例设计方法

软件测试用例是根据软件开发各阶段的规格说明和程序的内部结构而精心设计的一批测试用例，并利用这些测试用例测试软件，以发现软件或程序的 Bug。软件测试用例的设计和执行是软件测试工作的核心，也是软件测试中工作量最大的任务之一。设计良好的测试用例模板能够提高测试用例的设计质量，便于跟踪测试用例的执行结果，自动生成测试用例覆盖率报告。因此，如何发现对 Bug 敏感的测试用例一直是软件测试人员所研究的重要课题。本章介绍测试用例的设计策略、原则、方法和技术。

5.1 测试用例基础

因为人们不可能进行穷举测试，为了节省时间和资源，提高测试效率，必须要从数量极大的可用测试数据中精心挑选出具有代表性或特殊性的测试数据来进行测试，即设计测试用例。在软件测试中，测试用例的设计是一件很难的事情。不同类别的软件，测试用例是不同的。如系统、工具、控制、游戏软件，管理软件的用户需求更不统一，变化更大、更快。查看某一个公司的两个不同人员关于同一功能点所写的测试用例，就会发现有所不同。人们可以发现，有的人写的用例简单明了，有的人写的用例却是复杂冗长，出现这种情况并不奇怪，因不同人的着眼点、经验和思维等不同，而且测试用例本身的设计方法与技巧大部分都是从经验中得来的。在实践中，人们把测试数据和测试脚本从测试用例中划分出来。测试用例更趋于针对软件产品的功能、业务规则和业务处理所设计的测试方案。对软件的每个特定功能或运行操作路径的测试构成了测试用例集。

在软件测试过程中，测试用例的生成成为软件测试的关键任务和难点。据统计，在所有的软件测试的开销中，约 40%花费在设计测试用例上。长期以来，测试用例的选择和生成主要依靠手工完成，这意味着要求软件测试人员具有丰富的经验和较高的专业水平。因此，实际工程中的测试用例生成往往带有很大的盲目性，导致测试用例数量多，测试效果差，测试成本高。测试用例的自动生成是指通过特定的算法依据软件规约或程序结构自动构造测试用例的技术。多年来，许多学者对测试用例进行了广泛而深入的研究，并取得了大量的研究成果。

1. 测试用例定义

目前对测试用例没有经典的定义。为达到最佳的测试效果或高效地揭露隐藏的 Bug 而精心设计的少量测试数据，称为测试用例。

大家普遍认为：测试用例指对一项特定的软件产品进行测试任务的描述，体现测试方

案、方法、技术和策略。其内容包括测试目标、测试环境、输入数据、测试步骤、预期结果、测试脚本等，并形成文档。简单地说，测试用例就是设计一个场景，使软件程序在这个场景下，必须能够正常运行并且达到程序所设计的执行结果。

实质上，测试用例是指在软件测试过程中为特定的目的，按照一定顺序执行的与测试目标相关的一系列测试，将测试数据作为输入来执行被测试程序，判断被测程序的动态行为和运行结果以发现程序 Bug 或功能 Bug 等。让软件系统在这一系列测试情况下运行，来检验是否能正常运行并达到程序实现所预设的执行结果。测试用例是执行测试的最小实体。

测试用例可用一个三元组(P, S, T)来描述，其中 P 表示程序；S 表示规范，是与测试相关的所有信息源；T 表示测试用例。

一个好的测试用例在于它能发现至今未发现的 Bug。

2. 测试用例的误区

- 测试用例应由测试设计员或分析设计员来制订，而不是普通的测试员。
- 测试观点应由分析设计员确立，与测试人员无关。
- 测试工作展开于项目立项后，而不是代码开发完成之后。
- 测试用例的测试对象不仅是源代码，还包括需求分析、需求规格说明书、概要设计、概要设计说明书、详细设计、详细设计说明书、使用手册等各阶段的文档。

3. 测试用例的要求

设计的测试用例要求具有完整性、准确性、简洁清晰、可维护性、适当性、可复用性等。

(1) 完整性。完整性是对测试用例最基本的要求，尤其是在一些基本功能项上，如果有遗漏，那将是不可原谅的。完整性还体现在测试用例要能够涉及中断测试、临界测试、压力测试、性能测试等方面。

(2) 准确性。测试者按照测试用例的输入一步步完成测试后，要能够根据测试用例描述的输出得出正确的结论，不能出现模糊不清的描述。

(3) 明确性。好的测试用例的每一步都应该有相应的作用，有很强的针对性，不应该出现一些冗繁无用的操作步骤。测试用例不应该太简单，也不能够太过复杂，最大操作步骤最好控制在 10～15 步之间。

(4) 清晰性。清晰性包括描述清晰，步骤条理清晰，测试层次清晰(由简而繁，从基本功能测试到破坏性测试)。

明确性和清晰性对测试用例编写者的逻辑思维和文字表达能力提出了较高的要求。

(5) 可维护性。由于软件开发过程中需求变更等原因的影响，常常需要对测试用例进行修改、增加、删除等，以便测试用例符合相应的测试要求。测试用例应具备这方面的功能。

(6) 适当性。测试用例应适合特定的测试环境以及符合整个团队的测试水平，如纯英语环境下的测试用例最好使用英文编写。

(7) 可复用性。要求不同测试者在相同的测试环境下使用相同的测试用例都能得出相同的结论。

(8) 其他。如可追溯性、可移植性也是对测试用例的要求。

4．设计测试用例的必要性

影响软件测试的因素很多，如软件本身的复杂程度、开发人员(包括分析、设计、编程和测试的人员)的素质、测试方法和技术的运用等。有些因素是客观存在的、无法避免；有些因素则是波动的、不稳定的，如开发队伍是流动的，有经验的人走了，新人不断补充进来；测试人员工作时也会受到情绪的影响等。为了保障软件测试质量的稳定，就要设计测试用例。有了测试用例，无论是谁来测试，只要参照测试用例实施，都能保障测试的质量，也可以把人为因素的影响减少到最小。即便最初的测试用例考虑不周全，随着测试的进行和软件版本更新，也将日趋完善。因此，测试用例的设计和编制是软件测试活动中最重要的工作，是测试执行的正确性、有效性的基础。

测试用例是软件测试工作的指导，是软件测试人员必须遵守的准则，更是软件测试质量稳定的根本保障，也是保证测试工作顺利执行的关键因素之一。如何有效地选择或设计测试用例，一直是测试人员所关注和研究的问题。

5．测试用例的作用

前面已经介绍了测试用例的重要性，下面具体介绍测试用例的作用。

(1) 测试的实施。测试用例主要适用于集成测试、系统测试和回归测试。在实施测试时测试用例作为测试的标准，测试人员使用测试用例时严格按用例项目和测试步骤逐一实施测试，并把测试情况记录在测试用例管理软件中，以便自动生成测试结果文档。

根据测试用例的测试等级，集成测试应测试哪些用例；系统测试和回归测试又该测试哪些用例，在设计测试用例时都已作了明确规定，实施测试时测试人员不能随意变动。

(2) 测试数据的准备。在软件测试实践中，测试数据与测试用例分离。所有的测试数据都要按照测试用例配套一组或若干组测试原始数据，以及标准测试结果，尤其像测试报表之类数据集的正确性，按照测试用例规划准备测试数据是十分必要的。

除正常数据之外，还必须根据测试用例设计大量边缘数据和错误数据。

(3) 编写测试脚本的“设计规格说明书”。为提高测试效率，软件测试行业已大力发展自动测试。自动测试的中心任务是编写测试脚本。如果说软件工程中软件编程必须有设计规格说明书，那么测试脚本的设计规格说明书就是测试用例。

(4) 评估测试结果的度量基准。完成测试实施后需要对测试结果进行评估，并且编制测试报告。而判断软件测试是否完成、衡量测试质量、检验测试工作对功能点的覆盖情况等工作都需要一些量化的结果。如测试覆盖率是多少、测试合格率是多少、重要测试合格率是多少等。据测试用例来对上述检验进行度量是比较准确、有效的。

以前统计基准是软件模块或功能点，可能过于粗糙，采用测试用例作度量基准更加准确、有效。

(5) 分析 Bug 的标准。通过收集 Bug，对比测试用例和 Bug 数据库，分析确定是漏测还是 Bug 复现。已有相应的测试用例，反映实施测试或变更处理存在问题；漏测反映了测试用例的不完善，对功能点的覆盖情况欠佳。应立即补充相应的测试用例，最终达到逐步完善软件质量。

(6) 测试用例有利于发现判断与控制流中的 Bug。

- 不同数据类型的对象之间进行比较的错误。
- 错误地使用逻辑运算符或优先级。
- 因计算机表示的局限性，期望理论上相等而实际上不相等的两个量相等。
- 错误地修改了循环变量。
- 比较运算或变量出错。
- 循环终止条件或不可能出现。
- 迭代发散时不能退出。

6. 测试用例的内容

测试用例包括两部分：测试输入数据和预期的输出结果。在测试用例的输入数据中应该包括合理的输入条件和不合理的输入条件。特别的是，用不合理的输入条件测试程序时，能发现比在合理输入条件下进行测试更多的 Bug。

一个好的测试用例，应该包含以下信息：

- 软件或项目的名称。
- 软件或项目的版本(内部版本号)。
- 测试用例的编号(ID)，可以是软件名称简写+功能块简写 + No.。
- 测试用例的测试目标：测试用例的简单描述，即该用例执行的目的或方法。
- 功能模块名：测试用例的被测功能点描述。
- 测试用例的参考信息(便于跟踪和参考)。
- 测试用例的测试运行环境。
- 开发人员(必须有)和测试人员(可有可无)。
- 本测试用例与其他测试用例间的依赖关系。
- 本用例的前置条件，即执行本用例必须满足的条件，如对数据库的访问权限。
- 测试用例的执行方法(包括测试步骤、输入测试数据或测试脚本)：步骤号、操作步骤描述、测试数据描述。
- 测试期望的结果(这是最重要的)和执行测试的实际结果(如果有 Bug 管理工具，这条可省略)。
- 其他辅助说明。
- 测试执行日期。

7. 实例

以一个 B/S 结构的登录功能点位被测对象为例设计功能测试用例，该测试用例为黑盒测试用例。假设用户使用的浏览器为 IE6.0 SP4，则设计测试用例中的功能测试包括：

- 用户在地址栏输入相应地址，要求显示登录界面。
- 输入用户名和密码，登录，系统自动校验，并给出相应提示信息。
- 如果用户名或者密码任一信息未输入，登录后系统给出相应提示信息。
- 如果用户名或者密码任一信息输入错误，登录后系统给出相应提示信息。
- 连续 3 次未通过验证时，自动关闭 IE。

8. 测试用例时间(版本)

为测试用例标明时间或版本可以起到一种基准的作用。标明项目进度过程中的每一个

阶段，使用例直接和需求基线、软件版本对应。同样这需要规范流程，也是对变更的一种确认和控制，也可以为用例增加一个状态，指明这个用例目前是否与程序冲突。当程序变更时改变用例的状态，并更新测试用例版本。

9．测试用例的优先级

为测试用例标明优先级可以指出软件的测试重点、用例编写的重点，减少用例回归的时间，增加重点用例执行的次数，帮助项目组新员工尽快了解需求，使他们在自动化测试的初期就可以参考这个优先级录制脚本。

测试用例优先级描述如下：

A——测试计划中重要的模块功能和业务流程；

B——测试计划中比较重要的模块功能和业务流程；

C——测试计划中次重要的模块功能和业务流程；

D——测试计划中不重要的模块功能和业务流程；

E——系统小单元、系统容错功能。

注意：对于 A、B 级应重点考虑。有时将测试用例的级别用数字来表示，如 1~5。

10．测试用例的分类

测试用例通常根据它们所关联关系的测试类型或测试需求来分类，而且随类型和需求进行相应地改变。

(1) 根据测试过程中具体涉及问题类型及测试需求，测试用例分类如下：

- 功能性测试用例。
- 界面测试用例：适用于所有测试阶段中的界面测试。
- 数据处理测试用例：适用于所有测试阶段中的数据处理测试。
- 流程测试用例：适用于所有流程性的测试。
- 安装测试用例：适用于所有安装测试。

(2) 一般在测试中为每个测试需求至少编制两个测试用例：

- 一个测试用例用于证明该需求已经满足，通常称做正面测试用例。
- 另一个测试用例反映某个无法接受、反常或意外的条件或数据，用于论证只有在所需条件下才能够满足该需求，这个测试用例称做负面测试用例。

(3) 测试用例是输入、执行条件和一个特殊目标所开发的预期结果的集合。按测试目的不同可分为三类：

① 需求测试用例：测试是否符合需求规范。需求测试用例通常是按照需求执行的功能逐条编写输入数据和期望输出。一个好的需求用例是可以用少量的测试用例就能够覆盖所有的程序功能。

② 设计测试用例：测试是否符合系统逻辑结构。设计测试用例检测指代码与设计是否完全相符，是对底层设计和基本结构上的测试，可以涉及需求测试用例没有覆盖到的代码空间(如界面的设计)。

③ 代码测试用例：测试代码的逻辑结构和使用的数据。代码测试用例是基于运行软件和数据结构上的，它要保证可以覆盖所有的程序分支、最小的语句和输出。

(4) 根据测试的目的，也可以将测试用例分为基本的和附加的两类。

● 基本的测试用例要能够测试被测软件的大部分功能，并且最重要的功能需要从不同侧面重复地进行验证。全部的测试用例均正确才能认可软件测试的结果为通过。

● 当在基本的测试用例中发现并已经认定有错时，为了进一步确认并判断 Bug 发生的位置时可以启用附加测试用例。

11．测试用例文档

详细测试用例文档与详细测试计划文档相对应，它描述了详细测试计划文档列出的需要执行的每个测试用例的执行步骤，以及测试所需要的数据，给出了测试的期望结果。需要强调的是详细测试计划文档和详细测试用例文档不是一成不变的，这两个文档的内容要在软件开发生命周期的全过程中不断更新。如当软件的功能规格说明、软件的需求更改后或需要添加更多的测试输入时，就要及时更新文档。另外，当修改了测试用例的优先级或添加了使用场景或功能测试用例时，也要及时更新这两个文档。

12．覆盖率标准

覆盖率：指语句覆盖率、测试用例执行覆盖率、测试需求覆盖率等的总称。

覆盖率标准描述如下：

- 语句覆盖率最低不能小于 80%。
- 测试用例执行覆盖率应达到 100%。
- 测试需求覆盖率应达到 100%。

13．测试用例的全过程

完整的测试用例过程通常包括测试条件标识、测试用例设计、实现、评审、执行、管理等几个阶段，而且这几个阶段有时间顺序要求。测试用例过程既可以是正式化的，如对每个阶段的输出进行文档化，也可以是非正式化的。具体输出文档的详细程度，可以根据组织和项目的实际情况而定。

(1) 测试条件标识。设计测试用例前首先确定测试什么(即测试条件)，并且对测试条件进行优先级划分。针对测试系统有很多不同的测试条件，可以进行不同的测试类型分类，如功能测试、性能测试、可用性测试等。可以采用不同的测试技术，严格而系统地帮助测试人员获取测试条件，如黑盒测试中的等价类划分、边界值分析、因果图分析等，以及白盒测试中的语句覆盖、分支覆盖、条件覆盖等。

(2) 测试用例设计。测试用例设计会产生一系列包含特定输入数据、预期结果和其他相关信息的测试用例。为了确定测试预期结果，测试人员不仅需要关注测试输出，同时也要注意测试数据和测试环境的后置条件。测试预期结果是各种各样的，包括需要创建或者输出的结果，也可以是需要更新、变更或删除的结果。每个测试用例都应该清楚地描述测试的预期结果。

(3) 测试用例编写和实现。编写测试用例指测试工程师根据需求规约、概要设计、详细设计等文档编写测试用例。测试用例实现的过程包括准备测试脚本、测试输入、测试数据以及预期结果等。测试脚本是按照标准的语法组织数据或指令，测试脚本一般保存在文件中，用于自动化测试。测试输入和测试期望输出可以作为测试脚本的一部分，也可以保存在其他文件或数据库中。

(4) 测试用例评审和修改：原则上用例像程序一样，要经过多次的修改才可以通过，

实际工作中通常进行一次。评审结束后，人们需要根据评审意见进行修改，修改后通常不再进行评审。

(5) 测试用例执行。通过运行测试用例来测试被测系统，并记录到测试用例执行报告中。对手动测试来说，测试执行主要是测试人员坐到被测系统前面，参考测试用例的步骤来执行测试。测试人员输入测试用例、检查测试输出、比较测试预期结果和实际结果、记录在测试过程中发现的 Bug 等。而对于自动化测试过程，测试执行就是打开测试工具，运行测试用例脚本和测试脚本等，通过自动化的方式来记录测试结果。必须仔细检查每个测试用例执行的实际输出结果，根据测试预期结果来判断被测系统是否能够正确的工作。有些测试结果的比较可以在测试执行中进行，而有的测试结果需要在测试执行完成以后才能进行比较。

(6) 测试用例升级/维护和管理：随着软件产品不断修改、升级，对应的用例也需要升级维护。针对同一个项目，可以根据需求的变更不断进行维护；如果是产品，用例的维护更加重要，要达到用例和产品的版本一一对应。测试用例管理主要指对测试用例进行更新和完善。测试用例是“活”的，在软件的生命周期中不断更新和完善。

5.2　设计测试用例的原则、内容、步骤和编写

测试用例设计的目的是将系统需求具体化，提取测试需求，通过可测试的原则对每个功能点进行描述。在构造测试用例时，总体上应该考虑所有测试用例对软件系统测试的覆盖程度。不完整的覆盖会导致很多 Bug 不能发现，而太多的交集则会导致时间和人力的浪费，增加测试成本。有效的测试用例是用最少的用例去发现更多的 Bug。用最少的测试用例覆盖最全的功能点是设计测试用例的目标。当人们要测试一个软件时，要预计准备花费多长时间完成，从时间成本上来讲，越短就越好。

确定测试用例的输入数据对于测试用例非常重要，它决定着测试用例的执行效果和效率。测试用例的生成可以被理解成一个数据抽样的过程，即根据相应的数据测试覆盖标准，采用一定的方法，在数据集中进行抽样，以获取一批高质量的、对随后的测试过程贡献较大的测试用例。一个测试用例的设计与其软件的环境密切相关，测试用例可以随环境和应用领域的不同而改变，而测试用例的设计是依据测试样式进行。

5.2.1　设计测试用例原则

1．设计测试用例的前提

测试用例和测试计划设计的关注点不同：测试计划考虑的内容比较宏观和全面些，而测试用例考虑的面比较窄。设计测试用例首先要清楚以下几个问题：

- 为什么要设计测试用例。
- 谁来编写测试用例，要安排几个人来编写，分配多长时间编写测试用例。
- 测试用例写给谁看，多少人将使用测试测试。
- 怎么在测试用例的成本、质量和效率方面达到平衡。

只有搞懂了这些问题，才能确定测试用例的具体编写方法和表现形式。一般而言，公

司分配编写测试用例的时间并不长，而且提供的文档也不全面，所以编写测试用例要符合测试部门的当前现状和项目的测试特点。测试用例看起来有点像测试计划的某些内容，不同之处是对问题的细化程度不一样。

2．测试用例设计原则

软件测试用例控制着软件测试的执行过程，它是对软件测试大纲中每个软件测试项目的进一步实例化。许多学者和专家总结了设计软件测试用例的各种原则。从工程实践的角度出发，应遵循以下几点：

(1) 搞清楚软件的任务剖面，使软件测试用例具有代表性，能够代表各种合理和不合理的、合法和非法的、边界和越界的，以及极限的输入数据、操作和环境设置等情况。

(2) 软件测试结果的可判定性，即软件测试执行结果的正确性是预先可判定的，每一个测试用例都应有相应的期望结果。

(3) 软件测试结果的可再现性，即对同样的软件测试用例，系统的执行结果应当相同。

(4) 基于测试需求的原则，应按照测试级别的不同要求设计测试用例。如单元测试依据详细设计说明；集成测试依据概要设计说明；配置项测试依据软件需求规格说明；系统测试依据用户需求(系统/子系统设计说明、软件开发任务书)等。

(5) 基于测试方法的原则，应明确所采用的测试用例的设计方法和技术。为达到不同的测试充分性要求，应采用相应的测试方法，如等价类划分、边界值分析、错误推测、因果图、功能图等方法。

(6) 兼顾完整性和效率的原则，测试用例集应兼顾测试的完整性和测试的效率。每个测试用例的内容应完整，具有可操作性。

3．测试用例库的设计原则

测试用例库的设计应按照实验内容和比例要求来完成，主要的设计原则有：

(1) 针对性：测试用例要有其针对的训练目的。

(2) 延续性：尽量和学生前期所学的程序设计基础相结合，测试用例可以选择前期学生自己完成的系统。

(3) 应用性：测试用例尽量是学生大量接触的软件系统。

(4) 工具使用：在软件测试中，为了避免大量重复工作，须使用相关测试工具。在用例设计中，其中一项重要的训练项就是要强调对测试工具的使用。

(5) 多样性：在测试用例的设计中，应保持用例的多样性，使其与目前主流软件应用相对应。

基础测试实验用例设计上主要体现了延续性和针对性。用例主要基于学生(或初学者)前期所学的程序设计内容，主要以 C、Java、C++ 开发的软件为主。这里往往会遇到一个问题，就是在选择用例时，为保证知识的延续性(主要在程序设计语言上)，往往选择面向对象的设计语言开发的软件作为测试用例。而教学中基础的测试实验部分，其测试方法往往选择针对测试而非针对面向对象语言开发的软件。所以，在测试实验用例的设计中，应该采取限制测试内容的方法，即可选择仅测试 Class 内部成员方法，这样就可以更具针对性地锻炼学生对基础测试方法的应用能力。

5.2.2　设计测试用例要考虑的因素和基本要求

1．设计测试用例考虑的因素

对于单个测试用例，设计时需要考虑：

- 系统的功能是否符合需求说明。
- 针对需求，系统的功能是否完善、是否有作用、各个功能是否有错误。
- 是否存在混合类型运算、表达式符号是否有错、精度是否满足。
- 程序中是否有误解或用错了运算符优先级。
- 是否在不同数据类型的对象之间进行比较。
- 是否存在死循环。
- 用户使用软件的步骤或特定场景，确定测试执行步骤的具体内容。
- 执行者对产品的熟悉程度，确定步骤的详细或粗略程度。
- 被测试特性的复杂性也确定步骤的详细或粗略程度。
- 测试用例的执行方法(手工或自动化测试)确定步骤的内容。
- 自动测试用例要编写和调试测试脚本，手工测试要给出执行步骤。
- 根据设计规格说明书确定期望的测试用例的执行结果。

2．设计测试用例的基本要求

测试用例设计的最基本要求：覆盖所要测试的功能。要覆盖全面，就需要对被测试产品功能全面了解、明确测试范围(特别是要明确哪些是不需要测试的)、具备基本的测试技术(如等价类划分)等。在实际工程设计过程中还需要考虑成本。成本主要包括：测试计划成本、测试执行成本、测试自动化成本、测试分析成本，以及测试实现技术局限、测试环境的 Bug、人为因素和不可预测的随机因素等引入的附加成本等。

为了确保所构造的测试用例能够全面覆盖上述多个方面，在构造测试用例时，需要针对如下多个要素对测试用例进行描述：

(1) 名称和编号。每个测试用例应有唯一的名称和编号。定义测试用例编号，便于查找和跟踪测试用例。测试用例的编号有一定的规则，如系统测试用例的编号规则：项目名称 + 测试阶段类型(系统测试阶段) + 编号，如 PROJECT1-ST-001。

(2) 测试标题：测试用例标题应该清楚表达测试用例的用途。

(3) 重要级别：定义测试用例的优先级别，可以笼统地分为“高”和“低”两个级别。如果软件需求的优先级为“高”，那么针对该需求的测试用例优先级也为“高”；反之亦然。

(4) 用例场景：用例场景用来描述测试用例所验证的具体需求。通常情况下，一个需求用例与多个测试用例对应。在典型情况下，一个测试用例用来描述正常工作流情况，另一个或多个测试用例用来描述异常处理工作流。

(5) 测试追踪：说明测试所依据的内容来源，如系统测试依据的是用户需求，配置项测试依据的是软件需求，集成测试和单元测试依据的是软件设计等。

(6) 测试活动：简要描述测试的对象、目的及所采用的测试方法。

(7) 测试用例内容描述：对该测试用例的测试内容进行简单的描述，以便让测试人员能够很快、大概地了解这个测试用例。

(8) 前置条件：该要素主要用来描述执行该测试用例所需要满足的条件。

(9) 测试步骤：提供测试执行过程的步骤。测试步骤给出实现该测试用例的各个操作。对于复杂的测试用例，测试用例的输入需要分为几个步骤完成，这部分内容在操作步骤中要详细介绍。

(10) 预期结果：预期结果是该测试用例执行后预期的结果，即经过验证认为正确的结果，该结果是验证需求是否被通过的标准。必要时应提供中间的期望结果。预期结果是通过分析需求而得到的，是在设计测试用例时根据实际的需求事先推导出来的。如果在实际测试过程中，得到的实际测试结果与预期结果不符，那么测试不通过；反之测试通过。期望测试结果应该有具体内容，如确定的数值、状态或信号等，不应是不确切的概念或笼统的描述。

(11) 真实结果：这个要素是在该测试用例完成后根据测试的具体结果来填写，其结果有通过、失败、不可测、阻塞、跳过等。如果测试用例执行失败，则需要在这个要素中填写失败的详细结果，以及对应的 Bug 号等。

(12) 评价测试结果的准则：判断测试用例执行中产生的中间和最后结果是否正确的准则。

(13) 前提和约束：在测试用例说明中施加的所有前提条件和约束条件。如果有特别限制、参数偏差或异常处理，应该标识出来并说明它们对测试用例的影响。

(14) 测试的输入：测试输入是指在测试用例执行中发送给被测对象的所有测试命令、数据和信号等，即提供测试执行中的各种输入条件及输入数据。根据需求中的输入条件，确定测试用例的输入。测试用例的输入对软件需求中的输入有很大的依赖性，若软件需求中没有很好地定义需求的输入，那么测试用例设计中会遇到很大的障碍。对于每个测试用例应提供如下内容：每个测试输入的具体内容(如确定的数值、状态或信号等)及其性质(如有效值、无效值、边界值等)；测试输入的来源(如测试程序产生、磁盘文档、通过网络接受、人工键盘输入等)，以及选择输入所使用的方法(如等价类划分、边界值分析、差错推测、因果图、功能图等)；测试输入是真实的还是模拟的，以及测试输入的时间顺序或事件顺序。

(15) 测试终止条件：说明测试正常终止和异常终止的条件。

(16) 测试的初始化要求包括：

● 硬件配置，即被测系统的硬件配置情况。计算机的配置主要包括 CPU、内存和硬盘的相关参数，其他硬件参数根据测试用例的实际情况添加。如果测试中使用网络，那么就包括网络的组网、网络的容量、流量等情况。硬件配置情况与被测试产品类型密切相关，需要根据当时的情况，准确记录硬件配置情况。

● 软件配置，即被测系统的软件配置情况，包括测试的初始条件、操作系统类型、版本和补丁版本、当前被测试软件的版本和补丁版本、相关支撑软件，如数据库软件的版本和补丁版本等。

● 输出设备的相关输出信息。输出设备包括计算机显示器、打印机、磁带等。如果是显示器，可以采用截屏的方式获取当时的截图，对于其他的输出设备可以采用其他方法获取相关的输出，在问题报告单中提供描述。

● 测试系统的配置情况，如用于测试的模拟系统和测试工具等的配置情况。

● 参数设置。测试开始前的设置，如标志、第一断点、指针、控制参数和初始化数据等的设置。

● 其他。对于测试用例的特殊说明。

5.2.3　测试用例设计方法

在设计测试用例时，可以综合运用以下方法：

1．根据被测软件的功能和特点设计测试用例

● 根据被测试功能点设计测试用例。
● 根据软件性能指标设计测试用例。
● 根据软件的兼容性要求设计测试用例。
● 根据软件的国际化用户要求设计国际化测试用例。

2．根据软件的组成元素设计测试用例

● 设计联机帮助和文档手册的测试用例。
● 设计软件的模板等数据文档的测试用例。

3．根据软件的开发阶段设计测试用例

● 单元测试设计用例。
● 集成测试设计用例。
● 系统测试设计用例。
● 确认测试设计用例。

4．白盒设计和黑盒设计测试用例

白盒设计方法又分为逻辑覆盖法和基本路径测试法，也可以分为语句覆盖、判定覆盖、条件覆盖方法等。而黑盒设计方法分为等价类划分法、边界值划分法、错误推测法、因果图法等。在实际测试用例设计过程中，不仅根据需要、场合单独使用这些方法，常常综合运用多种方法，使测试用例的设计更为有效。测试用例设计最重要的因素是经验和常识，测试设计者不应该让某种测试技术妨碍经验和常识运用。

5．测试用例覆盖

测试用例应覆盖方面很多，一般有下面几种：

(1) 正确性测试：输入用户实际数据以验证系统是否满足需求规格说明书的要求。测试用例中的测试点应首先保证至少覆盖需求规格说明书中的各项功能，并且正常。

(2) 容错性(健壮性)测试：程序能够接收正确数据输入并且产生正确(预期)的输出，输入非法数据(如非法类型、不符合要求的数据、溢出数据等)，程序应能给出提示并进行相应处理。

(3) 完整(安全)性测试：系统能够控制未经授权的人使用软件系统或使用数据的企图，程序的数据处理能够保持外部信息(如数据库或文件)的完整性。

(4) 接口间测试：测试各个模块相互之间的协调和通信情况，确保数据输入、输出的一致性和正确性。

(5) 数据库测试：依据数据库设计规范对软件系统的数据库结构、数据表及其之间的数据调用关系进行测试。

(6) 边界值分析法：确定边界情况(即刚好等于、稍小于和稍大于和刚刚大于等价类边界值)，针对系统在测试过程中输入一些合法数据/非法数据，主要在边界值附近选取。

(7) 压力测试：是指对系统不断施加越来越大的负载(并发、多用户、循环操作、网络流量)的测试。如输入10、30、50条记录进行测试等。

(8) 可移植性：在不同操作系统及硬件配置情况下可运行测试。

(9) 等价划分：将所有可能的输入数据(包括有效的和无效的)划分成若干个等价类进行测试。

(10) 错误推测：主要是根据测试经验和直觉，参照以往的软件系统出现Bug之处，推测Bug的发生。

(11) 比较测试：将已经发布的类似产品或原有的老产品与测试的产品同时运行比较，或与以往的测试结果比较。

(12) 可理解(操作)性：理解和使用该系统的难易程度(界面友好性)。

(13) 效率：完成预定的功能和系统的运行时间(主要是针对数据库而言)。

(14) 回归测试：按照测试用例将所有的测试点测试完毕，测试中发现的Bug在开发人员已经解决情况下，再进行下一轮的测试。

6. 测试用例评审

测试用例设计完后，最好能够增加评审过程。测试用例应该由与产品相关的软件测试人员和软件开发人员评审，提交评审意见，然后根据评审意见更新测试用例。如果认真完成这个环节的工作，测试用例中的很多Bug都会暴露出来，如用例设计错误、用例设计遗漏、用例设计冗余、用例设计不充分等。如果同行评审不充分，则在测试执行过程中，上述本应在评审阶段发现的测试用例相关Bug没有发现，可能会给测试执行带来很大麻烦，甚至导致测试执行挂起。

7. 设计测试用例时注意三点

(1) 应该避免依赖先前测试用例的输出，因为测试用例的执行序列早期发现的Bug可能导致其他的新Bug，从而减少测试执行时实际测试的代码量。

(2) 在整个单元测试设计中，主要的输入应该是被测单元的设计文档。在某些情况下，需要将试验实际代码作为测试设计过程的输入，测试设计者要意识到不是在测试代码本身。从代码构建出来的测试说明只能证明代码执行完成的工作，而不是代码应该完成的工作。

(3) 测试用例设计过程中，包括作为试验执行这些测试用例时，往往可以在软件构建前就发现Bug。还有可能在测试设计阶段比测试执行阶段发现更多的Bug。

5.2.4　测试用例设计的思想和步骤

1. 测试用例的设计思路

(1) 从软件需求文档中，找出待测试软件/模块的需求，通过分析、理解，整理成测试需求，清楚被测试对象具有哪些功能。

测试需求的特点是包含软件需求，具有可测试性。测试需求应该在软件需求的基础上进行归纳、分类或细分，方便测试用例设计。测试用例中的测试集与测试需求的关系是多对一的关系，即一个或多个测试用例集对应一个测试需求。

(2) 业务流程分析测试。从业务流程上，应得到以下信息：主流程是什么，条件备选流程是什么，数据流向是什么，以及关键的判断条件是什么等。

(3) 测试用例设计的类型包括功能测试、性能测试、边界测试、异常测试、压力测试等，以便发现更多的隐藏 Bug。

2．设计测试用例的六个方面

(1) 功能：关注软件单个功能点验证，充分注意开发改动的每个点，保证开发每个已知的修改点都能改对。

(2) 关联：重点考虑修改点对其他模块的影响，包括代码的影响和操作数据引起的影响。如新增加的功能增加了数据库表的字段，必须关联验证每个使用该表的该字段的模块是否正常工作。难点在于需要分析已知和未知的影响模块。考虑越多，一般遗漏的问题就越少。

(3) 流程：很多系统是有流程的，如工作流系统。当修改了一个点时，人们必须考虑整个流程是否能够正常运行并进行回归测试。

(4) 升级：实际中的很多系统都是对已有的系统进行升级。对于升级前的数据，人们必须保证能够正常工作。升级前，需要模拟各种情况，对升级的数据库脚本进行充分检查。

(5) 安全：关注菜单功能权限等。

(6) 性能测试用例。下面列举一些设计性能测试用例一般要考虑的内容：

- 是否涵盖了需求文档上的每个功能点和每条业务规则说明。
- 是否覆盖了业务操作的基本路径和异常路径。
- 是否覆盖了输入条件的各种有意义组合。
- 是否考虑了重要表单字段的数据合法性检查。
- 是否考虑了其他的测试类型(对某个功能很重要，但未在需求文档中提及的，如安全测试、周期性测试和故障恢复等方面)。
- 是否使用了项目组的标准用例模板。
- 用例编号是否统一、规范，用例名称是否简洁、明了。
- 是否考虑了对其他模块/功能的影响。
- 用例粒度、预估出的执行时间是否适当。
- 用例是否覆盖了测试设计中定义的所有场景。
- 某个功能点的第一个用例是否是基本流。
- 对应的需求编号字段是否填写正确。
- 目的字段是否准确地描述了对应场景的测试输入的特征(不同数据、操作、配置等)。
- 前提条件字段的条目是否充分、准确，操作上是否不依赖于同组之外的其他用例。
- 同组用例中，仅数据不同的是否实现了测试步骤的重用。
- 操作步骤的描述是否清晰、易懂，操作步骤是否充分和必要并具有可操作性。
- 测试用例的检查点是否明确、充分和可操作。

- 单个用例步骤或检查点中是否不再存在分支。
- 测试数据的特征描述是否准确，有条件的情况下是否给出一个当前环境下的可用参考值。
- 文字、语法是否准确，布局、格式是否统一。
- 其他。

3. 测试用例设计步骤

设计测试用例时，需要有清晰的测试思路，清楚要测试什么，按照什么顺序测试，覆盖哪些需求等。测试用例设计一般包括以下几个步骤：

(1) 预备工作。

- 理解软件任务书和需求所规定的功能、性能，搞清楚软件运行的环境和性能指标要求。
- 由于实际运行环境可能对被测软件产生不同的影响，因此应事前与软件设计人员进行多次交流，详细了解软件实际运行时可能出现的情况，以及软件某些功能设计的出发思想，了解软件设计的基础，确定软件测试的侧重点，使设计出的测试用例更符合实际情况。
- 要对照软件的概要设计和详细设计，认真阅读软件的文本，了解软件的结构、流程和软件的各功能模块。
- 根据软件运行的环境要求和现有的条件确定测试设备，拟定可行的测试计划，依据测试计划对软件的功能进行分解。
- 针对划分出的每个功能，采用不同的设计方法确定输入条件，并根据所使用的设备和需求设置的技术指标，提出在不同输入条件下会产生的预期输出域值、规定偏差要求等。
- 对典型故障、时间特性、干扰条件状态和中断安全性等特定的项目进行针对性测试。

(2) 为测试需求确定测试用例。从软件需求文档中，找出待测试软件/模块的需求，通过自己的分析、理解，整理成为测试需求，清楚被测试对象具有哪些功能。测试需求应该在软件需求基础上进行归纳、分类或细分，方便测试用例设计。测试用例中的测试集与测试需求的关系是多对一的关系，即一个或多个测试用例集对应一个测试需求，主要包括：

- 测试需求：来源于需求规格说明书(用例、补充规约)、设计规格。
- 测试需求编号格式：如 TR_XXXX_XX。
- 每一个测试需求至少确定两个测试用例：正面和负面。

(3) 业务流程分析。软件测试不单纯是基于功能的黑盒测试，还需要对软件的内部处理逻辑进行测试。为了不遗漏测试点，需要清楚地了解软件产品的业务流程。建议在做复杂的测试用例设计前，先画出软件的业务流程。如果设计文档中已有业务流程设计，可从测试角度对现有流程进行补充。如果无法从设计中得到业务流程，测试工程师应通过阅读设计文档，与开发人员交流，最终画出业务流程图。业务流程图可以帮助理解软件的处理逻辑和数据流向，从而指导测试用例的设计。

(4) 设计方法。完成了测试需求分析和软件流程分析后，开始着手设计测试用例。测试用例设计的类型包括功能测试、边界测试、异常测试、性能测试和压力测试等。在测试用例设计中，除了功能测试用例外，应尽量考虑边界、异常、性能的情况，以便发现更多的隐藏问题。在设计测试用例时可以使用软件测试用例设计方法，结合前面的需求分析和

软件流程分析进行设计。

(5) 为测试用例确定输入输出。

● 输入是指在执行该测试用例时，用户输入的与之交互的对象、字段和特定数据值(或生成的对象状态)等数据。

● 输出即预期结果，是指执行该测试用例后得到的状态或数据。

在确定输入和输出参数时，人们可以采用以下原则：

① 在任何情况下都必须使用边界值分析方法。经验表明用这种方法设计出的测试用例其发现程序 Bug 的能力最强。

② 必要时用等价类划分方法补充一些测试用例。

③ 对照程序逻辑，检查已设计出的测试用例的逻辑覆盖程度。如果没有达到要求的覆盖标准，应当再补充足够的测试用例。

④ 如果程序的功能说明中含有输入条件的组合情况，则一开始就可选用因果图法。

(6) 编写测试用例。

● 按照测试用例的编写格式编写测试用例。每个具体测试用例都将包括下列详细信息：编制人、审定人、编制日期、版本、用例类型、设计说明书编号、用例编号、用例名称、输入说明、期望结果(含判断标准)、环境要求、备注等。一般至少包括：测试用例名称、测试需求标识、测试目标状态和测试数据状态、输入(操作)说明和输出(预期结果)等。

● 测试用例名称可以是不涉及到具体模块的功能描述，如日期格式、非空检验等。

● 输入说明是功能模块接受的数据或各种操作描述，如输入非法的日期格式等。

● 预期结果是模块接受输入后应有的正常输出描述，如提示用户修改等，预期结果应与输入说明一一对应。

● 测试用例用于指导操作，但某些意外操作也可导致程序错误，这些操作称为非预期性操作，可以先有执行报告，随后补用例。

● 测试用例的设计应考虑通用性和简洁明了。

(7) 评审测试用例。测试用例设计、编写完成后，为了确认测试过程和方法是否正确，是否有遗漏的测试点，需要对测试用例进行评审。测试用例评审一般是由测试主管安排，参加的人员包括测试用例设计者、测试主管、项目经理、开发工程师、其他相关开发测试工程师。测试用例评审完毕，测试工程师根据评审结果，对测试用例进行修改，并记录修改日志。按测试用例检查表检查下列各项：

● 是否每一个需求都有其对应的测试用例来验证。

● 是否每一个设计元素都有其对应的测试用例来验证。

● 事件顺序是否能够产生唯一的测试目标行为。

● 是否每个测试用例(或每组相关的测试用例)都确定了初始的测试目标状态和测试数据状态。

● 是否每个测试用例都阐述了预期结果。

● 测试用例是否包含了所有的单一边界。

● 测试用例是否包含了所有的业务数据流。

● 是否所有的测试用例名称、ID 都与测试软件命名约定一致。

(8) 测试用例更新完善。测试用例编写完成之后还需要不断完善，软件产品新增功能或更新需求后，测试用例必须配套修改更新；在测试过程中发现设计测试用例时考虑不周，需要对测试用例进行修改、完善。在软件交付使用后客户反馈的软件 Bug，而 Bug 又是因测试用例存在漏洞造成的，也需要对测试用例进行完善。一般小的修改完善可在原测试用例文档上修改，但文档要有更改记录。软件的版本升级更新，测试用例一般也应随之编制升级更新版本。

(9) 跟踪测试用例。

- 需求管理：需求⇒测试用例。
- 测试用例是否覆盖了需求：需求⇒测试需求⇒测试用例。
- 测试用例执行率、通过率：测试用例⇒测试用例执行结果。

5.3　测试用例的分布策略

一般而言，针对一个软件的测试用例集是不可能穷尽的，实际中只能根据各种原则选择部分典型的用例进行测试。特别对于一些大型软件，可能需要数以万计的测试用例来对其进行测试，在设计测试用例前使测试用例合理分布，这样才能达到比较好的测试效果。

1. 基于矩阵的首次分布策略

理论上，程序规模与测试用例的数量并非线性关系，因为程序规模越大，复杂度就越高，关联因素也就越多，所以对软件来说并不是单纯行数的增长。但在工程中，为了便于实际操作，一般都简单将复杂度与行数假设为线性关系。为了把握好测试用例数目的合理分布，采用矩阵式首次分布预测法进行分布。以软件子功能作为矩阵的行，以功能测试的基础测试点作为矩阵的列，如表 5.1 所示(表中的行、列元素仅是举例说明)。

表 5.1　测试用例矩阵法分布

大功能	中功能	程序规模	用例密度	用例总数	特殊字符	并发操作	边界操作
大功能 1	中功能 1 中功能 2 中功能 3						
大功能 2	中功能 1 中功能 2						
	统计						

根据表 5.1，建立一个测试用例数量预测模型的步骤如下：

(1) 模型假设：忽略软件复杂度等因素，仅考虑软件规模。假设规模与测试用例的数量呈线性增长。

模型定义：

① 该系统所需的所有测试用例的总数量表示为

$$A=\sum_{i=1}^{n} S_i \cdot R_i$$

其中 i 表示软件进行功能划分后功能模块数，S_i 表示第 i 个功能模块规模(代码行数，单位

为 L)，R_i 表示第 i 个功能模块的测试用例密度(每千行代码的平均测试用例数，单位为个/千行)。测试用例密度一般根据投入测试的人员、时间、规模等不同而有所变化。如果仅考虑测试充分性的情况下，一般基础经验值为 200 个/千行。可以根据不同的语言、系统平台、功能复杂度、难易度等进行适当调整。

② 矩阵的第 i 行第 j 列的单元格预测的测试用例数目表示为

$$C_{ij} = S \cdot R_i \cdot W_{ij}$$

其中 W_{ij} 表示对该矩阵的第 i 行来说，矩阵的列元素中第 j 个基础测试点所占权重值，每行的所有基础测试点的权重值和为 100%。各个基础测试点在各行所占的权重值可以不同。

(2) 分布方法：根据模型定义的第一步，利用每个子功能的规模 S_i 和设定好的密度 R_i，计算出每个子功能需要设计的测试用例总数目，然后根据模型定义的第二步，利用每个基础测试点权重率 W_{ij} 计算出每个 C_{ij} 的值，该值即为编写测试用例的定量目标。

矩阵法合理地分布了测试用例，有针对性地提高了测试密度。在大型软件测试中，通过矩阵法可以保证在矩阵的每个有交叉可能的点和功能的交叉点上都实施测试，所以最大限度地避免一些测试遗漏。

2．基于分析结果的再次分布策略

按照基于矩阵的首次分布策略设计的测试用例进行测试不够完整。必须依据第一轮测试发现的 Bug 的分布特征、Bug 的收敛趋势等分析结果，判断是否需要继续测试。当需要继续增加测试时，可采用基于分析结果的再次分布策略来确定增加部分测试用例。

具体实施方法如下：根据功能点和基础测试点进行 Bug 的分布规律分析，将测试发现的 Bug 数正确地填写在表 5.1 中，然后根据数字明确哪些子功能是薄弱点，哪些基础测试观点是 Bug 最多的点，根据软件测试中的 80/20 规则(80%的 Bug 集中在 20%的程序代码内)，对于这些交叉点提高测试用例密度，进行增加部分的测试用例再次分布。

例 5.1　假设一个大型软件测试项目总规模为 1500 kL(千行)，测试任务是需要对其中客户经常使用而且比较重要的 400 kL 规模的功能进行强化测试。又假设该软件在市场销售已 5 年多，所以可以判断，客户经常使用的功能中最普通的 Bug 已经很少，潜在 Bug 都是比较难以发现的，故测试工作本身难度较高。该项目的测试工作最多时可以有 15 个人同时参与测试。根据该项目的测试要求和特点，可以采用基于矩阵的首次分布策略进行测试用例的分布预测，测试出实际 Bug 分布，以及基于分析结果的再次分布策略调整增加测试用例的分布。通过该策略的实施，该项目测试中每个阶段目标都比较明确，操作性很强，而且将分析结果反馈之后的再测试往往会发现更多的问题。整个设计策略的过程如下：

(1) 确定矩阵行和列的具体内容。矩阵列的基础测试点内容包括：自增编号、Import/Export、自定义类型、分页控制、检索排序、要件、边界值、特殊字符、大量数据、删除关系、权限、同时访问、帮助文档、数字计算、数据格式、消息正确性、各种日志、打印、组合等多项。矩阵的行即为该软件的各个功能模块，一共分为大功能和中功能两个层次。其中大功能 9 个，中功能 20 个。

(2) 向测试用例分布矩阵中填入内容：

- 确定矩阵每行(每个中功能)的代码规模数和每列(基础测试点)权重值。
- 确定平均测试用例密度 T(单位：用例数/kL)：

$$T = P \cdot H \cdot \frac{E}{S}$$

其中 P 为测试人数(单位：人)，H 为测试时间(单位：天)，E 为测试效率，即人均每天做成实施测试用例数，按照经验值 40 计算，S 为软件规模(单位：L)。

- 根据各个子功能的重要度和复杂度在平均密度上进行微调。
- 根据各子功能模块的规模和密度计算相应的该模块应该实施的测试用例总数。
- 根据每个基础测试点的权重值计算每个子功能在每个点下预期实施的测试用例个数。

(3) 运用 Bug 分布矩阵进行 Bug 分析：实施测试，然后将各个交叉点测试出的 Bug 填入 Bug 分布矩阵(该矩阵结构与测试用例分布矩阵相同)中。根据分析可以知道，发生 Bug 较多的基础测试点主要有组合、特殊字符和删除关系、边界值的大量数据等。发生 Bug 较多的功能点主要是品质管理、进度管理和任务管理等。

(4) 基于分析结果的测试用例再次分布：根据上述分析，对于比较薄弱的点和功能，再次增加测试，在测试用例分布矩阵中，这些交叉点再次分配新的测试用例数目，强化测试的力度。

(5) 最终效果确定：经过以上四步测试，分析测试效果。

5.4　测试用例管理

测试用例可以用数据库、Word、Excel、XML 等格式进行管理，市场亦有成熟的商业软件工具和开源工具等，对于一般中小软件企业，使用文档来管理测试用例较为方便、经济。测试用例的管理一般包括：测试用例的组织、跟踪和维护。任何一个软件项目，其测试用例的数目将是非常庞大的。在整个测试过程中，可能会涉及不同测试类型的测试用例，如何来组织、跟踪和维护测试用例是一件非常重要的事情，也是提高测试效率的一个重要步骤。

1．测试用例组织和执行

可以用不同的方法来进行组织或者分类：

(1) 按照软件功能模块组织。根据软件功能模块进行测试用例设计和执行等是常用的一种方法。根据模块来组织测试用例，可以保证测试用例能够覆盖每个系统模块，达到较好的模块测试覆盖率。由于每个测试用例的规模不等，所以测试覆盖率结果只是作为参考，结果百分比不能精确反映工作量，需要具体分析项目情况。

(2) 按照测试用例类型组织。如可以根据配置测试用例、可用性测试用例、稳定性测试用例、容量测试用例、性能测试用例等对具体的测试用例进行分类和组织。

(3) 按照测试用例优先级组织。对于任何软件，实现穷尽测试是不现实的。在有限的资源和时间内，首先应该进行优先级高的测试用例，或者用户最需要的功能模块或者风险最大的功能模块等。

上面三种测试用例组织方法可以结合使用，如可以在按照功能模块划分的基础上，再进行不同优先级的划分，甚至不同测试用例类型来进行划分和组织。

测试用例组织好后，就需要进行测试用例的执行，具体的过程如下：

(1) 根据软件模块进行具体测试用例的设计，保证模块的测试覆盖率。

(2) 软件的各个模块组成测试单元(单元测试、集成测试)。

(3) 测试单元和测试环境、测试平台以及测试资源等形成测试计划的重要组成部分，并最终形成完整的测试计划。

(4) 测试计划形成后，需要确定测试执行计划。将测试执行计划划分成多个不同的测试任务。

(5) 将测试任务分配给测试人员。

(6) 测试人员执行测试得到测试结果和测试相关信息。

2．测试用例跟踪

在执行测试之前，需要明确哪些测试单元需要测试，需要执行多少测试用例，如何记录测试过程中测试用例的状态以及哪些模块需要进行重点测试等问题。因此，需要对测试过程中测试用例进行跟踪。测试用例的跟踪主要是针对测试执行过程中测试用例的状态来进行，通过测试状态的跟踪和管理，从而实现测试过程和测试有效性的管理和评估。根据在测试执行过程中测试用例的状态，实现测试用例的跟踪，从而达到测试的有效性。

(1) 测试用例执行的跟踪：在测试过程中，测试用例的基本状态有三种：通过、未通过和未测试。对测试用例的状态进行跟踪，可以有效地将测试过程量化。如执行一轮测试过程中，测试的测试用例数目是多少，每个测试人员每天能够执行的测试用例是多少，测试用例中通过、未通过、未测试的比例各是多少。这些数据可以提供一些信息来判断软件项目执行的质量和执行进度，并对测试进度状态提供明确的数据，有利于测试进度和测试重点的控制。

(2) 测试用例覆盖率的跟踪：测试用例覆盖率包括了测试需求的覆盖率、测试平台的故障概率、测试模块的覆盖率等。

测试用例的跟踪方式有各种各样。具体采用的方式需要根据组织的测试方针和测试过程、测试成熟度等确定，常用的方法如下：

(1) 表格：使用表格对测试用例执行过程进行记录和跟踪是一种比较高效的方法。通过表格记录可以直观地看到测试的状态、分析和统计测试用例的状态，以及测试用例和 Bug 之间的关联状态，还有测试用例执行的历史记录等。表格记录信息可为测试过程管理和测试过程分析提供有效的量化依据。

(2) 测试用例工具：利用测试用例的管理工具来对测试用例状态、Bug 关联、历史数据等进行管理和分析，不仅能够记录和跟踪测试用例的状态变化，同时能够生成测试用例相关的结果报表、分析图等，由此可以高效地管理和跟踪整个测试过程。不过，使用工具需要更高的成本，并且需要专门的人员进行维护。

3．测试用例修改和维护

测试用例并不是一成不变的，当一个阶段测试过程结束后，会发现一些测试用例编写得不合理，或者在下个版本中部分模块的功能发生了变化，这都需要对当前的一些测试用例进行修改和更新，从而使测试用例具有可复用性。其实，基于测试用例进行测试管理的重点就在于“测试用例的维护”，好的维护才能保证测试用例的有效性、实施性。一般测试用例维护最好在每周组织测试人员，对测试用例进行维护和更新。在下面的情况下测试用例需要修改或更新：

(1) 以前的测试用例设计不全面或者不够准确。随着测试的深入和对产品的熟悉，发现测试用例的步骤等描述不够清楚或者不够正确，甚至原来对系统需求的理解有误差。

(2) 测试过程中发现的一些问题。并不是通过执行当前的测试用例发现，这时需要增加测试用例来覆盖发现问题的一些步骤。

(3) 软件需求的改变。这时应该遵循“需求变更控制”进行管理。新版本中有增加的功能或者功能的需求发生了变更，相应的用例变更。随着版本的升级，有些测试用例需要更改或删除。

(4) 测试人员对需求的理解错误。导致设计的测试用例错误。

(5) 开发人员的设计文档进行变动。测试用例修改更新。

(6) 测试用例的遗漏。补充测试用例。

(7) 版本发布后，用户反馈的 Bug。重现 Bug，需要补充或修改测试用例。

通过上面分析，每周组织测试人员进行测试用例更新维护，用例库会在软件产品的更新中不断地完善，也就使测试用例的覆盖逐渐完善。当项目结束后，就能得到一份完善的用例库。

5.5　测试用例列举

下面列出了通用的测试用例。

(1) 焦点转移问题：

- 使用 Tab 键测试焦点转移。
- 当保存时如果提示“有未输入的必填项”回到页面后，焦点应转移到未输入的必填项中最靠前的一项上。

(2) 数字格式：

- 如果对数字格式有限制则注意是否符合限制。
- 格式没有限制时，所有输入数据的小数点位数应一致。

(3) 输入文本框类型控件的测试：

- 空值测试。
- 空格测试：前面输入空格、中间输入空格、末尾输入空格和全部输入空格，程序是否进行处理，保存成功后，数据库中的数据是否与页面显示的一致。
- 长度测试(最大字符)。
- 类型测试(如果有类型要求)。
- 特殊字符的测试。

(4) 文本框录入为数字时的测试：

- 对数字长度有没有限制，输入 1 位数、2 位数等有没有提示信息。
- 大小写问题：要求数据唯一性时是否区分大小写。
- 录入整数加小数点、小数点加整数和单独的小数点，保存时系统是否有提示，是否成功。

● 文本框内容的合理性：若是输入正数的文本框(如职工人数)，还要判断是否可为负数。

● 文本框填写不符合条件的信息保存确认后清空与否的测试：如在文本框中录入不符合条件的数据(类型不符合或者超多等)，保存确定后只要清空错误的数据即可。

(5) 下拉列表的检测：检查列表中的内容是否漏选、重选；如果列表中的数据要求从其他页面或者数据库中获得，就要检查其与该页面中数据的一致性。

(6) 时间：

● 注意要修改系统时间始末，如 2004-01-02/2004-11-12。

● 起始时间不可大于终止时间。

● 检查日期为空时程序的反应。

● 数据库中的日期是否能够正确显示在页面上。

● 输入错误日期时程序的反应。

● 如果有输入日期不得大于(或小于)当前日期的限制，超限制输入是否通过。

(7) 边界值：

● 输入条件规定了值的范围。

● 应取刚达到(或超越)这个范围的边界的值作为测试输入数据。

● 输入条件规定了值的个数，以及最大个数、最小个数、最小个数减一、最大个数加一。

(8) 保存操作的测试：

● 检查必录项。

● 保存成功/失败后检查数据库，保存成功/失败是否有相应的提示信息。

(9) 删除操作的测试：

● 删除提示成功/失败后查看数据库。

● 删除时是否有确认对话框。

● 删除成功/失败是否有提示信息。

● 确定是逻辑删除还是物理删除。物理删除是否已经把数据库中的数据删除，逻辑删除是否改变了标志位。

(10) 修改操作的测试：修改提示成功后检查数据库中的记录是否已经修改。

(11) 查询操作的测试：

● 查询到的记录是否与数据库中的记录相符。

● 组合查询时，查询结果是否正确。

● 查询列表下如果可以查询记录的详细信息，检测查询条件是否改变。

● 查询条件中有日期项的查看是否有默认值及其值是否符合要求。

(12) 分页显示的测试：

● 检查是否能够正常分页显示。

● 检查是否能够正常前进或后退。

● 检查是否能够正确选择一页的显示记录数。

● 检查是否能够正确选择显示第 X 页。

(13) 必录项的测试：检查必录项是否提示必须输入。

(14) 工作流程的测试：

- 每个模块的工作流程是否可以正常运行。
- 每个模块的工作流程过程是否与详细设计要求的一致。
- 不按正常的工作流程操作是否可以正常运行。

(15) 系统自动生成项的测试：

- 应该自动生成数据的地方是否自动生成了数据。
- 系统自动生成的数据是否符合详细设计的要求。
- 自动生成数据的该条信息是否可以正常使用。
- 自动生成数据后系统是否可以正常运行。

(16) 重复某项操作的测试(包括按钮、某个流程)：

- 某项操作重复进行时是否正确运行。
- 某项操作重复进行后再进行其他操作是否正确。
- 某项操作重复进行后进行其他操作系统是否正常运行。

(17) 权限的问题：检查具有不同权限的用户登录时，是否具有与其权限相符合的操作；检查不具有权限的用户是否具有相应的权限。

(18) 链接测试：

- 将鼠标点到链接上然后移动一下再放开鼠标，检查页面是否会出错。
- 当通过链接打开一个新页面时，检查页面初始化状态是否有异常情况。

(19) 关于统一性的测试：页面对于同样的成功或失败的提示信息是否统一(包括标点符号的统一)。

(20) 关于计算方面的测试：查看计算结果是否正确，进行增、删、改操作后其值是否进行相应正确改变。

(21) 唯一性测试：

- 要求数据唯一并且执行逻辑删除时，是否允许与已删除的记录重复。
- 要求唯一性的数据，在两人(或两人以上)同时操作时是否能正确地执行。

(22) 窗口最大化、最小化、关闭、确定、取消按钮的测试。

(23) 打印测试：

- 打印按钮是否可用。
- 在打印窗口中设置打印参数，以及打印出来的是否与设置的打印参数一致。
- 打印设置是否方便用户使用。
- 打印的内容是否正确。
- 打印结束后是否能正常运行。

(24) 提示信息的测试：

- 检验应该有提示信息的内容是否有提示信息。
- 相应提示信息的内容表达是否正确，以及用户是否接受提示信息的内容。
- 确认后是否可以正常运行。

(25) 用户登录测试：

- 用户权限测试。

- 录入不存在的用户名和密码有提示信息。
- 录入用户名不录入密码有提示信息。
- 录入密码不录入用户名有提示信息。
- 录入正确的用户名和密码进入相应的系统页面。
- 重置按钮的测试。

例 5.2　某文件管理系统中用户有删除文件的操作，此需求描述如下：

(1) 正常流程。

- 选中一个文件。
- 选择删除命令。
- 删除文件。

(2) 意外流。

- 删除打开状态的文件，给出提示信息并取消文件删除操作。
- 删除上锁文件，给出提示信息并取消文件删除操作。
- 删除系统文件，给出提示信息并取消文件删除操作。

表 5.2 给出了单元测试用例的设计结果。现在，需求的所有输入(正常输入、边缘输入和错误输入)都已被覆盖。此测试用例的设计可以验证在正常输入情况下的返回值和删除功能的实现，可以验证对边缘数据的支持和对不正确输入数据和特殊数据的处理情况。

表 5.2　针对特定需求的测试用例设计

测试用例编号	测试目的和流程	预期执行结果	备　注
1	[目的]测试删除(符合删除条件的)文件 [流程] (1) 选中文件/home/music/moon.bmp (2) 选择删除命令	成功删除	(1) /home/music/moon.bmp 对应文件存在 (2) 此文件为非上锁文件 (3) 此文件不处于打开状态
2	[目的]测试删除上锁文件 [流程] (1) 选中文件/home/music/a_locked_file.bmp (2) 选择删除命令	给出提示信息终止删除操作	(1) /home/music/a_locked_file.bmp 对应的文件存在 (2) 此文件为上锁文件 (3) 此文件不处于打开状态
3	[目的]测试删除处于打开状态的文件 [流程] (1) 选中文件/home/music/a_locked_file.bmp (2) 选择删除命令	给出提示信息终止删除操作	(1) /home/music/a_locked_file.bmp 对应的文件存在 (2) 此文件为非上锁文件 (3) 此文件处于打开状态
4	[目的]测试删除系统文件 [流程] (1) 选中一个系统文件 (2) 选择删除命令	给出提示信息终止删除操作	

5.6　异常与正常测试用例

异常用例(反用例)是指那些不按正常系统处理逻辑和规范业务操作流程设计的用例，目的是验证在非法操作情况下系统是否可以有效控制和处理。与之相对应的是正常用例(正用例)，按照系统正常处理逻辑和规范业务操作设计的用例，目的是验证系统在合法操作下是否可以有效处理。在一个功能测试用例集里，异常用例应占很大比重，一般情况下，有效的测试用例集应设计异常用例至少占全部用例 70%以上。异常用例设计的好坏直接影响测试的质量，好的异常用例对系统的健壮性有很大提升作用。以往测试人员设计异常用例仅凭经验或个人理解，对异常用例设计没有足够的认识，认为只要系统可以在规范操作下能够实现各种功能就达到了要求；但是一个能够实现功能而却不堪一击的系统不能称之为合格。下面介绍三种已经在实践中应用的方法：常识设计法、规则设计法和系统设计法，并给出相应的异常用例设计实例。

1. 常识设计法

异常用例是基于常识的应用，标准是基于常识的抽取，对立是基于常识的提出。常识设计法是最基本的测试用例设计方法，是指测试人员依据传统的测试理论或测试常识进行用例设计，以保证在测试理论支撑下设计出有效的异常测试用例。

首先给出常识设计法的设计模型。模型中测试常识是方法应用的基础，常识可以是基础知识、测试知识、传统理论等；对立寻找是指基于常识进行反向寻找，找出不符合常识的条件或关系，然后进行抽取，得出异常测试用例设计标准；最后根据异常测试用例标准，进行异常用例编制。

测试常识的关键是对立的寻找，测试常识的对立面不仅指一个方面，应该尽可能多地寻找对立面，抽取设计标准，使异常用例的设计变得更加完整和充实。

实例 1：输入字符串的测试。基于常识可知，字符串输入时其长度不能超过字符串定义时的最大长度，进行常识对立的寻找，可知字符串超过定义的最大长度即为常识对立。设计人员可根据此条标准来设计超长字符串输入的异常用例。

实例 2：边界值的测试。针对边界值测试理论，知道每个数据都需考虑大于、等于、小于三种边界情况。举例来说，某金融系统要求给子公司拨款时最少不能少于 10 元，最大不能超过 300 000 元，根据边界值测试理论可设计拨款 9 元、300 001 元的异常用例，以考察系统控制的正确性。

实例 3：身份证号的测试。身份证号只有 15 位或 18 位是一种常识，只要是非 15 位和 18 位的号码都不是正确的身份证号，是常识的对立，可以据此提炼标准，设计长度不符合常识的身份证号测试异常用例。

2. 规则设计法

规则设计法是一种较高阶的测试用例设计方法，指测试人员依据业务规定、业务制度、业务知识等进行用例设计的方法。该方法基于业务理解，根据业务理解提炼出相应的业务规则，用例设计人员可根据业务规则转化为异常测试用例设计标准，进行有效的异常测试用例设计。

规则设计法的设计模型中业务知识获取是指用例设计者从业务制度、业务规范、业务传统等获得尽可能多的业务相关知识。知识的获取可能是海量的，所以要从中寻找筛选适合的业务知识。业务规则提炼是指用例设计者基于获知的业务知识提炼出适合的规则。有了规则，就可导出异常测试用例标准，设计异常用例。在这个过程中，知识的获取是基础，业务规则的提炼是关键。

实例 1：交易时间规则的测试。金融系统都有明确的交易时间规定，如有 7×24 小时、5×12 小时交易支持的，根据不同的业务交易时间规定，提炼出交易时间规则。如当前各个银行为客户股票买卖而设立的第三方资金存管系统都有这样的交易时间规定：上午 9:30~11:30，下午 13:00~15:00。用例设计人员可以设计在 9:00 前、11:30 后、13:00 前、15:00 后客户发起业务的用例，验证系统是否可以控制非交易时间的交易。

实例 2：交易权限的测试。金融系统对交易权限有严格规定，比如业务规定对于现金类交易只有现金柜员才可以操作，主管柜员、普通柜员都无此权限，可提炼业务规则“只有现金柜员可做现金类交易”，推导出异常用例设计标准，即非现金柜员不允许做现金交易。据此，可以设计主管柜员、普通柜员执行现金交易，以验证系统是否对交易权限进行了正确的限制。

实例 3：客户办理业务前提的测试。客户来银行办理业务通常有前提要求，如办理存款业务时，必须在银行开立一个账户；客户进行网上银行交易时，必须先成为网银签约客户。可根据业务知识提炼规则，如“只有网银签约客户才可以进行网上交易”。设计未签约客户网上交易的异常用例，判断系统是否可准确识别。

3. 系统设计法

系统设计法是指用例设计人员依据系统概要设计、详细设计、开发方案等和系统设计相关的逻辑和知识进行用例设计的方法。该方法对用例设计人员要求很高，用例设计人员要对系统的逻辑处理、设计思路、系统结构等有很清楚的了解。基于对系统的理解和分析，从系统处理逻辑中提炼出相应的系统设计规则来指导用例设计。

系统设计法的设计模型中系统知识获取是指用例设计人员从系统开发方案、设计文档、接口规范、数据库设计等获知系统相关设计逻辑和处理规范；系统处理规则是指系统在功能处理时必须严格执行的逻辑规范。用例设计人员基于获知的系统知识提炼出符合系统设计规范的规则，是系统运行时必须严格遵循的处理规则。根据这些规则，提炼异常用例设计标准，依据标准设计相应的异常用例。

实例 1：系统接口的测试。金融系统的服务渠道很多，系统之间接口比较复杂，可从接口规范中进行系统知识获知。仍以建设银行第三方存管系统为例，建设银行保证金转账业务可在柜台办理，也可通过网银、电话银行、手机银行办理。从接口设计文档中提炼如下规则：保证金转账时必须输入保证金账号、保证金密码、转账金额；保证金账号必须为系统存在的账号；转账金额输入必须符合规范。据此可推导出异常用例设计标准：不是系统存在的保证金账号就不允许转账。根据该标准，可以设计非法保证金账号进行转账，也可以设计已经销户的保证金账号进行转账，校验系统是否正确进行了控制。

实例 2：系统响应时间的测试。金融系统对系统响应时间有明确的设计和逻辑规定，比如前台柜员提交交易后不可能无限制等待，如果超过一定时间限制，系统要提示柜员交易超时，请重新发送等其他相应信息。如前台发起交易后响应时间设计为30秒，如果后台30秒没有响应，则前台要超时报错；如果前台无响应或退出或出现其他处理情况，则认为系统设计不合理，存在缺陷。同一系统前后台调用超时、不同系统调用超时、同一系统不同模块间调用超时都是测试用例设计需要关注的内容，超时后系统的处理也是重点要关注的内容。以测试ATM系统客户转账交易为例，假如系统中逻辑设定客户转账后45秒要有下一步操作，如果客户无操作，系统要将卡锁定，并在ATM屏幕给出提示。据此推导出ATM转账后45秒内不进行活动则要锁卡的标准。可以设计超过45秒等待时间的异常用例，检验系统是否可以正确锁卡。

5.7　测试用例的复用和执行

设计出好的测试用例是确保软件测试质量的前提，提高测试效率很重要的一点就是对可复用资产的充分利用。可复用资产中比较重要的一部分就是测试用例的复用，所以在以后的测试中一定要充分利用可复用的测试用例，以提高测试用例的编写效率。有效复用现有的测试用例更能提升软件评测过程。测试用例独立性强，而且采用了一致的结构，是测试用例复用度高的关键，但在实际测试过程中实现软件测试复用比较困难。

1. 测试用例的复用

测试用例的设计和选择是软件测试中比较重要的一环。只有设计出更多更好的可复用测试用例，才能更快更好地发现软件潜在的Bug与失效。使用最少的测试用例，实现最大的测试覆盖，可复用度高，并且在需求分析阶段提前进行测试用例的设计，是软件测试的目标。只有制定出完善的测试计划和有效的测试用例，以及进行测试结构分析和文档管理，才能保证软件测试的成功。

目前很多评测中心，对测试用例的复用没有引起足够的重视。软件评测往往由于时间紧，设计出来的测试用例过于局限于本产品或本模块使用，依赖性非常强，不利于升级或者拓展。要将所有的测试用例有效地组织起来，使得测试用例集合里的每一个测试用例都能够独立地运行，这样才能提高软件测试用例的复用度。传统的测试用例有很多种，看上去相互间没有统一的结构。要注意的是，能够将测试用例综合起来分析，然后把所有的测试用例组织在一起，具有统一的输入、输出接口，并且每个测试用例独立性比较强，这样即使以后软件运行环境发生变化，测试用例还能继续使用。图5.1为面向复用的软件测试模型。

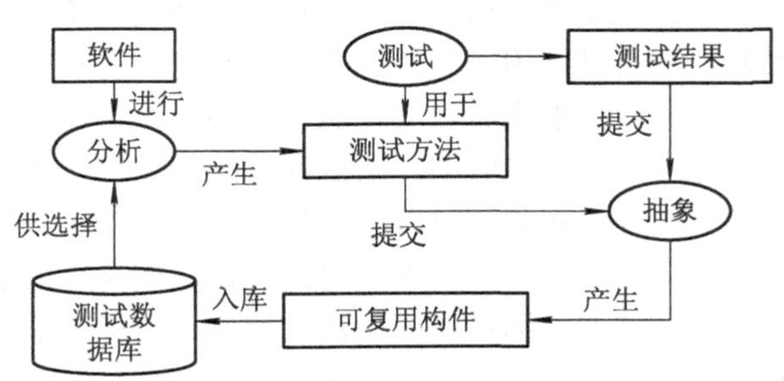

图5.1　面向复用的软件测试模型

由于被测系统之间存在着差异，所以将某个项目测试中的软件测试用例用在其他项目中不是一件简单的事情，主要原因如下：

(1) 测试用例要达到一定的数量，才能支持有效的复用，而这些测试用例的获得依靠很高的投入和长期的积累；

(2) 发现合适的测试用例本来就比较困难，测试人员往往难以从大量的测试用例中找到合适的用例；

(3) 基于复用的软件测试方法和过程是一个新的研究领域，需要大量新的理论、技术和环境的支持，目前这方面的研究成果和实践经验还十分有限；

(4) 软件测试用例还面临其他一些问题，如人为因素、管理因素和法律因素等。

软件测试类型很多，在一个测试用例中，测试输出结果不同，侧重方向往往可以代表不同的测试类型。测试用例复用最简单的一种形式是在单一测试任务中，使用单个测试用例完成多个测试类型的测试要求。如在功能测试中，使用正常值的等价类输入数据值测试，同时可以完成性能测试中处理精度和响应时间等测试要求，并且需要使用软件人机交互界面进行输入和显示输出，因此可以同时完成人机交互界面测试中的操作和显示界面及界面风格一致性和符合性测试。

图 5.2 为测试用例在不同测试类型中的复用关联。

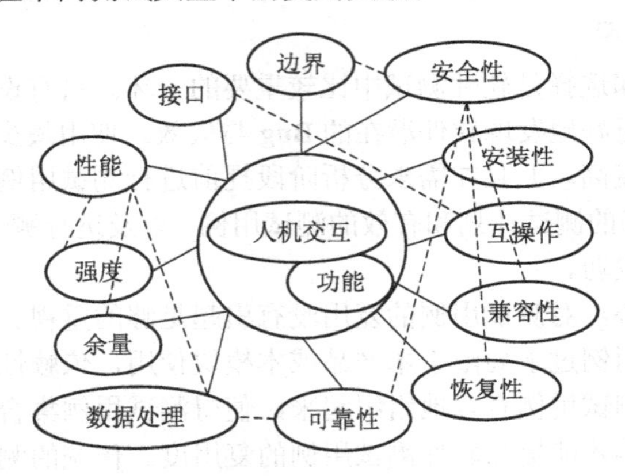

图 5.2　测试用例复用关联示意图

2. 测试用例的执行

1) 定义测试用例的执行顺序

在测试用例执行过程中发现每个测试用例都对测试环境有特殊的要求，或者对测试环境有特殊的影响。因此，定义测试用例的执行顺序，对测试的执行效率影响非常大。如某些异常测试用例会导致服务器频繁重新启动，服务器的每次重新启动都会消耗大量时间，导致这部分测试用例执行也消耗很多时间。所以在编排测试用例执行顺序时，应该考虑把这部分测试用例放在最后执行。在测试进度紧张的情况下，若优先执行这部分消耗时间的异常测试用例，那么在测试执行时间过了大半时，测试用例执行的进度依然缓慢，就会影响测试人员的心情，进而导致匆忙测试后面的测试用例，这样测试用例就不可避免导致漏测和误测，严重影响软件测试效果和进度。因而，合理定义测试用例的执行顺序很有必要。测试用例执行顺序应由实际问题而定。

2) 搭建软件测试环境，执行测试用例

测试用例执行过程中，首先要搭建测试环境。一般来说，软件产品提交测试后，开发人员应该提交一份产品安装指导书，在指导书中详细指明软件产品运行的软、硬件环境，如要求操作系统是 Windows 2000 pack4 版本、数据库是 SQL Server 2000 等。此外，应该给出被测试软件产品的详细安装指导书，包括安装的操作步骤、相关配置文档的配置方法等。对于复杂的软件产品，尤其是软件项目，如果没有安装指导书作为参考，在搭建测试环境过程中会遇到各种问题。

如果开发人员拒绝提供相关的安装指导书，搭建测试中遇到问题时，测试人员可以要求开发人员协助，这时一定要把开发人员解决问题的方法记录下来，避免同样的问题再次请教开发人员，否则就会招致开发人员的反感，降低开发人员对测试人员的认可度。

3) 测试执行过程应注意的问题

测试环境搭建后，根据定义的测试用例执行顺序，逐个执行测试用例。在测试执行中需要注意以下几个问题：

(1) 全方位地观察测试用例的执行结果。测试执行过程中，当测试的实际输出结果与测试用例中的预期输出结果一致时，不能认为测试用例就执行成功，也要查看软件产品的操作日志、系统运行日志和系统资源使用情况，来判断测试用例是否执行成功。全方位观察软件产品的输出可以发现很多隐蔽的 Bug。如在测试嵌入式系统软件时，执行某测试用例后，测试用例的实际输出与预期输出完全一致，不过在查询 CPU 占用率时，发现 CPU 占用率高达 90%。后来经过分析，软件运行时启动了若干个 1ms 的定时器，大量消耗了 CPU 资源，后来通过把定时器调整到 10ms，CPU 的占用率降为 7%。如果观察点单一，这个严重消耗资源的 Bug 就不能被发现。

(2) 加强测试过程记录。如果测试执行步骤与测试用例中描述的有差异，一定要记录下来，作为日后更新测试用例的依据。如果软件产品提供了日志功能，应开启日志功能，一定在每个测试用例执行后记录相关的日志文档，作为测试过程记录，一旦日后发现 Bug，开发人员可以通过这些测试记录方便地定位 Bug，而不用测试人员重新搭建测试环境，为开发人员重现 Bug。

(3) 及时确认发现的 Bug。测试执行过程中，如果确认发现了软件 Bug，那么可以毫不犹豫地提交 Bug 报告单。如果发现了可疑 Bug，而且无法定位是否为软件 Bug，那么一定要保留现场，然后通知相关开发人员到现场定位 Bug。如果开发人员在短时间内可以确认是/否为软件 Bug，测试人员给予配合。如果开发人员定位 Bug 需要花费很长的时间，测试人员千万不要因此耽误自己的测试执行时间，可以让开发人员记录重新 Bug 的测试环境配置，然后回到自己的开发环境上重现 Bug、继续定位 Bug。

(4) 与开发人员良好的沟通。测试执行过程中，当测试人员提交了 Bug 报告单，可能被开发人员驳回或拒绝修改。这时只能对开发人员做有理、有据、有说服力的交流。首先，要定义软件 Bug 的标准原则，这个原则应该是开发人员和测试人员都认可的。如果没有共同认可的原则，那么开发人员与测试人员对问题的争执就不可避免。此外，测试人员打算说服开发人员之前，考虑是否能够先说服自己，在保证可以说服自己的前提下，再开始与开发人员交流。

(5) 及时更新测试用例。测试执行过程中及时更新测试用例是很好的习惯。往往在测试执行过程中才发现遗漏了一些测试用例，这时应及时补充。有时也会发现有些测试用例在具体的执行过程中根本无法操作，这时应删除这部分用例。如果发现若干个冗余的测试用例完全可以由某一个测试用例替代，那么删除冗余的测试用例。注意：不要打算在测试执行结束后统一更新测试用例。

(6) 提交一份优秀的 Bug 报告单。软件测试提交的 Bug 报告单和测试日报一样，都是软件测试人员的工作输出，是测试人员绩效的集中体现。因此，提交一份优秀的 Bug 报告单很重要。软件测试报告单最关键的域就是“Bug 描述”，这是开发人员重现 Bug、定位 Bug 的依据。Bug 描述应该包括以下几部分内容：软件配置、硬件配置、测试用例输入、操作步骤、输出、当时输出设备的相关输出信息和相关的日志等。

本章小结

一般而言，软件测试用例是指为实施一次软件测试而向被测系统提供的输入数据、操作或各种环境设置。好的测试用例可以有效地提高找到软件 Bug 的可能性，对整个软件的测试工作能够起到最佳的覆盖作用，同时可以有效地减少测试过程中的重复工作，降低测试成本。本章介绍了软件测试用例的基础，介绍了常用的测试用例设计技术和异常与正常测试用例的设计方法。

练习题

1. 什么是软件测试用例？它的作用是什么？
2. 设计测试用例的原则和步骤是什么？
3. 简介测试用例优先级分配方法。
4. 异常和正常测试用例的设计差异性是什么？
5. 软件测试用例的复用和执行步骤是什么？

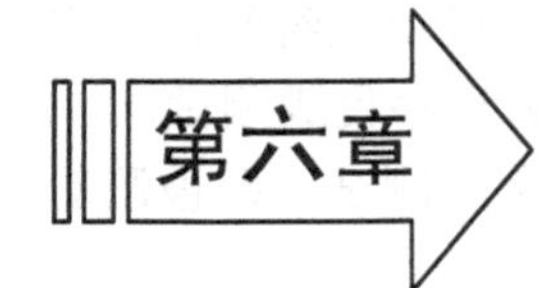

白盒、黑盒和灰盒测试技术

白盒测试、黑盒测试和灰盒测试是广泛使用的三种测试方法。它们是传统的测试方法，有着严格规定和系统的方式可供参考。黑盒与白盒测试方法是从完全不同的、完全对立的起点出发，反映了事物的两个极端，而灰盒测试方法介于黑盒和白盒测试方法之间。三种测试方法各有侧重，在实际软件测试中都是有效和实用的。人们不能指望其中的一个能够完全代替另一个。在进行单元测试时大都采用白盒测试，在确认测试或系统测试中大都采用黑盒测试，而实际中经常使用灰盒测试方法。下面分别介绍这三类测试方法，并介绍白盒和黑盒测试用例的设计方法及其实例。

6.1　白 盒 测 试

白盒测试是根据被测程序的内部结构设计测试用例，把测试对象看成一个透明的盒子(见图 6.1)，它允许测试人员利用程序内部的逻辑结构及有关信息，设计或选择测试用例，对程序所有逻辑路径进行测试。白盒测试涉及软件设计的细节，原则上只涉及被测源程序，但有时也会用到设计信息。测试人员可以看到被测的源程序，用以分析程序的内部构造，并且根据其内部构造设计测试用例，这时测试人员可以完全不考虑程序的功能。按结构测试来理解，白盒测试要求对某些程序的结构特性做到一定程度的覆盖，或称为“基于覆盖的测试”，这是从最早所谓“测试整个程序”的原始概念发展而来的。重视测试覆盖率的度量，可以减少测试的盲目性，并引导人们朝着提高覆盖率的方向努力，从而找出那些已被忽视的程序 Bug。

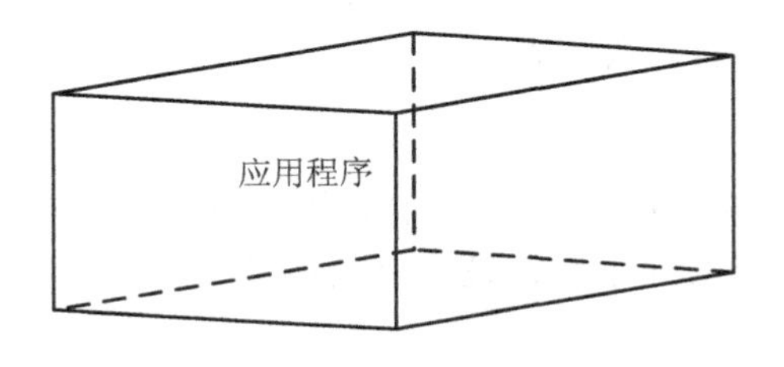

图 6.1　白盒测试示意图

1．白盒测试分类和应用范围

白盒测试通常被认为是单元测试与集成测试的统称，是软件测试体系中的一个重要分支，测试对象是一行行可见程序代码。如果代码不可见，就不是白盒测试，而是黑盒测试。白盒测试概念是相对的，与当前项目遵循的研发流程有关，某些流程把白盒测试划分为单

元测试与集成测试；而另一些流程，把白盒测试划分为模块单元测试、模块系统测试、多模块集成测试，还有一些流程把单元测试与集成测试混为一体，统称为程序集成测试。

白盒测试的应用范围限定在功能测试之前，针对程序源代码行的所有测试，即被测对象是看得到的功能源码，每个测试人员必须先获得源码才能实施测试。

2．白盒测试的目的

通过检查软件内部的逻辑结构，对软件中的逻辑路径进行覆盖测试。在程序不同地方设立检查点，检查程序的状态，以确定实际运行状态与预期状态是否一致。

3．白盒测试的优缺点

白盒测试依据软件设计说明书进行测试，对程序内部细节严密检验，针对特定条件设计测试用例，对软件的逻辑路径进行覆盖测试。

(1) 优点：适用于单元测试等，测试开始的时间较早；能够对已完成的程序代码进行详尽、彻底、有重点的测试；更有可能捕捉到软件 Bug 或人为设置的故障。

(2) 缺点：不能验证各种说明书是否正确；不能测试长的、复杂的程序工作逻辑；程序员易存在偏见，不能客观的对软件进行测试。一些程序员总是不愿承认自己辛辛苦苦编写的程序代码有问题，从而对其进行袒护，不能进行有效、客观的测试，所以测试员一般应选择第三方，不能由程序员进行自测。

4．应用白盒测试遵循的原则

(1) 一个模块中的所有独立路径至少被测试一次。

(2) 所有逻辑值均需测试 true 和 false 两种情况。

(3) 检查程序的内部数据结构，保证其结构的有效性。

(4) 在取值的上、下边界及可操作范围内运行所有循环。

5．白盒测试内容

白盒测试方法对程序模块进行如下主要测试：

(1) 对程序模块的所有独立的执行路径至少测试一次。

(2) 对所有的逻辑判定，取“真”与取“假”的两种情况都至少测试一次。

(3) 在循环的边界和运行界限内执行循环体。

(4) 测试内部数据结构的有效性等。

6．白盒测试步骤

(1) 测试计划阶段：根据需求说明书，制订测试进度。

(2) 测试设计阶段：依据程序设计说明书，按照一定规范化的方法进行软件结构划分和设计测试用例。

(3) 测试执行阶段：输入测试用例，得到测试结果。

(4) 测试总结阶段：对比测试的结果和代码的预期结果，分析 Bug 原因，找到并解决 Bug。

7．白盒测试技术分析

在白盒测试中，最常见的程序结构覆盖是语句覆盖。语句覆盖要求被测程序的每一可执行语句在若干次测试中尽可能都测试一次。语句覆盖是一种最弱的逻辑覆盖准则，但它是一种必须做的最低限度的白盒测试。进一步则要求程序中所有判定的两个分支尽可能得到测试，即分支覆盖或判定覆盖。当判定式含有多个条件时，要求每个条件的取值都得到测试，即条件覆盖。在同时考虑条件的组合值及判定结果的测试时，人们又要进行判定/条件覆盖。在只考虑对程序路径的全面测试时，可使用路径覆盖准则。

在进行独立路径测试(基本路径测试)之前，先介绍流图符号(见图 6.2)。

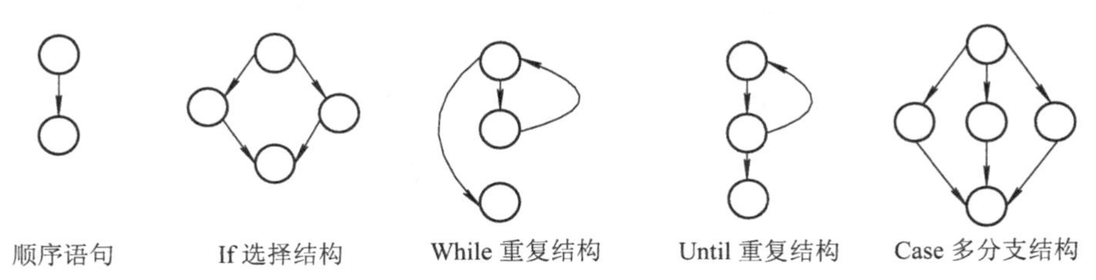

图 6.2　五种流图表示符号

在图 6.2 中，每一个圆表示流图的节点，代表一个或多个语句，程序流程图中的处理方框序列和菱形决策框可映射为一个节点，流图中的箭头，称为边或连接，代表控制流，类似于流程图中的箭头。一条边必须终止于一个节点，即使该节点并不代表任何语句。如流程图 6.3 中两个处理方框交汇处是一个节点，边和节点限定的范围称为区域。

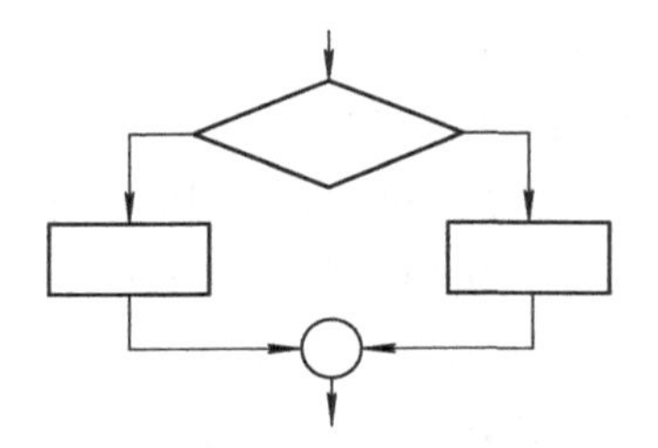

图 6.3　程序流程图

任何过程设计表示法都可被翻译成流图，图 6.4 为一段程序流程图，图 6.5 为相应的流图。

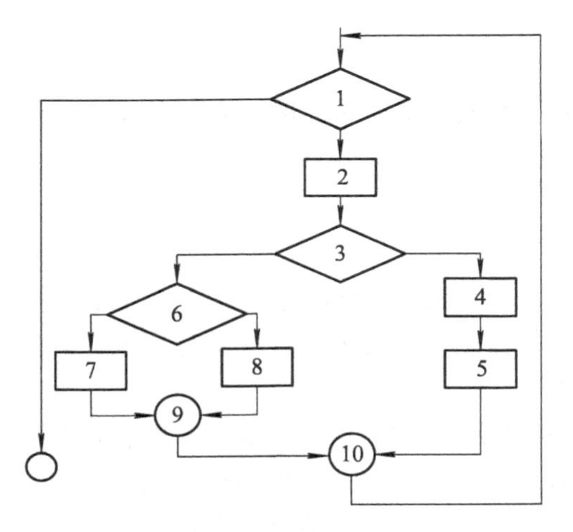

图 6.4　程序流程图

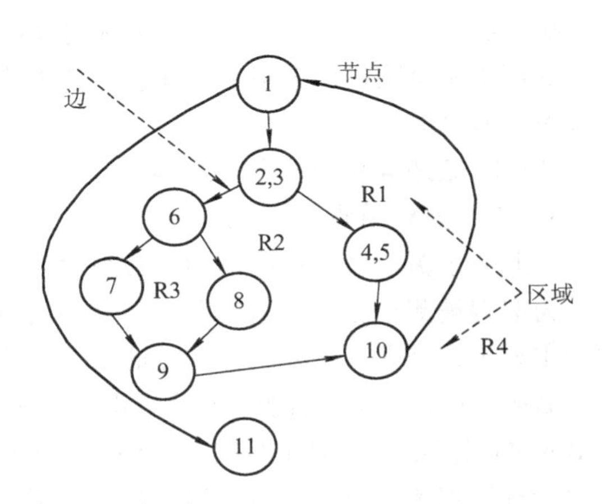

图 6.5　图 6.4 相应的流图

注意：程序设计中遇到复合条件时(如逻辑 OR、AND、NOR 等)，生成的流图变得更为复杂。此时必须为语句 If a OR b 中的每一个 a 和 b 创建一个独立的节点，如图 6.6 所示。

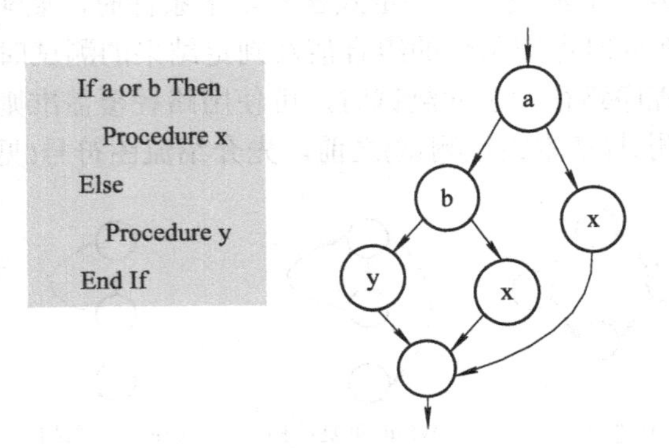

图 6.6 复合条件下的流图

独立路径指程序中至少引进一个新的处理语句集合，采用流图的符号，即独立路径必须至少包含一条在定义路径之前不曾用到的边。如图 6.5 中所示流图的一个独立路径集合为

路径 1：1→11；

路径 2：1→2→3→4→5→10→1→11；

路径 3：1→2→3→6→8→9→10→111；

路径 4：1→2→3→6→7→9→10→1→11。

上面定义的路径 1、2、3、4 包含了图 6.5 流图的一个基本集，如果能将测试设计为强迫运行这些路径，那么程序中的每一条语句将至少被执行一次，每一个条件执行时都将分别取 true 和 false(分支覆盖)。应该注意到基本集并不唯一。实际上，给定的过程设计可派生出任意数量的不同基本集。可以通过如下三种算法来确定寻找路径的条数，即计算独立路径的上界：

$V = E - N + 2$，　E 是流图中边的数量，N 是流图节点数量；

$V = P + 1$，　P 是流图 G 中判定节点的数量；

$V = R$，　R 是流图中区域的数量。

如图 6.5 流图可以采用上述任意一种算法来计算独立路径的数量：流图有 4 个区域，所以 $V = 4$，即

$V = 11$ 条边 − 9 个节点 + 2 = 4；

$V = 3$ 个判定节点 + 1 = 4。

由此为了覆盖所有程序语句，必须设计至少 4 个测试用例使程序运行于这 4 条路径。

为取得被测程序的覆盖情况，最常用的办法是在测试前对被测程序进行预处理。预处理的主要工作是在其重要的控制点插入“探测器”。

必须说明，无论哪种测试覆盖，即使其覆盖率达到 100%，也不能保证把所有隐藏的程序 Bug 都揭露出来。对于某些在规格说明中已有明确规定，但在实现中被遗漏的功能，无论哪一种结构覆盖也是检查不出。因此，提高结构测试覆盖率只能增强人们对被测软件的信心，但不是万无一失。

6.2 黑盒测试

黑盒测试是使用最多的、从用户观点出发进行测试的一种重要的测试技术，涵盖了软件测试的各个方面。黑盒测试是在程序接口进行测试，它只是检查程序功能是否按照规格说明书的规定正常使用，也被称为用户测试。黑盒测试把测试对象(或系统)看作一个“内部不可见的黑盒子”(见图 6.7)，软件的内部部件按照系统要求工作，测试人员完全不用考虑程序逻辑结构、内部结构和内部特性，而只要关心软件的输入与输出。测试人员依据程序的需求规格说明书，检查程序的功能是否符合它的功能说明。

图 6.7　黑盒测试示意图

1. 优缺点

(1) 黑盒测试的优点：适用于功能测试、可用性测试及可接受性测试；对照说明书测试程序功能；可测试长的、复杂的程序的工作逻辑，易被理解。

(2) 黑盒测试的缺点：不可能进行完全的、毫无遗漏的输入测试，有一些软件 Bug 或人为设置的故障通过黑盒测试是无法检测出来的。正是因为黑盒测试的测试数据来自规格说明书，这一方法的主要缺点是它依赖于规格说明书的正确性。实际上，人们并不能保证规格说明书完全正确。如在规格说明书中规定了多余的功能，或是漏掉了某些功能，这对于黑盒测试来说是完全无能为力的。

2. 作用

黑盒测试主要检查三种基本类型的 Bug：与软件功能路径有关的 Bug；与软件完成的计算有关的 Bug；与软件可执行的数据值范围或字段有关的 Bug。黑盒测试的内容主要是覆盖软件的全部功能，可以结合兼容、性能等方面进行测试，根据软件需求，设计文档，模拟客户场景随系统进行实际的测试。

黑盒测试方法是在程序接口上进行测试，主要是为了发现以下 Bug：

- 是否有不正确或遗漏了的功能。
- 在接口上输入能否正确地接受；能否输出正确的结果。
- 是否有数据结构 Bug 或外部信息(例如数据文件)访问 Bug。
- 性能上是否能够满足要求。
- 是否有初始化或终止性 Bug。

用黑盒测试发现程序中的 Bug，必须在所有可能的输入条件和输出条件中确定测试数据，来检查程序是否都能产生正确的输出，通过下面例子说明这是不可能的。

假设一个程序 P 有输入变量为 X 和 Y，输出量为 Z。见图 6.8。

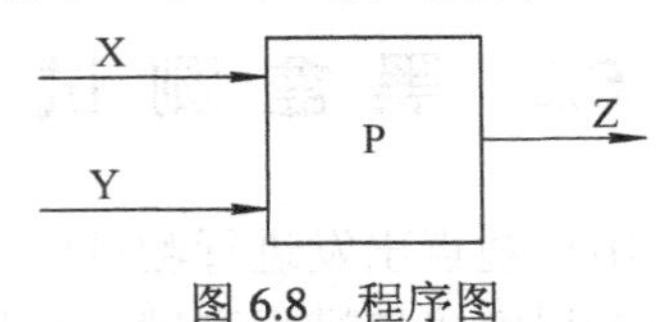

图 6.8　程序图

在字长为 32 位的计算机上运行。若 X、Y 取整数，按黑盒方法进行穷举测试，可能采用的测试数据组有 $2^{32}\times2^{32}=2^{64}$ 多。如果测试一组数据需要 1 毫秒，一年工作 365 × 24 小时，完成所有测试需 5 亿年。所以不可能测试所有可能的输入。

3. 黑盒测试方法划分

黑盒测试方法主要有等价类划分方法、边界值分析方法、基于决策表的测试方法、因果图法、Bug 推测法以及健壮性测试等。

1) 等价类划分方法

等价类划分方法是一种典型的黑盒测试方法，它完全不考虑程序的内部结构，而只是根据程序的说明和要求来进行测试用例的设计。

实际上，人们在计划测试时，一般需要将整个系统分解。对一个复杂的系统来说，它可以被分解成一些相对独立的子系统。如果使用某个等价类中的一个输入代表值作为测试数据进行测试没有查出 Bug，那么这个等价类中的其他输入数据同样也有这种情况。因此，把全部输入数据合理地划分为若干等价类，在每一个等价类中取一个数据作为测试的输入条件，就可以用少量的、具有代表性的测试用例来取得较好的测试效果。正确的划分子系统可以降低测试的复杂性，减少重复与冗余，更加方便设计测试用例。在测试时，测试人员同样先要对需求规格说明书的各项需求，尤其是功能需求进行细致分析，同时，还要求对输入要求和输出要求区别对待和处理。

(1) 等价类：等价类是指某个输入域的子集合。在该子集合中，各个输入数据对于揭露程序中的 Bug 都是等效的，并合理地假定：测试某等价类的代表值就等价于对这一类其他值的测试。

(2) 等价类划分：把全部输入数据合理划分为若干等价类，在每一等价类中任取一个数据作为代表进行测试来发现程序中的 Bug，测试效果和取该等价类中的其他数据测试效果是等同的，这样就可以避免很多不必要的重复，极大地提高测试效率。

等价类划分有两种不同的情况：有效等价类和无效等价类。

① 有效等价类是指对于程序的规格说明来说是合理的、有意义的输入数据构成的集合。利用有效等价类可检验程序是否实现了规格说明中所规定的功能和性能；

② 无效等价类与有效等价类的定义恰巧相反。设计时要同时考虑这两种等价类，因为软件不仅要能接收合理的数据，也要能经受意外的考验。

在设计测试用例时，要同时考虑有效等价类和无效等价类的设计。

① 等价类划分法的优缺点：优点是用尽可能少的测试案例，发现尽可能多的 Bug，很大程度上减少了重复性；缺点是缺乏特殊案例的考虑，同时需要深入了解系统知识，才能做到有效地处理。

② 划分等价类的标准。

● 完备测试、避免冗余。

● 集合的划分，划分为互不相交的一组子集，而子集的并是整个集合，保证划分的完备性。

● 子集互不相交，保证一种形式的无冗余性。

● 同一类中标识(选择)一个测试用例，同一等价类中，往往处理相同，相同处理映射到相同的执行路径。

(3) 确定等价类的原则：在输入条件规定了取值范围或值的个数的情况下，则可确定一个有效的等价类(输入值或数在此范围内)和两个无效等价类(输入值或个数小于这个范围的最小值或大于这个范围的最大值)。

假设输入值是学生成绩，则其范围为 0～100，则有效等价类是“0≤成绩≤100”；而两个无效等价类是“成绩＜0”和“成绩＞100”。在数轴上表示如图 6.9 所示。

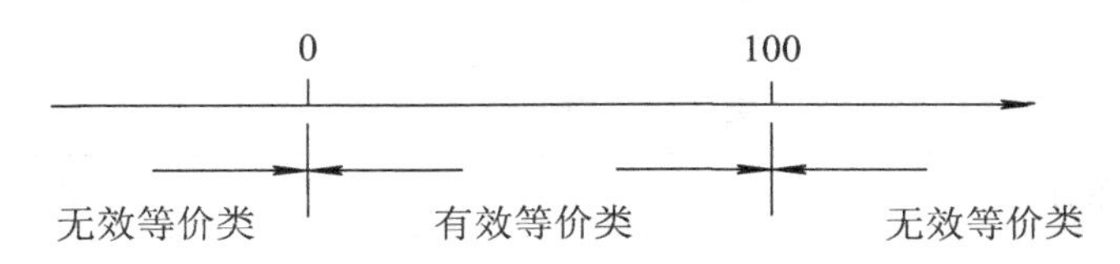

图 6.9　学生成绩划分不同等价类后的数轴

假设，在程序的规格说明中，输入条件中有一句话：“……项数可以从 1 到 999……”，则有效等价类是“1≤项数≤999”；而两个无效等价类是“项数 < 1”和“项数 > 999”。

如果输入条件规定了输入数据的集合，或规定了“必须如何”等的条件，而且程序对不同的输入值分别做不同的处理，则每个允许输入值是一个有效等价类，此处还有一个无效等价类(任何一个不允许的输入值的集合)。

如在 Pascal 语言中对变量标识符规定为“以字母打头的……串”，那么所有以字母打头的构成有效等价类，而不在此集合内(不以字母打头)属于无效等价类。

在规定了输入数据必须遵守的规则的情况下，可确立一个有效等价类(符合规则)和若干个无效等价类(从不同角度违反规则)。

如 Pascal 语言规定“一个语句必须以分号‘;’结束”。这时，可以确定一个有效等价类“以‘;’结束”，若干个无效等价类：“以‘:’结束”、“以‘,’结束”、“以‘ ’结束”、“以 LF 结束”等。

如果规定了输入数据的一组值(假定 n 个)，且程序要对每个输入值分别进行处理。这时可确立 n 个有效等价类和一个无效等价类。

如在教师上岗方案中规定对教授、副教授、讲师和助教分别计算分数，做相应的处理。因此可以确定 4 个有效等价类为教授、副教授、讲师和助教；一个无效等价类，它是所有不符合以上身份的人员的集合。

在确知已划分的等价类中各元素在程序处理中的方式不同的情况下，则应再将该等价类进一步的划分为更小的等价类。

在输入条件是一个布尔量的情况下，可确定一个有效等价类和一个无效等价类。

如等价类划分基于功能项的输入和输出，将其划分成等价类，通常包括以下几种组合：

① 合法/非法的输入和输出；

② 对数值型的值分为正数、负数和0；

③ 对于字符串型的分为空串和非空串。

如学生成绩等级评定(A～D)：总分(0～100) = 考试分(0～75) + 上课分(0～25)；总分≥70，Grade =“A”；总分≥50 and < 70，Grade=“B”；总分≥30 and < 50，Grade =“C”；总分≥0 and < 30，Grade =“D”。考试成绩在数轴上表示如图6.10所示。

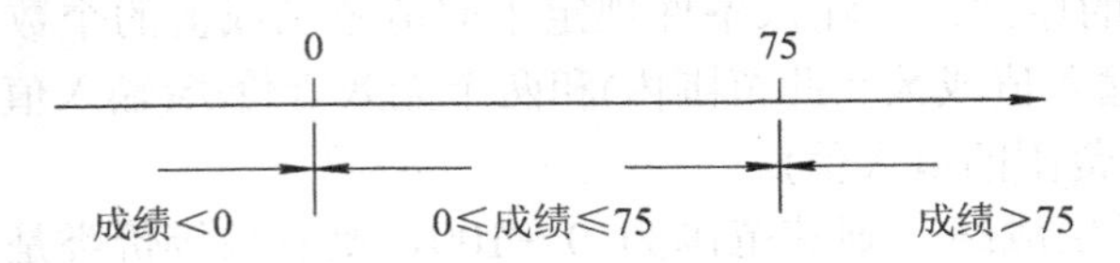

图6.10　学生成绩等级评定数轴

(4) 设计测试用例：在确立了等价类后，可建立等价类表(见表6.1)，列出所有划分出的等价类：

表6.1　等 价 类 表

输入条件	有效等价类	无效等价类
⋮	⋮	⋮

然后从划分出的等价类中按以下三个原则设计测试用例：

① 为每一个等价类规定一个唯一的编号。

② 设计一个新的测试用例，使其尽可能多地覆盖尚未被覆盖的有效等价类。重复这一步，直到所有的有效等价类都被覆盖为止。

③ 设计一个新的测试用例，使其仅覆盖一个尚未被覆盖的无效等价类。重复这一步，直到所有的无效等价类都被覆盖为止。

2) *边界值分析方法*

在软件测试中，边界值分析方法又称为边界条件测试，是对等价类划分方法的补充。

边界条件测试在单元测试中最后进行，也是最重要的一项任务。通常，软件经常在边界上失效，采用边界值分析技术，针对边界值及其左、右设计测试用例，很有可能发现新的Bug。

(1) 定义：对输入或输出等价类直接在边界值上以及稍大于边界值和稍小于边界值的数据进行测试。注意：“稍大于边界值”中的边界值是指最小边界值，而“稍小于边界值”中的边界值是指最大边界值。通常边界值分析法作为等价类划分法的补充，其测试用例来自等价类的边界。边界值分析法不具有随机性，与等价类划分法结合起来使用效果会更好。

实践中人们会发现，程序在处理大量中间数值时都是对的，但是在边界处容易出错。如对数组的[0]元素的处理：在Basic中定义一个10个元素的整数数组，如果使用Dim data(10) As Integer，则定义的是一个11个元素的数组，在赋初值时再使用For i =1 to 10…来赋值，就会产生问题，因为程序忘记了处理i = 0的0号元素。

长期的测试经验证明，大量的Bug发生在输入或输出范围的边界上，而不是发生在输入输出范围的内部。因此，针对各种边界情况设计测试用例，可以查出更多的 Bug。使用边界值分析方法设计测试用例，首先应确定边界情况。通常输入和输出等价类的边界，就是应着重测试的边界情况。应当选取正好等于，刚刚大于或刚刚小于边界的值作为测试数据，而不是选取等价类中的典型值或任意值作为测试数据。

(2) 边界条件和边界值：边界条件是指软件计划的操作界限所在的边缘条件。在边界条件测试中应考虑的特征：第一个/最后一个、开始/完成、空/满、最慢/最快、相邻/最远、最小值/最大值、超过/在内、最短/最长、最早/最迟、最高/最低等。这些都是可能出现的边界条件。根据边界来选择等价分配中包含的数据。然而，仅仅测试边界线上的数据点往往不够充分。提出边界条件时，一定要测试临近边界的合法数据，即测试最后一个可能合法的数据，以及刚超过边界的非法数据。

下面给出一些边界值的例子：

① 对 16 bit 的整数而言 32 768 和 −32 767 是边界。

② 屏幕上光标在最左上、最右下位置。

③ 报表的第一行和最后一行。

④ 数组的第一个元素和最后一个元素。

⑤ 循环的第 0 次、第 1 次和倒数第 2 次、最后一次。

针对各种边界情况设计测试用例，可以查出更多的 Bug。如在做三角形计算时，要输入三角形的三个边长：A、B 和 C。

这三个数值应当满足：$A>0$、$B>0$、$C>0$、$A+B>C$、$A+C>B$、$B+C>A$，才能构成三角形。但如果把六个不等式中的任何一个大于号“>”错写成大于等于号“≥”，就不能构成三角形。问题就出现在容易被疏忽的边界附近。

(3) 基于边界值分析方法选择测试用例的原则：

① 如果输入条件规定了输入值的范围，则应取刚达到这个范围的边界的值，以及刚刚超越这个范围边界的值作为测试用例的输入数据。

② 如果输入条件规定了值的个数，则用最大个数，最小个数，比最小个数少一，比最大个数多一的数作为测试数据。

③ 对于输出值同样可以按照①和②两条原则来设计测试用例。

④ 根据规格说明的每个输出条件，使用原则①。

⑤ 根据规格说明的每个输出条件，应用原则②。

⑥ 如果程序的规格说明给出的输入域或输出域是有序集合，则应选取有序集合中的第一个元素和最后一个元素作为测试用例。

⑦ 如果程序中使用了一个内部数据结构，则应当选择这个内部数据结构的边界上的值作为测试用例。

⑧ 分析规格说明，找出其他可能的边界条件。

测试用例的设计只要按照以上原则设计就可以取得较好的效果。

3) 边界值分析法与等价类划分法的区别

边界值分析要把每个等价类的边界都作为测试数据，而等价类划分是在每一个等价类中任取一个作为代表进行测试。

边界值分析是等价划分的扩展，包括等价类加 + 划分的边界值，边界值通常是等价类的界限，以正好小于、等于和大于界限的等作为边界值。这里所说的边界指：相当于输入等价类和输出等价类而言，稍高于其边界值及稍低于其边界值的一些特定情况。

4) 基于决策表的方法

决策表是分析和表达多逻辑条件下执行不同操作的工具。在程序设计发展的初期，决策表就已被当做编写程序的辅助工具。由于它可以把复杂的逻辑关系和多种条件组合的情况表达得既具体又明确。

基于决策表的方法是最严格的一种功能测试方法。决策表具有逻辑表达式的功能，能有效地运用于表示和分析复杂逻辑关系上。在描述不同条件集合下采取行动的若干组合的情况最适合采用决策表来构造测试用例。

(1) 决策表通常由四个部分组成：

① 条件桩：列出了问题得所有条件。通常认为列出的条件的次序无关紧要。

② 动作桩：列出了问题规定可能采取的操作。这些操作的排列顺序没有约束。

③ 条件项：列出针对它所列条件的取值即在所有可能情况下的真、假值。

④ 动作项：列出在条件项的各种取值情况下应该采取的动作。

(2) 决策表的建立步骤(根据软件规格说明)：

① 确定规则的个数。假如有 n 个条件，每个条件有两个取值(0, 1)，则有 2n 种规则。

② 列出所有的条件桩和动作桩。

③ 填入条件项。

④ 填入动作项，得到初始决策表。

⑤ 简化、合并相似规则(相同动作)。

(3) 适合使用决策表设计测试用例的条件如下：

① 规格说明以决策表形式给出，或很容易转换成决策表。

② 条件的排列顺序不会也不影响执行哪些操作。

③ 规则的排列顺序不会也不影响执行哪些操作。

④ 每当某一规则的条件已经满足，并确定要执行的操作后，不必检验别的规则。

⑤ 如果某一规则得到满足要执行多个操作，这些操作的执行顺序无关紧要。

5) 因果图法

前面介绍的等价类划分方法和边界值分析方法，都是着重考虑输入条件，但未考虑输入条件之间的联系和相互组合。考虑输入条件之间的相互组合，可能会产生一些新的情况。但要检查输入条件的组合不是一件容易的事情，即使把所有输入条件划分成等价类，他们之间的组合情况也相当多。因此，必须考虑采用一种适合于描述对于多种条件的组合，相应产生多个动作的形式来考虑设计测试用例，这就需要利用因果图(逻辑模型)。

因果图法是一种利用图解法分析输入数据的各种组合情况，从而设计测试用例的方法。它适合于检查程序输入条件的各种组合情况，是描述事物的结果与其相关的原因之间关系的结构图。

因果图法是从用自然语言书写的程序规格说明的描述中找出因(输入条件)和果(输出条件或程序状态的改变)，通过因果图转换为决策表。决策表的好处就是考虑了多个输入之间的相互组合、相互制约关系。因果图方法最终生成的就是决策表。

利用因果图生成测试用例的基本步骤：

(1) 分析软件规格说明描述中哪些是原因(即输入条件或输入条件的等价类)，哪些是结果(即输出条件)，并给每个原因和结果赋予一个标识符。

(2) 分析软件规格说明描述中的语义，找出原因与结果之间，原因与原因之间对应的关系。根据这些关系，画出因果图。

(3) 由于语法或环境限制，有些原因与原因之间，原因与结果之间的组合情况不可能出现。为表明这些特殊情况，在因果图上用一些记号表明约束或限制条件。

(4) 把因果图转换为决策表。

(5) 把决策表的每一列作为依据，设计测试用例。

(6) 从因果图生成的测试用例包括了所有输入数据的取 TRUE 与取 FALSE 的情况，构成的测试用例数目达到最少，且测试用例数目随输入数据数目的增加而线性增加。

6) Bug 推测法和健壮性测试

(1) Bug 推测法：Bug 推测法是根据测试人员的经验和直觉推测程序中所有可能存在的各种 Bug，从而有针对性地设计测试用例的方法。

Bug 推测方法的基本思想：列举出程序中所有可能的 Bug 和容易发生 Bug 的特殊情况，然后根据测试人员的经验做出选择。Bug 推测法不是系统测试方法，只能用作辅助手段。如在单元测试时曾列出的许多在模块中常见的错误，以前产品测试中曾经发现的错误等，这些都是经验的总结。又如输入数据和输出数据为 0 的情况；输入表格为空格或输入表格只有一行，这些都是容易发生错误的情况。

(2) 健壮性测试：健壮性测试又称容错性测试，是对边界值分析方法的扩展，即在测试用例中增加一个略大于最大值(max+)和略小于最小值(min−)的取值。用于测试系统在出现故障时，是否能够自动恢复或者忽略故障继续运行。不具备容错性能的系统不是一个好系统。一个好的软件系统必须经过健壮性测试后才能最终交付给用户。

4．黑盒测试方法步骤

以功能测试为例，黑盒测试方法的步骤如下：

(1) 确定参照体系，参照体系是软件测试的判断依据。在功能测试中，参照体系的角色通常是需求规格说明书。在更为细致深入的测试中，还可引入系统设计文档等。

(2) 编写测试用例。测试用例是有条理、有组织的对测试行为的描述。测试用例描述执行测试时，执行者所应进行的具体操作。测试用例应严格按照需求文档编写。

(3) 测试执行。测试人员执行测试时，应按照测试用例所描述的内容进行操作，并将得到的结果与测试用例中的描述进行对比，判断测试结果是否正确。若测试未通过，测试人员应将该步骤的测试结果判定为失败，将 Bug 提交给相应的开发人员，并在后续的测试中，追踪该 Bug 的修复情况，直至该缺陷被修复。

(4) 测试用例维护。测试用例不是一次性产品，应不断进行调整与更新。一份维护良好的测试用例，不但可以极大加快后续回归测试的速度，更可让新入职的员工(不论测试还是开发)更快、更方便的熟悉业务。

6.3 灰盒测试

由于黑盒测试无法寻找到合适的边界，而白盒测试又对测试人员和测试时间提出很高的要求，这时就出现了类似于边界测试的灰盒测试方法。

1．定义

灰盒测试介于白盒测试和黑盒测试之间，是黑盒测试和白盒测试的综合，是测试员研究需求分析及与程序员交流理解系统内部架构的结合。灰盒测试技术在业界并不像黑盒测试和白盒测试那样使用普遍，下面用灰盒测试空间示意图来解释(见图 6.11)。

我们把图 6.11 想象为一个方块盒子，对于黑盒测试，人们看不到盒子内部，所以全都是黑色的。但对于灰盒测试，它仍有黑色方块存在，但已出现一层层白线围起来的方块，表示看到了部分代码的实现，白线越密意味着关注的代码越多，最深处几乎为全白。

图 6.11　灰盒测试空间示意图

灰盒测试考虑了用户端、特定的系统和操作环境，在系统组件的协同性环境中评价应用软件的设计，主要用于集成测试阶段，用于多模块构成的稍微复杂的软件系统。灰盒测试既利用被测对象的整体特性，又利用被测对象的内部具体实现，它看不到具体函数的内部，但可以看到函数之间的调用。具体说来，灰盒测试是在了解代码实现的基础上，通过黑盒功能测试加以判断，以验证软件实现的正确性。在灰盒测试中，重点在于软件系统内部模块的边界(接口)。对于进程内的模块，其接口可能是动态库的导出函数；对于进程级的模块，其接口可能是各种进程间的通信机制；对于涉及数据库的软件系统，其接口可能是数据库的表结构。

灰盒测试有一个灰度的问题，如果只能看到整体特性就变成黑盒测试，如果可以看到具体的内部结构就是白盒测试，趋于前者就深些，趋于后者就浅些。灰盒测试重点在核心模块，相对黑盒测试的时间少，相对白盒测试需要付出的研发成本要低，所以灰盒测试有自己的优势，投入少，见效快。

2．作用和特点

(1) 测试可以及早介入：由于黑盒测试把整个软件系统当成一个整体来测试，如果系统的某个关键模块还没有完工，那测试人员就无法对整个系统进行测试，只好闲等着。而灰盒测试是针对模块的边界进行的，模块开发完一个就测试一个。

(2) 有助于测试人员理解系统结构：为了进行灰盒测试，测试人员首先要熟悉内部模块之间的协作机制。在熟悉的过程中，也就对整个系统(及其结构)有一个初步的、宏观的认识。这有助于测试人员发现一些系统结构方面的 Bug。而对于黑盒测试来说，由于测试人员不清楚软件系统的内部结构，则难以发现一些结构性的 Bug。

(3) 有助于管理层了解真实的开发进度：一些复杂系统，经常会发生开发进度失控的情况，因为很多开发人员有报喜不报忧的倾向。某个开发人员声称自己的工作已经完成了 90%时，往往意味着他还要花同样多的时间来完成剩下的 10%，这导致项目管理人无法了

解开发的真实进度。

(4) 可以构造更好的测试用例。如果仅仅用黑盒方式测试系统的外部边界(通常是用户界面)，有很多软件 Bug 是不容易发现的。

3. 优点

相对于黑盒测试，灰盒测试的优点如下：

(1) 能有效地发现黑盒测试盲点。通过了解代码的内部实现，补充功能测试用例。这需要灰盒测试人员在查看代码之前，掌握需求，并清楚已有的功能测试用例。对某一功能点的实现进行代码分析(白盒测试)，然后与黑盒测试(功能测试)充分结合起来，相互弥补，这就是灰盒测试的精髓。

(2) 可以避免过度测试，精简冗余用例。如具有相同特点的某一功能，在进行功能测试时，不必每个界面或提示框、对话框都进行该功能的测试。

(3) 能及时发现没有来源的更改。特别是在产品的维护阶段，每一行代码的更改都必须要有更改来源，但实际开发过程中，并不是每个开发人员都能做到，也并不是每个人都能清楚意识到更改后没有得到有效验证所带来的后果。

假设，一条指令的语法结构中最多可含有 7 个参数，参数顺序可任意调整：

Command(param1, param2, param3, param4, param5, param6, param7)

理论上，一个测试人员能设计出 7！= 5040 个测试用例。如果测试员采用灰盒测试法，通过与程序员进行沟通、交流，了解分析语法结构、运算法则，并假定每一个参数都是独立的话，那么只需要 7 个测试用例就可以。

相对于白盒测试，灰盒测试的优点如下：

(1) 灰盒测试人才容易招聘。在人才市场上，100 个应聘的测试人员中，未必能够找到一个合适的白盒测试人员。

(2) 灰盒测试人才不需要太多培训。白盒测试人才需要内部培养(或培训)，而且培训周期长。

4. 灰盒测试的缺点

灰盒测试的主要缺点如下：

(1) 不适用于简单的系统。所谓的简单系统，就是简单到总共只有一个模块。由于灰盒测试关注于系统内部模块之间的交互，如果某个系统只有一个模块，那就没必要进行灰盒测试。

(2) 对测试人员的要求比黑盒测试高。从上面介绍来看，灰盒测试要求测试人员清楚系统内部由哪些模块构成，模块之间如何协作，因此对测试人员的要求就有所提高，会带来一定的培训成本。

(3) 不如白盒测试深入。灰盒测试不如白盒测试那么深入。不过考虑到灰盒测试相比白盒测试有显著的成本优势，该缺点不太明显。

6.4　三种方法比较

三种测试方法从完全不同的角度反映了软件测试思路的三个方面，适用于不同的测试阶段。

1．白盒测试的必要性

下面通过一个例子来说明白盒测试的必要性。

如果所有软件 Bug 的根源都可以追溯到某个唯一原因，那么问题就简单了。然而，事实上一个 Bug 往往是由多个因素共同导致的，如图 6.12(a)所示。

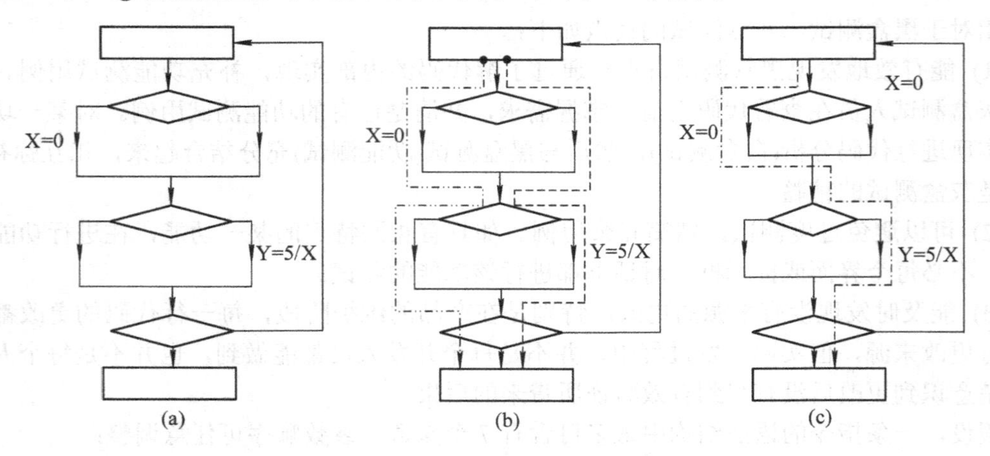

图 6.12　多个选择判断语句的流程图

假设此时开发工作已经结束，程序送交到测试组，没有人知道代码中有一个潜在的被 0 除的 Bug，测试组采用测试用例按照图 6.12(b)所示两条不同的虚线路径进行测试，显然测试工作似乎非常完善，测试用例覆盖了所有执行语句，被 0 除的 Bug 没有发生。但是，当客户在使用该产品的过程中，执行了如图 6.12(c)中的虚线路径时，Bug 就发生了。

由本例可以看到，如果不对程序内部的逻辑结构做分析，则设计的测试用例可能无法发现内部潜在的 Bug。独立路径测试可以保证所有语句至少被执行一次，同时排除上述(X=0, Y=5/X)组合没有被执行的情况。

对于一个具有多重选择和循环嵌套的程序，不同的路径数目可能是天文数字。假设给出一个小程序的流程图(见图 6.13)，它包括一个执行 20 次的循环，则其包含 5 层，不同执行路径数多达 5^{20} 条，对每一条路径进行测试需要 1 毫秒，假定一年工作 365 × 24 小时，

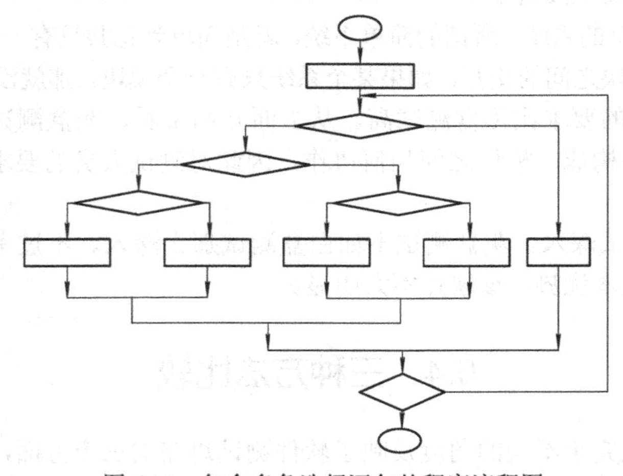

图 6.13　包含多条选择语句的程序流程图

要想把所有路径测试完毕，则需要 3024 年才能完成。由此可见，在实际测试过程中，白盒测试方法是必要的。

2．三种方法的区别

黑盒测试是以用户的观点，从输入、输出数据的对应关系出发进行测试，也就是根据程序外部特性进行测试，它完全不涉及到程序的内部结构。如果外部特性本身有问题或规格说明的规定有问题，用黑盒测试方法发现不了。白盒测试与黑盒测试完全相反，它只根据程序的内部结构进行测试，而不考虑外部特性，如果程序结构本身有问题，比如说程序逻辑有 Bug，或是有遗漏，那就无法发现。可以从这一对比中看出它们各自的优缺点，以及它们之间的互补关系。图 6.14 为黑盒与白盒测试方法比较。

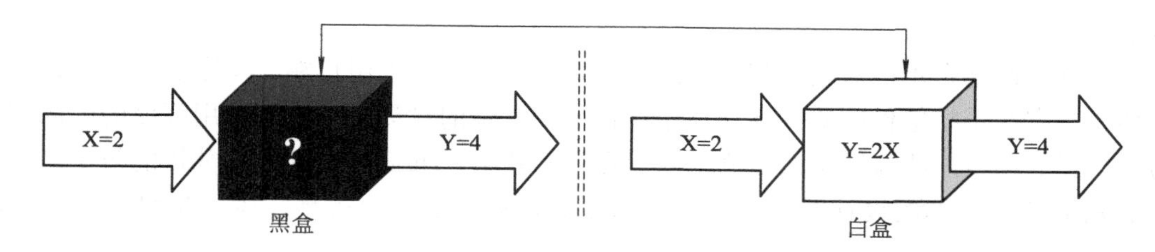

图 6.14　黑盒测试与白盒测试示意图

由于实用软件的测试情况数量巨大，采用哪种测试方法都不可能进行彻底的测试。黑盒测试法是穷举输入测试，只有把所有可能的输入都作为测试情况使用，才能查出程序中所有的 Bug。但实际测试情况有无穷多种，人们不仅要测试所有合法的输入，而且还要对很多不合法但可能的输入进行测试。白盒测试法是穷举路径测试，贯穿程序的独立路径数是天文数字，而且即使每条路径都测试了仍然可能有 Bug。由于穷举测试工作量太大，所以实践中一般是行不通的，这就注定了一切实际测试都是不彻底的，因此就不能够保证被测试程序中不存在遗留的 Bug。黑盒与白盒测试方法比较见表 6.2。

表 6.2　黑盒测试与白盒测试方法比较

方法	黑 盒 测 试	白 盒 测 试
特征	只关心软件的外部表现，不关心内部设计与实现	关注软件的内部设计与实现，要跟踪源代码的运行
依据	软件需求	设计文档
测试人员	任何人(包括开发人员、独立测试人员和用户)	由开发人员兼任测试人员的角色
规划方面	功能的测试	结构的测试
测试驱动程序	一般无需编写额外的测试驱动程序	需要编写额外的测试驱动程序
优点	能确保从用户的角度出发进行测试	能对程序内部的特定部位进行覆盖测试
缺点	无法测试程序内部特定部位；若规格说明有误，则不能发现问题	无法检查程序的外部特性；无法对未实现规格说明的程序内部欠缺部分进行测试
应用范围	决策表测试，边界分析法，等价类划分法	语句覆盖，判定覆盖，条件覆盖，判定/条件覆盖，路径覆盖，循环覆盖，模块接口测试

灰盒测试与黑盒测试的区别：如果某软件包含多个模块，使用黑盒测试时，只要关心整个软件系统的边界，无需关心软件系统内部各个模块之间如何协作；使用灰盒测试，需要关心模块与模块之间的交互关系。

灰盒测试与白盒测试的区别：在灰盒测试中，无需关心模块内部的实现细节。对于软件系统的内部模块，灰盒测试把它当成一个黑盒来看待；而白盒测试则不同，还需要再深入地了解内部模块的实现细节。

3. 三种方法的结合

灰盒测试关注输出对于输入的正确性，同时也关注内部表现，但这种关注不像白盒那样详细、完整。如果每次都通过白盒测试来操作，效率会很低，因此需要采取灰盒的方法。

灰盒测试结合了白盒测试和黑盒测试的要素，它考虑了用户端、特定的系统知识和操作环境。它在系统组件的协同性环境中评价应用软件的设计，取材于应用程序的内部知识与之交互的环境，能够用于黑盒测试以增强测试效率、Bug 发现和 Bug 分析的效率。如果人们知道产品内部的设计并对产品有深入了解，就能够更有效地、深入地测试它的各项性能。

对于灰盒测试，没有高深的理论，更多的是在从实践中总结出来的测试技巧。用黑盒测试的需求文档、设计文档，加上白盒测试的对代码结构化的了解，就构成了推动黑盒测试的所有输入要素。

假如人们开发的是一个 Web 应用系统，那么，这种系统的服务端多半会提供若干个 Web 接口供客户端调用。若某个 Web 接口存在安全性问题/并发性问题/健壮性问题等，人们单纯用黑盒测试的手段难以发现，而灰盒测试就可以发现。

检查下面一段程序：

```
if my employee ID exists.
    deposit regular pay check into my bank account.
else
    deposit an enormous amount of money into my bank account.
erase any possible financial audit trails.
```

这段程序完成的操作：若员工的员工号存在，那么定期存放工资到他的银行账户；若不存在，那么存放巨额钱款到他的银行账户，并擦除其所有可能存在的财务记录。很显然，程序设计者是想通过在程序中加入这样一段额外的程序代码来达到中饱私囊的目的。在这种情况下，单靠黑盒测试很有可能无法完成测试的目的，因为测试员不接触程序，程序设计者更不会告诉测试员这部分程序的功能。但结合灰盒测试就可以发现问题，达到测试目的。

下面通过一个例子(流程图见图 6.15)来说明在实际中白盒测试与黑盒测试是交叉执行的。

图 6.15 中基本上保证了每条路径至少被执行一次。在上述代码中没有循环，只有三个 if 判断语句，它表明程序代码中的多路径源，共形成了 6 条路径，见表 6.3。

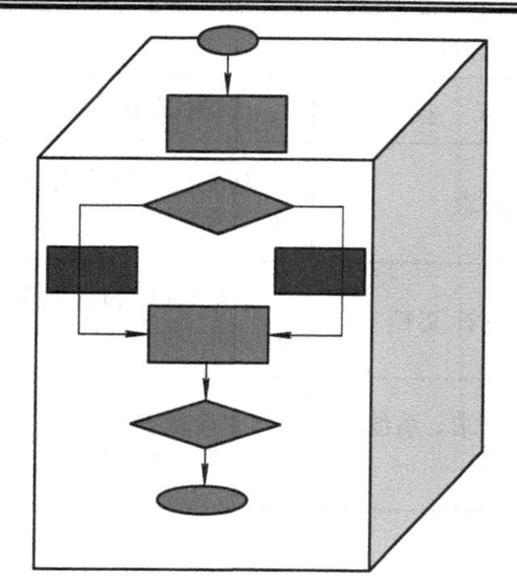


```
#include<iostream.h>
void main()
{
    int  a,b,c,t,I;
    cout<< "input x,y,x" <<end l;
    cin>>x>>y>>z
    if(x>y)  {t=x;x=y;y=t;}
    if(x>z)  {t=x;x=z;z=t;}
    if(y>z)  {t=y;y=z;z=t;}
    cont<< "theresultis" <<x<<y<<z<<end l;
}
```

图 6.15　软件测试示例

表 6.3　多路径源的形成

条件	1st if	2nd if	3rd if	结果
x > y	x<_>y			x < y
x < y				x < y
x > z		x<_>z		x < z
x < z				x < z
y > z			y<_>z	x < y < z
y < z				X < y < z

为了测试这些数据，必须组织 6 组数据，每组数据测一条路径。表 6.4 为测试期望结果。

表 6.4　多路径期望结果

输入	第一步	第二步	第三步	期望结果
5,4,6	4,5,6	4,5,6	4,5,6	4,5,6
4,5,6	4,5,6	4,5,6	4,5,6	4,5,6
6,5,4	5,6,4	4,6,5	4,5,6	4,5,6
5,6,5	5,6,4	4,6,5	4,5,6	4,5,6
4,6,5	4,6,5	4,6,5	4,5,6	4,5,6
6,4,5	4,6,5	4,5,6	4,5,6	4,5,6

在整个测试过程中，白盒测试和黑盒测试都是测试设计的方法，它们从完全不同且完全对立的两个视角出发反映了事物的两个极端，它们各有侧重，不能替代。在现代测试理念中，常常会将两种测试方法交叉使用，以达到更好的测试效果。表 6.5 为三种方法比较。

表 6.5　三种测试方法比较

测试技术	特　征	依　据	测试驱动程序
黑盒测试	只关注软件的外部表现，不关注内部设计与实现.	软件需求	无需编写额外的测试驱动程序
白盒测试	关注软件的内部设计与实现，要跟踪源代码的运行.	系统设计文档	需要编写额外的测试驱动程序
灰盒测试	以黑盒测试为主，局部进行白盒测试.	软件需求、系统设计文档	可能需要编写额外的测试驱动程序

6.5　白盒测试用例设计

白盒测试主要关注程序结构，通过分析程序中的关键结构设计测试用例。但它不是识别语法 Bug(语法 Bug 通常由编译器发现)，而是试图找到更难于察觉、发现和纠正的 Bug，即试图发现逻辑 Bug 并验证测试覆盖率。它是按照程序内部的结构测试程序，通过测试来检测产品内部动作是否按照设计规格说明书的规定正常进行，检验程序中的每条通路是否都能按预定要求正确工作。

1．设计思想

白盒测试是结构测试，所以被测对象基本上是源程序，以程序的内部逻辑为基础设计测试用例，使用程序设计的控制结构导出测试用例。

采用白盒测试的目的主要保证：

- 一个模块中的所有独立路径至少被执行一次；
- 对所有的逻辑判定均需要测试真、假两个分支；
- 在上、下边界及可操作范围内运行所有循环；
- 检查内部数据结构以确保其有效性。

2．设计方法

白盒测试用例的设计根据程序的控制结构设计，主要用于软件验证。测试人员要深入了解被测程序的逻辑结构特点，完全掌握源代码的流程，才能设计出恰当的用例。白盒测试技术主要有覆盖测试、基本路径测试、程序结构分析。最常见的是覆盖测试，根据不同的测试要求，覆盖测试可以分为逻辑覆盖、语句覆盖、判定覆盖、条件覆盖、判定或条件覆盖、条件组合覆盖和路径覆盖等。

1) 逻辑覆盖

逻辑覆盖是以程序内部的逻辑结构为基础设计测试用例的技术。程序内部的逻辑覆盖程度，当程序中有循环时，覆盖每条路径一般是不可能的，需要设计覆盖程度较高的或覆盖最有代表性的路径的测试用例。下面介绍六种常用的逻辑覆盖技术。

(1) 语句覆盖。语句覆盖是设计若干个测试用例，运行被测程序，使得每一可执行语句至少执行一次。为了提高发现 Bug 的可能性，在测试时应该执行程序中的每一个语句。

缺点：对程序执行逻辑的覆盖率很低。

(2) 判定覆盖。判定覆盖指设计足够的测试用例，运行所测程序，使得被测程序中每个决策表达式至少获得一次“真”值和“假”值，从而使程序的每一个分支至少都通过一次，因此判定覆盖也称分支覆盖。

缺点：主要对整个表达式最终取值进行度量，忽略了表达式内部的条件取值。

(3) 条件覆盖。条件覆盖指设计足够的测试用例，使得决策表达式中每个条件的各种可能的值至少执行一次。

缺点：条件覆盖并不能保证判定覆盖。条件覆盖只能保证每个条件至少有一次为真，有一次为假，而不考虑所有的判定结果。

(4) 判定/条件覆盖。该覆盖标准指设计足够的测试用例，运行所测程序，使得决策表达式的每个条件的所有可能取值至少执行一次，并使每个决策表达式所有可能的结果也至少执行一次。

缺点：判定/条件覆盖的缺点是未考虑条件的组合情况。

(5) 条件组合覆盖。条件组合覆盖是比较强的覆盖标准，它是指设计足够的测试用例，使得每个决策表达式中条件的各种可能值的组合都至少执行一次。

缺点：判定语句较多时，条件组合值也比较多，从而线性地增加了测试用例的数量。

(6) 路径覆盖。路径覆盖是指设计足够的测试用例，覆盖被测程序中所有可能的路径。

缺点：由于路径覆盖需要对所有可能的路径进行测试，运行所测程序，需要设计大量、复杂的测试用例，使得工作量呈指数级增长。而在有些情况下，一些执行路径是不可能被执行的。

例 6.1　在实际的逻辑覆盖测试中，一般以条件组合覆盖为主设计测试用例，然后再补充部分用例，以达到路径覆盖测试标准。

下面是快速排序算法中的一个划分算法代码，其中 datalist 是数据表，它有两个数据成员：数组 V(类型为 Element)和数组大小 n。算法中用到两个操作：(1)取数组 V 的元素 V[i] 的关键码操作 getKey( )；(2)交换两数组元素内容的操作 Swap( )。

```
int Partition (datalist &list, int low, int high)
//在区间[ low, high ]上以第一个对象为基准进行一次划分，k 返回基准对象回放位置
{
    int k = low, Element pit = list.V[low];      //基准对象
    for (int i = low+1; i <= high;   i++)        //检测整个序列，进行划分
    if (list.V[i].getKey ( )<pit.getKey( )&& ++ k != i)
         Swap ( list.V[k], list.V[i] ) ;         //小于基准的交换到左侧去
    Swap ( list.V[low], list.V[k] ) ;            //将基准对象就位
    return k;
}                                    //返回基准对象位置
```

试画出它的程序流程图(见图 6.16)；试利用路径覆盖方法为它设计足够的测试用例，

循环次数限定为 0 次、1 次、2 次。

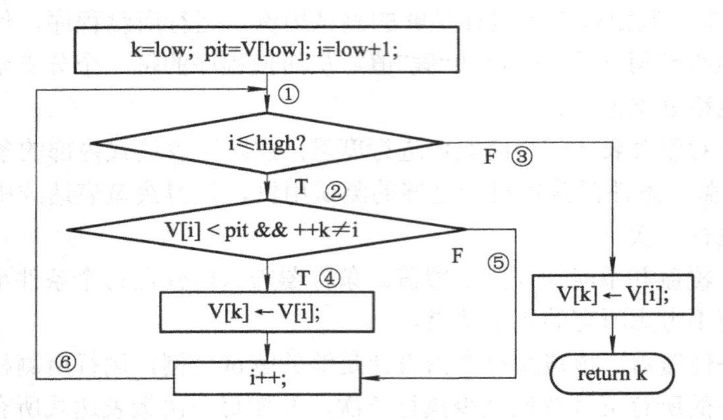

图 6.16　快速排序算法程序流程图

分析：画程序流程图是设计测试用例的关键。首先要搞清楚流程图中的逻辑关系，再画出正确的流程图。考虑测试用例设计要有测试输入数据，以及预期的输出结果。对于此例，控制循环次数靠循环控制变量 i 和循环终值 high。循环 0 次时，取 low = high，此时一次循环也不做。循环一次时，取 low + 1 = high，循环二次时，取 low + 2 = high。

设计的测试用例见表 6.6。

表 6.6　快速排序测试用例

循环次数	输入条件							输出结果					执行路径
	low	high	k	i	V[0]	V[1]	V[2]	k	i	V[0]	V[1]	V[2]	
0	0	0	0	1	–	–	–	0	1	–	–	–	①③
1	0	1	0	1	1	2	_	0	2	1	2	_	①②⑤⑥③
	0	1	0	1	2	1	_	1	2	1	2	_	①②④⑥③
	0	1	0	1	1	1	_	0	2	1	1	_	①②⑤⑥③
2	0	2	0	1	1	2	3	0	3	1	2	3	①②⑤⑥②⑤⑥③
	0	2	0	1	1	2	1	0	3	1	2	1	①②⑤⑥②⑤⑥③
	0	2	0	1	2	3	1	1	3	1	2	3	①②⑤⑥②④⑥③
	0	2	0	1	3	2	1	2	3	1	2	3	①②④⑥②④⑥③
	0	2	0	1	2	1	2	1	3	1	2	2	①②④⑥②⑤⑥③
	0	2	0	1	2	1	3	1	3	1	2	3	①②④⑥②⑤⑥③
	0	2	0	1	1	1	2	0	3	1	1	2	①②⑤⑥②⑤⑥③
	0	2	0	1	2	2	1	1	3	1	2	2	①②⑤⑥②④⑥③
	0	2	0	1	2	2	2	0	3	2	2	2	①②⑤⑥②⑤⑥③

根据开放源码的高级 NIDS 系统策略，条件 V[i] < pit && ++k≠i 的约束集合为 { (<, <), (<, =), (=, <), (>, <) }。因此，设计测试用例见表 6.7。

表 6.7　添加约束条件后的测试用例

循环次数	输入条件								输出结果					
	low	high	k	i	V[0]	V[1]	V[2]	pit	k	i	V[0]	V[1]	V[2]	
0	0	0	0	1	–	–	–	–	0	1	–	–	–	
1	0	1	0	1	1	2		1	0	2	1	2		(>, <)
	0	1	0	1	2	1		2	1	2	2 1	1 2		(<, =)
	0	1	0	1	1	1		1	0	2	1	1		(=, <)
	0	1	0	1	不可达									(<, <)
2	0	2	0	1	1	2	3	1	0 0	2 3	1 1	2 2	3 3	(>, <) (>, <)
	0	2	0	1	1	2	1	1	0 0	2 3	1 1	2 2	1 1	(>, <) (=, <)
	0	2	0	1	2	3	1	2	0 1	2 3	2 2 1	3 1 2	1 3 3	(>, <) (<, <)
	0	2	0	1	不可达									(>, <) (<, =)
	0	2	0	1	3	2	1	3	1 2	2 3	3 3 1	2 2 2	1 1 3	(<, =) (<, =)
	0	2	0	1	2	1	2	2	1 1	2 3	2 2 1	1 1 2	2 2 2	(<, =) (=, <)
	0	2	0	1	2	1	3	2	1 1	2 3	2 2 1	1 1 2	3 3 3	(<, =) (>, <)
	0	2	0	1	不可达									(<, =) (<, <)
	0	2	0	1	1	1	2	1	0 0	2 3	1 1	1 1	2 2	(=, <) (>, <)
	0	2	0	1	2	2	1	2	0 1	2 3	2 2 1	2 1 2	1 2 2	(=, <) (<, <)
	0	2	0	1	2	2	2	2	0 0	2 3	2	2	2	(=, <) (=, <)
	0	2	0	1	不可达									(=, <) (<, =)
	0	2	0	1	不可达									(<, <) (*, *)

例 6.2　下面是一段简单的 C 语言程序，作为公共程序段来说明 5 种覆盖测试各自的特点。程序如下：

```
If  (x>100 && y>500)  then
    score=score+1;
If  (x≥1000 || z>5000)  then
    score=score+5;
```

逻辑运算符“&&”表示“与”关系，逻辑运算符“||”表示“或”的关系。程序流程图如图 6.17。

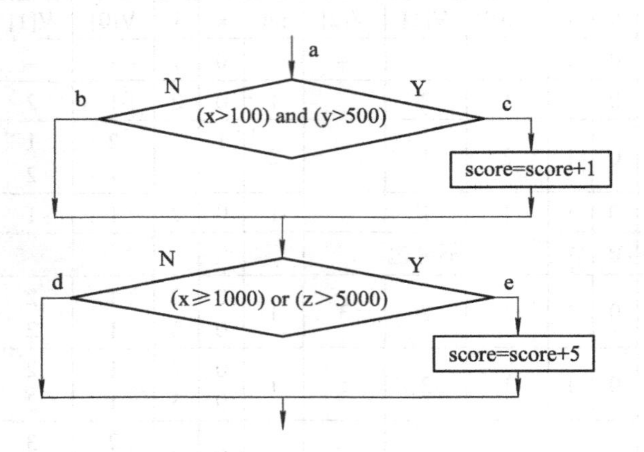

图 6.17　程序流程图

(1) 语句覆盖是指设计若干个测试用例，程序运行时每个可执行语句至少被执行一次。在保证完成要求的情况下，测试用例的数目越少越好。以下是针对公共程序段设计的两个测试用例，称为测试用例组 1。

测试 1：x = 2000，y = 600，z = 6000；

测试 2：x = 900，y = 600，z = 5000。

采用测试 1 作为测试用例，则程序按路径 ace 顺序执行，程序中的 4 个语句都被执行一次，符合语句覆盖的要求。采用测试 2 作为测试用例，则程序按路径 acd 顺序执行，程序中的语句 4 没有执行，所以没有达到语句覆盖的要求(见表 6.8)。

表 6.8　语句覆盖测试用例组 1

测试用例	x, y, z	(x > 100) and (y > 500)	(x≥1000) or (z > 5000)	执行路径
测试 1	2000　600　6000	True	True	ace
测试 2	900　600　5000	True	False	acd

从表面上看，语句覆盖用例测试了程序中的每一个语句行，好像对程序覆盖得很全面，但实际上语句覆盖测试是最弱的逻辑覆盖方法。如第一个判断的逻辑运算符“&&”错误写成了“||”，或者第二个判断的逻辑运算符“||”错误的写成“&&”，这时如果采用测试 1 测试用例是检验不出程序中判断逻辑错误的。如果语句 3“If (x≥1000 || z > 5000) then”错误写成“If (x≥1500 && z > 5000) then”，测试 1 同样无法发现错误之处。

根据上述分析可知，语句覆盖测试只是表面上的覆盖程序流程。没有针对源程序各个语句间的内在关系，设计更为细致的测试用例。

(2) 判断覆盖。在执行被测试程序时，程序中每个判断条件的真值分支和假值分支至少被执行一遍。在保证完成要求的情况下，测试用例的数目越少越好。

测试用例组 2：

测试 1：x = 2000，y = 600，z = 6000；

测试 3：x = 50，y = 600，z = 2000。

如表 6.9 所示，采用测试 1 作为测试用例，程序按路径 ace 顺序执行；采用测试 3 作为测试用例，程序按路径 abd 顺序执行。所以采用这一组测试用例，公共程序段的 4 个判断分支 b,c,d,e 都被覆盖了。

表 6.9　测试用例组 2

测试用例	x , y , z	(x > 100) and (y > 500)	(x≥1000) or (z > 5000)	执行路径
测试 1	2000　600　6000	True	True	ace
测试 3	50　600　2000	False	False	abd

测试用例组 3：

测试 4：x = 2000，y = 600，z = 2000；

测试 5：x = 2000，y = 200，z = 6000。

如表 6.10 所示，采用测试 4 作为测试用例，程序沿着路径 ace 顺序执行；采用测试 5 作为测试用例，程序按路径 abe 顺序执行。显然采用这组测试用例同样可以满足判断覆盖。

表 6.10　测试用例组 3

测试用例	x , y , z	(x > 100) and (y > 500)	(x≥1000) or (z > 5000)	执行路径
测试 4	2000　600　2000	True	True	ace
测试 5	2000　200　6000	False	True	abe

实际上，测试用例组 2 和测试用例组 3 不仅达到了判断覆盖要求，也同时满足了语句覆盖要求。某种程度上可以说判断覆盖测试要强于语句覆盖测试。但是，如果将第二个判断条件((x≥1000) or (z > 5000))中的(z > 5000)错误定义成 z 的其他限定范围，由于判断条件中的两个判断条件式是“或”的关系，其中一个判断式错误是不影响结果的，所以这两组测试用例是发现不了问题的。因此，应该用具有更强逻辑覆盖能力的覆盖测试方法来测试这种内部判断条件。

(3) 条件覆盖。在执行被测试程序时，程序中每个判断条件中的每个判断式的真值和假值至少被执行一遍。

测试用例组 4：

测试 1：x = 2000，y = 600，z = 6000；

测试 3：x = 50，y = 600，z = 2000；

测试 5：x = 2000，y = 200，z = 6000。

现在把前面设计过的测试用例挑选出测试 1、测试 3、测试 5 组合成测试用例组 4，组中的 3 个测试用例覆盖了 4 个内部判断式的 8 种真假值情况。同时这组测试用例也实现了判断覆盖。但是并不可以说判断覆盖是条件覆盖的子集。

测试用例组 5：

测试 6：x = 50, y = 600, z = 6000；

测试 7：x = 2000, y = 200, z = 1000。

如表 6.11～表 6.13 所示，其中表 6.12 表示每个判断条件的每个判断式的真值和假值，表 6.13 表示每个判断条件的真值和假值。测试用例组 5 中 2 个测试用例虽然覆盖了 4 个内

部判断式的 8 种真假值情况。但是这组测试用例的执行路径是 abe，仅是覆盖了判断条件的 4 个真假分支中的 2 个。所以，需要设计一种能同时满足判断覆盖和条件覆盖的覆盖测试方法，即判断或条件覆盖测试。

表 6.11　测试用例组 4

测试用例	x, y, z	(x > 100)	(y > 500)	(x≥1000)	(z > 5000)	执行路径
测试 1	2000　600　6000	True	True	True	True	ace
测试 3	50　600　2000	False	True	False	False	abd
测试 5	2000　200　6000	True	False	True	True	abe

表 6.12　测试用例组 5(a)

测试用例	x, y, z	(x > 100)	(y > 500)	(x≥1000)	(z > 5000)	执行路径
测试 6	50　600　6000	False	True	False	True	abe
测试 7	2000　200　1000	True	False	True	False	abe

表 6.13　测试用例组 5(b)

测试用例	x, y, z	(x > 100) and (y > 500)	(x≥1000) or (z > 5000)	执行路径
测试 6	50　600　6000	False	True	abe
测试 7	2000　200　1000	False	True	abe

(4) 判断/条件覆盖。在执行被测试程序时，程序中每个判断条件的真假值分支至少被执行一遍，并且每个判断条件的内部判断式的真假值分支也要被执行一遍。

测试用例组 6：

测试 1：x = 2000，y = 600，z = 6000；

测试 6：x = 50，y = 600，z = 6000；

测试 7：x = 2000，y = 200，z = 1000；

测试 8：x = 50，y = 200，z = 2000。

如表 6.14 和表 6.15 所示，其中表 6.14 表示每个判断件的每个判断式的真值和假值，表 6.15 表示每个判断条件的真值和假值。测试用例组 6 虽然满足了判断覆盖和条件覆盖，但是没有对每个判断条件的内部判断式的所有真假值组合进行测试。条件组合判断是必要的，因为条件判断语句中的“与”和“或”，即“&&”和“||”，会使内部判断式之间产生抑制作用。例如 C=A&&B 中，如果 A 为假值，那么 C 就为假值，测试程序就不检测 B 了，B 的正确与否就无法测试了。同样，C=A||B，如果 A 为真值，那么 C 就为真值，测试程序也不检测 B 了，B 的正确与否就无法测试了。

表 6.14　测试用例组 6(a)

测试用例	x, y, z	(x > 100)	(y > 500)	(x≥1000)	(z > 5000)	执行路径
测试 1	2000　600　6000	True	True	True	True	ace
测试 6	50　600　6000	False	True	False	True	abe
测试 7	2000　200　1000	True	False	True	False	abe
测试 8	50　200　2000	False	False	False	False	abd

表 6.15　测试用例组 6(b)

测试用例	x, y, z	(x > 100) and (y > 500)	(x≥1000) or (z > 5000)	执行路径
测试 1	2000　600　6000	True	True	ace
测试 6	50　600　6000	False	True	abe
测试 7	2000　200　1000	False	True	abe
测试 8	50　200　2000	False	False	abd

(5) 条件组合覆盖。在执行被测试程序时，程序中每个判断条件的内部判断式的各种真假组合可能都至少被执行一遍。

测试用例组 7：

测试 1：x = 2000，y = 600，z = 6000；

测试 6：x = 50，y = 600，z = 6000；

测试 7：x = 2000，y = 200，z = 1000；

测试 8：x = 50，y = 200，z = 2000。

如表 6.16 和表 6.17 所示，其中表 6.16 表示每个判断条件的每个判断式的真值和假值，表 6.17 表示每个判断条件的真值和假值。测试用例组 7 虽然满足了判断覆盖、条件覆盖和判断/条件覆盖，但是并没有覆盖程序控制流程图中的全部 4 条路径(ace，abe，acd，abd)，只覆盖了其中 3 条路径(ace，abe，abd)。软件测试的目的是尽可能地发现所有软件 Bug，因此程序中的每一条路径都应该进行相应的覆盖测试，从而保证程序中的每一个特定的路径方案都能顺利运行。能够达到这样要求的是路径覆盖测试。

表 6.16　测试用例组 7(a)

测试用例	x, y ,z	(x > 100)	(y > 500)	(x≥1000)	(z > 5000)	执行路径
测试 1	2000　600　6000	True	True	True	True	ace
测试 6	50　600　6000	False	True	False	True	abe
测试 7	2000　200　1000	True	False	True	False	abe
测试 8	50　200　2000	False	False	False	False	abd

表 6.17　测试用例组 7(b)

测试用例	x, y, z	(x > 100) and (y > 500)	(x≥1000) or (z > 5000)	执行处理
测试 1	2000　600　6000	True	True	ace
测试 6	50　600　6000	False	True	abe
测试 7	2000　200　1000	False	True	abe
测试 8	50　200　2000	False	False	abd

(6) 路径覆盖。路径覆盖要求设计若干测试用例，执行被测试程序时，能够覆盖程序中所有的可能路径。

测试用例组 8：

测试 1：x = 2000，y = 600，z = 6000；

测试 3：x = 50，y = 600，z = 2000；

测试 4：x = 500，y = 600，z = 2000；

测试 7：x = 2000，y = 200，z = 1000。

如表 6.18 和表 6.19 所示，表 6.18 表示每个判断条件的每个判断式的真值和假值，表 6.19 表示每个判断条件的真值和假值。测试用例组 8 可以达到路径覆盖。

表 6.18　测试用例组 8(a)

测试用例	x, y ,z	x > 100	y > 500	x≥1000	Z > 5000	执行路径
测试 1	200　600　6000	True	True	True	True	ace
测试 3	50　600　2000	False	True	False	False	abd
测试 4	500　600　2000	True	True	False	False	acd
测试 7	2000　200　1000	True	False	True	False	abe

表 6.19　测试用例组 8(b)

测试用例	x ,y ,z	(x > 100) and (y > 500)	(x≥1000) or (z > 5000)	执行路径
测试 1	200　600　6000	True	True	ace
测试 3	50　600　2000	False	False	abd
测试 4	500　600　2000	True	False	acd
测试 7	2000　200　1000	False	True	abe

应该注意的是，上面 6 种覆盖测试方法所引用的公共程序只有短短 4 行，是一段非常简单的示例代码。然而在实际测试程序中，一个简短的程序，其路径数目是一个庞大的数字，要对其实现路径覆盖测试是很难的。所以，路径覆盖测试是相对的，要尽可能把路径数压缩到一个可承受范围。

当然，即便对某个简短的程序段做到了路径覆盖测试，也不能保证源代码不存在其他软件问题了。其他的软件测试手段也必要的，他们之间是相辅相成的。没有一个测试方法能够找尽所有软件缺陷，只能说是尽可能多地查找软件缺陷。

例 6.3　以另一种方式介绍 6 种覆盖测试各自的特点。程序如下(类似于例 6.2)：

```
If  (A>1 && B=0)  then
    X=X/A;
If  (A=2 ||  X>1)  then
    X=X+1;
```

程序的流程图见图 6.18。

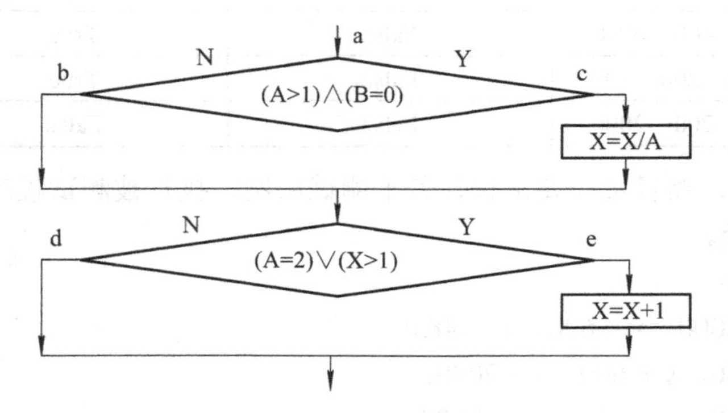

图 6.18　程序流程图

由图 6.18 可以看出，该程序有 4 条路径，记为 L1、L2、L3 和 L4，分别描述如下，由此得到测试用例：

$$
\begin{aligned}
L1(a\to c\to e) &= \{(A>1)\ \text{and}\ (B=0)\}\ \text{and}\ \{(A=2)\ \text{or}\ (X>1)\} \\
&= (A>1)\ \text{and}\ (B=0)\ \text{and}\ (A=2)\ \text{or} \\
&\quad (A>1)\ \text{and}\ (B=0)\ \text{and}\ (X>1) \\
&= (A=2)\ \text{and}\ (B=0)\ \text{or} \\
&\quad (A>1)\ \text{and}\ (B=0)\ \text{and}\ (X>1) \\
L2(a\to b\to d) &= \overline{\{(A>1)\ \text{and}\ (B=0)\}}\ \text{and}\ \overline{\{(A=2)\ \text{or}\ (X>1)\}} \\
&= \{\overline{(A>1)}\ \text{or}\ \overline{(B=0)}\}\ \text{and}\ \{\overline{(A=2)}\ \text{and}\ \overline{(X>1)}\} \\
&= \overline{(A>1)}\ \text{and}\ \overline{(A=2)}\ \text{and}\ \overline{(X>1)}\ \text{or} \\
&\quad \overline{(B=0)}\ \text{and}\ \overline{(A=2)}\ \text{and}\ \overline{(X>1)} \\
&= (A\leqslant 1)\ \text{and}\ (X\leqslant 1)\ \text{or} \\
&\quad (B\neq 0)\ \text{and}\ (A\neq 2)\ \text{and}\ (X\leqslant 1) \\
L3(a\to b\to e) &= \overline{\{(A>1)\ \text{and}\ (B=0)\}}\ \text{and}\ \{(A=2)\ \text{or}\ (X>1)\} \\
&= \{\overline{(A>1)}\ \text{or}\ \overline{(B=0)}\}\ \text{and}\ \{(A=2)\ \text{or}\ (X>1)\} \\
&= \overline{(A>1)}\ \text{and}\ (X>1)\ \text{or}\ \overline{(B=0)} \\
&\quad \text{and}\ (A=2)\ \text{or}\ \overline{(B=0)}\ \text{and}\ (X>1) \\
&= (A\leqslant 1)\ \text{and}\ (X>1)\ \text{or}\ (B\neq 0) \\
&\quad \text{and}\ (A=2)\ \text{or}\ (B\neq 0)\ \text{and}\ (X>1) \\
L4(a\to c\to d) &= \{(A>1)\ \text{and}\ (B=0)\}\ \text{and}\ \overline{\{(A=2)\ \text{or}\ (X>1)\}} \\
&= (A>1)\ \text{or}\ (B=0)\ \text{and}\ (A\neq 2)\ \text{and}\ (X\leqslant 1)
\end{aligned}
$$

(1) 语句覆盖：在图 6.18 中，所有的可执行语句都在路径 L1：a→c→e 上，所以选择路径 L1 设计测试用例，就可以覆盖所有的可执行语句。

测试用例的设计格式如下：输入(A, B, X)，输出(A, B, X)，为图例设计满足语句覆盖的测试用例是：(2, 0, 4)、(2, 0, 3)，覆盖 ace — L1。

$$(A=2)\ \text{and}\ (B=0)\ \text{or}\ (A>1)\ \text{and}\ (B=0)\ \text{and}\ (X/A>1)$$

(2) 判定覆盖：对于图 6.19，如果选择路径 L1：a→c→e 和 L2：a→b→d (图 6.19 中虚线)，就可得满足要求的测试用例：

$$(A=2)\ \text{and}\ (B=0)\ \text{or}\ (A>1)\ \text{and}\ (B=0)\ \text{and}\ (X/A>1)$$

$$(A\leqslant 1)\ \text{and}\ (X\leqslant 1)\ \text{or}\ (B\neq 0)\ \text{and}\ (A\neq 2)\ \text{and}\ (X\leqslant 1)$$

(2, 0, 4)、(2, 0, 3)，覆盖 ace—L1；(1, 1, 1)、(1, 1, 1)，覆盖 abd—L2。

如果选择路径 L3：a→b→e 和 L4：a→c→d(见图 6.19 中虚线)，还可得另一组可用的测试用例：(2, 1, 1)、(2, 1, 2)，覆盖 abe—L3；(3, 0, 3)、(3, 1, 1)，覆盖 acd—L4；

$$(A>1)\ \text{and}\ (B=0)\ \text{and}\ (A\neq 2)\ \text{and}\ (X/A\leqslant 1)$$

(A≤1) and (X > 1) or (B ≠ 0) and (A = 2) or (B ≠ 0) and (X > 1)

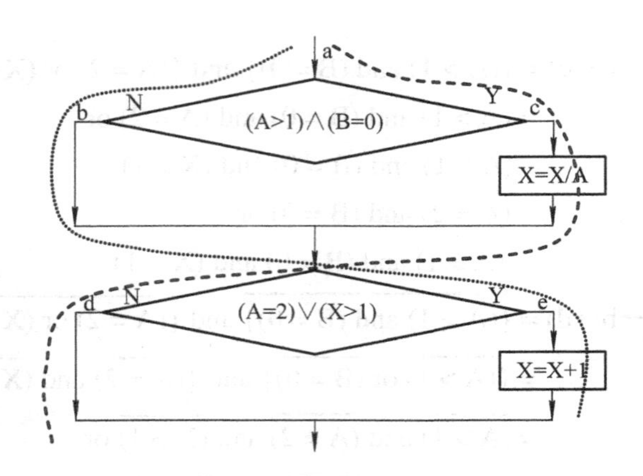

图 6.19　程序流程图(虚线为两条测试路径 L3 和 L4)

(3) 条件覆盖：在图中，人们事先可对所有条件的取值加以标记。例如

对于第一个判断：条件 A > 1 取真为 T_1，取假为 $\overline{T_1}$；条件 B = 0 取真为 T_2，取假为 $\overline{T_2}$；

对于第二个判断：条件 A = 2 取真为 T_3，取假为 $\overline{T_3}$；条件 X > 1 取真为 T_4，取假为 $\overline{T_4}$。

则测试用例—覆盖分支条件取值如下：

(2, 0, 4)、(2, 0, 3)，L1(a, c, e)— $T_1T_2T_3T_4$；

(1, 0, 1)、(1, 0, 1)，L2(a, b, d)— $\overline{T_1}\,T_2\,\overline{T_3}\,T_4$；

(2, 1, 1)、(2, 1, 2)，L3(a, b, e)— $T_1\,\overline{T_2}\,T_3\,\overline{T_4}$；

(1, 0, 3)、(1, 0, 4)，L3(a, b, e)— $\overline{T_1}\,T_2\,\overline{T_3}\,T_4$；

(2, 1, 1)、(2, 1, 2)，L3(a, b, e)— $T_1T_2T_3T_4$。

(4) 判定/条件覆盖：测试用例—覆盖分支/条件取值如下：

(2, 0, 4)、(2, 0, 3)，L1(a, c, e)— $T_1T_2T_3T_4$；

(1, 1, 1)、(1, 1, 1)，L2(a, b, d)— $\overline{T_1T_2T_3T_4}$；

(A = 2) and (B = 0) or (A > 1) and (B = 0) and (X > 1);

(A≤1) and (X≤1) or (B ≠ 0) and (A ≠ 2) and (X≤1)。

(5) 条件组合覆盖：记

① A > 1，B = 0 作 T_1T_2；② A > 1，B ≠ 0 作 $T_1\overline{T_2}$；③ A≤1，B = 0 作 $\overline{T_1}T_2$；

④ A≤1，B ≠ 0 作 $\overline{T_1}\overline{T_2}$；⑤ A = 2，X > 1 作 T_3T_4；⑥ A = 2，X≤1 作 $T_3\overline{T_4}$；

⑦ A ≠ 2，X > 1 作 $\overline{T_3}T_4$；⑧ A ≠ 2，X≤1 作 $\overline{T_3}\overline{T_4}$。

则覆盖条件的覆盖组合如下：

(2, 0, 4)、(2, 0, 3)，(L1)— $T_1T_2T_3T_4$ ①, ⑤；(2, 1, 1)、(2, 1, 2)，(L3)— $T_1\,\overline{T_2}\,T_3\,\overline{T_4}$ ②, ⑥；

(1, 0, 3)、(1, 0, 4)，(L3)— $\overline{T_1}\,T_2\,\overline{T_3}\,T_4$ ③, ⑦；(1, 1, 1)、(1, 1, 1)，(L2)— $\overline{T_1T_2T_3T_4}$ ④, ⑧。

(6) 路径覆盖：路径测试就是设计足够的测试用例，覆盖程序中所有可能的路径。测试用例—通过路径/覆盖条件：

(2, 0, 4)、(2, 0, 3)，ace(L1)—$T_1T_2T_3T_4$；(1, 1, 1)、(1, 1, 1)，abd (L2)—$\overline{T_1T_2T_3T_4}$；

(1, 1, 2)、(1, 1, 3)，abe(L3)—$\overline{T_1T_2T_3}\,T_4$；(3, 0, 3)、(3, 0, 1)，acd (L3)—$T_1T_2\,\overline{T_3T_4}$。

2) *基本路径覆盖*

任何有关路径分析的测试都可以称为路径测试。下面给出对路径测试的简单描述。

路径测试指从一个程序的入口开始，执行所经历的各个语句的完整过程。路径测试是白盒测试中最为典型的方法，完成路径测试的理想情况是做到路径覆盖。对于比较简单的小程序实现路径覆盖是可以做到的，但是程序中如果出现多个判定、多个循环语句，路径数目将会急剧增长，事实上一般不可能实现路径覆盖。

路径覆盖的基本思想是测试用例设计者导出一个过程设计的逻辑复杂性测度，并使用该测度作为指南来定义执行路径的基本集，从该基本集导出的测试用例保证对程序中的每一条执行语句至少执行一次。

在程序控制流图的基础上，通过分析、控制构造的环路复杂性，导出基本可执行路径集合，从而设计测试用例，包括以下五个方面：

(1) 程序的控制流图：描述程序控制流的一种图示方法。

(2) 程序环路复杂性：从程序的环路复杂性可导出程序基本路径集中的独立路径条数，这是确定程序中每个可执行语句至少执行一次所必需的测试用例数目的上界。

(3) 导出测试用例。

(4) 准备测试用例，确保基本路径集中的每一条路径的执行。

(5) 图形矩阵：在基本路径测试中起辅助作用的软件工具，利用它可以实现自动地确定一个基本路径集。

基本路径覆盖方法的步骤如下：

(1) 画出控制流图(如图 6.20 所示)：任何过程设计都要被编译成控制流图。图 6.20 中的每一个圆称为流图的节点，代表一条或多条语句。流图中的箭头称为边或连接，代表控制流。程序代码为下面的 C 语言函数代码：

```
void Sort (int iRecordNum，int iType)
{
1      int x=0;
2      int y=0;
3      while (iRecordNum--)
4      {
5        if (iType==0)
6            x=y+2;
7        else
8            if (iType==1)
9               x=y+10;
10           else
```

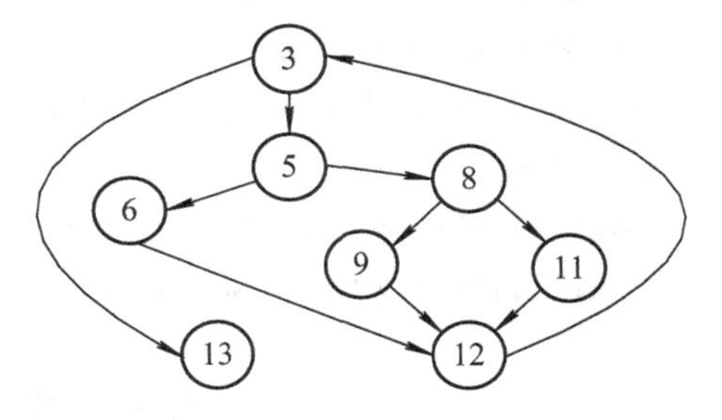

图 6.20　控制流图

```
11          x=y+20;
12        }
13    }
```

注意：如果在程序中遇到复合条件时，条件语句中的多个布尔运算符(逻辑 or、and)，为每一个条件创建一个独立的节点。包含条件的节点称为判定节点，从每一个判定节点引出两条或多条边。如：

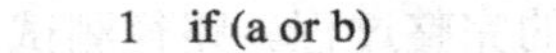

```
1  if (a or b)
2      x
3  else
4      y
5      ⋮
```

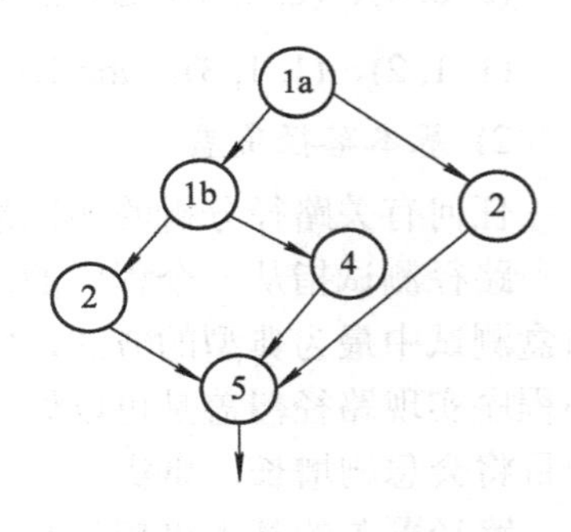

图 6.21　判定逻辑图

对应的逻辑如图 6.21 所示。

(2) 计算圈复杂度：圈复杂度是一种为程序逻辑复杂性提供定量测度的软件度量，将该度量用于计算程序的基本的独立路径数目，为确保所有语句至少执行一次的测试数量的上界。独立路径必须包含一条在定义前不曾用到的边。

计算圈复杂度有以下三种方法：

① 流图中区域的数量对应于环型的复杂性。

② 给定流图 G 的圈复杂度，定义为 $V(G) = E - N + 2$，其中 E 是流图中边的数量，N 是流图中节点的数量。

③ 给定流图 G 的圈复杂度，定义为 $V(G) = P + 1$，其中 P 是流图 G 中判定节点的数量。

对应图 6.18 中代码的圈复杂度计算如下：

V(G) = 10 条边 − 8 节点 + 2 = 4；V(G) = 3 个判定节点 + 1 = 4。

可以看出，控制流图中有四个区域。

(3) 导出独立路径：根据上面的计算方法，可得出四个独立的路径：

① 路径 1：3-13。

② 路径 2：3-5-6-12-3-13。

③ 路径 3：3-5-7-8-12-3-13。

④ 路径 4：3-5-7-10-12-3-13。

(4) 设计测试用例：根据上面的独立路径，设计输入数据，使程序分别执行到上面四条路径。如：

Sort(0,1)测试路径 1；Sort(1,0)测试路径 2；

Sort(1,1)测试路径 3；Sort(1,2)测试路径 4。

6.6　黑盒测试用例设计

黑盒测试用例设计使用详细设计导出测试用例。与白盒测试不同，黑盒测试法主要着眼于程序外部结构，不考虑程序内部逻辑结构，主要针对软件界面、软件功能、外部数据库访问及软件初始化等方面进行测试。黑盒测试不仅能够找到大多数其他测试方法无法发现的错误，而且一些外购软件，参数化软件包以及某些自动生成的软件，由于无法得到源程序，在一些情况下只能选择黑盒测试。

1．黑盒测试用例的目的

采用黑盒测试用例的目的主要是：检查功能是否实现或遗漏；检查人机界面是否有错；数据结构或外部数据库访问是否有错；性能等其他特性要求是否满足；初始化和终止是否有错等。黑盒测试用例是一种确认技术，是确认“设计的系统是否正确”，黑盒测试是以用户的观点，从输入数据与输出数据的对应关系，也就是根据程序外部特性进行的测试，而不考虑内部结构及工作情况；黑盒测试用例技术注重于软件的信息域(范围)，通过划分程序的输入和输出域来确定测试用例：若外部特性本身存在问题或者规格说明的规定有误，则应用黑盒测试方法是发现不了问题的。

黑盒测试用例的优缺点：

(1) 优点：适用于各个测试阶段；从产品功能角度进行测试；容易入手生产测试数据。

(2) 缺点：某些代码得不到测试；如果规则说明有误，无法发现；不易进行充分测试。

2．基于黑盒方法的测试用例设计思路

(1) 测试用例要根据测试大纲来编写。

(2) 测试用例也要按测试项进行归类，这样比较容易分析和阅读。如业务流程测试、安装测试、功能测试、用户友好性测试、兼容性测试、性能测试、安全性测试等。

(3) 编写测试用例时要考虑各种情况，应主要集中在软件的主要业务流程和风险高的地方。

(4) 熟悉系统对测试用例编写很有帮助。黑盒测试法侧重于对被测软件功能的检测，它只检查程序功能是否按照需求规格说明书的规定正常使用，程序是否能适当地接收输入数据而产生适当的输出信息，并且保持外部信息的完整性。

3．设计方法

具体的黑盒测试用例设计方法有等价类划分、边界值分析、Bug推测法、因果图和功能图等五种。其中Bug推测法是靠经验和直觉来推测程序中可能存在的各种Bug，从而有针对性地编写用例。可以列举出可能的Bug和可能发生Bug的地方，然后选择用例；功能图是通过形式化地表示程序的功能说明，并机械地生成功能图的测试用例。

下面主要对等价类划分法、边界值分析法和因果图法进行介绍。

1) 等价类划分方法

利用等价类划分方法设计测试用例就是把程序的输入域划分成若干部分，然后从每个部分中选取少数具有代表性的数据当做测试用例。因为实际中的穷举测试是不可能完成测试工作，因此测试人员要从大量的可能数据中选取其中一部分数据，用来作为测试用例。经过划分后，每一类的代表性数据在测试中的作用都等价于这一类中的其他值。也就是说，如果某一类中的一个测试用例发现了Bug，那么这一等价类中的其他用例也能发现同样的Bug；与之相反，如果某一类中的测试用例没有发现Bug，则这一类中的其他测试用例也不会查出Bug。在采用等价类划分方法来设计测试用例时，必须首先在分析需求规格说明的基础上划分等价类，列出等价类表，从而确定测试用例。

使用此方法设计测试用例要经历划分等价类(列出等价类表)和选取测试用例两步。

步骤 1：确立等价类后，要建立等价类表(见表 6.20)，列出所有划分出的等价类。

表 6.20　等价类描述

输入条件	有效等价类	无效等价类
…	…	…
…	…	…

步骤 2：从划分出的等价类中按以下原则选择测试用例：

(1) 为每一个等价类规定一个唯一的编号；

(2) 设计一个新的测试用例，使其尽可能多的覆盖尚未被覆盖的有效等价类，重复这一步，直到所有的有效等价类都被覆盖过；

(3) 设计一个新的测试用例，使其仅覆盖一个尚未被覆盖的无效等价类，重复这一步，直至所有的无效等价类都被覆盖为止。

用等价类划分法设计测试用例的实例：在某一 Pascal 语言版本中规定，标识符是由字母开头，后跟字母或数字的任意组合构成；有效字符数为 8 个，最大字符数为 80 个；标识符必须先说明再使用；在一说明语句中，标识符至少必须有一个。下面用等价类划分法建立输入等价类，见表 6.21。

表 6.21　等价类结果

输入条件	有效等价类	无效等价类
标识符个数	1 个(1)，多个(2)	0 个(3)
标识符字符数	1~8 个(4)	0 个(5), >8 个(6), >80 个(7)
标识符组成	字母(8)，数字(9)	非字母数字(10)，字符保留字(11)
第一个字符	字母(12)	非字母(13)
标识符使用	先说明后使用(14)	未说明已使用(15)

下面选取 9 个测试用例，它们覆盖所有的等价类。

① VAR x,T1234567: REAL;
　BEGINx := 3.414;
　T1234567 := 2.732;
　…
　(1), (2), (4), (8), (9), (12), (14)

② VAR: REAL;　　(3)

③ VAR x,: REAL;　　(5)

④ VAR T12345678: REAL;　　(6)

⑤ VAR T12345…REAL；多于 80 个字符　　(7)

⑥ VAR T$: CHAR;　　(10)

⑦ VAR GOTO: INTEGER;　　(11)

⑧ VAR 2T: REAL;　　(13)

⑨ VAR PAR: REAL;　　　　　　　　　　(15)

BEGIN ...

PAP:=SIN(3.14*0.8)/6;

常见等价类划分形式：针对是否对无效数据进行测试，将等价类测试分为标准等价类测试和对等区间划分。

(1) 标准等价类测试。标准等价类测试不考虑无效数据值，测试用例使用每个等价类中的一个值。通常，标准等价类测试用例的数量和最大等价类中元素的数目相等。

例 6.4　以三角形问题为例，输入条件是：三个数分别作为三角形的三条边，都是整数，取值范围在 1～100 之间。分析上述的输入条件，可以得到相关的等价类表(包括有效等价类和无效等价类)，如表 6.22 所示。

表 6.22　三角形问题的等价类

输入条件	等价类编号	有效等价类	无等价类编号	无效等价类
三个数	1	三个数	4	只有一条边
			5	只有两条边
			6	多于三条边
整数	2	整数	7	一边为非整数
			8	两边为非整数
			9	三边为非整数
取值范围在 1～100	3	1≤a≤100 1≤b≤100 1≤c≤100	10	一边为 0
			11	两边为 0
			12	三边为 0
			13	一边小于 0
			14	两边小于 0
			15	三边小于 0
			16	一边大于 100
			17	两边大于 100
			18	三边大于 100

(2) 对等区间划分。对等区间划分是测试用例设计的非常规形式化的方法。它将被测对象的输入/输出划分成一些区间，被测软件对一个特定区间的任何值都是等价的。形成测试区间的数据不只是函数/过程的参数，也可以是程序可以访问的全局变量、系统资源等，这些变量或资源可以是以时间形式存在的数据，或以状态形式存在的输入/输出序列。因为对等区间划分假定位于单个区间的所有值对测试都是对等的，所以应为每个区间的一个值设计一个测试用例。举例说明如下：

平方根函数要求当输入值为 0 或大于 0 时，返回输入数的平方根；当输入值小于 0 时，显示错误信息“平方根错误，输入值小于 0”，并返回 0。考虑平方根函数的测试用例区间，可以划分出两个输入区间和两个输出区间，如表 6.23 所示。

表 6.23　区 间 划 分

序号	输入区间	输出区间	
1	< 0	A	Error
2	≥0	B	平方根

通过分析，可以用两个测试用例来测试 4 个区间：

- 测试用例 1：输入 4，返回 2　　　　　　　　　//区间 2 和 A；
- 测试用例 2：输入-4，返回 0，输出平方根错误，输入值小于 0　//区间 1 和 B

上例的对等区间划分是比较简单的。当软件变得更加复杂时，对等区间的确定就比较困难了，区间之间的相互依赖性也就越强，使用对等区间划分设计测试用例的难度会增加。

2) *边界值分析法*

边界值分析法是一种经常使用的软件测试技术，它具有很强的发现程序 Bug 的能力。

长期的测试经验证明，大量的 Bug 发生在输入或输出范围的边界上，而不是发生在输入输出范围的内部。因此，人们针对各种边界情况设计测试用例，可以测试出更多的 Bug。边界测试使用边界值分析法设计测试用例。使用边界值分析法设计测试用例时一般与等价类划分结合起来。但它不是从一个等价类中任选一个用例作为代表，而是针对大量的软件 Bug 都是发生在输入数据范围的边界的特点，针对各种边界情况来设计构造测试用例，将测试边界情况作为重点目标，通常情况下选取正好等于、刚刚大于或刚刚小于边界值的测试数据，而不是选取等价类中的典型值或任意值作为测试数据。

提出边界条件时，一定要测试临近边界的有效数据，测试最后一个可能有效的数据，同时测试刚超过边界的无效数据。在通常情况下，软件测试所包含的边界检验有几种类型：数值、字符、位置、数量、速度、尺寸等，在设计测试用例时要考虑边界检验的类型特征：第一个/最后一个、开始/结束、最前/最后、最大值/最小值、最快/最慢、最长/最短等。这些不是确定的列表，而是一些可能出现的边界条件。

如下面一段代码：

```
int a;
cin>>a;
if(a= =2)
{ 代码段一; }
else
{ 代码段二; }
```

在设计边界值测试用例时可以选择 1、2、3 做测试用例，即 2 本身、比 2 大一点的、比 2 小一点的数，这就是边界值测试。

在实际的软件设计过程中，会涉及大量的边界值条件和过程，这里有一个简单的 VB 程序的例子：

```
Dim data (10) as Integer
Dim i as Integer
For i=1 to 10
    data (i)=1
```

```
Next i
```

在这个程序中，目标是为了创建一个拥有10个元素的一维数组，看似合理，但在大多数Basic语言中，当一个数组被定义时，其第一个元素所对应的数组下标是0而不是1。所以上述程序运行结束后，数组中成员的赋值情况如下：

data(0)=0, data(1)=1, data(2)=1, …, data(10)=1

这时，若其他程序员在使用这个数组时，可能会造成软件的Bug或错误的产生。

使用边界值分析方法设计测试用例，首先应确定边界情况。通常输入和输出等价类的边界，就是应着重测试的边界情况。应当选取正好等于、刚刚大于或刚刚小于边界的值作为测试数据，而不是选取等价类中的典型值或任意值作为测试数据。下面给出基于边界值分析法的测试用例的选择原则：

(1) 如果输入条件规定值的范围，则应取刚达到这个范围的边界值，以及刚刚小于这个边界范围的值作为测试输入数据，同时还要选择刚好越过边界值的数据作为不合理的测试用例。若输入值的范围为[1,100]，可取0、1、100、101等值作为测试数据。

(2) 如果输入条件规定了值的个数，则用最大个数、最小个数、比最大个数多1、比最小个数少1等的数作为测试输入数据，分别设计测试用例。如一个输入文件可包括1～255个记录，则分别设计有1个记录、255个记录、256个记录以及0个记录的输入文件的测试用例。

(3) 根据规格说明的每个输出条件，对每个输出条件分别按照以上原则(1)或(2)确定输出值的边界情况。如一个学生成绩管理系统规定，只能查询2007-2010级大学生的各科成绩。我们设计测试用例，使得查询范围内的某一届或四届学生的学生成绩，还需设计查询2006级、2011级学生成绩的测试用例(即不合理输出等价类)。

由于在实际中输出值的边界不与输入值的边界相对应，所以要检查输出值的边界不一定可能，要产生超出输出值之外的结果也不一定能做到，但必要时还需测试。

(4) 如果程序的规格说明给出的输入、输出域是有序集合(如有序表、顺序文件、线形表、链表等)，则应选取集合的每一个元素和最后一个元素作为测试用例。

(5) 如果程序中使用了一个内部数据结构，则应选择这个内部数据结构的边界上的值作为测试用例。

(6) 分析规格说明，找出其他可能的边界条件。

例 6.5　进一步以三角形问题为例，编写一个程序读入三个整数，判断此三个数值是否能构成一个三角形的三个边。这个程序要打印出信息：说明由三条边构成的三角形类型为等边三角形、等腰三角形、一般三角形(包括直角三角形)以及非三角形。利用等价类划分的方法，给出足够的测试用例。

分析：在多数情况下，是从输入域划分等价类，但对于三角形问题，从输出域来定义等价类是最简单的划分方法。设三角形的三条边分别为A, B, C。如果它们能够构成三角形的三条边，必需满足下面条件：$A>0$，$B>0$，$C>0$，且$A+B>C$，$B+C>A$，$A+C>B$。如果是等腰的，还要判断是否$A=B$，或$B=C$，或$A=C$。对于等边的，则需判断是否$A=B$，且$B=C$，且$A=C$。因此，利用这些信息可以确定下列值域等价类：

R1 = { 〈A, B, C〉：边为A, B, C的等边三角形}；

R2 = { 〈A, B, C〉：边为A, B, C的等腰三角形}；

R3 = { 〈A, B, C〉：边为 A, B, C 的一般三角形}；

R4 = { 〈A, B, C〉：边为 A, B, C 不构成三角形}。

列出等价类表如下：

表 6.24 为 4 个标准等价类测试用例。表 6.25 为满足条件的等价类。

表 6.24　三角形问题的标准等价类测试用例

用例编号	A	B	C	预期输出
1	10	10	10	等边三角形
2	10	10	5	等腰三角形
3	3	4	5	一般三角形
4	1	1	5	不构成三角形

表 6.25　满足条件的等价类

输入条件	有效等价类	无效等价类
是否三角形的三条边	(A > 0) (1),　(B > 0) (2), (C > 0) (3),　(A + B > C), (4) (B + C > A) (5),　(A + C > B) (6)	A≤0 (7),　B≤0 (8),　C≤0 (9), A + B≤C (10),　A + C≤B　(11), B + C≤A (12)
是否等腰三角形	(A = B) (13), (B = C) (14), (A = C) (15)	(A ≠ B) and (B ≠ C) and (A ≠ C) (16)
是否等边三角形	(A = B) and (B = C) and (A = C) (17)	(A ≠ B) (18), (B ≠ C) (19), (A ≠ C) (20)

设计测试用例：输入顺序为(A, B, C)，则

(3,4,5)覆盖等价类为(1), (2), (3), (4), (5), (6)，满足为一般三角形。

(0,1,2)覆盖等价类 (7)。不能构成三角形。
(1,0,2)覆盖等价类 (8)。同上。
(1,2,0)覆盖等价类 (9)。同上。
} 若不考虑特定 A, B, C, 三者取一即可。

(1,2,3)覆盖等价类 (10)。同上。
(1,3,2)覆盖等价类 (11)。同上。
(3,1,2)覆盖等价类 (12)。同上。
} 若不考虑特定 A, B, C, 三者取一即可

(3,3,4)覆盖等价类 (1), (2), (3), (4), (5), (6), (13)。
(3,4,4)覆盖等价类 (1), (2), (3), (4), (5), (6), (14)。
(3,4,3)覆盖等价类 (1), (2), (3), (4), (5), (6), (15)。
} 满足即为等腰三角形，若不考虑特定 A, B, C, 三者取一即可

(3,4,5)覆盖等价类 (1), (2), (3), (4), (5), (6), (16)。不是等腰三角形

(3,3,3)覆盖等价类 (1), (2), (3), (4), (5), (6), (17)。是等边三角形

(3,4,4)覆盖等价类 (1), (2), (3), (4), (5), (6), (14), (18)。
(3,4,3)覆盖等价类 (1), (2), (3), (4), (5), (6), (15), (19)。
(3,3,4)覆盖等价类 (1), (2), (3), (4), (5), (6), (13), (20)。
} 不是等边三角形，若不考虑特定 A, B, C, 三者取一即可

若 A, B, C 的取值范围在 1～100 之间，这时边界值测试用例见表 6.26。

表 6.26　边界值分析测试用例

用例编号	A	B	C	预期输出
1	1	50	50	等腰三角形
2	2	50	50	等腰三角形
3	50	50	50	等边三角形
4	99	50	50	等腰三角形
5	100	50	50	非三角形
6	50	1	50	等腰三角形
7	50	2	50	等腰三角形
8	50	99	50	等腰三角形
9	50	100	50	非三角形
10	50	50	1	等腰三角形
11	50	50	2	等腰三角形
12	50	50	99	等腰三角形
13	50	50	100	非三角形

例 6.6　假设一个应用程序要求用户输入两条信息—用户名和密码来创建账号，保存这两条数据。一个确认窗口将通过数据库找到这条数据来显示用户名和密码给用户。为了验证所有的数据保存是否正确，测试人员会在这个确认窗口简单的查看用户名和密码。假设数据库记录了第三条信息----创建日期，它可能不会出现在确认窗口，而只在存档中才出现。如果创建日期保留的不正确，而测试人员只验证屏幕上的数据，那么这个问题就不可能被发现。创建日期可能就是一个 Bug，由于一个用户账号保存了一个错误的日期到数据库中，这个问题也不可能会被引起注意，因为它被用户界面所隐藏。

对腾讯公司的聊天工具 QQ 进行测试。关于 QQ 用户登录框，设计测试用例时要从两个方面考虑：QQ 账号和 QQ 密码。下面只介绍对于 QQ 账号输入框，如何设计测试用例。现在，一个 QQ 服务器允许有 10 万以上个用户同时登录进行即时聊天，一个人不止一个 QQ 账号。对于很多 QQ 账号，如果只测试几个，覆盖率不足；如果全部都测试一遍，花费时间很长，而且太多了也不容易实施。如何进行测试？先分析 QQ 账号：每一个 QQ 账号由 6～10 位自然数构成。它的特点是位数长度有一定的限制，而且类型是固定的，由 0～9 自然数构成。要想测试覆盖全面，又要节省时间，最好的办法是尽量简化测试用例的设计。通过对 QQ 账号分析，可以看到有效的账号有它自己的特点：长度与类型要符合要求，这样只要在腾讯公司的服务器上申请了账号，就可以进行即时通信。

软件的功能测试要进行两个方面的测试：通过测试和失败测试。要进行通过测试的话，账号要符合规范；要进行失败测试的话，就要破坏账号的规范。这样，就可以进行 QQ 账号的测试。把 QQ 账号分为有效的、无效的：

- 有效的 QQ 账号：长度在 6～10 位之间、类型是 0～9 自然数字符串。
- 无效的 QQ 账号：长度小于 6、长度大于 10、负数、小数、英文字母、字符、特殊

字符、中文、编程语言中的转义字符、空格等。

这样就可以看出来，有效的QQ账号当中只要取1~4个就可以通过测试；在无效的QQ账号当中取1~5个就可以进行失败测试，所以这样的方法很简单、高效。

上面采用的就是等价类划分法，即在这个类别里可以随机选取1个进行测试，如果功能实现，那么再随机选这个类别里其他的数据，功能也能实现；如果功能不能实现，再随机选取这个类别里的其他数据，功能也不能实现，即是说类别里的数据是等价的。

等价类划分法是软件测试经验的积累，由此可以提高测试的效率。

基于接口参数的黑盒测试用例选择方法是对系统每个接口参数采用边界值分析法和等价类划分法等选取一组典型的值，然后在这些取值组合中随机选取一组测试用例，或者使用一些启发式方法从中进行筛选。但这些方法的缺点是带有主观倾向性，不具有普遍性。组合覆盖是一种重要的接口参数测试方法。这种方法充分考虑了系统中各种因素以及因素间相互作用可能产生的影响，可以根据实际需要，用尽可能少的测试数据尽可能多地覆盖一些影响系统的因素。同时，这些不完全测试的结果能够反映完全测试的内在规律，具有代表性。这种方法对于由系统中某些因素相互作用而导致的软件故障具有较强的检测能力。根据覆盖程度的不同，组合覆盖方法可以区分为单因素覆盖、两两组合覆盖、三三组合覆盖等。目前，两两组合覆盖方法已经在软件测试领域得到了成功的应用。人们应用这种方法对软件系统进行测试时，发现了很多传统测试方法难以发现的Bug。其中，两两组合覆盖的测试数据生成一直是人们研究的重要课题，至今还没有得到很好的解决方案。

3) 因果图

前面介绍的等价类划分法和边界值分析法都着重考虑输入条件，而没有考虑到输入条件的各种组合情况，也没有考虑到各个输入条件之间的相互制约关系。因此，必须考虑采用一种适合于多种条件的组合，相应能产生多个动作的形式来进行测试用例的设计。这就需要采用因果图法。因果图法就是一种利用图解法分析输入的各种组合情况，从而设计测试用例的方法。它适合于检查程序输入条件的各种情况的组合。

在因果图中通常使用4种符号分别表示4种因果关系，用Ci表示原因，用Ei表示结果，各节点表示状态，可取值“0”或“1”。“0”表示某状态不出现，“1”表示某状态出现。常见的主要原因和结果之间的关系有四种：恒等、非、或、与(见图6.22)。

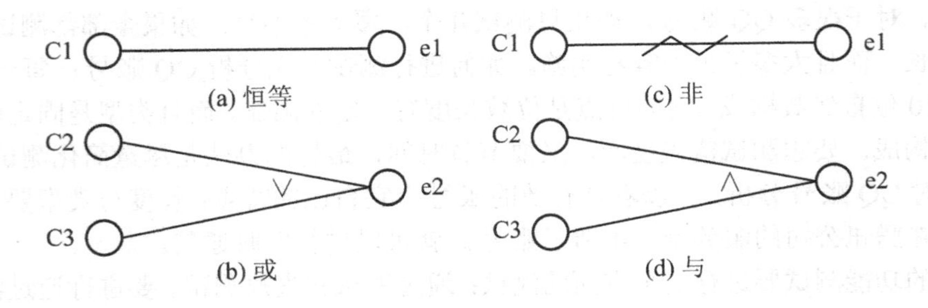

图6.22　四种因果图示例

其中，图(a)表示恒等。若c_1是1，则e_1也是1；若c_1是0，则e_1是0；图(b)：表示非。若c_1是1，则e_1是0；若c_1是0，则e_1是1；图(c)：表示或。若c_1或c_2或c_3是1，则e_1是1；若c_1、c_2、c_3全是0，则e_1是0；图(d)：表示与。若c_1和c_2都是1，则e_1是1；只要

c_1、c_2、c_3 中有一个是 0，则 e_1 是 0。

在实际问题中，输入状态相互之间还可能存在某些依赖关系，我们称之为约束。如某些输入条件不可能同时出现。输入状态之间也往往存在约束。为了表示原因与原因之间、结果与结果之间可能存在的约束条件，在因果图中，以特定的符号标明这些约束，如图 6.23 所示。

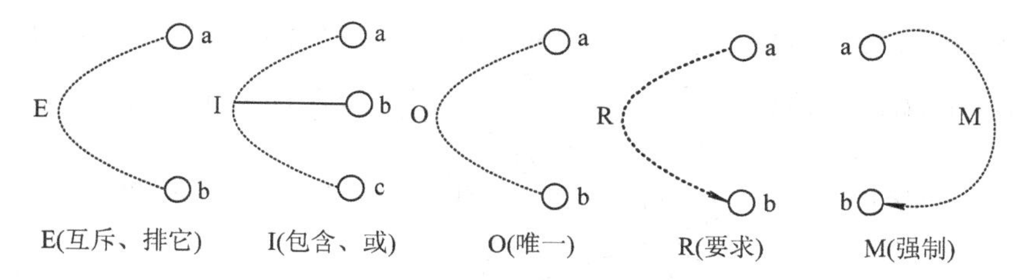

图 6.23　带约束条件的因果图

图中前四个为输入条件的约束，其中 E(互斥、排它) 指 a 和 b 中最多有一个可能为 1，即 a 和 b 不能同时为 1；I(包含、或)指 a、b、c 中至少有一个必须是 1，即 a、b、c 不能同时为 0；O(唯一)指 a、b 中必须有一个并且仅有一个为 1；R(要求)指 a 是 1 时，b 必须是 1。

对输出条件的约束只有 M 约束，图中 M (强制)指若结果 a 是 1，则结果 b 强制为 0。

用因果图生成测试用例的基本步骤：

(1) 分析软件规格说明描述中哪些是原因(即输入条件或输入条件的等价类)，哪些是结果(即输出条件)，并为每个原因和结果赋予一个标识符。

(2) 分析软件规格说明描述中的语义，找出原因与结果之间、原因与原因之间对应的关系，根据这些关系，画出因果图。

(3) 由于语法或环境限制，有些原因与原因之间、原因与结果之间的组合情况不可能出现。为表明这些特殊情况，在因果图上用一些记号标明约束或限制条件。

(4) 把因果图转换成决策表。

(5) 把决策表的每一列取出来作为依据，设计测试用例。

从因果图生成的测试用例中包括了所有输入数据取真值或假值的情况，构成的测试用例数目达到最少，且测试用例数目随输入数据数目的增加而线性的增加。

下面举例介绍利用因果图设计测试用例的步骤。

例 6.7　有学者设计了处理单价为 5 角钱的饮料的自动售货机软件测试用例。

规格说明如下：若投入 5 角钱或 1 元钱的硬币，按下〖橙汁〗或〖啤酒〗的按钮，则相应的饮料就送出来。若售货机没有零钱找，则显示〖零钱找完〗的红灯亮，这时再投入 1 元硬币并按下按钮后，饮料不送出来，而且 1 元硬币也退出来；若有零钱找，则显示〖零钱找完〗的红灯灭，在送出饮料的同时退还 5 角硬币。

(1) 分析：因果图方法是一个非常有效的黑盒测试方法，它能够生成没有重复性的且发现错误能力强的测试用例，而且对输入、输出同时进行了分析。根据分析规格说明列出原因和结果。

原因：1.售货机有零钱找、2.投入 1 元硬币、3.投入 5 角硬币、4.按下橙汁按钮、5.按下啤酒按钮。

结果：21.售货机〖零钱找完〗灯亮、22.退还 1 元硬币、23.退还 5 角硬币、24.送出橙

汁饮料、25.送出啤酒饮料。

(2) 画出因果图(如图 6.24 所示)。所有原因节点列在左边，所有结果节点列在右边。建立中间节点，表示处理中间状态：11.投入 1 元硬币且按下饮料按钮、12.按下〖橙汁〗或〖啤酒〗的按钮、13.应当找 5 角零钱并且售货机有零钱找、14.钱已付清。

(3) 由于 2 与 3，4 与 5 不能同时发生，分别加上约束条件 E。

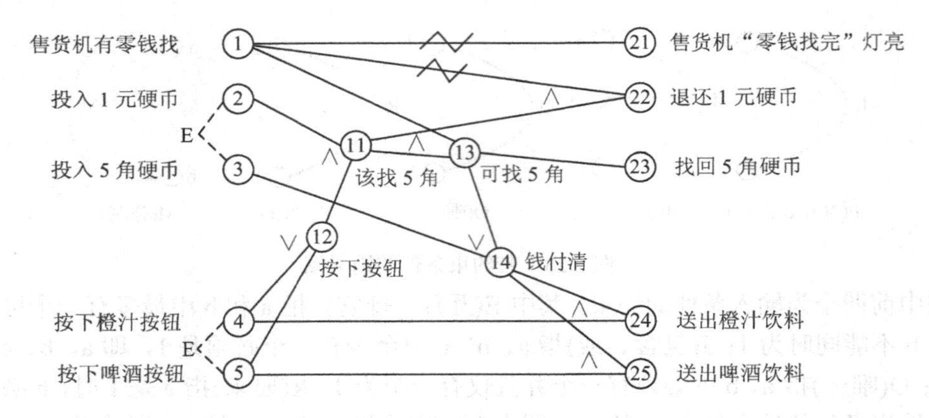

图 6.24　售货机因果图

(4) 转换成决策表 6.27。

表 6.27　售货机决策表

序号		1	2	3	4	5	6	7	8	9	10	11	12	13	14	15	16	17	18	19	20	21	22	23	24	25	26	27	28	29	30	31	32
条件	①	1	1	1	1	1	1	1	1	1	1	1	1	1	1	1	1	0	0	0	0	0	0	0	0	0	0	0	0	0	0	0	0
	②	1	1	1	1	1	1	1	1	0	0	0	0	0	0	0	0	1	1	1	1	1	1	1	1	0	0	0	0	0	0	0	0
	③	1	1	1	1	0	0	0	0	1	1	1	1	0	0	0	0	1	1	1	1	0	0	0	0	1	1	1	1	0	0	0	0
	④	1	1	0	0	1	1	0	0	1	1	0	0	1	1	0	0	1	1	0	0	1	1	0	0	1	1	0	0	1	1	0	0
	⑤	1	0	1	0	1	0	1	0	1	0	1	0	1	0	1	0	1	0	1	0	1	0	1	0	1	0	1	0	1	0	1	0
中间结果	⑪						1	1	0		0	0	0		0	0	0						1	1	0		0	0	0		0	0	0
	⑫						1	1	0		1	1	0		1	1	0						1	1	0		1	1	0		1	1	0
	⑬						1	1	0		0	0	0		0	0	0						0	0	0		0	0	0		0	0	0
	⑭						1	1	0		1	1	1		0	0	0						0	0	0		1	1	1		0	0	0
结果	㉑						1	1	0		0	0	0		0	0	0						1	1	1		1	1	1		1	1	1
	㉒						1	1	0		0	0	0		0	0	0						1	1	0		0	0	0		0	0	0
	㉓						1	1	0		0	0	0		0	0	0						0	0	0		0	0	0		0	0	0
	㉔						1	1	0		1	0	0		0	0	0						0	0	0		1	0	0		0	0	0
	㉕						1	1	0		0	1	0		0	0	0						0	0	0		0	1	0		0	0	0
测试用例							Y	Y	Y		Y	Y	Y		Y	Y							Y	Y	Y		Y	Y	Y		Y	Y	

在决策表中，表中标记为 Y 的每一列就是测试用例。阴影部分表示因违反约束条件的不可能出现的情况，删去。第 16 列与第 32 列因什么动作也没做，也删去。最后可根据剩下的 16 列作为确定测试用例的依据。

例 6.8　假如设计一软件有如下功能描述：

(1) 年薪制员工：严重过失，扣年终风险金的 4%；过失，扣年终风险金的 2%；

(2) 非年薪制员工：严重过失，扣当月薪资的 8%；过失，扣当月薪资的 4%

首先，列出原因和结果，如表 6.28 所示。

表 6.28　员工过失因果表

原因	结果
C1—年薪制员工	A1—扣年终风险金的 4%
C2—非年薪制员工	A2—扣年终风险金的 2%
C3—严重过失	A3—%扣当月薪水的 8%
C4—过失	A4—扣当月薪水的 3%

然后，画出因果图，如图 6.25 所示。

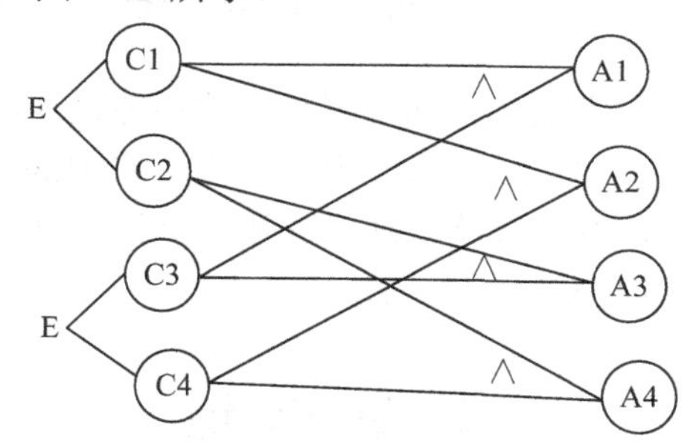

图 6.25　员工过失因果图

最后，转换为决策表，如表 6.29 所示。

表 6.29　员工过失评定表

	1	2	3	4	5	6	7	8	9	10	11	12	13	14	15	16
C1	0	0	0	0	0	0	0	0	1	1	1	1	1	1	1	1
C2	0	0	0	0	1	1	1	1	0	0	0	0	1	1	1	1
C3	0	0	1	1	0	0	1	1	0	0	1	1	0	0	1	1
C4	0	1	0	1	0	1	0	1	0	1	0	1	0	1	0	1
A1						0	0	0	0	0	1	1				
A2						0	0	0	1	1	0	1				
A3						0	1	1	0	0	0	0				
A4						1	0	1	0	0	0	0				
						Y	Y	Y	Y	Y	Y	Y				

其中，决策表中 Y 的每一列就是一个测试用例。

4) 因果图与边界值分析法相结合的测试用例设计方法

有学者针对一些未被测试发现的典型软件 Bug，结合上文分析的原因，提出了一种因果图与边界值分析法相结合的测试用例设计方法。该方法是在现有成熟因果图法的基础上进行扩展，应用边界值分析法对因果图中的“原因”事件进行再次分解。分解方法是在“原因”事件的输入域中，将事件再次分解为

- 满足边界值的“TRUE”事件。
- 满足边界值的“FALSE”事件。

则一个具有边界值输入条件的“原因”事件就可以分解为

- 满足边界值的“TRUE”子事件。

- 满足等价类的“TRUE”子事件。
- 满足边界值的“FALSE”子事件。
- 满足等价类的“FALSE”子事件。

从因果图生成的测试用例包括了所有输入数据的取“TRUE”与取“FALSE”的情况，由此构成的测试用例数目达到最少，且测试用例数目随输入数据数目的增加而线性地增加。

6.7 综合策略

设计测试用例的方法和技术很多，利用每种方法都能设计出一组测试用例，用这组用例容易发现某种类型的 Bug，但可能不易发现另一类型的 Bug。因此在实际测试中，经常联合使用各种测试方法，形成综合策略，通常先用白盒法设计一组基本的测试用例，再用黑盒法补充一些必要的测试用例。

本章小结

白盒测试和黑盒测试是两类重要的最常用的测试方法。本章介绍了白盒测试、黑盒测试和灰盒测试方法，以及三种测试方法之间的关系。介绍了基于白盒测试和黑盒测试的测试用例设计方法，并给出了很多实例分析。

练习题

1. 介绍白盒测试和黑盒测试，以及他们的优缺点。
2. 白盒测试用例设计有哪些方法？
3. 黑盒测试用例设计有哪些方法？
4. 给出一个用等价类划分法设计测试用例的实例。

第七章 实用软件测试技术

在软件测试的整个流程中，每一个阶段都非常重要，需要测试者综合用户需求和开发人员的设计做出准确的判断、进行细致的分析。其中相对较重要、复杂的一个环节就是测试设计，测试设计中基本的软件测试方法包括静态/动态测试、黑盒/白盒/灰盒测试、积极/消极测试和不确定性/确定性测试等。第二章简单介绍了很多软件测试方法和技术，本章在第二章的基础上着重介绍一些实用的软件测试方法和技术。

7.1　静态测试与动态测试

原则上可以把软件测试方法分为静态测试和动态测试两大类。静态测试包括代码审查、静态结构分析等；动态测试包括白盒测试和黑盒测试。

7.1.1　静态测试

静态测试的主要特征是不利用计算机运行被测试的程序，而是采用其他手段达到检测的目的。但静态测试的特征并不意味着完全不利用计算机作为分析的工具。它与人工测试有着根本的区别。

1．定义

静态测试：借助工具来检查软件的代码和模型，主要对程序进行控制流分析、数据流分析、接口分析和表达式分析等。比如在单元测试期间，开发人员通过预先定义的规则，使用静态测试工具对代码进行检查；在软件建模期间，设计人员可以使用静态测试工具对软件模型进行分析。

静态测试是单元测试的第一步，要在进行动态测试前先完成该项测试。这一阶段的主要工作是保证代码算法的逻辑正确性、清晰性、规范性、一致性、算法高效性，并尽可能地发现程序中隐含的 Bug。这些方法本身有各自的目标和步骤，如收集一些程序信息，以利于查找程序中的各种 Bug 和可疑的程序构造；从程序中提出语义或结构要点，供进一步分析；以符号代替数值求得程序的结果，便于对程序进行运算规律的检验；对程序进行一些处理，为进一步动态测试做准备；通过程序静态特性分析，找出 Bug 和可疑之处，例如不匹配的参数、不适当的循环嵌套和分支嵌套、不允许的递归、未使用过的变量、空指针的引用和可疑的计算等。静态测试结果可用于进一步的查错，为测试用例的选取提供帮助，为软件的质量保证提供依据，以提高软件的可靠性和易维护性。

2. 静态测试的特点、地位、作用和结果

静态测试特点：适用于文档回顾和代码回顾，静态测试可以开始的非常早，只有静态测试能够发现文档中的Bug。

对于静态测试在软件测试中究竟占据什么地位，人们的见解各不相同，原因在于人们已经开发出了一些静态测试系统作为软件测试工具。静态测试被当做一种自动化的代码检验方法。对于软件开发人员来说，静态测试只是进行动态测试的预处理工作。有人认为，静态测试并不是要找出程序中的 Bug，因为编译系统已经能做到这一点。实际上，这种看法是片面的，尽管编译系统也能发现某些程序 Bug，但这些远非软件中存在的大部分 Bug。静态测试的查错功能是编译程序所不能代替的。为了说明这一点，下面列出静态测试能够做到的一些工作。

(1) 程序中可能发现的 Bug：

- 用错的局部变量和全局变量；
- 未定义的变量；
- 不匹配的参数；
- 不适当的循环嵌套和分支嵌套；
- 不允许的递归；
- 不适当的处理顺序；
- 无终止的死循环；
- 调用并不存在的子程序；
- 遗漏标号或代码；
- 不适当的链接。

找到以下问题的根源：

- 不会执行到的代码；
- 未使用过的变量；
- 可疑的计算；
- 未引用过的标号；
- 潜在的死循环。

提供间接涉及程序欠缺的信息：

- 违背编码规则。
- 每一类型语句出现的次数；
- 所用变量和常量的交叉引用表；
- 标识符的使用方式；
- 过程的调用层次。

(2) 为进一步查错作准备、选择测试用例、进行符号测试。

静态测试的结果：生成各种引用表、静态错误分析。

3. 静态结构分析

静态结构分析主要是以图形的方式表现程序的内部结构，如函数调用关系图、函数内部控制流图。其中，

(1) 函数调用关系图以直观的图形方式描述应用程序中各个函数的调用和被调用关系；

(2) 控制流图显示一个函数的逻辑结构，由许多节点组成，一个节点代表一条语句或数条语句，连接节点的叫边，边用来表示节点间的控制流向。

4. 静态测试的步骤

静态测试通过静态分析和代码审查两种形式进行。静态测试方法是对被测程序进行特性分析的一些方法的总称，包括代码检查、静态结构分析、代码质量度量等。

1) 代码检查

代码检查是对软件的相关产出物(包括需求、设计、代码、测试计划、测试用例、测试脚本、用户指南或 Web 页等)进行测试的一种方式，主要检查代码和设计的一致性，代码的可读性，代码逻辑表达的正确性，代码结构的合理性等方面。检查形式主要有四种类型：

(1) 非正式评审：没有正式的过程，多用于对编程或以技术为评价标准的设计 / 编码中，其主要目的是以较低成本发现问题。

(2) 走查：由程序编写者发起，参与者主要为研发同事，主要目的是学习、理解并发现 Bug。

(3) 技术评审：定义流程，并将 Bug 文档化，参与者包括同行和技术专家，主要目的是发现 Bug，进行讨论并解决技术问题，检查与规格说明是否符合等。

(4) 审查：由受过专门培训的主持人来领导，并定义参与者(同行)的角色，有正式的入口、出口准则及度量标准，主要目的是发现 Bug。

代码检查应在编译和动态测试之前进行，在检查前，应准备好需求描述文档、程序设计文档、程序的源代码清单、代码编码标准和代码 Bug 检查表等。

2) 代码质量度量

软件的质量是软件属性的各种标准度量的组合。ISO/IEC9126 国际标准所定义的软件质量包括六个方面：功能性、可靠性、易用性、效率、可维护性和可移植性。针对软件的可维护性，目前业界主要存在三种度量参数：Line 复杂度、Halstead 复杂度和 McCabe 复杂度。其中：

(1) Line 复杂度以代码的行数作为计算的基准。

(2) Halstead 复杂度以程序中使用到的运算符与运算元的数量作为计数目标(直接测量指标)，然后可以据此计算出程序容量、工作量等。

(3) McCabe 复杂度一般称为圈复杂度，它将软件的流程图转化为有向图，然后以图的复杂度来衡量软件的质量。McCabe 复杂度包括圈复杂度、基本复杂度、模块设计复杂度、设计复杂度和集成复杂度。

7.1.2　动态测试

动态测试通过输入一组预先按照一定的测试准则构造的实例数据运行程序来检验程序的动态行为和运行结果，以便发现 Bug。动态测试包括生成测试用例、运行程序和验证程序的运行结果三部分核心内容，文档编制、数据管理、操作规程及工具应用等辅助性工作。

在动态测试技术中，最重要的技术是路径和分支测试。动态测试最重要的问题是生成测试用例的策略。

1．特征

动态测试的主要特征是必须真正运行被测试的程序，通过输入测试用例，对其运行情况即输入与输出的对应关系进行分析，以达到测试的目的。

2．分类

按照生成测试数据所依据的信息来源，动态测试分为基于规约的测试(又称黑盒测试或功能测试)、基于程序的测试(又称白盒测试或结构测试)以及程序与规约相结合的测试。

(1) 基于规约的测试是指测试人员无须了解程序的内部结构，直接根据程序输入和输出之间的关系或程序的需求规约来确定测试数据，推断测试结果的正确性。基于规约的测试包括：等价类划分、因果图、判定表、边值分析、正交实验设计、状态测试、事务流测试等。

(2) 基于程序的测试是指测试人员根据程序的内部结构特性和与程序路径相关的数据特性设计测试数据。它包括控制流测试和数据流测试以及域测试、符号执行、程序插装和变异测试等其他技术。

(3) 程序与规约相结合的测试是综合考虑软件的规范和程序的内部结构来生成测试数据。

3．作用

动态测试完成功能确认与接口测试、覆盖率分析、性能分析、内存分析等。

(1) 功能确认与接口测试：包括各个单元功能的正确执行、单元间的接口、单元接口、局部数据结构、重要的执行路径、Bug 处理的路径和影响上述几点的边界条件等内容。

(2) 覆盖率分析：主要对代码的执行路径覆盖范围进行评估，语句覆盖、判定覆盖、条件覆盖、条件/判定覆盖、修正条件/判定覆盖、基本路径覆盖等都是从不同要求出发，为设计测试用例提出依据的。

(3) 性能分析：代码运行缓慢是开发过程中一个重要问题。一个应用程序运行速度较慢，程序员不容易找到哪里出了问题。如果不能解决应用程序的性能问题，将降低并极大地影响应用程序的质量，于是查找和修改性能的瓶颈成为调整整个代码性能的关键。目前性能分析工具大致分为纯软件的测试工具、纯硬件的测试工具(如逻辑分析仪和仿真器)和软硬件结合的测试工具三类。

(4) 内存分析：内存泄漏会导致系统运行的崩溃，尤其对于嵌入式系统这种资源比较匮乏、应用非常广泛，而且往往又处于重要部位，将可能导致无法预料的重大损失。通过测量内存使用情况，人们可以了解程序内存分配的真实情况，发现对内存的不正常使用，在问题出现前发现征兆，在系统崩溃前发现内存泄露 Bug；发现内存分配 Bug，并精确显示发生 Bug 时的上下文情况，指出发生 Bug 的缘由。

4．特点

动态测试特点：动态测试开始于程序代码完成一半时，适用于单元测试、系统测试、集成测试、可接受性测试等。因为基于真实的程序执行信息，动态检测报告的 Bug 十分精确。其主要的缺点：

(1) 检测效果取决于采用的测试用例集，很难检测那些隐藏在难以执行路径中的Bug；

(2) 程序插装会影响程序执行的效率，不适用于对时间和资源约束严格的程序的 Bug 检测。

5．动态测试的实现

动态测试首先记录程序的执行过程，然后对记录的结果进行分析。通过人工或使用工具运行程序，使被测代码在相对真实环境下运行，从不同的角度观察程序运行时能体现的功能、逻辑、行为、结构等行为，通过检查、分析程序的执行状态和程序的外部表现，来定位程序的Bug。

在单元测试的动态测试过程中，通常要完成测试用例设计、测试的执行、测试结果分析等工作。

(1) 测试用例设计。对源程序做完静态测试之后，就可以开始进行测试用例设计。利用设计文档，设计可以验证程序功能、找出程序 Bug 的多个测试用例。

(2) 测试的执行。测试开始前，需要对将要查看或检测的对象进行设置。测试工具可通过设置数据追踪和检测对象的预期值来完成这项工作。数据追踪即是由测试人员设置要追踪的对象(包括程序或数据内存、寄存器以及变量等)，在测试结束时，可给出其测试过程中的变化过程(包括最大值、最小值、均值以及每次数据变化的过程)。一次动态测试结束时，测试人员可通过查看某个对象(寄存器、变量或内存单元)的值来判断本次动态测试的程序运行结果是否正确，是否满足预期值的要求。待设置完成后，即可对所有的测试用例执行一次，并对出现错误或异常的测试用例跟踪执行一次，以发现问题根源。

(3) 测试结果分析。测试后，测试工具会列出每次动态测试过程中，被测程序的执行过程(包括分支的走向、语句执行的次数、语句占用的时间等)，以及当前所有 CPU 寄存器的状态值，检测对象输出值与预期值比较结果，测试人员可以通过这些信息，完全了解程序的执行过程，发现和分析问题。另外，还需要分析该模块测试的充分性。通常在单元测试时，对于白盒测试要求语句覆盖和分支覆盖率达到 100%，对于黑盒测试要求功能覆盖率达到 100% 等。

7.2　兼容性测试

软件兼容性测试是检测各软件之间能否正确地交互和共享信息，其目标是保证软件按照用户期望的方式进行交互，使用其他软件检查操作的过程。

1．兼容性测试通常需要考虑的问题

(1) 新开发的软件需要与哪种操作系统、Web 浏览器和应用软件保持兼容，如果要测试的软件是一个平台，那么要求应用程序能在其上运行。

(2) 软件使用何种数据与其他平台、软件进行交互和共享信息。

(3) 应该遵守哪种定义软件之间交互的标准或规范。

2．软件兼容性测试方法

(1) 从 Web 页面剪切文字，然后粘贴在文字处理程序打开的文档中。

(2) 在电子表格程序保存账目数据，然后在另一个完全不同的电子表格程序中读入这

些数据。

(3) 使图形处理软件在同一操作系统的不同版本中正常工作。

(4) 使文字处理程序从联系人管理程序中读取姓名和地址，打印个性化的邀请函和信封。

(5) 升级到新的数据库程序，读入现存所有数据库，并能够像老版本一样对其中的数据进行处理。

3. 兼容性分类

兼容性通常有四种：向前兼容与向后兼容、不同版本间的兼容、标准和规范、数据共享兼容。

(1) 向前兼容和向后兼容。向前兼容是指可以使用软件的未来版本，向后兼容是指可以使用软件的以前版本。并非所有的软件都要求向前兼容和向后兼容，这是软件设计者需要决定的产品特性。

向前兼容和向后兼容例子：在 Windows98 上用 Notepad 创建的文本文件，它可以向后兼容 MS DOS1.0 后的所有版本，它还可以向前兼容 Windows2000 甚至以后的版本。

(2) 不同版本之间的兼容。不同版本之间的兼容指要实现测试平台和应用软件多个版本之间能够正常工作。如现在要测试一个流行的操作系统的新版本，当前操作系统上可能有数十或上百万条程序，则新操作系统的目标是与它们百分之百兼容。因为不可能在一个操作系统上测试所有的软件程序，因此需要决定哪些程序是最重要的、必须测试的。对于测试新应用软件也一样，需要决定在哪个版本平台上测试，以及与什么应用程序一起测试。

(3) 标准和规范。适用于软件平台的标准和规范有两个级别：高级标准和低级标准。

① 高级标准是产品应当普遍遵守的，如软件能在何种操作系统上运行？是互联网上的程序吗？它运行于何种浏览器？每一个问题都关系到平台。若应用程序声明与某个平台兼容，就必须接受关于该平台的标准和规范。

② 低级标准是对产品开发细节的描述，从某种意义上说，低级标准比高级标准更加重要。

(4) 数据共享兼容。数据共享兼容是指要在应用程序之间共享数据，要求支持并遵守公开的标准，允许用户与其他软件无障碍的传输数据。如在 Windows 环境下，程序间通过剪切、复制和粘贴实现数据共享。在此状况下，传输通过剪贴板的程序来实现。若对某个程序进行兼容性测试就要确认其数据能够利用剪切板与其他程序进行相互复制。

通过读写移动外存实现数据共享，如软磁盘、U 盘、移动硬盘等，但文件的数据格式必须符合标准，才能在多台计算机上保持兼容。

7.3 性能测试

1. 性能测试需求

性能测试需求来自于测试对象的指定性能行为。性能通常被描述为对响应时间和资源利用率的某种评测。性能需要在各种条件下进行评测，这些条件包括：不同的工作量和系统条件、不同的用例/功能、不同的配置等。性能需求在补充规格或需求规格说明书中的性能描述部分中说明。对包括以下内容的语句要特别注意：

(1) 时间语句，如响应时间或定时情况。

(2) 将某一项性能的行为与另一项性能的行为进行比较的语句。

(3) 指出在规定时间内必须出现的事件数或测试用例数的语句。

(4) 将某一配置下的应用程序行为与另一配置下的应用程序行为进行比较的语句。

(5) 一段时间内的操作可靠性(平均故障时间或MTTF)配置或约束。

(6) 应该为规格中反映以上信息的每个语句生成至少一个测试需求。

性能测试在软件的质量保证中起着重要的作用，它包括的测试内容丰富多样。中国软件评测中心将性能测试概括为三个方面：应用在客户端的性能测试、应用在网络上的性能测试和应用在服务器端的性能测试。通常情况下，通过三方面有效、合理的结合，可以达到对系统性能全面的分析和瓶颈的预测。性能测试结果可以填入项目表 7.1。

表 7.1　性能测试项目

单元编号	运行次数	运行时间				占用空间(BYTE)			精度
		最大	最小	平均	标准差	最小	最大	平均	

2．应用在客户端的性能测试

应用在客户端性能测试的目的是考察客户端应用的性能，测试的入口是客户端。它主要包括并发性能测试、疲劳强度测试、大数据量测试和速度测试等，其中并发性能测试是重点。

1) *并发性能测试*

并发性能测试的过程是一个负载测试和压力测试的过程，即逐渐增加负载，直到系统的瓶颈或者不能接收的性能点，通过综合分析交易执行指标和资源监控指标来确定系统并发性能的过程。负载测试是确定在各种工作负载下系统的性能，目标是通过测试当负载逐渐增加时，系统组成部分的相应输出项，如通过量、响应时间、CPU 负载、内存使用等来决定系统的性能。负载测试是一个分析软件应用程序和支撑架构、模拟真实环境的使用，从而来确定能够接收的性能过程。压力测试是通过确定一个系统的瓶颈或者不能接收的性能点，来获得系统能提供的最大服务级别的测试。

并发性能测试的目的主要体现在三个方面：

(1) 以真实的业务为依据，选择有代表性的、关键的业务操作设计测试用例，以评价系统的当前性能。

(2) 当扩展应用程序的功能或者新的应用程序将要被部署时，负载测试会帮助确定系统是否还能够处理期望的用户负载，以预测系统的未来性能。

(3) 通过模拟成百上千个用户，重复执行系统和运行测试，可以确认性能瓶颈并优化和调整应用，目的在于寻找到瓶颈问题。

当一家企业自己组织力量或委托软件公司代为开发一套应用系统时，尤其是以后在生产环境中实际使用起来，用户往往会产生疑问，这套系统能不能承受大量的并发用户同时访问？这类问题最常见于采用联机事务处理方式数据库应用、Web 浏览和视频点播等系统。

解决这个问题要借助于科学的软件测试手段和先进的测试工具。

例 7.1　电信计费软件。

在实际生活中，每月 20 日左右是市话交费的高峰期，全市几千个收费网点同时启动。收费过程一般分为两步：

(1) 根据用户提供的电话号码查询出其当月产生的费用；

(2) 收取现金并将此用户修改为已交费状态。

对一个用户操作是简单的两个步骤，但当成百上千的终端同时执行这样的操作时，情况就大不一样。如此众多的交易同时发生，对应用程序本身、操作系统、中心数据库服务器、中间件服务器、网络设备的承受力都是一个严峻的考验。决策者不可能在发生问题后才考虑系统的承受力，预见软件的并发承受力是在软件测试阶段就应该解决的问题。

为了模拟实际情况，找若干台电脑和同样数目的操作人员在同一时刻进行操作，然后拿秒表记录下反应时间。这样的手工测试方法不切实际，且无法捕捉程序内部变化情况，这时就需要辅助压力测试工具。

测试的基本策略是自动负载测试，通过在一台或几台 PC 机上模拟成百或上千的虚拟用户同时执行业务的情景，对应用程序进行测试，同时记录下每一事务处理的时间、中间件服务器峰值数据、数据库状态等。通过可重复的、真实的测试能够彻底地度量应用程序的可扩展性和性能，确定问题所在以及优化系统性能。如果预先知道了系统的承受力，就为最终用户规划整个运行环境的配置提供了有力的依据。

2) 并发性能测试前的准备工作

(1) 测试环境：配置测试环境是测试实施的一个重要阶段，测试环境的适合与否会严重影响测试结果的真实性和正确性。测试环境包括硬件环境和软件环境：

① 硬件环境指测试必需的服务器、客户端、网络连接设备以及打印机/扫描仪等辅助硬件设备所构成的环境；

② 软件环境指被测软件运行时的操作系统、数据库及其他应用软件构成的环境。

一个充分准备好的、稳定、可重复的测试环境有三个优点：

a 能够保证测试结果的正确；

b 保证达到测试执行的技术需求；

c 保证得到正确的、可重复的以及易理解的测试结果。

(2) 测试工具：并发性能测试是在客户端执行的黑盒测试，一般不采用手工方式，而是利用工具采用自动化方式进行。目前，成熟的并发性能测试工具很多，选择的依据主要是测试需求和性能价格比。著名的并发性能测试工具有 QALoad、LoadRunner、Benchmark-Factory 和 Webstress 等。这些测试工具都是自动化负载测试工具，通过可重复的、真实的测试，能够彻底地度量应用的可扩展性和性能，可以在整个软件开发生命周期、跨越多种平台、自动执行测试任务，可以模拟成百上千的用户并发执行关键业务而完成对应用程序的测试。

(3) 测试数据：在初始的测试环境中需要输入一些适当的测试数据，目的是识别数据状态并且验证用于测试的测试案例，在正式测试开始以前对测试案例进行调试，将正式测试开始时的软件 Bug 降到最低。在测试进行到关键过程时，非常有必要进行数据状态的备份。制造初始数据意味着将合适的数据存储下来，需要时恢复它，初始数据提供了一个基线用来评估测试执行的结果。

在测试正式执行时，还需要准备业务测试数据(如测试并发查询业务)，那么要求对应的数据库和表中有相当的数据量以及数据的种类应能覆盖全部业务。

模拟真实环境测试。有些软件，特别是面向大众的商品化软件，在测试时常常需要考察其在真实环境中的表现。如测试杀毒软件的扫描速度时，硬盘上布置的不同类型文件的比例要尽量接近真实环境，这样测试出来的数据才有实际意义。

3) 并发性能测试的种类与指标

并发性能测试的种类取决于并发性能测试工具监控的对象，以 QALoad 自动化负载测试工具为例，软件针对各种测试目标提供了 DB2、DCOM、ODBC、ORACLE、NETLoad、Corba、QARun、SAP、SQLServer、Sybase、Telnet、TUXEDO、UNIFACE、WinSock、WWW、JavaScript 等不同的监控对象，支持 Windows 和 UNIX 测试环境。

最关键的是测试过程中对监控对象的灵活应用，如目前三层结构的运行模式广泛使用，对中间件的并发性能测试作为问题被提到议事日程上来，许多系统都采用了国产中间件，选择 JavaScript 监控对象，手工编写脚本，可以达到测试目的。

采用自动化负载测试工具执行的并发性能测试，基本遵循的测试过程有：测试需求与测试内容，测试案例制定，测试环境准备，测试脚本录制、编写与调试，脚本分配、回放配置与加载策略，测试执行跟踪，结果分析与定位问题所在，测试报告与测试评估。

并发性能测试监控的对象不同，测试的主要指标也不相同，主要的测试指标包括交易处理性能指标和 UNIX 资源监控。其中，交易处理性能指标包括交易结果、每分钟交易数、交易响应时间(主要有 Min——最小服务器响应时间；Mean——平均服务器响应时间；Max——最大服务器响应时间；StdDev——事务处理服务器响应的偏差，值越大，偏差越大；Median——中值响应时间；90%——事务处理的服务器响应时间)、虚拟并发用户数。

例 7.2　中国软件评测中心根据新华社技术局提出的《多媒体数据库性能测试需求》和 GB/T 17544《软件包质量要求和测试》的国家标准，使用工业标准级负载测试工具对新华社使用的“新华社多媒体数据库 V1.0”进行性能测试。

(1) 性能测试目的是模拟多用户并发访问新华社多媒体数据库，执行关键检索业务，分析系统性能。

(2) 性能测试的重点是针对系统并发压力负载较大的主要检索业务进行并发测试和疲劳测试，系统采用 B/S 运行模式。并发测试设计了特定时间段内分别在中文库、英文库、图片库中进行单检索词、多检索词以及变检索式、混合检索业务等并发测试案例。疲劳测试案例为在中文库中并发用户数 200，进行测试周期约 8 小时的单检索词检索。在进行并发和疲劳测试的同时，监测的测试指标包括交易处理性能以及 UNIX(Linux)、Oracle、Apache 资源等。

(3) 测试结论：在新华社机房测试环境和内网测试环境中，100M 带宽情况下，针对规定的各并发测试案例，系统能够承受并发用户数为 200 的负载压力，最大交易数/分钟达到 78.73，运行基本稳定，但随着负载压力增大，系统性能有所衰减。

- 系统能够承受 200 并发用户数持续周期约 8 小时的疲劳压力，基本能够稳定运行。

● 通过对系统 UNIX(Linux)、Oracle 和 Apache 资源的监控，系统资源能够满足上述并发和疲劳性能需求，且系统硬件资源尚有较大利用余地。

● 当并发用户数超过 200 时，监控到 HTTP500、connect 和超时 Bug，且 Web 服务器报内存溢出 Bug，系统应进一步提高性能，以支持更大并发用户数。

(4) 建议进一步优化软件系统，充分利用硬件资源，缩短交易响应时间。

4) 疲劳强度、大数据量测试和速度测试

(1) 疲劳测试是采用系统稳定运行情况下能够支持的最大并发用户数，持续执行一段时间业务，通过综合分析交易执行指标和资源监控指标来确定系统处理最大工作量强度性能的过程。

疲劳强度测试可以采用工具自动化的方式进行测试，也可以手工编写程序测试，其中后者占的比例较大。

一般情况下以服务器能够正常稳定响应请求的最大并发用户数进行一定时间的疲劳测试，获取交易执行指标数据和系统资源监控数据。如出现 Bug 导致测试不能成功执行，则及时调整测试指标，如降低用户数、缩短测试周期等。还有一种情况的疲劳测试是对当前系统性能的评估，以系统正常业务情况下并发用户数为基础，进行一定时间的疲劳测试。

(2) 大数据量测试可以分为两种类型：针对某些系统存储、传输、统计、查询等业务进行大数据量的独立数据量测试；与压力性能测试、负载性能测试、疲劳性能测试相结合的综合数据量测试方案。大数据量测试的关键是测试数据的准备，可以依靠工具准备测试数据。

(3) 速度测试目前主要是针对关键有速度要求的业务进行手工测试速度，在多次测试的基础上求平均值，可以与工具测得的响应时间等指标做对比分析。

3. 网络应用的性能测试

网络应用性能的测试重点是利用成熟、先进的自动化技术进行网络应用性能监控、网络应用性能分析和网络预测。

1) 网络应用性能分析

网络应用性能分析的目的是准确展示网络带宽、延迟、负载和 TCP 端口的变化是如何影响用户的响应时间的。利用网络应用性能分析工具，例如 Application Expert，能够发现应用的瓶颈，人们可知应用在网络上运行时在每个阶段发生的应用行为，在应用线程级分析应用的问题。可以解决多种问题：客户端是否对数据库服务器运行了不必要的请求；当服务器从客户端接受了一个查询，应用服务器是否花费了不可接受的时间联系数据库服务器；在投产前预测应用的响应时间；利用 Application Expert 调整应用在广域网上的性能；Application Expert 能够让用户快速、容易地仿真应用性能，根据最终用户在不同网络配置环境下的响应时间，用户可以根据自己的条件决定应用投产的网络环境。

2) 网络应用性能监控

在系统测试运行后，需要及时、准确了解网络上正在发生的事情；什么应用在运行，如何运行；多少 PC 正在访问 LAN 或 WAN；哪些应用程序导致系统瓶颈或资源竞争，这时网络应用性能监控以及网络资源管理对系统的正常稳定运行是非常关键。利用网络应用性能监控工具，可以达到事半功倍的效果，在这方面人们可以提供的工具是 Network

Vantage。该工具主要用来分析关键应用程序的性能，定位问题的根源是在客户端、服务器、应用程序还是网络。在大多数情况下用户关心的问题还有哪些应用程序占用大量带宽，哪些用户产生了最大的网络流量，这个工具同样能满足要求。

3) 网络预测

考虑到系统未来发展的扩展性，预测网络流量的变化、网络结构的变化对用户系统的影响非常重要。根据规划数据进行预测并及时提供网络性能预测数据。人们利用网络预测分析容量规划工具 PREDICTOR 可以做到：设置服务水平、完成日网络容量规划、离线测试网络、网络失效和容量极限分析、完成日常故障诊断、预测网络设备迁移和网络设备升级对整个网络的影响。

从网络管理软件获取网络拓扑结构、从现有的流量监控软件获取流量信息(若没有这类软件可人工生成流量数据)，这样可以得到现有网络的基本结构。在基本结构的基础上，可根据网络结构的变化、网络流量的变化生成报告和图表，说明这些变化是如何影响网络性能。PREDICTOR 可提供如下信息：根据预测的结果帮助用户及时升级网络，避免因关键设备超过利用阈值导致系统性能下降；哪个网络设备需要升级来减少网络延迟、避免网络瓶颈等；根据预测的结果避免不必要的网络升级。

4．应用在服务器上性能测试

对于应用在服务器上性能的测试，可以采用工具监控，也可以使用系统本身的监控命令，如 Tuxedo 中可以使用 Top 命令监控资源使用情况。实施测试的目的是实现服务器设备、服务器操作系统、数据库系统、应用在服务器上性能的全面监控。

7.4　验 收 测 试

验收测试指软件产品评测部对经过项目组内部单元测试、集成测试和系统测试后的软件所进行的测试，测试用例采用项目组的系统测试用例子集，或由验收测试人员自行设计。

验收测试类似于确认测试，二者之间有些不同。通过了系统的有效性测试及软件配置审查后，就应开始系统的验收测试。工程项目验收测试是工程项目在正式运行前的质量保证测试，是软件工程一个独立且必要的质量保证环节。

1．验收测试目的

验收测试的目的是要对软件产品在目标用户的工作环境中做进一步的校对，确保软件准备就绪，并且可以让最终用户将其用于执行软件的既定功能和任务。验收测试是部署软件之前的最后一个测试操作。验收测试是以用户为主的测试，软件开发人员和 QA(质量保证)人员也应参加，由用户参加设计测试用例，使用生产中的实际数据进行测试，对程序的功能、性能，包括可移植性、兼容性、可维护性、Bug 的恢复功能等进行确认。

2．验收测试的内容

一般软件验收测试应完成的工作包括：

(1) 明确验收项目，规定验收测试通过的标准，确定测试方法。

(2) 决定验收测试的组织机构和可利用的资源。

(3) 选定测试结果分析方法。

(4) 指定验收测试计划并进行评审。

(5) 设计验收测试所用的测试用例。

(6) 审查验收测试准备工作。

(7) 执行验收测试。

(8) 分析测试结果。

(9) 做出验收测试结论，明确说明通过验收或不通过验收。

3. 工程项目验收测试的目的

工程项目验收测试，是工程项目在正式运行前的质量保证测试，是发布软件之前的最后一个测试，是软件工程一个独立且必要的质量保证环节。具体归纳如下：

(1) 验证软件系统是否符合设计需求，功能实现的正确性及运行安全可靠性；

(2) 可发现软件存在的重大 Bug，最大限度保证软件工程质量。

- 修改发现的软件问题，保证工程项目正常顺利实施。
- 评测工作包括文档分析、方案制定、现场测试、Bug 单提交、测试报告。

4. 验收测试工作流程

(1) 软件产品评测部按项目管理规定成立项目验收测试小组、确定验收测试费用。如果是产品开发项目，产品评测部同时应根据项目技术可行性报告完成可测试性报告。

(2) 验收测试小组负责参与项目阶段评审，并对测试工件的质量进行评估。

(3) 验收测试小组在开发组的协助下，对项目组提交的软件产品进行验收测试。

5. 验收测试进入前的准备工作

(1) 软件产品通过了单元测试、集成测试和系统测试。

(2) 项目组提交的测试工件：测试计划、测试用例、测试日志、测试通知单和测试分析报告。

(3) 待验收的软件安装程序。

6. 软件验收测试合格通过准则

(1) 软件需求分析说明书中定义的所有功能已全部实现，性能指标全部达到要求。

(2) 所有测试项没有残余一级、二级和三级错误。

(3) 立项审批表、需求分析文档、设计文档和编码实现一致。

(4) 验收测试工件齐全(见验收测试进入前的准备工作)。

以上四条其中之一不满足要求，就认为软件不合格。

7. 在验收测试计划中，可能包括的测试内容

- 功能测试，如完整的工程计算过程。
- 逆向测试，如检验不符合要求的数据而引起出错的恢复能力。
- 特殊情况，如极限测试、不存在的路径测试。
- 强度检查，如大批量的数据或最大用户并发使用。
- 恢复测试，如硬件故障或用户不良数据引起的一些情况。
- 用户友好性检验、用户操作测试，如启动、退出系统等。

- 可维护性的评价。
- 文档检查。
- 安全测试。

8．验收测试策略

验收测试策略一般有四种：正式验收、非正式验收、α 测试和 β 测试。

在软件交付使用后，用户将如何使用程序，对于开发者来说无法预测。实际上，软件开发人员不可能完全预见用户实际使用情况。如用户可能错误的理解命令，或提供一些奇怪的数据组合，亦可能对设计者指定的输出信息迷惑不解等。因此，软件是否真正满足最终用户的要求，应由用户进行一系列"验收测试"。验收测试既可以是非正式的测试，也可以是有计划、系统的测试。有时，验收测试长达数周甚至数月，不断暴露 Bug，导致开发延期。一个软件产品，可能拥有众多用户，不可能由每个用户验收，此时多采用称为 α、β 测试的过程，以期发现那些似乎只有最终用户才能发现的 Bug。

(1) α 测试是由一个用户在开发环境下进行的测试，也可以是公司内部的用户在模拟实际操作环境下进行的测试，试图发现并修正 Bug。α 测试的目的是评价软件产品的 FLURPS(即功能、局域化、可使用性、可靠性、性能和支持)。尤其注重产品的界面和特色。α 测试的关键在于尽可能逼真地模拟实际运行环境和用户对软件产品的操作并尽最大努力涵盖所有可能的用户操作方式。α 测试可以从软件产品编码结束时开始，或在模块(子系统)测试完成后开始，也可在确认测试过程中产品达到一定的稳定和可靠程度后再开始。

(2) 只有当 α 测试达到一定的可靠程度时，才能开始 β 测试。它处在整个测试的最后阶段。同时，产品的所有手册文本也应该在此阶段完全定稿。经过 α 测试调整的软件产品称为 β 版本。β 测试是由软件的多个用户在实际使用环境下进行的测试，这些用户返回有关 Bug 信息给开发者。开发者通常不在测试现场，β 测试不能由程序员或测试员完成，一般由最终用户或其他人员完成，要求用户报告异常情况、提出批评意见。然后软件开发公司再对 β 版本进行改错和完善。测试时，开发者通常不在测试现场。因而，β 测试是在开发者无法控制的环境下进行的软件现场应用。在 β 测试中，由用户登记遇到的所有问题，包括真实的以及主观认定的，定期向开发者报告。β 测试主要衡量产品的 FLURPS，着重于产品的支持性，包括文档、客户培训和支持产品生产能力。

9．验收测试内容

下面从两个方面介绍验收测试的主要内容。

1) 常规验收测试

常规确认测试是对商品化软件的普通级别产品认证，通过常规验收测试，对软件产品在功能度、安全可靠性、兼容性、可扩充性、效率、资源占用率、易用性、用户文档等八个质量特性给予测试评价。测试项说明：

(1) 功能度：软件产品软件实现预期功能承诺，包括功能正确性与数据准确性，主要检查软件产品是否满足规格说明及用户文档承诺实现的功能要求。

(2) 安全可靠性：安全可靠性是软件非常重要的质量特性指标，软件系统的安全管理、数据安全、权限管理及防止对程序及数据的非授权情况下的故意或意外访问能力的软件属性；可靠性指与在规定的一段时间和条件下，软件能维持其性能水平能力有关的一组属性。

(3) 兼容性：考察系统在软件、硬件及数据格式的兼容性方面的应用表现。

(4) 可扩充性：测试软件产品是否留有与异种数据的接口，采用模块化开发方式，满足业务模块的扩充需求。

(5) 效率：软件运行效率、数据处理的响应时间。

(6) 资源占用率：主要是测试软件安装/卸载前后对计算机资源的占用情况，包括软件对内存的占用率、对 CPU 的占用率以及占用的硬盘空间等指标。

(7) 易用性：考察、评定软件的易学、易用性，各个功能是否易于完成，对软件界面是否友好等方面进行测试，这点在很多类型的管理类软件中非常重要。

(8) 用户文档：考察软件用户文档的安装，着重测试软件相关文档描述与软件实际功能一致性，文档的易理解程度等。

2) 高级验收测试

高级验收测试是商品化软件的高级产品认证，也是软件评测中最高级别的验收测试。该测试为用户提供整体的产品测试服务方案，测试规程严格监控，基于用户认可范围的应用测试与评估。

高级验收测试除了常规验收测试的八项内容外，增加了用户满意度调查，并给这些质量特性予以评分等级。

高级确认测试结果分为确认和优秀两个等级。高级验收测试过程中，开发商可以根据评测中提交的 Bug 清单进行两次回归测试，进而改进并提高软件质量。

高级验收测试不同于常规确认测试：测试项的质量特性不同——区别项为安全性、可靠性、用户调查项。参加高级验收测试的软件产品必须是开发后试运行半年以上，有固定的客户群或试运行客户。

10. 验收测试与单元测试的区别

单元测试是依据详细设计，对模块内所有重要的控制路径设计的测试事例，以便发现模块内部的错误。而验收测试主要是验证系统各部件是否都能正常工作并完成所赋予的任务。关于单元测试和验收测试之间的明确划分，只有在不断的实践中才能体会到两者之间的界限。下面结合实践经验，给出一些判断原则：

(1) 如果单元测试要跨越类的边界，那么它可能是一个验收测试。

(2) 如果单元测试变得非常复杂，那么它可能是一个验收测试。

(3) 如果单元测试经常要随着用户需求的变化而改变，那么它可能是一个验收测试。

(4) 如果单元测试比它要测试的代码本身难以编写，那么它可能是一个验收测试。

7.5 回归测试

回归测试一般指对某些已知修正的 Bug 再次围绕它原来出现时的步骤重新测试。

每当软件增加了新的功能，或者软件中的 Bug 被修正，这些变更都有可能影响软件原有的功能和结构。为了防止软件的变更产生无法预料的副作用，不仅要对新内容进行测试，还要对某些老内容进行回归测试。据统计，回归测试占整个软件系统开销。

软件测试是一个不断发现 Bug 和不断改正 Bug 的过程。由于程序的复杂性，各个模块及元素(变量、函数、类)之间存在着相互关联性，所以对于改正 Bug 后的软件，还要进行再测试。一方面检查该 Bug 是否真的修改了，另一方面检查该 Bug 的修改是否引入新的 Bug，这就需要利用用过的测试用例重新进行测试，这个测试过程称为回归测试。这里，修改的正确性有两重含义：

(1) 所作的修改达到了预定目的，如 Bug 得到改正，能够适应新的运行环境等；

(2) 不影响软件的其他功能的正确性。理论上，软件产生新版本，都需要进行回归测试，验证以前发现和修复的 Bug 是否在新软件版本上再次出现。

回归测试可以通过重新执行所有的测试用例的一个子集人工地进行测试，也可以使用自动化的捕获回放工具进行测试。

回归测试可以应用于软件测试和软件维护阶段，用来验证 Bug 修改情况，称为改错性回归测试；同时在软件的增量式开发过程中，通过重新测试已有的测试用例和设计新的测试用例，来测试改动(增加或删除)的程序，这称为增量性回归测试。

1. 目的

在集成测试策略环境中，回归测试是对某些已经进行过的测试的某些子集重新进行测试一遍，以保证软件改变不会传播无法预料的副作用或引发新的 Bug。

在更广的环境中，回归测试用来保证(由于测试或其他原因的)软件改动不会带来不可预料的行为或另外的 Bug。

回归测试的主要的目的是验证对系统的变更没有影响以前的系统功能，并且保证当前功能的变更是正确的，确认修改后的软件，以保证在以前测试过的代码中没有引入新的 Bug。

2. 策略

已有的测试用例集是回归测试的基础。回归测试还要根据需要设计新的测试用例。针对已有的测试用例集，回归测试主要有全部重测和选择性重测两种策略。全部重测是重测所有以前的测试用例。这种方法对于系统规模较小，或系统改动较大的情况是可行的。但是对于测试数据较大，系统改动较小的情况，测试所有的数据会带来时间和人力的浪费，有时根本不可能做到。这时需要采用有选择性重测策略，由此大大减少时间和人员的开销，同时又能保证系统的质量。

选择性回归测试的方法有很多种，代表性的方法包括线性方程技术、符号执行技术、路径分析技术、基于程序流图的技术等。大多数技术都采用对程序结构进行再分析，找出改动了的程序部分与原有部分的关系，选取相关性最大的部分设计测试用例。这时需要明确对程序进行分析的花费与运行程序相比，哪一种代价更小。

为了减少回归测试的开销，在保证回归测试质量的前提下，应尽量减少回归测试时需求运行的测试用例数目。有人从测试过程、开销分析、层次性、支持工具等几个方面对工业环境中的回归测试进行了研究。对于选择性重测的测试策略，在选择哪些测试用例需要重新运行时要进行大量的分析，代价很大。如果分析后发现所有或者几乎所有的测试用例都被选中，那么就根本没有必要进行分析——简单地重新运行整个测试用例集同样有效甚至更有效。为此，有人提出了一种能高效运算的预告方法，对于一个给定的程序，能预告使用某些类型的选择性回归测试技术的代价/效力关系。其思想是假如能很快判定可能重新运行回归测试集中的很大一部分，那么，简单地重新运行整个测试用例集就很可能是代价

小而有效的，从而节省了分析的开销。

3. 回归测试集

回归测试集包括三种不同类型的测试用例：

(1) 能够测试软件的所有功能的代表性测试用例。

(2) 专门针对可能会被修改而影响软件功能的附加测试。

(3) 针对修改过的软件成分的测试。

4. 建议

通常确定所需的再测试的范围是比较困难的，特别当临近产品发布日期时。因为为了修正某个 Bug 时必需更改源代码，因而就有可能影响这部分源代码所控制的功能，所以在验证修好的 Bug 时不仅要从 Bug 原来出现时的步骤重新测试，还要测试有可能受影响的所有功能。在实际中应当鼓励对所有回归测试用例进行自动化测试。

7.6 非增式测试、增式测试、混合增量式测试

集成测试是组装软件的系统测试技术，按设计要求把通过单元测试的各个模块组装在一起后，进行综合测试以便发现与接口有关的各种 Bug。怎样合理地组织集成测试，这里介绍三种不同的方法，即非增式测试、增式测试和混合增量式测试。

7.6.1 非增量式测试与增量式测试

对所有模块进行个别的单元测试后，按照程序结构图将各模块连接起来，把连接后的程序看作一个整体，然后进行整体综合测试，这称为非增量式集成。具体说来，非增量式测试是在配备辅助模块的条件下，把所有模块按设计要求一次全部组装起来，对所有模块进行个别的单元测试。然后在此基础上，按程序结构图将各模块连接起来，把连接后的程序看做一个整体进行测试。采用非增量式测试方法进行集成测试的示意图见图 7.1。

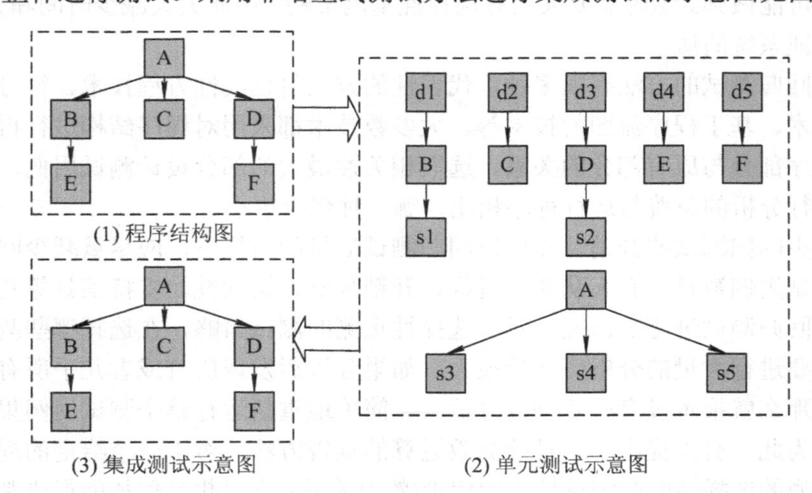

图 7.1　非增量式集成测试示意图

非增量式测试的缺点：当一次集成的模块较多时，非增量式测试容易出现混乱，因为测试时可能发现了许多 Bug，为每一个 Bug 定位和纠正非常困难，并且在修正一个 Bug 的同时可能又引入了新的 Bug，新旧 Bug 混杂，很难判定 Bug 的具体原因和位置。

增量式测试的做法与非增量式测试有所不同。它的集成是逐步实现的，集成测试也是逐步完成的。在测试过程中，程序一段一段地扩展，测试的范围一步一步地增大，Bug 易于定位和纠正，界面的测试亦可做到完全彻底。

非增量式测试与增量式测试的比较：假如在模块的接口处存在 Bug，只会在最后的集成测试时一下子暴露出来。非增量式测试的方法是先分散测试，然后集中起来再一次完成集成测试。增量式测试是逐步集成和逐步测试的方法，把可能出现的 Bug 分散暴露出来，便于找出和修改 Bug。而且一些模块在逐步集成的测试中，得到了较多次的考验，因此，可能会取得较好的测试效果。由此可以得出：增量式测试要比非增量式测试具有一定的优越性。

增量式集成测试按不同的次序实施，可以分为自底向上、自顶向下和混合渐增量式测试。

7.6.2　自顶向下集成综合测试

自顶向下集成是构造程序结构的一种增量式方式，它从主控模块开始，按照软件的控制层次结构，以深度优先或广度优先的策略，逐步把各个模块集成在一起。

1. 深度优先策略

首先是把主控制路径上的模块集成在一起，主控制路径的选择是任意的，带有随意性，一般根据问题的特性确定。以图 7.2 为例，若选择了最左一条路径，首先将模块 M1、M2、M5 和 M8 集成在一起，再将 M6 集成起来，然后考虑中间和右边的路径。

2. 广度优先策略

首先沿着水平方向，把每一层中所有直接隶属于上一层的模块集成起来，直到底层。仍以图 7.2 为例，它首先把 M2、M3 和 M4 与主控模块集成在一起，再将 M5 和 M6 与其他模块集资集成起来。

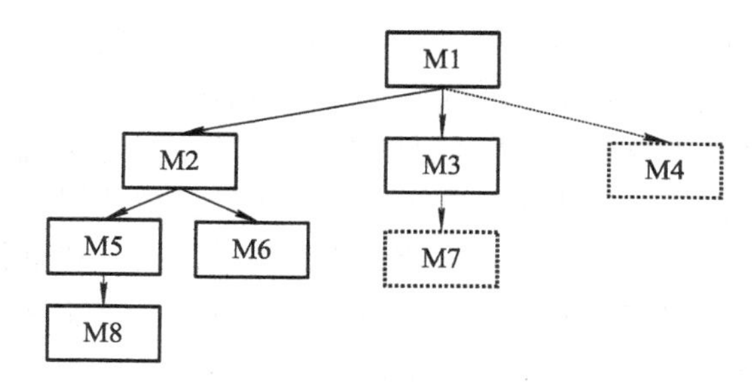

图 7.2　模块测试路径

3. 自顶向下集成综合测试的具体步骤

(1) 以主控模块作为测试驱动模块，把对主控模块进行单元测试时引入的所有桩模块用实际模块替代；

(2) 依据所选的集成策略(深度优先或广度优先)，每次只替代一个桩模块；

(3) 每集成一个模块立即测试一遍；

(4) 只有每组测试完成后，才着手替换下一个桩模块；

(5) 为避免引入新 Bug，需要不断进行回归测试(即全部或部分地重复已做过的测试)。

从(2)开始，循环执行上述步骤，直至整个程序结构构造完毕。在图 7.2 中，实线表示已部分完成的结构，若采用深度优先策略，下一步将用模块 M7 替换桩模块 S7，当然 M7 本身可能又带有桩模块，随后将被对应的实际模块替代。

图 7.3 和图 7.4 分别为深度优先方式和广度优先方式示意图。

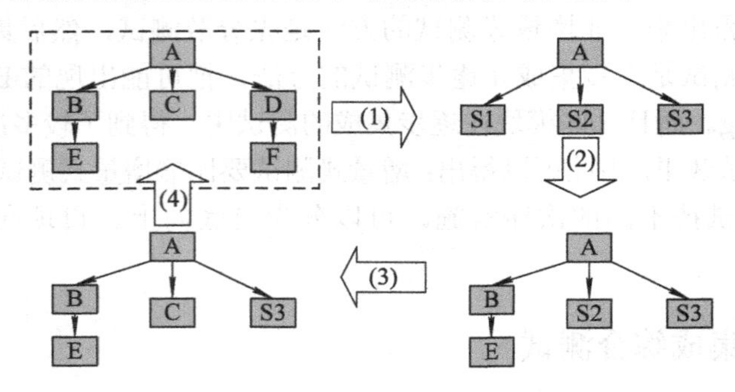

图 7.3　深度优先方式示意图

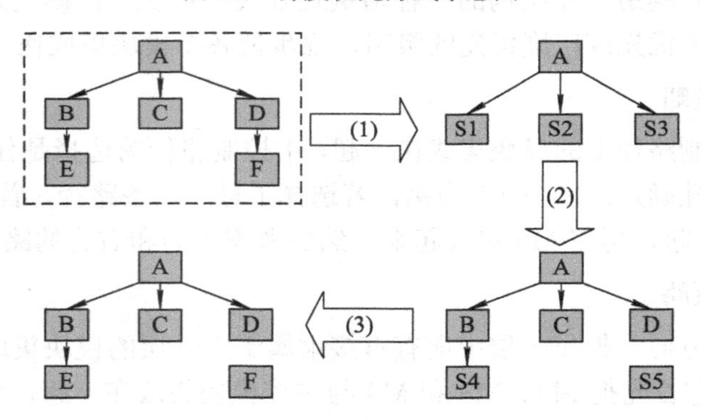

图 7.4　广度优先方式示意图

自顶向下集成测试的主要优点：可以自然地做到逐步求精，一开始便能让测试人员看到系统的雏形。这个系统模型有助于增强程序人员的信心。

自顶向下集成测试的主要缺点：需要提供桩模块，并且在输入/输出模块接入系统以前，在桩模块中表示测试数据有一定困难。由于桩模块不能模拟数据，如果模块间的数据流不能构成有向的非环状圈，一些模块的测试数据难于生成。同时观察和解释测试输出往往也很困难。在测试较高层模块时，低层处理采用桩模块替代，不能反映真实情况，重要数据不能及时回送到上层模块，因此测试并不充分。

解决自顶向下集成测试的不足问题的措施：

(1) 把某些测试推迟到用真实模块替代桩模块后进行；

(2) 开发能模拟真实模块的桩模块；

(3) 自底向上集成模块(见 7.8.3 节)。第一种又回退为非增量式的集成方法，使 Bug 难以定位和纠正，并且失去了在组装模块时进行一些特定测试的可能性；第二种无疑要大大

增加开销；第三种比较切实可行。

7.6.3　自底向上集成综合测试

自底向上测试是从“原子”模块(即软件结构最底层的模块)开始组装测试，因测试到较高层模块时，所需的下层模块功能均已具备，所以不再需要桩模块。

1. 自底向上集成综合测试步骤

(1) 按照概要设计规格说明，明确有哪些被测模块。在熟悉被测模块性质的基础上对被测模块进行分层，然后列出测试活动的先后关系，制订测试进度计划。

(2) 在步骤(1)的基础上，按时间线序关系，将软件单元集成为模块，把低层模块集成为实现某个子功能的模块群，并测试在集成过程中出现的问题。此时，可能需要测试人员开发一些驱动模块来驱动集成活动中形成的被测模块。对于比较大的模块，可以先将其中的某几个软件单元集成为子模块，然后再集成为一个较大模块。

(3) 将各软件模块集成为子系统(或分系统)。检测各自子系统是否能正常工作。同样，可能需要测试人员开发的驱动模块来驱动被测子系统，控制测试数据的输入和测试结果的输出，对每个模块群进行测试。

(4) 删除测试使用的驱动模块，用较高层模块把模块群构成为完成更大功能的新模块群。

(5) 将各子系统集成为最终用户系统，测试是否存在各分系统能否在最终用户系统中正常工作。

从第一步开始循环执行上述各步骤，直至整个程序构造完毕。

用模块测试流程图说明上述过程(见图 7.5)。首先“原子”模块被分为三个模块群，每个模块群引入一个驱动模块进行测试。因模块群 1、模块群 2 中的模块均隶属于模块 Ma，因此在驱动模块 D1、D2 去掉后，模块群 1 与模块群 2 直接与 Ma 接口，这时 D3 被去掉后，Mb 与模块群 3 直接接口，可对 Mb 进行集成测试，最后 Ma、Mb 和 Mc 全部集成在一起进行测试。图 7.6 为自底向上增量式测试示意图。

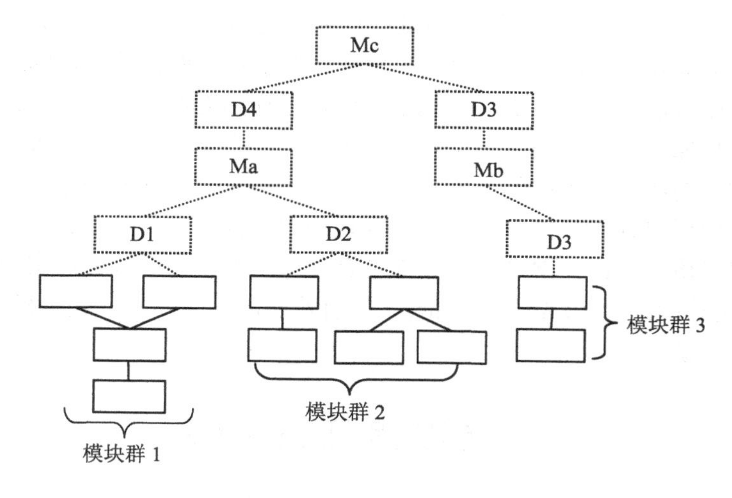

图 7.5　模块测试流程图

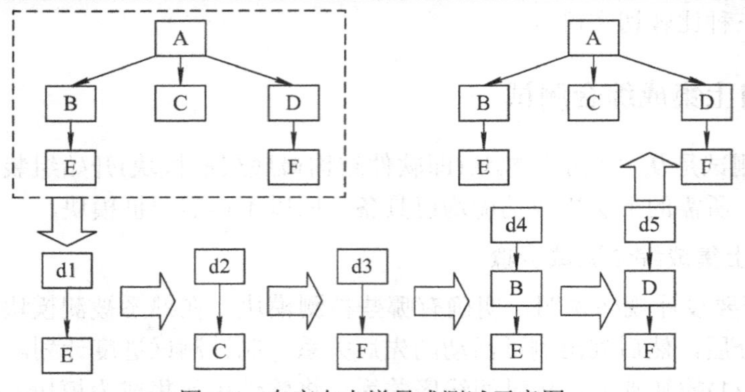

图 7.6　自底向上增量式测试示意图

2．优缺点

(1) 自底向上测试的优点：由于驱动模块模拟了所有调用参数，即使数据流并未构成有向的非环状圈，容易生成测试数据。如果关键的模块是在结构图的底部，自底向上测试是有优越性的。

(2) 自底向上方法的缺点：直到最后一个模块被加进去后才能看到整个程序(系统)的框架。当最后一个模块尚未测试时，还没有呈现出被测软件系统的雏形。由于最后一层模块尚未设计完成时，无法开始测试工作，因而设计与测试工作不能交叉进行。

7.6.4　混合增量式测试

混合增量式测试是把自顶向下测试和自底向上测试这两种方式结合起来进行集成和测试。这样可以兼具两者的优点，而摒弃其缺点。

常见的两种混合增量式测试方式：

(1) 衍变的自顶向下的增量式测试：基本思想是强化对输入/输出模块和引入新算法模块的测试，并自底向上集成为功能相对完整且相对独立的子系统，然后由主模块开始自顶向下进行增量式测试。

(2) 自底向上—自顶向下的增量式测试：首先，对包含读操作的子系统自底向上直至根节点模块进行集成和测试，然后，对包含写操作的子系统做自顶向下的集成和测试。

自底向上集成方法不用桩模块，测试用例的设计亦相对简单，但程序最后一个模块加入时才具有整体形象。它与自顶向下综合测试方法优缺点正好相反。因此，在测试软件系统时，应根据软件的特点和工程的进度，选用适当的测试策略，有时混合使用两种策略更为有效，上层模块用自顶向下的方法，下层模块用自底向上的方法。此外，在综合测试中尤其要注意关键模块，所谓关键模块一般都具有下述一个或多个特征：① 对应几条需求；② 具有高层控制功能；③ 复杂、易出错；④ 有特殊的性能要求。关键模块应尽早测试，并反复进行回归测试。

7.7　模块接口测试技术

模块接口测试是单元测试的基础。只有在数据能正确流入、流出模块的前提下，其他测试才有意义。

1．测试接口正确与否应该考虑的因素

- 输入的实际参数与形式参数的个数是否相同；
- 输入的实际参数与形式参数的属性是否匹配；
- 输入的实际参数与形式参数的量纲是否一致；
- 调用预定义函数时所用参数的个数、属性和次序是否正确；
- 调用其他模块时所给实际参数的属性是否与被调模块的形参属性匹配；
- 调用其他模块时所给实际参数的个数是否与被调模块的形参个数相同；
- 调用其他模块时所给实际参数的量纲是否与被调模块的形参量纲一致；
- 是否存在与当前入口点无关的参数引用；
- 是否把某些约束作为参数传递；
- 是否修改了只读型参数；
- 对全程变量的定义各模块是否一致。

2．模块内包括外部输入/输出时应该考虑的因素

- 文件属性是否正确；
- OPEN/CLOSE 语句是否正确；
- 缓冲区大小与记录长度是否匹配；
- 文件使用前是否已经打开；
- 格式说明与输入/输出语句是否匹配；
- 是否处理了文件尾；
- 是否处理了输入/输出 Bug；
- 输出信息中是否有文字性 Bug。

3．数据结构

检查局部数据结构是为了保证临时存储在模块内的数据在程序执行过程中完整、正确。局部数据结构往往是 Bug 的根源，应仔细设计测试用例，力求发现下面几类 Bug：

- 不合适或不相容的类型说明；
- 变量无初值或变量初始化或省缺值有错；
- 不正确的变量名(拼错或不正确地截断)；
- 出现上溢、下溢和地址异常；
- 其他。

除了局部数据结构外，如果可能，模块测试时还应该查清全局数据(如 FORTRAN 的公用区)对模块的影响。

在模块中应对每一条独立执行路径进行测试，模块测试的基本任务是保证模块中每条语句至少被执行一次。此时设计测试用例是为了发现因错误计算、不正确的比较和不适当的控制流造成的 Bug。此时基本路径测试和循环测试是最常用且最有效的测试技术。

计算中常见的 Bug 包括：误解或用错了运算符优先级；混合类型运算；变量初值错；精度不够；表达式符号错。

7.8　文档测试和脚本测试

7.8.1　文档测试

文档测试指测试关注于文档的正确性。

1. 一些不良现象

在国内软件开发管理中，文档管理几乎是最弱的一项，因而在测试工作中特别容易忽略文档测试。而在实际中经常存在一些不良现象：

(1) 产品缺少明确的书面文档是厂商一种短期行为的表现，也是一种不负责任的表现。所谓短期行为，是指缺少明确的书面文档既不利于产品最后的顺利交付，容易与用户发生矛盾，影响厂商的声誉和与用户的合作关系；也不利于软件产品的后期维护，使厂商支出超额的用户培训和技术支持费用。从长期利益看，这样很不划算。

(2) 书面文档的编写和维护工作对于使用快速原型法开发的项目最为重要的、最为困难，也最容易被忽略。

(3) 书面文档的不健全甚至不正确，也是软件测试工作中遇到的最大和最头痛的问题，它的直接后果是软件测试效率低下、软件测试目标不明确、软件测试范围不充分，从而导致最终软件测试的作用不能充分发挥、软件测试效果不理想。

要想给用户提供完整的产品，文档测试是必不可少的。

2. 定义

文档测试主要是对相关的设计报告和用户使用说明进行测试。设计报告主要是测试程序与设计报告中的设计思想是否一致；用户使用说明测试主要是测试用户使用说明书中对程序操作方法的描述是否正确，重点是对用户使用说明中提到的操作例子要进行测试，保证采用的例子能够在程序中正确完成操作。

3. 分类

测试的文档分为三类：开发文件、用户文件、管理文件。

(1) 开发文件：可行性研究报告、软件需求说明书、概要设计说明书、数据要求说明书、详细设计说明书、数据库设计说明书、模块开发卷宗等。

(2) 用户文件：用户手册、操作手册等。

(3) 管理文件：项目开发计划、测试计划、测试分析报告、开发进度月报、项目开发总结报告等。

4. 文档测试原则

文档测试一般注重下面几个方面：

1) 文档的完整性

该测试主要是测试文档内容的全面性与完整性，从总体上把握文档的质量。如用户手册应该包括软件的所有功能模块。

(1) 用人工审查的方法，验证所提交软件文档是否齐全。文档至少包括需求分析说明、用户手册、软件设计说明、程序维护说明和其他软件开发各阶段的评审以及测试报告等，内容是否涵盖用户手册、操作手册等内容，与软件技术规格书规定要交付的文档清单是否一致等。

(2) 如果标明软件可以由用户独立安装、维护，则需要提供安装手册和维护手册，安装手册是否包含有关安装的必要信息、安装文件所需要的最大和最小规格，维护手册是否包含有关该软件维护所需要的信息。

(3) 文档中是否包含对软件接收输入数据类型和边界值的描述或说明，包括最大、最小值、键长、文件记录的最大长度、搜索准则最大值、最小样本尺寸。

(4) 对不可能提供固定的边界值(如某些边界值依赖于应用类型或输入数据)的情况，是否说明极值。

(5) 是否包含与保密信息有关的信息，应包括防止非法授权访问的措施说明。

2) 文档的一致性

该测试主要测试软件文档与软件实际的一致程度。如用户手册基本完整后，人们还要注意用户手册与实际功能描述是否一致。因为文档往往跟不上软件版本的更新速度。

(1) 使用人工审查方法审查文档内容和术语的含义前后是否一致，有没有自相矛盾之处。

(2) 检查文档与程序的一致性。

(3) 检查书面文档与结合在软件中的电子文档(如帮助文件)的一致性。

3) 文档内容直观性和易理解性

该测试主要是检查文档对关键、重要的操作有无图文说明，文字、图表是否易于理解等。对于关键、重要的操作只有文字说明不够，应该附有图表使说明更为直观明了。

(1) 使用人工审查方法审查文档内容是否有直观清楚的索引(目录)、排版格式等。

(2) 对引用的专业术语是否进行了说明。

(3) 对专业性、复杂性较强或对用户难以理解的内容是否通过适当的术语、图形显示、详细的解释及注释有用的信息来完成。

(4) 所提交的软件文档是否符合软件标准(如 CJB 438A，武器系统软件开发文档标准)要求的内容和格式。

4) 文档的准确性

(1) 用人工审查方法审查文档内容是否正确和准确。

(2) 是否有错别字。

(3) 是否有二义性的定义、术语或内容等。

5) 文档中提供操作的实例

这项检查内容主要针对用户手册。对主要功能和关键操作提供的应用实例是否丰富，提供的实例描述是否详细。只有简单的图文说明，而无实例的用户手册看起来就像是软件界面的简单拷贝，实际上对于用户来说没有多大帮助。

6) 印刷与包装质量

这项检查主要是检查软件文档的商品化程度。有些用户手册是简单打印装订而成，过于粗糙，不易于用户保存。优秀的文档，如用户手册和技术白皮书，应提供商品化包装，

并且印刷精美。

5. 文档测试主要内容

(1) 所提交的软件文档是否符合特定软件文档制定规范要求的内容和格式书写。

(2) 所提交的软件文档是否与提交的软件一致。

(3) 所提交软件文档是否齐全，至少包括：《需求分析说明》、《软件设计说明》、《用户手册》、《程序维护说明》，以及其他软件开发各阶段的评审和测试报告等内容。

(4) 检查产品说明书属性、检查是否完整、准确、精确、一致、贴切、合理、检查可测试性等。

7.8.2　脚本测试

一般指一个特定测试的一系列指令，这些指令可以被自动化测试工具执行。为了提高测试脚本的可维护性和可复用性，必须在执行测试脚本之前对它们进行构建。

非脚本测试是指坐在计算机前边测试边想测试什么，没有测试计划也没有测试列表。这一般在规模较小、时间紧迫，甚至没有按照软件工程要求进行开发时采用，不能适用于软件自动测试。

模糊的手工脚本测试指不对输入和比较进行详细描述，测试条件可能是隐含的而不是显式说明。模糊的手工脚本可以用于自动测试，但取决于实施者的技能，要求他能确定测试条件且对软件和应用有所了解。详细的手工脚本包含准确的测试输入数据和相应的测试输出结果，必须严格按脚本进行。在此基础上进行自动测试就比较容易。自动脚本测试包含测试工具中使用的数据和指令。如同步、比较信息、从何处读数据和将结果数据存放何处以及控制信息。下面简单介绍脚本语言和脚本技术分类。

1. 脚本语言

可维护的脚本技术类似于建立可维护的程序，所以脚本技术类似于编程技术，脚本是由脚本语言编写，而脚本语言是一种编程语言，应具有：

- 功能：执行单个任务且可复用。
- 结构：易读、易理解和易维护。
- 文档：有助于复用和维护。
- 注释：为用户和管理者提供帮助。

2. 脚本技术分类

(1) 线性脚本：是在录制手工执行测试案例时得到的脚本。因此每个测试案例可以通过脚本完整的被回放。

(2) 结构化脚本：类似于结构化程序，它含有三种基本控制结构(其“顺序”结构就是线性脚本)，但还可以有“调用”，因此结构化脚本不仅提高了复用性，也增加了功能和灵活性。

(3) 共享脚本：可以被多个测试案例复用，即脚本语言允许一个脚本被另一个脚本调用，因而它可以放在一个地方而不必放在每个脚本中。这样能减少维护开销，但应在健壮性上花费更多精力。如果要充分发挥共享脚本的优点，技术人员的水平和配置管理系统十分重要。

(4) 数据驱动脚本：将测试输入和期望输出存储在独立的(数据)文件中，而不是存放在脚本中。这样只需修改数据表就容易增加新的测试而无需修改脚本。注意脚本和数据表必须一致。

(5) 关键字驱动脚本：实际上是较复杂的数据驱动的逻辑扩展。将关键字储存在数据表中，用关键字指定可执行的任务。控制脚本可以解释关键字，这就要求一个附加的技术实现层。人们应重视正确表示关键字。这种脚本不需要像其他脚本技术那样说明细节，只需告诉测试做什么，真正做到测试信息与实现的分离。

所有这些脚本技术并不是互相排斥的，而是相辅相成的，因此在实际应用中可以结合使用，只要对自动测试有利，能减少开销就是应用的原则。如同编程语言需要编译系统，脚本语言也需要作预处理。最好的测试执行工具可以自动进行预处理，而预处理适用于任何一种脚本技术。

7.9　测试件和构件测试

1. 测试件

测试件是由测试使用和产生的所有元组组成。包括文档、脚本、输入数据、期望输出、实际输出、差异报告和总结报告等。结构是所有元组的逻辑集合，其存储和使用位置、如何分组和引用、如何修改和维护等。

测试件结构的实现取决于自动化的最终规模，它会影响用户如何重复使用诸如脚本和数据这样的测试件。下面介绍四种测试件组：

(1) 测试组：每个测试组包括一个或多个测试案例，即包含与该组测试案例有关的所有测试材料，包括脚本、数据、期望输出和文档等。

(2) 脚本组：包括脚本和文档，不仅是一个测试组中不同的测试案例可使用的脚本，而包括所有的脚本。人们可以重复使用这些脚本。

(3) 数据组：只包含数据文件和文档。它与脚本组一样，是指所有的数据文件，人们也可以重复使用这些数据文件。

(4) 实用程序组：由一个以上测试组中测试案例使用的实用程序(如占位程序、驱动程序、转换程序、比较程序等)组成。共享的实用程序也应归入实用程序组。

所有这些不同的测试件的原版放在测试件库中，由配置管理控制进行管理，以保证能方便地访问测试件，并控制所有的变更。

测试件技术的好处在于技术人员开始使用别人开发的自动测试时，能极大提高效率；同时它也是一个自治系统，不需要大量的长期管理工作；对回归测试以及版本更新时的自动测试大有好处。

2. 构件

随着软件复杂度日益剧增，传统的把整个软件的源程序拿来静态编译的方法显然不适合了。在这个前提下，产生了软件拼装模式，把软件分成一个个相对独立的目标代码模块，称之为构件。

构件是面向软件体系架构的可复用软件模块，是可复用的软件组成成分，可被用来构

造其他软件。它可以是被封装的对象类、类树、一些功能模块、软件框架、软件构架(或体系结构)、文档、分析件、设计模式等。具有有用性、可用性、适应性、可移植性及构件及其变形必须能正确工作。

根据构件技术，软件系统可以拆分成相对独立的构件，构件之间通过约定的接口进行数据交换和信息传递。构件可以用不同的语言编写，只要符合一组二进制规范即可，这样大大提高了开发的灵活度。

3．构件测试

构件的高可靠性是构件能被成功复用的前提。构件测试是保障和提高构件可靠性的重要手段。构件的开发者和复用者必须对构件进行充分的测试，以确保它在新的环境中工作正常。与传统的软件测试相比，构件测试有着自身的固有特点：

(1) 不能对构件的执行环境和用户的使用模式进行完全准确的预测，故构件开发者不能完全、彻底地对构件进行测试，并且很难确定何时结束测试。

(2) 构件复用者和第三方测试人员通常无法得到构件的源代码及详细的设计知识，通常只能对构件进行黑盒测试，即调用构件方法后只能通过观察执行的结果判断构件的行为是否正确，无法检查执行过程中的构件的内部状态，使得构件执行过程中的一些 Bug 被隐藏。这些困难对构件测试提出了严峻的挑战。

4．构件测试分类

构件测试可以从以下几个方面来进行分类。

(1) 从构件测试的内容分：

- 构件接口的测试。
- 构件内部实现细节的测试。
- 构件组装(构架)的测试。

(2) 从测试人员与构件的关系分：

- 构件开发者的测试(拥有构件的源代码)。
- 构件复用者和第三方的测试(没有源代码)。

(3) 从测试过程中所采用的技术手段分：

- 基于变异测试的方法。
- 基于构件状态机的方法。
- 对构件的回归测试。
- 以及构件的易测试性设计等。

5．构件测试方法

构件测试一个重要的发展方向是基于合约的构件易测试性设计。合约可以在运行时被检查，便于捕获构件执行过程中的一些 Bug，提高构件的易测试性。因此，基于合约的构件易测试性设计不仅为构件开发者开发高质量的构件提供帮助，而且在构件开发者与复用者之间架起了一座桥梁，为构件复用者的测试提供支持，也为构件开发者捕获 Bug 提供便利，便于区分构件开发者与复用者的责任。

如果众多的构件开发者都采用合约式设计方法生产构件，那么失效时很容易定位到构件和其中的方法。为使基于合约的构件易测试性设计方法能够实用，需要研究解决以下问题：构件合约的描述、表达，构件中合约的获取，对构件合约的自动检查，以及针对构件合约的软件测试。

7.10 界面测试

在当今的软件领域，几乎找不到没有界面的应用软件，因为界面是软件与用户交互的最直接的层面，界面的好坏决定了用户对软件的第一印象，而设计优良的界面能够引导用户自己完成相应的操作，起到向导的作用；同时界面如同人的面孔，具有吸引用户的直接优势。设计合理界面的软件能给用户带来轻松、愉悦的感受，相反界面设计失败的软件导致用户不能接受而失败。由于软件的界面很重要，因此软件的界面测试就显得重要。

开发者应当尽量周全地考虑到界面的各种可能发生的 Bug，使出错的可能降至最小。如应用出现保护性的 Bug 而退出系统，就容易使用户对软件失去信心。因为这种 Bug 意味着用户要中断思路，再费时、费力地重新登录，而且已进行的数据(操作)也会因没有存盘而全部丢失。在界面上可以通过下列方式来控制软件界面的出错几率，减少系统因用户人为的 Bug 引起的破坏。界面测试内容列举如下：

(1) 最重要的是排除可能会使应用非正常中止的 Bug。

(2) 应当注意尽可能避免用户无意录入无效的数据。

(3) 当用户做出选择的可能性只有两个时，可以采用单选框。

(4) 当选项特别多时，可以采用列表框。

(5) 当选择的可能再多一些时，可以采用复选框，每一种选择都是有效的，用户不可能输入任何一种无效的选择。

(6) 采用相关控件限制用户输入值的种类。

(7) 在一个应用系统中，开发者应避免用户做出未经授权或没有意义的操作。

(8) 对可能引起致命 Bug 或系统出错的输入字符或动作要加限制或屏蔽。

(9) 对可能发生严重后果的操作要有补救措施。通过补救措施用户可以回到原来的正确状态。

(10) 对一些特殊的与系统使用的符号相冲突的字符等进行判断并阻止用户输入该类字符。

(11) 对 Bug 操作最好支持可逆性处理，如取消系列操作。

(12) 与系统采用的保留字符冲突的要加以限制。

(13) 在输入有效性字符之前应该阻止用户进行只有输入后才可进行的操作。

(14) 对可能造成等待时间较长的操作应该提供取消功能。

(15) 特殊字符常有：；’>　<，　‵‘：“［”{、\|}］+=)- (_* && ^ %$ #@ !~，．？/，还有空格。

(16) 在读入用户所输入的信息时，根据需要选择是否去掉前后空格。

(17) 有些读入数据库的字段不支持中间有空格，但用户确实需要输入中间空格，这时要在程序中加以处理。

例 7.3　界面测试实例。

一个只有用户名和密码的界面的测试。虽然用户名和密码只是使用很简单的输入框，但测试的内容很多，并且引发的 Bug 也有很多种类。下面介绍以等价类划分和边界值法来演示界面测试。

用户注册只从用户名和密码角度写了几个要考虑的测试点，如果需求中明确规定了安全问题、Email、出生日期、地址、性别等一系列的格式和字符要求，对此都要写用例测试。

修改密码要具体问题具体分析。实际测试中可能只用到其中几条而已，如银行卡密码的修改，就不用考虑英文和非法字符，更不用考虑那些 Tap 之类的快捷键。而有的需要根据需求具体分析，如连续出错多少次出现的提示、软件修改密码要求、一定时间内有一定的修改次数限制等。测试过程如下：

(1) 填写符合要求的数据注册：用户名字和密码都为最大长度(边界值分析，取上点)。

(2) 填写符合要求的数据注册：用户名字和密码都为最小长度(边界值分析，取下点)。

(3) 填写符合要求的数据注册：用户名字和密码一个为最大程度，另一个为最小长度(边界值分析)。

(4) 填写符合要求的数据注册：用户名字和密码都是非最大和最小长度的数据(边界值分析，取内点)。

(5) 必填项中用户名字和密码分别为空注册。

(6) 用户名/密码长度大于要求注册 1 位(边界值分析，取上点)。

(7) 用户名/密码长度小于要求注册 1 位(边界值分析，取下点)。

(8) 用户名是不符合要求的字符注册(这个可以划分几个无效的等价类，一般写一两个就行了，如含有空格、#等，根据需求决定)。

(9) 不输入旧密码，直接改密码。

(10) 输入错误旧密码。

(11) 密码是不符合要求的字符注册(这个可划分几个无效的等价类，一般写 1～2 个就行)。

(12) 两次输入密码不一致(如果注册时候要输入两次密码，那么这个操作是必须的)。

(13) 重新注册存在的用户。

(14) 改变存在的用户的用户名和密码的大小写来注册(有的需求是区分大小写，有的不区分)。

(15) 看是否支持 Tap 和 Enter 键等；密码是否可以复制粘贴；密码是否以*之类的加密符号显示。

(16) 其他。

7.11　软件可靠性测试

1．有关术语和计算公式

(1) 软件可靠性：在规定条件和规定时间内，软件不引起系统失效的概率，称为软件可靠性。该概率是系统输入和系统使用的函数，也是软件中存在故障的函数，系统输入将确定是否会遇到存在的故障。有人定义为程序在给定的时间间隔内，按照说明书的规定，成功地运行的概率。

(2) 软件可靠性估计：应用统计技术处理在系统测试和运行期间采集、观察到的失效数据，以评估该软件的可靠性。

(3) 软件可靠性测试：在有使用代表性的环境中，为进行软件可靠性估计对该软件进行的功能测试。使用代表性指的是在统计意义下该环境能反映出软件的使用环境特性。

(4) 软件可靠性预测试：是指在不知软件失效数据的情况下，根据软件产品及其开发过程等度量预测软件可靠性。

(5) 软件可靠性测试评估：通过测试明确 Bug、修正 Bug，使软件的可靠性更高，测试是提高可靠性的一种手段。依据运行剖面随机地选取测试用例得出可靠性的统计度量，可以用几个可靠性增长模型来描述。

(6) 系统的“稳定可用性”定义如下：

设系统故障停机时间为 $t_{d1},t_{d2},\dots,t_{dn}$，正常运行时间为 $t_{u1},t_{u2},\dots,t_{un}$，则系统的“稳态可用性”计算公式：

$$可用性=\frac{\text{MTTF}}{\text{MTTF+MTTR}}$$

其中，MTTF(Mean Time To Failure)为系统故障的平均时间 $=\frac{1}{n}\sum_{i=1}^{n}t_{ui}$；MTTR(Mean Time To Repair)为系统运行的平均时间 $=\frac{1}{n}\sum_{i=1}^{n}t_{di}$。

在实际测试过程中，MTTF 的估算公式为

$$\text{MTTF}=\frac{1}{K(E_T/I_T-E_C(\tau)/I_T)}$$

其中，K 为经验常数(典型值≈200)；E_T 为测试前故障总数；I_T 为程序长度(机器指令总数)；τ 为测试(包括调试)时间；$E_C(\tau)$ 为时间从 0 至 τ 期间改正的 Bug 数。

前提假设：(1) $E_T/I_T\approx$ Constant(通常为 0.5%～2%)；(2) 调试中没有引入新故障(即 E_T 与时间 τ 无关)；(3) MTTF 与剩余故障成反比，则 $E_C(\tau)$ 估算方法：$E_C(\tau)=E_T-\frac{I_T}{K\cdot MTTF}$。

意义：可根据对软件平稳运行时间的要求，估算需改正多少个 Bug 后才能结束测试。

E_T 估算方法：

(1) 植入故障法：人为植入 N_s 个故障，测后发现 n_s 个植入故障和 n 个原有故障，则设 $\frac{n_s}{N_s}=\frac{n}{\overline{N}}\Rightarrow\overline{N}=\frac{n}{n_s}N_s\approx E_T$，$\overline{N}$ 为平均故障数。

(2) Hyman 分别测试法：二人(组)分别独立测试同一程序，甲测得故障总数为 B_1，乙测得为 B_2，其中有 b_c 是相同的，设以甲的测试结果为基准(即相当于(1)中的植入故障)，则设 $\frac{b_c}{B_1}=\frac{B_2}{B}\Rightarrow\overline{B}=\frac{B_2}{b_c}B_1\approx E_T$。一般多测试几个 B，取平均值得 $\overline{B}$。

关于软件的可靠性，还有一些概念：

- 可用性：程序在给定的时间点，按照说明书的规定，成功地运行的概率。
- 正确性：程序的功能正确。
- 平均失效前时间、失效率：软件平均的无故障运行时间及软件失效发生的频率。
- 可靠性增长和预计：对产品在测试时和运行过程中的可靠性变化所作的估计。
- 完备性和一致性：对所必需的软件系统部件是否存在并相互一致进行的评估。
- 复杂性：对系统中复杂因素的评估。
- 软件产品过程度量应用于软件开发、测试和维护过程，过程度量分为以下三类：

① 管理控制度量：对 Bug、故障的数量及分布，以及修正 Bug 所需的费用的趋势进行评估。

② 可靠度：指在给定的环境下、给定的时间内，软件无失效运行的概率。

③ 可用度：指在规定的起始时间正常工作的条件下，在未来某一给定的时间软件正常工作的概率。

- 覆盖度量：用于监控开发人员和管理人员的能力，从而保证开发或维护软件产品所必需的所有活动是完全的。

2. 影响软件可靠性的因素

影响软件可靠性的因素很多。任何与软件开发相关的活动都有可能影响软件可靠性，它包括技术层面的、经济层面的乃至社会和文化层面的。从软件开发的角度而言，影响软件可靠性的主要因素包括：

(1) 软件规模：从直观上而言，简单软件的可靠性问题很容易通过较为全面的测试解决，软件的规模越大，影响其可靠性的因素就越多。

(2) 运行剖面：根据软件可靠性的定义，软件的可靠性与其运行有关，不同的运行剖面下软件可靠性可能不同。因此，在测试过程中尽量使测试剖面和运行剖面一致，以保证通过测试得到的可靠性评估结果的真实性。

(3) 软件内部结构：一般的来讲，软件内部结构越复杂，所包含的变化越多，它可能的内部 Bug 也就越多，从而使得软件的可靠性越低。

(4) 软件可靠性设计技术：可靠性设计技术是为了保证和提高软件可靠性的一些技术，如避错设计、改错设计、容错设计等。可靠性设计技术为高可靠性的软件开发提供了思路。

(5) 软件可靠性管理：软件开发是一个系统工程，软件生命周期各阶段的工作都对软件可靠性有着重要的影响。软件可靠性管理是高可靠性软件的基础。

(6) 软件开发人员的能力和经验：软件工程设计部门将软件开发工厂(开发团队)分成不同的级别，不同级别的软件开发团队的所开发的软件产品中残留的软件 Bug 数不同，这反映了软件开发人员的能力和经验对软件可靠性的影响。

3. 软件可靠性测试的目的

软件可靠性测试的主要目的：

(1) 通过在有使用代表性的环境中执行软件，以证实软件需求是否正确实现。

(2) 通过软件可靠性测试找出所有对软件可靠性影响较大的Bug。

(3) 为进行软件可靠性估计采集准确的数据。估计软件可靠性一般可分为四个步骤，即数据采集、模型选择、模型拟合和软件可靠性评估。其中，数据采集是整个软件可靠性估计工作的基础，数据的准确与否关系到软件可靠性评估的准确度。

4. 软件可靠性测试的重要性

软件可靠性测试是软件可靠性保证过程中非常关键步骤。虽然经过软件可靠性测试的软件并不能保证该软件中残存的Bug数最小，但可以保证该软件的可靠性达到较高的要求。从工程的角度来看，一个软件的可靠性高不仅意味着该软件的失效率低，而且意味着一旦该软件失效，由此所造成的危害也小。一个大型的工程软件没有Bug是不可能的，至少理论上还不能证明一个大型的工程软件没有Bug。因此，保证软件可靠性的关键不是确保软件没有Bug，而是要确保软件的关键部分没有Bug。更确切地说，是要确保软件中没有对可靠性影响较大的Bug。这正是软件可靠性测试的目的之一。软件可靠性测试的侧重点不同于一般的软件功能测试，其测试实例设计的出发点是寻找对可靠性影响较大的故障。因此，要达到同样的可靠性要求，软件可靠性测试比一般的功能测试更有效，所花的时间也更少。另外，软件可靠性测试的环境是具有使用代表性的环境，这样，所获得的测试数据与软件的实际运行数据比较接近，可用于软件可靠性估计。总之，软件可靠性测试比一般的功能测试更加经济和有效，它可以代替一般的功能测试，而一般的软件功能测试却不能代替软件可靠性测试，而且一般功能测试所得到的测试数据也不宜用于软件可靠性估计。

5. 软件可靠性测试步骤

软件可靠性的预测和估计是软件工程所关注的内容之一，要对软件可靠性进行评价，需要根据软件测试的结果，根据测试过程中所得到的测试数据对其进行评价。软件可靠性测试一般分为4个阶段：

(1) 制定测试方案。

(2) 制定测试计划。

(3) 进行测试并记录测试结果。

(4) 编写测试报告。

其中，制定测试方案时需要特别注意被测功能的识别和失效等级的定义；制定测试计划时需设计测试实例，决定测试时要确定输入顺序，并确定程序输出的预期结果。

软件可靠性测试步骤具体概括如下：

(1) 功能识别。软件可靠性测试的第一步是进行功能识别，确定使用剖面。功能识别的目标指：识别所有被测功能以及执行这些功能所需的相关输入，识别每一个使用需求及其相关输入的概率分布。为此需要分析软件功能的所有集合，这些功能之间全部的约束条件、功能之间的独立性、相互关系和相互影响，还需要分析系统的不同运行模式、失效发生时系统重构策略等对软件运行方式有较大影响的因素。

(2) 概率分布。为了得到能够反映软件使用的有代表性的概率分布，测试人员必须与系统工程师、系统运行分析员和顾客共同合作。需要指出，由于可靠性的要求，输入数据的概率分布应包括合法数据的概率分布和非法数据的概率分布两部分。有时为了更好地反映实际使用状况，还需给出那些影响程序运行方式的条件，如硬件配置、负荷等的概率分布。

(3) 定义失效等级。定义失效等级主要是为了解决下面两个问题：

① 对发生概率小但失效后危害严重的功能需求的识别。

② 对可不查找失效原因、并不做统计的功能需求的识别。

在制定测试计划时，失效及其等级的定义应由测试人员、设计人员和用户共同商定，达成协议。如果存在 1 级和 2 级失效可能性，那么就应该进行故障树分析，标识出所有可能造成严重失效的功能需求和其相关的输入域、外部条件及发生的可能性，对引起 1 级和 2 级失效的功能需求及其相关的输入域必须进行严格的强化测试。对引起 3 级失效的功能可按其发生概率选择测试实例。4 级失效可不查找原因，可在以后的版本中处理。

6. 软件可靠性测试的特点

(1) 软件可靠性测试不同于硬件可靠性测试，这主要是因为二者失效的原因不同。硬件失效一般是由于元器件的老化引起，因此硬件可靠性测试强调随机选取多个相同的产品，统计它们的正常运行时间。正常运行的平均时间越长，则硬件就越可靠。软件失效是由设计 Bug 造成，软件的输入决定是否会遇到软件内部存在的 Bug。因此，使用同样一组输入反复测试软件并记录其失效数据没有意义。在软件没有改动的情况下，这种数据只是首次记录的不断重复，不能用来估计软件可靠性。软件可靠性测试强调按实际使用的概率分布随机选择输入，并强调测试需求的覆盖面。

(2) 软件可靠性测试不同于一般的软件功能测试。相比之下，软件可靠性测试更强调测试输入与典型使用环境输入统计特性的一致，强调对功能、输入、数据域及其相关概率的先期识别。

(3) 测试实例的采样策略不同。软件可靠性测试必须按照使用的概率分布随机地选择测试实例，这样才能得到比较准确的可靠性估计，有利于找出对软件可靠性影响较大的故障。

(4) 软件可靠性测试过程中还要求比较准确地记录软件的运行时间，它的输入覆盖一般也要大于普通软件功能测试的要求。对一些特殊的软件，如容错软件、实时嵌入式软件等，进行软件可靠性测试时需要有多种测试环境。这是因为在使用环境下常常很难在软件中植入 Bug，以进行针对性的测试。

7.12 面向对象软件测试

面向对象软件测试是面向对象软件开发的一个重要阶段，是保证面向对象软件质量的关键。其测试的整体目标与传统软件测试的目标一致，即用尽可能少的测试成本和测试用例，发现尽可能多的软件 Bug。面向对象的测试策略也遵循从“小型测试”到“大型测试”，即从单元测试到最终的功能性测试和系统性测试。由于面向对象程序中的类缺乏像过程一

样明确定义的输入/输出行为，因而传统的软件测试方法只适用于类中的方法的测试，而不适用于类的整体测试。而分别对类中的方法进行单独软件测试并不等同于类的软件测试，即孤立的检查类中方法的正确性不足以保证类在整体上的正确性。因此，人们需要研究专门面向对象的测试方法。下面简单介绍面向对象软件测试方法。

7.12.1 面向对象测试的特点

1．面向过程与面向对象开发方法的区别

面向过程就是分析出解决问题所需要的步骤，然后用函数把这些步骤一一实现，使用时逐个依次调用。而面向对象是把构成问题事务分解成各个对象，建立对象的目的不是为了完成一个步骤，而是为了描述某个事务在整个解决问题的步骤中的行为。如五子棋，面向过程的设计思路就是首先分析问题的步骤：① 开始游戏；② 黑子先走；③ 绘制画面；④ 判断输赢；⑤ 轮到白子；⑥ 绘制画面；⑦ 判断输赢；⑧ 返回步骤 2；⑨ 输出最后结果。把上面每个步骤用分别的函数来实现，问题就解决了。

而面向对象的设计则是从另外的思路来解决问题。整个五子棋可以分为：① 黑白双方，这两方的行为是一模一样；② 棋盘系统，负责绘制画面；③ 规则系统，负责判定诸如犯规、输赢等。第一类对象(玩家对象)负责接受用户输入，并告知第二类对象(棋盘对象)棋子布局的变化，棋盘对象接收到了棋子的变化即时在屏幕上显示出这种变化，同时利用第三类对象(规则系统)对棋局进行判定。

可以看出，面向对象是以功能来划分问题，而不是步骤。同样是绘制棋局，这样的行为在面向过程的设计中分散在许多步骤中，很可能出现不同的绘制版本，因为通常设计人员会考虑到对实际情况进行各种各样的简化。而面向对象的设计中，绘图只可能在棋盘对象中出现，从而保证了绘图的统一。

2．面向对象软件测试的必要性

面向对象软件开发是一种全新的软件开发技术，正逐渐代替被广泛使用的面向过程开发方法，被看成是解决软件危机的新兴技术。面向对象技术产生更好的系统结构，更规范的编程风格，极大地优化了数据使用的安全性，提高了程序代码的重用，一些人就此错误地认为面向对象技术开发出的软件无需进行测试。尽管面向对象技术的基本思想保证了软件应该有更高的质量，但实际情况却并非如此，因为无论采用什么样的编程技术，编程人员的错误都是不可避免，而且由于面向对象技术开发的软件代码重用率高，更需要严格测试，避免 Bug 的繁衍。因此，面向对象软件也需要进行测试来确保软件的质量。

3．面向对象软件测试特点

虽然面向对象软件测试与传统软件测试的目标是一致的，但在策略和技术上却有很大差异。面向对象软件测试的视角扩大到包括复审分析和设计模型，测试的焦点从模块转向了类。类及其特性是面向对象方法中的重要概念，是构成面向对象程序的基本成分。面向对象程序中类的概念是在抽象数据类型的基础上加了继承性。抽象数据类型的软件测试技术部分的适用于类的软件测试，同时又因为未考虑类的继承性而存在不足。

由于面向对象本身所具有的封装性、继承性、多态性和动态绑定等特性，使得面向对

象软件测试的层次和内容有很大差异，测试的焦点从模块转向了类。尤其是面向对象技术所独有的封装、继承、多态等新特点给测试带来一系列新的问题，增加了测试的难度。与传统的面向过程(语言)的程序设计相比，面向对象程序设计产生 Bug 的可能性增大，或使得传统软件测试中的重点不再显得那么突出，或使得原来测试经验和实践证明的次要方面成为了主要问题。如在传统的面向过程程序中，对于函数 y=Function(x)，人们只需要考虑单个函数(Function())的行为特点；而在面向对象程序中，就不得不同时考虑基类函数(Base::Function())的行为和继承类函数(Derived::Function())的行为。

面向对象程序的结构不再是传统的功能模块结构，作为一个整体，原有集成测试所要求的逐步将开发的模块搭建在一起进行测试的方法已成为不可能。而且，面向对象软件抛弃了传统的开发模式，对每个开发阶段都有不同以往的要求和结果，已经不可能用功能细化的观点来检测面向对象分析和设计的结果。因此，传统的测试模型对面向对象软件不再适用。针对面向对象软件的开发特点，应该有一种新的测试模型。

7.12.2　面向对象技术对软件测试的影响

与传统的程序相比，面向对象程序设计是一种全新的软件开发技术，它所独有的特征使程序具有更好的结构和更规范的编程风格，极大地优化了数据使用的安全性，提高了代码的重用率，但影响了传统软件测试的方法和内容。

面向对象程序与传统程序的一个主要区别：面向过程的程序鼓励过程的自治，但不鼓励过程之间的交互；而面向对象的程序则不鼓励过程的自治，并且将过程(方法)封装在类中，类的对象的执行则主要体现在这些过程的交互上，即传统程序执行的路径是在程序开发时定义的，程序执行的过程是主动的，其程序流程可以用一个控制流图从头至尾表示。而面向对象程序中方法的执行一般不是主动的，程序的执行路径也是在运行过程中动态确定的。因此，描述它的行为通常需要动态的模型。

面向对象程序由一系列类组成，在类的定义中封装了表示对象状态的数据和作用在数据上的操作。对象是类的实例，类与类之间按照继承和交互关系组成一个有向无环图。类的信息隐蔽和封装性限制了对象属性对外的可见性和外界对其操作的权限，从而在一定程度上避免了不合理的操作，并能有效地阻止 Bug 的扩散，减轻了维护工作量，但也增加了测试的难度。继承关系的测试方法和测试策略是面向对象软件测试研究的重点之一，单一继承、多重继承和有选择性地继承机制，使得类的层次结构更加分明，而同时也增加了测试技术的复杂性。多态性和动态绑定将方法与对象动态地联系起来，使得系统在运行时能自动为给定的消息选择合适的实现代码，但是它们所带来的不确定性使得传统的静态测试分析方法遇到了困难，加大了测试用例选取的难度和数目。这些特征在很大程度上给面向对象的软件测试带来了新的挑战。传统的面向功能或面向数据或过程的测试理论与方法并不完全适用于新兴的面向对象的软件系统。

7.12.3　封装性对测试的影响

类的封装机制给软件测试带来了困难。

类的重要特征之一是封装性，它把数据和操作数据的方法封装在一起，限制对象属性

对外的可见性和外界对它的操作权限，从而有效地避免了类中有关实现细节的信息被错误地使用，而这样的细节性信息正是软件测试所不可忽略的。由于面向对象的软件系统在运行时由一组协调工作的对象组成，对象具有一定的状态，所以对面向对象的程序测试来说，对象的状态是必须考虑的因素，测试应涉及对象的初态、输入参数、输出参数、对象的终态。对象的行为是被动的，它只有在接收有关消息后才被激活来完成所请求的工作，并将结果返回给发送消息者。在工作过程中，对象的状态可能被修改，产生新的状态。面向对象软件测试的基本工作就是创建对象(包括初始化)，向对象发送一系列消息，然后检查结果对象的状态，分析是否处于正确的状态。但是，对象的状态往往是隐蔽的，若类中未提供足够的存取函数来表明对象的实现方式和内部状态，则测试人员必须增添这样的函数。

如在 1 个堆栈类 Stack 中，其成员变量 x 代表了栈顶的高度。当堆栈不满时，每执行 1 次 push(x)，x 加 1；当堆栈不空时，每执行 1 次 pop()，x 减 1。但 x 是私有成员，对外界不可见，如何能够了解到程序执行后 x 的值是否正确地得到了改变呢？可以在 Stack 类中添加 1 个成员函数 return H()，用于返回 x 的值，这样便能观察到程序的执行结果。但这种方法增加了测试的工作量，在一定程度上破坏了类的信息隐蔽性和封装性。

7.12.4　面向对象测试模型

面向对象的软件开发模型突破了传统的瀑布模型，将软件开发分为面向对象分析、面向对象设计和面向对象编程三个阶段。分析阶段产生整个问题空间的抽象描述，在此基础上，进一步归纳出适用于面向对象编程语言的类和类结构，最后形成代码。由于面向对象的特点，采用这种开发模型能有效地将分析设计的文本或图表代码化，不断适应用户需求的变动。针对这种开发模型，结合传统的测试步骤的划分，人们建立一种整个软件开发过程中不断测试的测试模型，使开发阶段的测试与编码完成后的单元测试、集成测试、系统测试成为一个整体。测试模型如图 7.7 所示。

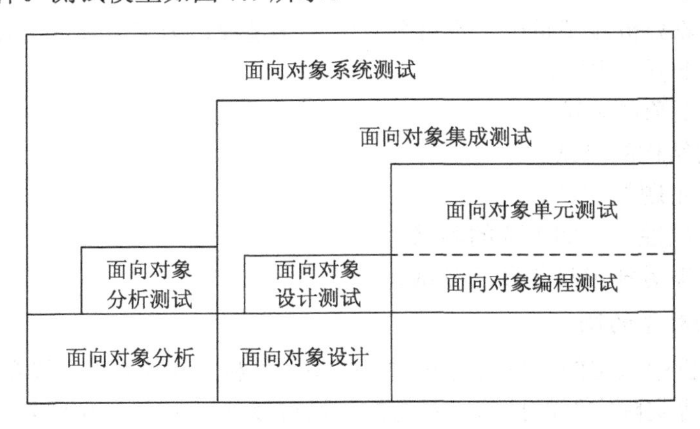

图 7.7　面向对象软件测试模型

面向对象分析测试和面向对象设计测试是对分析结果和设计结果的测试，主要是对分析设计产生的文本进行测试，是软件开发前期的关键性测试。

面向对象编程测试主要针对编程风格和程序代码实现进行测试，其主要的测试内容在面向对象单元测试和面向对象集成测试中体现。

面向对象单元测试是对程序内部具体单一的功能模块的测试。如果程序是用 C++ 语言实现，主要就是对类成员函数的测试。面向对象单元测试是进行面向对象集成测试的基础。

面向对象集成测试主要对系统内部的相互服务进行测试，如成员函数间的相互作用，类间的消息传递等。

面向对象系统测试是基于面向对象集成测试的最后阶段的测试，主要以用户需求为测试标准，需要借鉴面向对象分析或面向对象分析测试结果。

尽管上述各阶段的测试构成一个相互作用的整体，但其测试的主体、方向和方法各有不同。下面简单介绍面向对象的分析测试、设计测试和编程测试以及面向对象的单元测试和集成测试。

1．面向对象分析的测试

传统的面向过程分析是一个功能分解的过程，是把一个系统看成可以分解的功能的集合。这种传统的功能分解分析法的着眼点在于一个系统需要什么样的信息处理方法和过程，以过程的抽象来对待系统的需要。而面向对象分析是把 E-R 图和语义网络模型，与面向对象程序设计语言中的重要概念结合在一起而形成的分析方法。通常是得到问题空间的图表的形式描述。

面向对象分析直接映射问题空间，全面地将问题空间中实现功能的现实抽象化。将问题空间中的实例抽象为对象(不同于 C++ 中的对象概念)，用对象的结构反映问题空间的复杂实例和复杂关系，用属性和服务表示实例的特性和行为。对一个系统而言，与传统分析方法产生的结果相反，行为是相对稳定，结构是相对不稳定，这更充分反映了现实的特性。面向对象分析的结果是为后面阶段类的选定和实现，类层次结构的组织和实现提供平台。因此，面向对象分析对问题空间分析抽象的不完整，最终会影响软件的功能实现，导致软件开发后期大量可避免的修补工作；而一些冗余的对象或结构会影响类的选定、程序的整体结构或增加程序员不必要的工作量。

尽管面向对象分析测试是一个不可分割的系统过程，为了叙述的方便，把面向对象分析测试划分为以下五个方面：

- 对认定的对象的测试。
- 对认定的结构的测试。
- 对认定的主题的测试。
- 对定义的属性和实例关联的测试。
- 对定义的服务和消息关联的测试。

1) 对认定的对象的测试

面向对象分析中认定的对象是对问题空间中的结构，其他系统、设备、被记忆的事件、系统涉及的人员等实际实例的抽象。对它的测试可以从以下六个方面考虑：

(1) 认定的对象是否全面，是否问题空间中所有涉及的实例都反映在认定的抽象对象中。

(2) 认定的对象是否具有多个属性。只有一个属性的对象通常应看成其他对象的属性，而不是抽象为独立的对象。

(3) 对认定为同一对象的实例是否有共同，区别于其他实例的共同属性。

(4) 对认定为同一对象的实例是否提供或需要相同的服务。如果服务随着不同的实例而变化，认定的对象就需要分解或利用继承性来分类表示。

(5) 如果系统没有必要始终保持对象代表的实例的信息，提供或者得到关于它的服务，认定的对象也无必要。

(6) 认定的对象的名称应该尽量准确、适用。

2) 对认定的结构的测试

认定的结构指的是多种对象的组织方式，用来反映问题空间中的复杂实例和复杂关系。认定的结构分为两种：分类结构和组装结构。分类结构体现了问题空间中实例的一般与特殊的关系，组装结构体现了问题空间中实例整体与局部的关系。

对认定的分类结构的测试可从以下五个方面着手：

(1) 对于结构中的一种对象，尤其是处于高层的对象，是否在问题空间中含有不同于下一层对象的特殊可能性，即是否能派生出下一层对象。

(2) 对于结构中的一种对象，尤其是处于同一低层的对象，是否能抽象出在现实中有意义的更一般的上层对象。

(3) 对所有认定的对象，是否能在问题空间内向上层抽象出在现实中有意义的对象。

(4) 高层的对象的特性是否完全体现下层的共性。

(5) 低层的对象是否有高层特性基础上的特殊性。

对认定的组装结构的测试从以下四个方面入手：

(1) 整体(对象)和部件(对象)的组装关系是否符合现实的关系。

(2) 整体(对象)的部件(对象)是否在考虑的问题空间中有实际应用。

(3) 整体(对象)中是否遗漏了反映在问题空间中有用的部件(对象)。

(4) 部件(对象)是否能够在问题空间中组装新的有现实意义的整体(对象)。

3) 对认定的主题的测试

主题是在对象和结构的基础上更高一层的抽象，是为了提供面向对象分析结果的可见性，如同文章对各部分内容的概要。对主题层的测试应该考虑以下方面：

(1) 贯彻 George Miller 提出的“7 + 2”原则，如果主题个数超过 7 个，就要求对有较密切属性和服务的主题进行归并。

(2) 主题所反映的一组对象和结构是否具有相同和相近的属性和服务。

(3) 认定的主题是否是对象和结构更高层的抽象，是否便于理解面向对象分析结果的概貌(尤其是对非技术人员的面向对象分析结果读者)。

(4) 主题间的消息联系(抽象)是否代表主题所反映的对象和结构之间的所有关联。

4) 对定义的属性和实例关联的测试

属性是用来描述对象或结构所反映的实例的特性。而实例关联是反映实例集合间的映射关系。对属性和实例关联的测试从以下八个方面考虑：

(1) 定义的属性是否对相应的对象和分类结构的每个现实实例都适用。

(2) 定义的属性在现实世界是否与这种实例关系密切。

(3) 定义的属性在问题空间是否与这种实例关系密切。

(4) 定义的属性是否能够不依赖于其他属性被独立理解。

(5) 定义的属性在分类结构中的位置是否恰当，低层对象的共有属性是否在上层对象属性体现。

(6) 在问题空间中每个对象的属性是否定义完整。

(7) 定义的实例关联是否符合现实。

(8) 在问题空间中实例关联是否定义完整，需要特别注意1—多和多—多的实例关联。

5) 对定义的服务和消息关联的测试

定义的服务是定义的每一种对象和结构在问题空间所要求的行为。由于问题空中实例间必要的通信，在面向对象分析中相应需要定义消息关联。对定义的服务和消息关联的测试从以下五个方面进行：

(1) 对象和结构在问题空间的不同状态是否定义了相应的服务。

(2) 对象或结构所需要的服务是否都定义了相应的消息关联。

(3) 定义的消息关联所指引的服务提供是否正确。

(4) 沿着消息关联执行的线程是否合理，是否符合现实过程。

(5) 定义的服务是否重复，是否定义了能够得到的服务。

2. 面向对象设计的测试

通常的结构化设计方法，是面向作业的设计方法，即把系统分解后，提出一组作业。这些作业是以过程实现系统的基础构造，把问题域的分析转化为求解域的设计，分析的结果是设计阶段的输入。而面向对象设计采用"造型的观点"，以面向对象分析为基础归纳出类，并建立类结构或进一步构造成类库，实现分析结果对问题空间的抽象。面向对象设计归纳的类，可以是对象简单的延续，是不同对象的相同或相似的服务。由此可见，面向对象设计是面向对象分析的进一步细化和更高层的抽象。面向对象设计与面向对象分析的界限通常是难以严格区分的。面向对象设计确定类和类结构不仅是满足当前需求分析的要求，更重要的是通过重新组合或加以适当的补充，能方便实现功能的重用和扩增，以不断适应用户的要求。因此，对面向对象设计的测试，建议针对功能的实现和重用以及对面向对象分析结果的拓展，从以下三个方面考虑：

(1) 对认定的类的测试。

(2) 对构造的类层次结构的测试。

(3) 对类库的支持的测试。

面向对象设计认定的类可以是面向对象分析中认定的对象，也可以是对象所需要的服务的抽象，对象所具有的属性的抽象。认定的类原则上应该尽量基础性，这样才便于维护和重用。测试认定的类：

(1) 是否涵盖了面向对象分析中所有认定的对象。

(2) 是否能体现面向对象分析中定义的属性。

(3) 是否能实现面向对象分析中定义的服务。

(4) 是否对应着一个含义明确的数据抽象。

(5) 是否尽可能少的依赖其他类。

(6) 类中的方法(C++：类的成员函数)是否为单用途。

为能充分发挥面向对象的继承共享特性，面向对象设计的类层次结构，通常基于面向

对象分析中产生的分类结构的原则来组织，着重体现父类和子类之间的一般性和特殊性，两者在概念上有很大差异。在当前的问题空间，对类层次结构的主要要求是能在解空间构造实现全部功能的结构框架。为此，测试以下四个方面：

(1) 类层次结构是否涵盖了所有定义的类。

(2) 是否能体现面向对象分析中所定义的实例关联和消息关联。

(3) 子类是否具有父类没有的新特性。

(4) 子类间的共同特性是否完全在父类中得以体现。

对类库的支持虽然也属于类层次结构的组织问题，但其强调的重点是再次软件开发的重用。由于它并不直接影响当前软件的开发和功能实现，因此，将其单独提出来测试，也可作为对高质量类层次结构的评估。拟订测试点如下：

(1) 一组子类中关于某种含义相同或基本相同的操作，是否有相同的接口(包括名字和参数表)。

(2) 类中方法(C++：类的成员函数)功能是否较单纯，相应的代码行是否较少。

(3) 类的层次结构是否是深度大、宽度小。

3. 面向对象程序的测试

典型的面向对象程序具有继承、封装和多态的新特性，这使得传统的测试策略必须有所改变。封装是对数据的隐藏，外界只能通过被提供的操作来访问或修改数据，这样降低了数据被任意修改和读写的可能性，降低了传统程序中对数据非法操作的测试。继承是面向对象程序的重要特点，继承使得代码的重用率提高，同时也使错误传播的概率增大。继承使得传统测试遇到一个难题——对继承的代码究竟应该怎样测试。多态使得面向对象程序对外呈现出强大的处理能力，但同时却使得程序内“同一”函数的行为复杂化，测试时不得不考虑不同类型具体执行的代码和产生的行为。

面向对象程序是把功能的实现分布在类中，能正确实现功能的类，通过消息传递来协同实现设计要求的功能。正是这种面向对象程序风格，将出现的 Bug 能精确的确定在某一具体的类。因此，在面向对象编程阶段，忽略类功能实现的细则，将测试的重点集中在类功能的实现和相应的面向对象程序风格，主要体现在以下两个方面(假设编程使用 C++ 语言)。

(1) 数据成员是否满足数据封装的要求：数据封装是数据和数据有关的操作的集合。检查数据成员是否满足数据封装的要求，基本原则是数据成员是否被外界(数据成员所属的类或子类以外的调用)直接调用。更直观的说，当改编数据成员结构时，是否影响了类的对外接口，是否会导致相应外界必须改动。值得注意，有时强制的类型转换会破坏数据的封装特性。如

```
class Hiden
{ private:
      int a=1;
      char *p= "hiden";
}  class Visible
{ public:
      int b=2;
      char *s= "visible"; }
```

```
...
Hiden pp;
Visible *qq=(Visible *) &pp;
```

上面的程序段中，pp 的数据成员可以通过 qq 被随意访问。

(2) 类是否实现了要求的功能：类所实现的功能，都是通过类的成员函数执行。在测试类的功能实现时，应该首先保证类成员函数的正确性。单独地看待类的成员函数，与面向过程程序中的函数或过程没有本质的区别，几乎所有传统的单元测试中所使用的方法都可在面向对象的单元测试中使用。类函数成员的正确行为只是类能够实现要求的功能的基础，类成员函数间的作用和类之间的服务调用是单元测试无法确定的。因此，需要进行面向对象的集成测试。注意：测试类的功能，不能仅满足于代码能无错运行或被测试类能提供的功能无错，应该以所做的面向对象设计结果为依据，检测类提供的功能是否满足设计的要求，是否有缺陷。必要时(如通过面向对象设计仍有不清楚明确的地方)还应该参照面向对象分析的结果，以之为最终标准。

4．面向对象的单元测试

与传统软件的单元测试中的单元不同，面向对象软件测试中的单元是封装的类和对象。每个类和类的实例(对象)包含了属性和操作这些属性的方法。类包含一组不同的操作，并且某个或某些特殊操作可能作为一组不同的类的一部分而存在，测试时不再测试单个孤立的操作，而是测试操作类及类的一部分。对面向对象软件的类测试等价于对面向过程软件的单元测试。传统的单元测试主要关注模块的算法和模块接口间数据的流动，即输入和输出；而面向对象软件的类测试主要是测试封装在类中的操作以及类的状态行为。

传统的单元测试是针对程序的函数、过程或完成某一定功能的程序块。沿用单元测试的概念，实际测试类成员函数。一些传统的测试方法在面向对象的单元测试中都可以使用。如等价类划分法，因果图法，边值分析法，逻辑覆盖法，路径分析法，程序插装法等。单元测试一般建议由程序员完成。

用于单元级测试进行的测试分析(提出相应的测试要求)和测试用例(选择适当的输入，达到测试要求)，规模和难度等均远小于后面将介绍的对整个系统的测试分析和测试用例，而且强调对语句应该有 100%的执行代码覆盖率。在设计测试用例选择输入数据时，可以基于以下两个假设：

(1) 如果函数(程序)对某一类输入中的一个数据正确执行，对同类中的其他输入也能正确执行。

(2) 如果函数(程序)对某一复杂度的输入正确执行，对更高复杂度的输入也能正确执行。例如需要选择字符串作为输入时，基于这个假设，就无须计较于字符串的长度。除非字符串的长度是要求固定的，如 IP 地址字符串。在面向对象程序中，类成员函数通常都很小，功能单一，函数之间调用频繁，容易出现一些不宜发现的错误。如

```
if (-1==write (fid, buffer, amount)) error_out();
```

该语句没有全面检查 write()的返回值，无意中断假设了只有数据被完全写入和没有写入两种情况。当测试也忽略了数据部分写入的情况，就给程序遗留了隐患。

按程序的设计，使用函数 strrchr()查找最后的匹配字符，但程序中误写成了函数 strchr()，

使程序功能实现查找的是第一个匹配字符。

程序中将 if (strncmp(str1, str2, strlen(str1)))误写成 if (strncmp(str1, str2, strlen(str2)))。如果测试用例中使用的数据 str1 和 str2 长度一样，就无法检测出。

因此，在进行测试分析和设计测试用例时，应该注意面向对象程序特点，仔细进行测试分析和设计测试用例，尤其是针对以函数返回值作为条件判断选择、字符串操作等情况。

面向对象编程的特性使得对成员函数的测试，又不完全等同于传统的函数或过程测试。尤其是继承特性和多态特性，使子类继承或过载的父类成员函数出现了传统测试中未遇见的问题。需要考虑以下两个方面：

(1) 继承的成员函数是否都不需要测试。对父类中已经测试过的成员函数，两种情况需要在子类中重新测试：a) 继承的成员函数在子类中做了改动；b) 成员函数调用了改动过的成员函数的部分。如假设父类 Bass 有两个成员函数：Inherited()和 Redefined()，子类 Derived 只对 Redefined()做了改动。Derived::Redefined()显然需要重新测试。对于 Derived::Inherited()，如果它有调用 Redefined()的语句(如：x=x/Redefined())，就需要重新测试，反之没有必要。

(2) 对父类的测试是否能照搬到子类。沿用上面的假设，Base::Redefined()和 Derived::Redefined()已经是不同的成员函数，它们有不同的服务说明和执行。对此，照理应该对 Derived::Redefined()重新测试分析，设计测试用例。但由于面向对象的继承使得两个函数相似，故只需在 Base::Redefined()的测试要求和测试用例上添加对 Derived::Redfined()新的测试要求和增补相应的测试用例。如

```
Base::Redefined()含有如下语句
If (value<0) message ("less");
else if (value==0) message ("equal");
else message ("more");
Derived::Redfined() 中定义为 If (value<0) message ("less");
else if (value==0) message ("It is equal");
else
{message ("more");
if (value==88)message("luck");}
```

在原有的测试上，对 Derived::Redfined()的测试只需做如下改动：将 value==0 的测试结果期望改动；增加 value==88 的测试。

5．面向对象的集成测试

传统的集成测试，是由底向上通过集成完成的功能模块进行测试，一般可以在部分程序编译完成的情况下进行。而对于面向对象程序，相互调用的功能是散布在程序的不同类中，类通过消息相互作用申请和提供服务。类的行为与它的状态密切相关，状态不仅仅是体现在类数据成员的值，也许还包括其他类中的状态信息。由此可见，类相互依赖极其紧密，根本无法在编译不完全的程序上对类进行测试。所以，面向对象的集成测试通常需要在整个程序编译完成后进行。此外，面向对象程序具有动态特性，程序的控制流往往无法确定，因此也只能对整个编译后的程序做基于黑盒子的集成测试。

面向对象的集成测试通常需要进行两级集成：

(1) 将成员函数集成到完整类中。

(2) 将类与其他类集成。

对面向对象的集成测试有两种不同的策略：

(1) 基于线程的测试。集成针对回应系统的一个输入或事件所需的一组类，每个线程被集成并分别进行测试。

(2) 基于使用的测试。首先测试独立的类，并开始构造系统，然后测试下一层的依赖类(使用独立类的类)，通过依赖类层次的测试序列逐步构造完整的系统。

面向对象的集成测试能够检测出相对独立的单元测试无法检测出的那些类相互作用时才会产生的 Bug。基于单元测试对成员函数行为正确性的保证，集成测试只关注于系统的结构和内部的相互作用。

本章小结

本章在第二章的基础上着重介绍了静态和动态测试方法、单元测试和功能测试方法以及面向对象软件测试等一些实用测试方法的测试内容和测试步骤。

练 习 题

1．简述单元测试与功能测试的主要内容。

2．简单介绍什么是非增式测试、增式测试、混合增量式测试，以及它们之间的区别。

3．什么是测试件和构件测试？

4．列举界面测试的内容。

5．简介面向对象测试的特点。

第八章 实用软件测试策略

在实际中，软件测试活动可以采用各种不同的测试技术和策略。它们在于不同的出发点、不同的思路以及采用不同的手段和技术。采用多种测试技术和策略，可以更多地覆盖软件测试的各个方面。到目前为止，已有很多软件测试技术和策略。本章介绍若干常用的软件测试策略。

8.1　软件测试策略与方案的内容

软件测试可采取的方法和技术是多种多样的，但通常情况下不论采用什么方法和技术，其测试都是不彻底、不完全的。所谓彻底测试，或称为"穷举测试"，就是让被测程序在一切可能的操作(输入)情况下全部执行一遍，包括正确的、错误的操作。因为任何一次彻底测试的工作量太大，在实际中是行不通的，因此任何实际测试都不能够保证被测试软件中不存在遗留的Bug。

1. 软件测试策略包含的内容和特征

(1) 软件测试策略是为软件工程定义的一个软件测试的模板，也就是把特定的测试用例方法放置进去的一系列测试步骤。从广义上来说，软件测试策略包括很多方面的内容，如测试观点、测试方法、测试用例和测试工具；测试相关的评判标准；测试资源(包括人和物)的分配；影响测试资源或者测试进度的风险管理等。

测试策略用于说明某项特定测试工作的一般方法和目标。软件测试策略主要是针对系统测试需求确定测试类型及如何实施测试的方法和技术。一个好的测试策略应该包括下列内容：

- 要实施的测试类型和测试的目标。
- 采用的测试技术和方法。
- 用于评估测试结果和测试是否完成的标准。
- 对测试策略所述的测试工作存在影响的特殊事项。

(2) 软件测试策略包含的特征：

- 测试从模块层开始，然后扩大延伸到整个基于计算机的系统集合中。
- 不同的测试技术适用于不同的时间点。
- 测试是由软件的开发人员和独立的测试组(对于大型系统而言)来管理的。
- 测试和调试是不同的活动，但是调试必须能够适应任何的测试策略。

2. 选择或设计软件测试策略的原则

软件测试的总目标是充分利用有限的人力和物力资源，高效率、高质量地完成测试。

为了降低测试成本，选择测试用例和测试方法时应注意遵守“经济性”的原则：

- 根据软件的重要性和一旦发生 Bug 可能造成的损失来确定它的测试等级。
- 认真研究测试策略，以便能使用尽可能少的测试用例，发现尽可能多的程序 Bug。经过一次完整的软件测试，如果程序中遗漏的 Bug 过多并且很严重，则表明本次测试失败。
- 设置合乎实际的测试量。如果测试不足意味着让用户承担隐藏 Bug 带来的危险，而过度测试又会浪费许多宝贵的资源。在实际中，需要在这两点上进行权衡，找到一个最佳平衡点。

以下是 Myers 提出的使用各种测试方法的综合策略：

(1) 在任何情况下都必须使用边界值分析方法。经验表明，用这种方法设计出测试用例发现程序 Bug 的能力最强。

(2) 必要时用等价类划分方法补充一些测试用例。

(3) 用 Bug 推测法再追加一些测试用例。

(4) 对照程序逻辑，检查已设计出的测试用例的逻辑覆盖程度。如果没有达到要求的覆盖标准，应当再补充足够的测试用例。

(5) 如果程序的功能说明中含有输入条件的组合情况，则一开始就可选用因果图法。

3. 软件测试方案

测试方案的具体内容包括：明确策略；细化测试特性(形成测试子项)；测试用例的规划和测试环境的规划；自动化测试框架的设计；测试工具的设计和选择。下面从三种不同角度介绍软件测试方案。

1) 基于场景的测试

场景测试指假定自己是被测软件系统的使用者，在实际使用中，会以什么样的操作顺序去使用该软件，将这样的可能性都一一列出来形成测试观点。这种测试策略在思想上与面向对象软件测试中的基于序列的测试是相同的。该测试与普通的功能测试是不同的，它的侧重点在于连续使用整个软件的各个功能。而功能测试则是针对每个功能点进行全面细致的测试，所以基于场景的测试往往会发现一些普通功能测试不能发现的 Bug。

2) 基于关联关系的测试

对于一个软件来说，关联关系可以分为两类：

(1) 横向的关联关系，如同一种类型的问题在某个功能中发生了，那么在其他功能中是否正确。这样的展开测试称为横向展开测试。

(2) 纵向的关联关系，如一个大型软件有多个功能，它们之间有各种联系，那么一个功能中有些值/设定/操作改变的情况下另一个关联的功能处理是否正确。这样的展开测试称为纵向展开测试。

在已经测试出部分 Bug 后，针对每个 Bug 实施横向和纵向两类的关联关系测试效果将是非常显著的。

3) 基于接口的测试

在软件系统中，接口处往往是最薄弱之处。如在一个系统中，有大功能 A、B、C，每个大功能下的各种子功能经过单独测试都是正常的。如果功能 A 中调用了功能 C，在这种调用情况下功能 C 的有些功能可能就不正确。所以在测试中，列出系统中各种不同类型/

级别的功能之间的接口，然后针对接口专门设计测试用例进行测试。

根据有效的测试策略方法设计了测试用例后，就需要测试人员具体实施测试。虽然一个好的测试用例不论任何人来测试结果都应该是相同的，但是因为个体差异和知识结构的不同，在实施测试用例的过程中激发的一些思维是各不相同的，所以在实际测试中常常会有一定比例的 Bug 都通过自由测试发现，并非由测试用例发现。如果能合理分布测试人员，对于提高测试的质量效率也是很有帮助的。

8.2　软件测试需求分析

软件测试需求是开发测试用例的依据，测试需求分解的越详细精准，表明对所测软件的了解越深，对所要进行的任务内容就越清晰，对测试用例的设计质量的帮助越大。详细的测试需求还是衡量测试覆盖率的重要指标，测试需求是计算测试覆盖的分母，没有详细的测试需求就无法有效地进行测试覆盖计算。现有的软件测试分析技术不太成熟，对测试需求和测试类型的分析，所采用的方法主要是根据经验进行收集、整理，该方法依赖于测试设计人员的测试经验，由此方法得出的测试需求、测试类型往往导致测试用例设计不充分，测试覆盖度低，测试目的性不强，容易遗漏等 Bug。可见，如何对测试需求进行细致的整理分析，明确测试执行时的测试类型，是一个亟待解决的问题。

所谓的测试需求就是在项目中要测试什么。测试需求是测试计划的基础与重点。人们在测试活动中，首先需要明确测试需求、测试时间、需要多少人、测试的环境是什么、为何测试、怎么测试等问题，以及测试中需要的技能、工具以及相应的背景知识，测试中可能遇到的风险等。以上所有的内容结合起来就构成了测试计划的基本要素。

与软件需求一样，根据不同的公司环境、不同的专业水平、不同的要求，测试需求的详细程度也是不同的。但是，对一个全新的项目或产品，测试需求力求详细明确，以避免测试遗漏或误解。

1．规则

在分析测试需求时，可应用以下一般规则：

(1) 测试需求必须是可观测、可测评的行为。如果不能观测或测评的测试需求，就无法对其进行评估，以确定需求是否已经满足。

(2) 在每个用例或软件系统的补充需求与测试需求之间不存在一对一的关系。用例通常具有多个测试需求；有些补充需求将派生一个或多个测试需求，而其他补充需求(如市场需求或包装需求)将不派生任何测试需求。

(3) 在需求规格说明书中每一个功能描述将派生一个或多个测试需求；性能描述、安全性描述等也将派生出一个或多个测试需求。

2．测试需求分析的作用

如果要成功的测试一个项目，首先必须了解测试规模、复杂程度和可能存在的风险。这些都需要通过详细的测试需求来了解。测试需求不明确，可能会造成获取的信息不正确，无法对所测软件有一个清晰全面的认识，测试计划就毫无根据可言。只凭感觉不做详细了解就下定论的项目是失败的。测试需求越详细精准，表明对所测软件的了解越深，对所要

进行的任务内容就越清晰，就更有把握保证测试的质量与进度。

如果把测试活动看作软件生命周期，测试需求就相当于软件的需求规格；测试策略相当于软件的架构设计；测试用例相当于软件的详细设计；测试执行相当于软件的编码过程。只是在测试过程中，人们把“软件”两个字全部替换成“测试”。这样，人们就明白整个测试活动的依据来源于测试需求。

3. 测试需求的依据与收集

测试需求通常是以待测试对象的软件需求为原型进行分析而转变过来的。但测试需求并不等同于软件需求，它是以测试的观点根据软件需求整理出一个简称列表，作为测试该软件的主要工作内容。测试需求主要通过以下途径来收集：

(1) 与待测软件相关的各种文档资料。如软件需求规格、测试用例、界面设计、项目会议或与客户沟通时有关于需求信息的会议记录、其他技术文档等。

(2) 与客户或系统分析员的沟通。

(3) 业务背景资料，如待测软件业务领域的知识等。

(4) 正式与非正式的培训。

(5) 其他。如果以旧系统为原型，以全新的架构方式来设计或完善软件，那么旧系统的原有功能与特性就成为了最有效的测试需求收集途径。

在整个信息收集过程中，务必确保软件的功能与特性被正确理解。因此，测试需求分析人员必须具备优秀的沟通能力与表达能力。

4. 需要考虑的因素

测试需求需要考虑三个层面的因素：

第一层：测试阶段。系统测试阶段，需求分析更注重于技术层面，即软件是否实现了具备的功能。需要根据不同的业务需要而测试相同的功能，以确保系统公布后不会有意外发生。但是否有必要进行这种大量的重复性质的测试，取决于测试管理者对测试策略与风险的平衡能力。

第二层：待测试软件的特性。不同的软件业务背景不同，所要求的特性也不相同，测试的侧重点也就不同。除了需要确保要求实现的功能正确，还要考虑其他的重点，如银行/财务软件更强调数据的精确性，而网站强调服务器所能承受的压力，ERP 强调业务流程，驱动程序强调软硬件的兼容性等。在进行测试分析时需要根据软件的特性来选取测试类型，并将其列入测试需求当中。

第三层：测试的重点。测试的重点是指根据所测的功能点进行分析、分解，从而得出着重于某一方面的测试，如界面、业务流、模块化、数据、输入域等。目前关于各个重点测试也有不少的指南，这些指南就是很好的测试需求参考。

5. 测试需求分析的步骤和流程

(1) 列出软件开发需求中具有可测试性的开发需求。

(2) 对步骤(1)列出的每一条开发需求，形成可测试的分层描述的测试需求。

(3) 对步骤(2)形成的每一条测试需求，从 GB/T 16260.1—2006《软件工程 产品质量第 1 部分：质量模型》中定义的软件内部/外部质量模型来确定软件产品的质量需求。

(4) 对步骤(3)所确定的质量需求，分析测试执行时需要实施的测试类型。

(5) 建立测试需求跟踪矩阵，对测试需求进行管理。

在进行测试需求分析时需要列出以下过程：

(1) 常用的或规定的业务流程。

(2) 各业务流程分支的遍历。

(3) 明确规定不可使用的业务流程。

(4) 没有明确规定但是不能执行的业务流程。

(5) 其他异常或不符合规定的操作。

然后根据软件需求理出业务的常规逻辑，按照以上类别提出的思路，逐项列出各种可能的测试场景，同时借助于软件的需求以及其他信息，来确定该场景应该导出的结果，便形成了软件业务流的基本测试需求。

6. 测试需求的优先级

通常，需求管理规范的客户会规定用户需求/软件需求的优先级别，测试需求的优先级可直接定义。如果没有规定项目需求的优先级，则可与客户沟通，确定哪些功能或特性是需要尤其关注的，从而确定测试需求的优先级。优先级别的确定有利于测试工作有目的地展开，使测试人员清晰了解核心的功能、特性与流程，以及客户最关注的问题，由此可确定测试的工作重点，更方便处理测试进度发生问题时，实现不同优先级别的功能、模块、系统等迭代递交或取舍，从而缓和测试风险。

7. 测试需求的覆盖率与覆盖程度

测试需求的覆盖率通常是由与软件需求所建立的对应关系来确定的。如果一个软件的需求已经与测试需求存在了一对一或一对多的对应关系，可以说测试需求已经覆盖了该功能点。如果确定了所有的软件需求都建立了对应的测试需求，那么测试需求的覆盖率便是测试需求覆盖点/软件需求功能点为 100%，但并不意味着测试需求的覆盖程度高。因为测试需求的覆盖率只考虑到显性的(即被明确规定的功能与特性)因素，而隐性的(即没有被明确规定但是有可能或不应该拥有的功能与特性)因素并未考虑在内。因此，根据不断地完善或实际测试中发生的缺陷，可以对测试需求进行补充或优化，并更新进测试用例中，以此来提高测试需求的覆盖程度。

8. 软件测试需求获取

软件测试需求所确定的是测试的内容，即测试的具体对象。如系统测试需求主要来源于需求工件集，它可能是一个需求规格说明书，或是由前景、用例、用例模型、词汇表、补充规约组成的一个集合。其中，功能性测试需求来自于测试对象的功能性说明。每个用例至少会派生一个测试需求。对于每个用例事件流，测试需求的详细列表至少要包括一个测试需求。对于需求规格说明书中的功能描述，将至少派生一个测试需求。其他测试需求包括配置测试、安全性测试、容量测试、强度测试、故障恢复测试、负载测试等，可以从非功能性需求中发现与其对应的描述。每一个描述信息可以生成至少一个测试需求。

8.3　软件测试计划

测试计划是测试的起始步骤和重要环节，是由测试设计员编写的，目的是使测试过程

能够发现更多的 Bug。软件测试计划的价值取决于它对帮助管理测试项目，并且找出软件潜在的 Bug。专业的测试必须以一个好的测试计划为基础。尽管测试的每一步骤都是独立的，但是必定要有一个起到框架结构作用的测试计划。

1．测试计划的定义

《IEEE 软件测试文档标准 829—1998》将测试计划定义为一个说明预定的测试活动的范围、途径、资源及进度安排的文档。它确认了测试项、被测特征、测试任务、人员时间安排以及与计划相关的风险。

测试计划是指导测试过程的纲领性文件，其中必不可少的三个要素是时间、资源、范围。时间就是什么时候做以及要花多长时间做；资源就是要调用的人力、机器等资源；范围是要测试的内容以及测试重点。除此以外还有：策略(具体就是怎么测)、风险控制(一旦有问题采取什么应急措施)等比较重要的部分。

2．测试计划的作用

测试计划的任务是为了尽早明确测试工作的内容范围、测试工作的方法以及测试工作所需要的各种资源，并把这些信息发布给所有涉及测试工作的测试人员，尽快将下一步测试工作需要考虑的问题和准备的条件落实下来。在对软件进行测试之前，必须认真制定测试计划。测试计划的作用主要体现在四个方面：

(1) 领导能够根据测试计划做宏观调控，进行相应资源配置等。

(2) 测试人员能够了解整个项目测试情况以及项目测试不同阶段所要进行的工作等。

(3) 便于其他人员了解测试人员的工作内容，进行有关配合工作。

(4) 对开发人员的开发工作、整个项目的规划、项目经理的审查都有辅助性作用。

3．测试计划的内容

软件测试计划中的测试范围必须高度覆盖功能需求，应包括产品基本情况调研、测试基本信息、测试需求说明、测试策略和记录、测试资源配置、计划表、问题跟踪报告、测试规程、测试计划的评审、风险分析、结果、人员安排、发布提交等。主要内容详细介绍如下：

1) 软件产品基本情况调研

这部分应包括产品的一些基本情况介绍。如产品的运行平台和应用的领域，产品的特点和主要的功能模块，产品的特点等。对于大的测试项目，还要包括测试的目的和侧重点。

2) 测试基本信息

(1) 测试计划名称：为本测试计划取的名称。

(2) 引言：归纳所要求测试的软件项和软件特性，包括系统目标、背景、范围及引用材料等。在最高层测试计划中，如果存在下述文件，则需要引用它们：项目计划、质量保证计划、有关的政策、有关的标准等。

(3) 方法：描述测试的总体方法，规定测试指定特性所需要的主要活动、技术和工具，应详尽地描述方法，以便列出主要的测试任务，并估计执行各项任务所需的时间。规定所希望的最低程度的测试彻底性，指明用于判断测试彻底性的技术(如检查哪些语句至少执行过一次)；指出对测试的主要限制(如测试项可用性、测试资源的可用性和测试截止期限)等。

(4) 方法详述：将测试计划中规定的方法进行细化，包括所用的具体测试技术、规定分析测试结果的方法(如比较程序或人工观察)。规定为选择测试用例提供合理依据的一切分析结果。如可以说明容错的条例(如：区别有效输入和无效输入的条件)。归纳所有测试用例的共同属性，可以包括输入约束条件，共享环境的要求，对共享的特殊规程的要求及任何共享的测试用例之间的依赖关系。

(5) 测试项：描述被测试的对象，包括其版本、修订级别，并指出在测试开始前对逻辑或物理变换的要求。

(6) 测试设计说明名称：给每一个测试设计说明取一个专用名称。如果存在的话，也可引用有关的测试计划中给出的名称。

(7) 被测试的特性：规定测试项，指明所有要被测试的软件特性及其组合，指明每个特性或特性组合有关的测试设计说明。

(8) 不被测试的特性：指出不被测试的所有特性和特性的有意义的组合及其理由。

(9) 特性通过准则：规定各测试项通过测试的标准。

(10) 暂停标准和重启动要求：规定用于暂停全部或部分与本计划有关的测试项的测试活动的标准。规定当测试再启动时必须重复的测试活动。

(11) 应提供的测试文件：规定测试完成后所应递交的文件，这些文件可以是前述八个文件的全部或部分。

(12) 测试任务：指明执行测试所需的任务集合和指出任务的一切依赖关系和所需的一切特殊技能。

3) 测试需求说明

这一部分要列出所有要测试的功能项。确定测试需求是根据需求工件集收集和组织测试需求信息，确定测试需求。包括的内容有：

(1) 功能的测试：理论上指测试要覆盖所有的功能项，如在数据库中添加、编辑、删除记录等，这将是一个浩大的工程，但是有利于测试的完整性。

(2) 设计的测试：对于一些用户界面、菜单的结构和窗体的设计是否合理等的测试。

(3) 整体考虑：这部分测试需求要考虑到数据流从软件中的一个模块流到另一个模块的过程中的正确性。

(4) 测试的策略和记录：是针对测试需求定义测试类型、测试方法以及需要的测试工具等，是整个测试计划的重点所在，要描述如何公正客观地开展测试，要考虑：模块、功能、整体、系统、版本、压力、性能、配置和安装等各个因素的影响。要尽可能地考虑到细节，越详细越好，并制作测试记录文档的模板，为即将开始的测试做准备。

(5) 测试项传递报告包括：传递报告名称、传递项、位置、状态、批准等。

(6) 环境信息：记录本条目的一切特殊的环境条件。

(7) 测试日志包括：测试日志名称、描述、活动和事件条目等。

4) 测试用例说明

测试用例说明包括名称、测试项、输入说明、输出说明、特殊的规程说明、用例间的依赖关系等。详细介绍如下：

(1) 测试用例说明名称。给本测试用例说明取一个专用名称。

(2) 测试项。规定并简要说明本测试用例所要涉及的项和特性。对于每一项、可考虑引用的文件包括需求说明书、设计说明书、用户手册、操作手册等。

(3) 输入说明。规定执行测试用例所需的各个输入。有些输入可以用值(允许适当的误差)来规定；而另一些输入，如常数表或事务文件可以用名来规定。规定所有合适的数据库、文件、终端信息、内存常驻区域和由操作系统传送的值。规定各输入之间所需的所有关系(如时序关系等)。

(4) 输出说明。规定测试项的所有输出和特性，如响应时间；提供各个输出或特性的正确值(在适当的误差范围内)。

(5) 特殊的规程要求。描述对执行本测试用例的测试规程的所有特殊限制。这些限制可以包括特定的准备、操作人员干预、确定特殊的输出和清除过程等。

(6) 用例之间的依赖关系。列出必须在本测试用例之前执行的测试用例名称，归纳依赖性质。

5) 测试资源配置

测试资源配置包括项目资源计划。一个项目资源计划包含每一个阶段的任务、所需要的资源，当发生使用期限或者资源共享类似事情时，要更新这个计划。确定资源和进度是确定测试需要的软硬件资源、人力资源以及测试进度。

环境要求：规定测试环境所必备的和希望的性质。

硬件：规定执行本测试用例所需的硬件特征和配置(如 80 字符×24 行的显示终端)。

软件：规定执行本测试用例所需的系统软件和应用软件。系统软件可以包括操作系统、编译程序、模拟程序和测试工具等。

其他：说明所有其他的要求，如特种设施要求或经过专门训练的人员等。

6) 特性通过准则

规定用于判别特性和特性组合是否通过测试的准则。

7) 计划表、任务和人员安排

测试的计划表可以做成一个或多个项目通用的形式，根据大致的时间估计来制作。操作流程要以软件测试的常规周期作为参考，也可以根据什么时候应该测试哪一个模块来制定，并将测试工作合理分配给不同的测试人员，并注意先后顺序。对于长期大型的测试计划，可以使用里程碑表示进度的变化。

8) 问题跟踪报告

在测试的计划阶段，人们应该明确如何准备去做一个问题报告以及如何去确定一个问题的性质，问题报告要包括问题的发现者和修改者、问题发生的频率、用了什么样的测试案例测出该问题，以及明确问题产生时的测试环境。

9) 测试开始/完成/延迟/继续的标准

测试计划中每个阶段要明确表明测试开始、完成的标准。测试的输入、输出条件要清楚；某些时候，测试计划会因某种原因(如过多阻塞性的 Bug)而导致延迟，需指出问题解决后继续测试的标准。

10) 测试规程

测试规程说明包括：测试规程说明名称、目的、特殊要求、规程步骤。其中，测试规程说明名称指给每个测试规程说明取一个专用名称，给出对有关测试设计说明的引用。

11) 风险分析

需要考虑测试计划中可能的风险和解决方法。如由于系统压力测试和性能测试中只能模拟几百台计算机访问系统，对于上千人同时访问系统的情况不可知，只能在系统投入使用后发现问题时进行处理和完善。

12) 风险和应急

预测测试计划中的风险，规定对各种风险的应急措施(如延期传递的测试项可能需要加夜班来赶上规定的进度)。

13) 发布提交

在按照测试计划进行测试后，提交需要交付的软件产品、测试案例、测试数据及相关文档等。如图书管理系统测试完成后，需要提交软件测试报告、软件测试计划、测试案例、测试数据等相关文档和相应的图书馆管理系统软件。测试计划的内容会因不同的项目以及项目的大小而有所不同，可以在上面的内容中进行相应的取舍。

14) 评审和检查

必须规定所要进行的技术和管理两方面的评审和检查工作，并编制或引用有关的评审和检查堆积以及通过与否的技术准则。

15) 测试结果

对每次执行，记录人工可观察到的结果(如产生的错误信息、异常中止和对操作员动作的请求等)，还要记录所有输出的位置(如磁带号码)，记录测试的执行是否成功。

16) 意外事件

记录意外事件及其发生前后的情况(如请求显示总计，屏幕显示正常，但响应时间似乎异常长，重复执行时响应时间也同样过长)；记录无法开始执行测试或无法结束测试的周围环境(如电源故障或系统软件问题)等。

17) 测试总结报告

规定本报告必须由哪些人(姓名和职务)审批，并为签名和日期留出位置。

18) 文件编制实施和使用指南

(1) 实施指南：在实施测试文件编制的初始阶段可先编写测试计划与测试报告文件。测试计划将为整个测试过程提供基础。测试报告将鼓励测试单位以良好的方式记录整个测试过程的情况。

(2) 使用指南：在项目计划及单位标准中，应该指明在哪些测试过程中需要哪些测试文件，并可在文件中加入一些内容，使各个文件适应一个特定的测试项及一个特定的测试环境。

4．制定测试计划要点

制定一份切实可行的测试计划，需要考虑以下几个方面：

(1) 测试阶段划分。就通常软件项目而言，基本上采用“瀑布型”开发方式。这种开发方式下，各个项目主要活动比较清晰，易于操作。整个软件生命周期为

需求⇒设计⇒编码⇒测试⇒发布⇒实施⇒维护

(2) 明确测试的目标，增强测试计划的实用性。

(3) 坚持“5W + H”规则，明确内容与过程。

“5W + H”规则指的是：

What——测试哪些方面及不同阶段的工作内容；

Why——为什么要进行这些测试；

When——测试不同阶段的起止时间；

Where——相应文档，Bug 的存放位置，测试环境等；

Who——项目有关人员组成，安排哪些测试人员进行哪些测试；

How——如何去做，使用哪些测试工具以及测试方法进行测试。

我们可以利用“5W + H”规则创建软件测试计划，明确测试目标，在需要测试的内容里并突出关键部分，可以列出关键及风险内容、属性、场景或测试技术。对测试过程的阶段划分、文档管理、Bug 管理、进度管理给出切实可行的方法。

(4) 采用评审和更新机制，保证测试计划满足实际需求。测试计划写作完成后，如果没有经过评审，直接发送给测试团队，则测试计划内容的可能不准确或遗漏测试内容，或者软件需求变更引起测试范围的增减，而测试计划的内容没有及时更新，会误导测试执行人员。

(5) 明确标准。测试计划是指导测试人员进行测试，测试工作往往是多人参与，因此必须指明各种标准。主要包括 3 个标准：

① 接受测试标准：指开发组完成相应的文档和程序后，提交测试组测试时，测试组接受的标准，如果不满足此标准则拒绝测试。

② 测试开始/停止的标准：在制定测试策略时，对每一个测试项目要明确指出该项测试的开始和停止标准。

③ 命名标准：测试文档的命名标准，如测试用例文件名命名标准、测试用例编码标准等。测试用例中的编号规则可以使用“功能名_界面名(每个字第一个汉语拼音大写)_编号”。如借还书信息第一个用例如 JH_TS_0001。

(6) 分别创建测试计划与测试详细规格、测试用例。编写软件测试计划要避免的一种不良倾向是测试计划的“大而全”，即无所不包、篇幅冗长、长篇大论、重点不突出等，这样既浪费写作时间，也浪费测试人员的阅读时间。

(7) 采用评审和更新机制，保证测试计划满足实际测试计划所包含多方面的内容。编写人员可能受自身测试经验和对软件需求的理解所限，而且软件开发是一个渐进的过程，所以最初创建的测试计划可能是不完善、需要更新。

好的测试计划是成功的一半，另一半是对测试计划的执行。需要说明一点：计划是“动态的”，是紧追项目的变化，实时进行思考和贯彻，可以根据实际修改，一份切实可行的测试计划和成功实施，才能实现测试计划的最终目标，即保证最终软件产品的质量。

5．测试计划文档与测试用例

测试计划文档中主要的内容是用于测试软件的测试用例，涵盖了设计评审、代码评审、配置、部署测试和负载测试的各个方面，确保软件的全部特征功能和使用场景都能进行测

试。测试文档包括详细测试计划文档和详细测试用例文档。详细测试计划文档按照“高、中、低”的顺序列出了测试用例的优先级，对测试用例中的使用场景和需要测试的特征进行了简要描述。根据测试用例的重要性和对期望的目标和需求的全面影响，为每一个测试用例指定测试执行的优先级。

6. 测试计划与测试方案区别

(1) 测试计划与测试方案的内容和要求不同。

(2) 测试计划模板和测试方案模板不同。

(3) 测试计划是组织层面的文档，从组织管理角度对一次测试活动进行规划；测试方案是技术层面的文档。

(4) 测试方案需要在测试计划的指导下进行，测试计划提出“做什么”；测试方案明确“怎么做”。

(5) 测试计划是组织管理层面的文件，从组织管理的角度对一次测试活动进行规划；测试方案是技术层面的文档，从技术的角度对一次测试活动进行规划。

8.4　模型测试技术

基于模型的测试最初应用于硬件测试，广泛应用于电信交换系统测试，目前在软件测试中得到了一定应用，并在学术界和工业界得到了越来越多的重视。

模型检验是一种自动化验证技术。给定一个有限状态模型和一个用适当的逻辑表达式表示的属性，模型检验能自动验证该属性的合法性。随着面向对象软件开发技术的广泛应用和软件测试自动化的要求，基于模型的软件测试逐渐得到重视。基于模型的软件测试属于基于规范的软件测试范畴。其特点是：在产生软件测试用例和进行软件测试结果评价时，都是根据被软件测试应用程序的模型及其派生模型(一般称作软件测试模型)进行的。

8.4.1　模型测试原理和特点

1. 基于模型检测的软件测试技术

图 8.1 为基于模型检测的软件测试技术流程图。

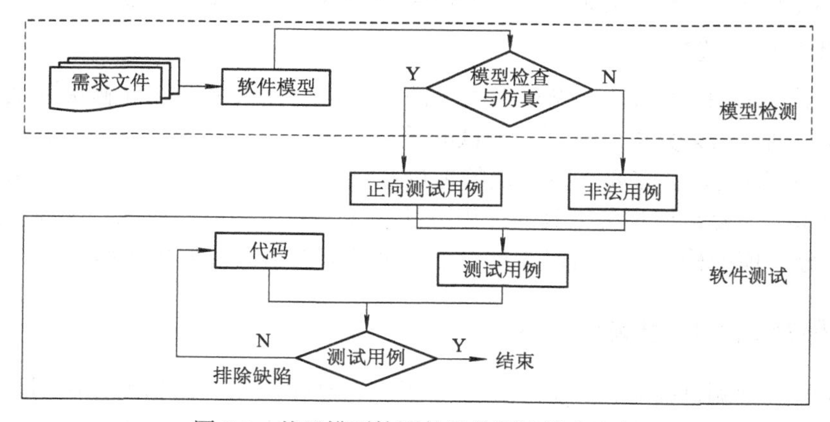

图 8.1　基于模型检测的软件测试技术流程

由图 8.1 得知，模型检测的软件测试技术工作过程如下：

(1) 根据需求建立合适的软件模型。不同的模型适用于不同类型的软件测试，因此需要根据软件特点选择模型。软件模型是对软件行为和软件结构的抽象描述。软件行为可以用系统输入序列、活动、条件、输出逻辑或数据流进行描述。软件测试中使用的典型模型有：有限状态机、UML 模型和马尔可夫链、形式化建模等。

(2) 根据软件模型进行虚拟仿真。在系统建模的同时对模型进行仿真。仿真时可以设置输入，观察输出，并且动态显示整个模型。人机交互面板模拟了用户最熟悉的实际操作面板。

(3) 根据软件模型生成代码。根据需求建立的软件模型通过仿真验证后，很容易编程，或自动生成代码，这方面的工具有 RationalRose、StateMate、Scade 等。

(4) 测试用例产生。测试用例的生成依赖于测试所使用的模型。以有限状态机模型为例，被遍历路径中弧的标记构成的序列就是测试用例。在构造满足测试准则的路径时，必须考虑约束条件，如路径长度有限制，统计测试需要考虑迁移概率。

(5) 软件测试。生成满足特定的测试充分性准则的测试用例集合后就可以执行测试用例。

2．基于测试模型的并发程序测试

使用测试模型测试并发程序通常需要经过三个步骤：

(1) 使用建模预言对并发程序建立有限状态机模型；

(2) 使用时态逻辑表达式描述测试者关心的问题；

(3) 使用相应的模型检验工具来系统的验证状态模型是否满足逻辑表达式。

图 8.2 为模型测试示意图。

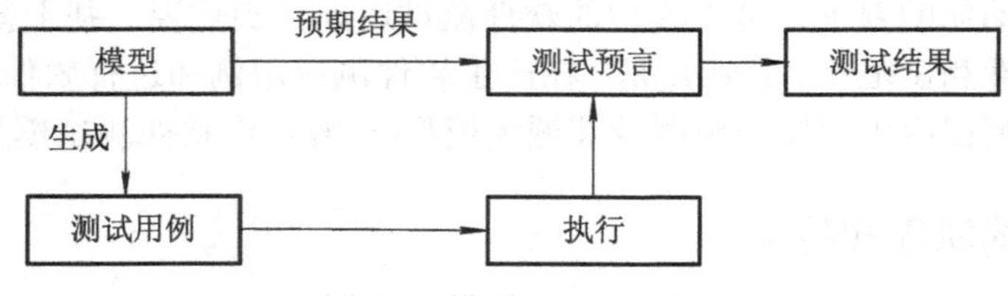

图 8.2　模型测试示意图

由图 8.2 看出，首先有一个建立好的模型，然后根据模型生成测试用例，并且给出测试预言。测试预言可以理解为期望结果，用来确定测试用例执行的成功与否。

3．模型测试的优缺点

(1) 优点：基于模型的软件测试大大提高测试自动化水平，部分解决测试失效辨识问题，可以进行测试结果分析，有利于测试的重用。

(2) 缺点：测试人员需要具备一定的理论基础，如形式化理论方法、状态机理论和随机过程的知识，还要掌握相关工具的使用方法。需要一定的前期投入，如模型的选择、软件功能的划分、模型构造等。有时无法克服模型的固有 Bug，如状态爆炸。

8.4.2　四种常见的模型测试技术

在目前的模型测试技术中，人们引入了很多自动化因素，比如测试用例和测试预言都推荐使用自动化工具自动生成。一个好的模型可以引导人们对问题进行思考，而不好的模型则只能使人们误入歧途。软件测试在发展过程中，逐渐形成了一些被广泛接受和应用的测试模型。目前，软件测试模型有 V 模型、W 模型、X 模型、H 模型等，其中 V 模型和 W 模型是较好和广泛应用的模型，得到了人们普遍接受。

1. V 模型

V 模型是软件开发瀑布模型的变种，V 模型最早指出软件测试并不是一个事后弥补行为，而是一个与开发过程同样重要的过程。V 模型反映了测试活动与分析和设计的关系，标明了测试过程中存在的不同级别，并说明了这些级别所对应的软件生命周期中不同的阶段，如图 8.3 所示。

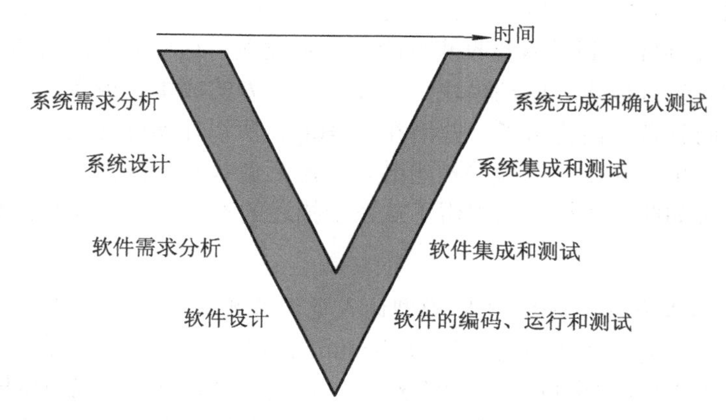

图 8.3　V 模型测试示意图

在图 8.3 中，从左到右描述了基本的开发过程和测试行为，明确标明了测试过程中存在的不同级别，并且清楚地描述了这些测试阶段和开发过程之间各阶段的对应关系。

左边依次下降的是开发过程各阶段，即各测试过程的各个阶段，左边每个开发活动都有右边的测试活动相对应。因此，V 模型主要向人们传递了如下信息：需求、功能、设计和编码的开发活动随时间而进行，而相应的测试活动，即针对需求、功能、设计和编码的测试，其开展的次序则正好相反。

1) V 模型优点

V 模型非常明确地标明了测试过程中存在的不同级别，并且清楚地描述了这些测试阶段和开发过程期间各阶段的对应关系，即

(1) 单元测试的主要目的是针对编码过程中可能存在的各种 Bug，例如用户输入验证过程中边界值的 Bug。

(2) 集成测试主要目的是针对详细设计中可能存在的问题，尤其是检查各单元与其他程序部分之间的接口上可能存在的 Bug。

(3) 系统测试主要针对概要设计，检查系统作为一个整体是否有效地得到运行。如在产品设置中是否达到了预期的高性能。

(4) 验收测试通常由业务专家或用户进行，以确认产品能真正符合用户业务上的需要，在不同的开发阶段会出现不同类型的 Bug，所以需要不同的测试技术和方法来发现这些 Bug。

2) V 模型缺点

(1) V 模型依旧把软件测试放在编码后进行，这样导致需求阶段隐藏的 Bug。

(2) V 模型没有明确地指出测试设计的时机和规划。

(3) 实际应用中容易导致需求阶段的 Bug 直到最后验收测试时才被发现，而此时发现和解决这些 Bug 将会付出很大的代价。

(4) V 模型把系统开发过程和测试过程划分为具有固定边界的不同阶段，这使得人很难跨过这些边界采集测试所需要的信息。

(5) 整个软件产品质量保证完全依赖于开发人员的能力和对工作的责任心，而且上一步的结果必须充分正确。如果任何一环节出了问题，则必将严重的影响整个工程的质量和预期进度。

在实际测试中，有些测试应该执行得更早些，有些测试则需要延后进行。如需求或者设计阶段的 Bug 往往需要到最后验收测试阶段才被发现，这样修改的代价就会很大。又如单元测试中需要设计桩模块和驱动模块，这需要付额外的成本，或者因为条件不具备，根本就无法开发，而且有可能掩盖了一些潜在的 Bug，所以在实际应用中有时并不是当单元开发完成后就执行单元测试，当模块被组装在一起后就执行集成测试，往往需要推迟一些阶段的测试。不仅如此，V 模型也阻碍了从系统描述的不同阶段中取得信息进行综合。

2. W 模型

W 模型也叫双 V 模型，是针对 V 模型让人觉得“测试是开发后的一个阶段”、“测试的对象就是程序”等问题而改进的，是由 Evolutif 公司提出。针对 V 模型的不足，W 模型增加了软件各开发阶段中应同步进行的验证和确认活动，增加了需求测试、功能测试和设计测试，强调测试伴随着整个软件开发周期，测试的对象包括程序、需求、功能和设计、软件需求规格说明、软件概要设计说明以及软件详细设计说明等。只要相应的开发活动完成，就可以开始执行测试，可以认为测试与开发是同步进行，从而有利于尽早的发现 Bug。目的是确保软件需求的完整性、一致性、准确性、可实现性和可测试性等，以及设计对需求的可追踪性、正确性、规范性和可测试性等。以需求为例，需求分析一完成，人们就可以对需求进行测试，而不必等到最后才进行针对需求的验收测试。

图8.4为W模型的示意图。

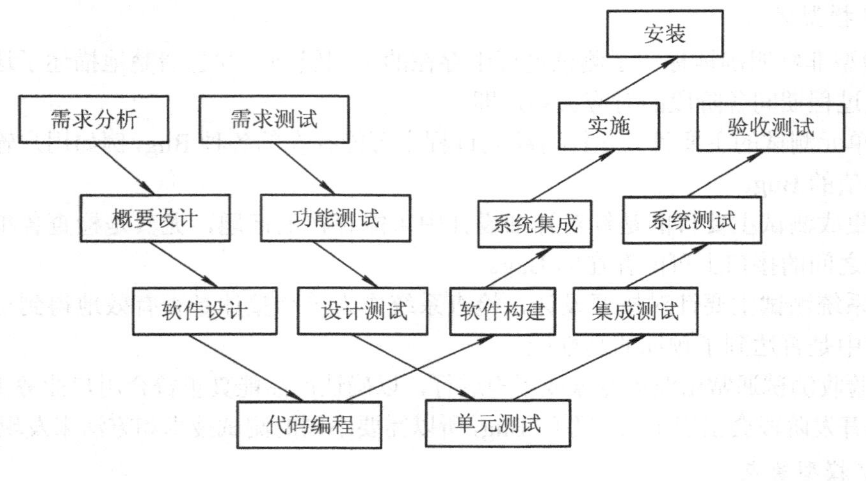

图 8.4　W 模型测试示意图

由图 8.4 看出，W 模型由两个 V 字形模型组成，分别代表测试与开发过程，图中明确表示测试与开发的并行关系。其中，一个“V”表示软件开发过程，包括需求分析、概要设计、软件设计、代码编程、软件构建、系统集成以及安装等阶段；另一个“V”表示测试过程，包括需求测试、功能测试、设计测试、单元测试、集成测试、系统测试和验收测试等活动。软件测试的各项测试活动与开发过程的各个阶段相对应。按照 W 模型，软件开发过程中各个阶段的可交付产品(中间的或者最终的产品)都要进行测试，尽可能使各阶段产生的 Bug 在该阶段得到发现和解决。

W 模型强调测试伴随着整个软件开发周期，而且测试的对象不仅是程序，需求及设计等也要测试，即测试与开发是同步进行的。W 模型有利于尽早地全面发现 Bug。如需求分析完成后，测试人员就应该参与到对需求的验证和确认活动中，以尽早地找出 Bug 所在。同时，对需求的测试也有利于及时了解项目难度和测试风险，及早制定应对措施，这将显著减少总体测试时间，加快项目进度。

1) W 模型优点:

(1) W 模型把软件开发的需求、设计、编码等一系列活动可以看做交叉进行。

(2) 每个软件开发活动结束后就可以执行相应的测试，如在需求分析结束后，就可以进行需求分析测试。测试从需求阶段开始贯穿于软件开发的始终，并进行严格的测试设计。

(3) W 模型使人们树立了一种新的观点，即软件测试并不等于程序测试，不应仅限于程序测试的狭小范围内，而应贯穿于软件定义与设计开发的整个过程。因此，需求分析、概要设计、详细设计以及程序编码等各阶段所得到的文档，包括需求规格说明、概要设计规格说明、详细设计规格说明以及源程序，都应成为软件测试的对象。

(4) W 模型有利于尽早地全面的发现问题。如需求分析完成后，测试人员就应该参与到对需求的验证和确认活动中，以尽早地找出 Bug 所在。同时，对需求的测试也有利于及时了解项目难度和测试风险，及早制定应对措施，这将显著减少总体测试时间，加快项目进度。

2) W 模型缺点

(1) 与 V 模型一样，W 模型也把软件开发视为需求、设计、编码等一系列串行的活动，测试也是相对应的顺序关系，而事实上是可以交叉进行的。测试和开发保持着一种线性的顺序关系，上一阶段结束才能开始下一阶段工作。

(2) 在 W 模型中，需求、设计、编码等活动被视为串行的，测试也是相对应的顺序关系，同时，测试和开发活动也保持着一种线性的顺序关系，上一阶段完全结束，才可正式开始下一阶段工作。这样就无法支持迭代的开发模型。对于当前软件开发复杂多变的情况，W 模型并不能解除测试管理面临的困惑。

3. X 模型

V 模型和 W 模型的共同缺点是把系统开发过程划分为具有固定边界的不同阶段，且依赖于开发文档的存在，及文档的精确完整，导致在实际的开发过程中经常无法操作。X 模型是为了解决 V 模型和 W 模型的不足，提出测试应该在准备好后马上进行，与开发反复迭代进行，并指出软件测试不仅指测试的执行过程本身，还应该包括测试需求分析、测试计划、测试分析、测试编码、测试验证等测试的准备活动。

X 模型包含了探索性测试这一软件测试前沿理论。X 模型示意图如图 8.5 所示。

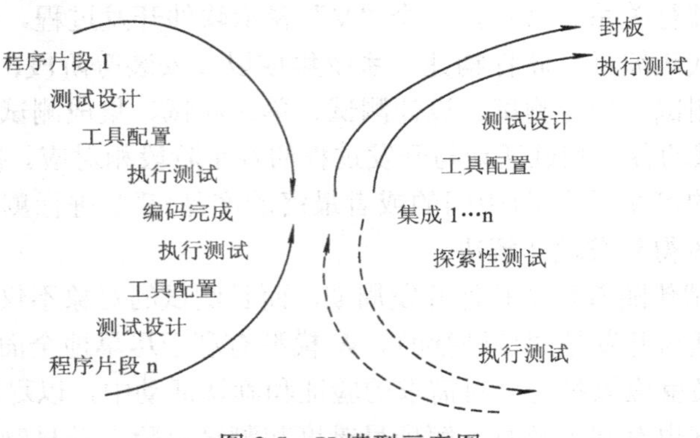

图 8.5　X 模型示意图

X 模型的左边描述的是针对单独程序片段所进行的相互分离的编码和测试，右上半部分显示此后将进行频繁的交接，通过集成最终合成为可执行的程序，这些可执行程序还需要进行测试。已通过集成测试的产品可以进行确认并提交给用户，也可以作为更大规模和范围内集成的一部分。多条并行的曲线表示变更可以在各个部分发生。

X 模型还定位了探索性测试(即在右下方)。这是不进行事先计划的特殊类型的测试，诸如“我这么测一下结果会怎么样?”，这一方式往往能帮助有经验的测试人员在测试计划之外发现更多的 Bug。

4. H 模型

H 模型将测试活动完全独立出来，形成一个完全独立的流程；将测试准备活动和测试执行活动清晰地体现出来，如图 8.6 所示。

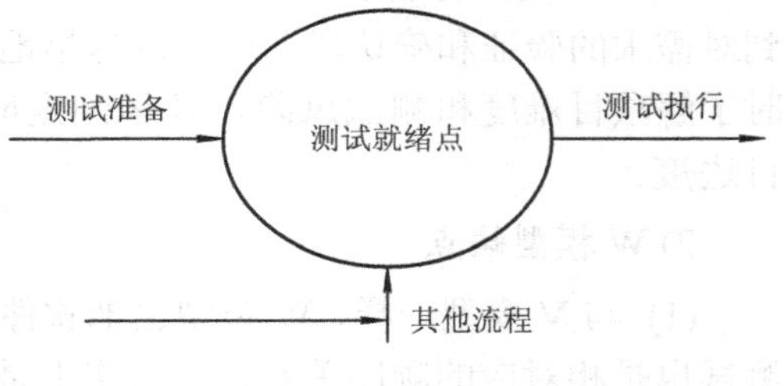

图 8.6　H 模型示意图

在 H 模型中，软件测试活动完全独立，贯穿于整个产品生命周期，与其他流程并发进行。某个测试点准备就绪时，就可以从测试准备阶段进行到测试执行阶段。软件测试可以尽早进行，并且可以根据被测对象的不同而分层次进行。H 模型揭示一个原理：软件测试是一个独立的流程，贯穿软件产品整个生命周期，与其他流程并发地进行。H 模型指出软件测试要尽早准备，尽早执行。不同的测试活动可以是按照某个次序先后进行的，但也可能是反复的，只要某个测试达到准备就绪点，测试执行活动就可以开展。

5. 三种模型比较

1) V 模型和 W 模型比较

W 模型改善了 V 模型的一些问题，但不论是 V 模型还是 W 模型，适用于那些需求非常明确，已经文档化了的项目，开发人员和测试人员都需要按严格定义好的需求和设计来开展工作。但在实际的开发过程中，开发过程中因为需求变化等不可避免的原因，开发人员并没有按照文档来工作，可能文档没有及时更新，甚至在一些不规范的公司文档根本就没有。这些情况下，V 模型和 W 模型就很难实施。此外，无论 V 模型还是 W 模型，都把

软件开发视为需求、设计、编码等一系列的串行活动。而事实上，虽然这些活动之间存在着互相牵制关系。但在大部分时间，它们是互相独立的，是可以并发进行的。虽然软件开发期望有清晰的需求、设计和编码等阶段，但实际上，严格的阶段之分只是一种理想状况。

测试过程的模型无论选择 V 模型和 W 模型都是适用的。但 V 模型只是把测试作为在编码后的一个阶段，是针对程序进行的寻找 Bug 的活动，而忽视了测试活动对需求分析、系统设计等活动的验证和确认的功能。从尽早测试的目的出发，可选择 W 模型组织整个测试过程，选择 W 模型只是作为整个测试过程的框架，并非完全地顺序执行每个测试过程，因为实际的项目开发中完全的顺序过程是不可能的，在系统测试过程中发现的 Bug，需要修改代码时，仍然需要返回到单元测试、集成测试。W 模型中将各阶段测试的准备工作安排在与开发过程相对应的用户需求、需求分析、设计、编码各阶段，测试阶段包含单元测试、集成测试、系统测试和验收测试。我们对测试流程中的各测试阶段不作精简，只是验收测试是以用户为主体。作为开发方，只是配合进行，因此这里可以省略验收测试阶段的内容。

V 模型和 W 模型最大的缺陷表现在：

- 开发阶段之间有严格的界限，忽略了需求变化往往导致开发过程变化的情况，即软件开发是由一系列的交接所组成，每一次交接内容都改变了前一次交接的行为。
- 测试依赖于开发文档的存在及文档的精确性、完整性，并且没有对时间进行限制。

2) V 模型与 X 模型比较

X 模型也是对 V 模型的改进，X 模型提出针对单独的程序片段进行相互分离的编码和测试，此后通过频繁的交接，通过集成最终合成为可执行的程序。X 模型的左边描述的是针对单独程序片段所进行的相互分离的编码和测试，此后将进行频繁的交接，通过集成最终成为可执行的程序，然后再对这些可执行程序进行测试。已通过集成测试的成品可以进行封装并提交给用户，也可以作为更大规模和范围内集成的一部分。多条并行的曲线表示变更可以在各个部分发生。由图 8.5 中可见，X 模型还定位了探索性测试，这是不进行事先计划的特殊类型的测试，这一方式往往能帮助有经验的测试人员在测试计划之外发现更多的软件 Bug。但这样可能对测试造成人力、物力和财力的浪费，对测试员的熟练程度要求比较高。而 V 模型基于一套必须按照一定顺序严格排列的开发步骤，而这很可能并没有反映实际的实践过程。

尽管很多项目缺乏足够的需求，V 模型还是从需求处理开始。V 模型提示人们要对各开发阶段中已经得到的内容进行测试，但它没有规定人们要获得多少内容。如果没有任何的需求资料，开发人员知道他们要做什么。在 X 模型和其他模型中都需要足够的需求并至少进行一次发布。一个有效的测试模型，可以鼓励采用很多好的实践方法。因此，V 模型的一个强项是它明确需求角色的确认，而 X 模型没有这么做，这也许是 X 模型的不足之处。

8.5　软件产品检测和测试

1. 一般软件产品检测和测试内容

(1) 软件配置检查：包括开发软件、支持软件、硬件配置。

(2) 软件检测：包括功能检测、性能检测、外部接口和人机交互界面检测、强度检测、

余量检测、安全性检测、恢复性检测、边界检测、功能多余项检测、安装性检测、敏感性检测、计算机病毒检测、专项测试、数据相关性分析。

(3) 软件开发文档：软件在开发不同时期按照软件文档编制规范的要求所编写的文件。

2. 软件产品检测和测试的一般步骤

(1) 按照合同技术指标所规定的或所隐含质量要求确定所提交的软件质量需求，包括定性与定量的质量要求。

(2) 根据软件质量要求，并按在真实使用环境下对软件质量需求的重要度和使用频率作出该软件的操作概图。可采用列表的方式作操作概图。

(3) 参照操作概图设计测试用例，测试用例应包括下列内容：测试目标、待测功能、测试环境、测试输入、测试步骤和预期输出等。

(4) 利用测试用例对被检软件进行测试，并检查结果是否符合预期输出。

(5) 对由于软件有 Bug 或其他原因(如对功能变动以及增加功能等)而进行修改的软件必须进行回归测试，主要是使变动后的软件在性能、功能上不受损害。

(6) 进行配置审查，主要是审查被检软件的开发文档是否齐全及是否和被检软件的当前版本一致，而且文档需足以支持该软件的运行、维护和升级换代，以及软件系统所需平台配置。

3. 第三方检测和测试软件

软件测试涉及用户、开发方、测试方，根据三者对软件测试的不同需求，软件测试可分为用户要求的第三方测试、开发方需要的外包测试、开发方在开发过程中的内部测试和用户自行进行的测试。

按一般国际商用惯例，软件产品的检测应由第三方进行软件系统的确认测试和系统测试。用户要求第三方测试，也叫独立测试，是指软件测试工作由独立于开发机构的组织进行。独立指在经济、行政管理方面与开发机构脱离。第三方在利益和管理上不受开发方的控制，这种独立性使其工作有充分的条件按测试要求去做，不会因为开发的压力减少对测试的投入，降低测试的充分性，可以避免目前开发单位普遍存在的重开发、轻测试的现象。对于应用软件，甚至系统软件，大多数用户都不很熟悉其特性，质量评测基本难以进行，迫切需要专业的机构对开发方提供的软件给予客观的测试。正是由于采用第三方测试可以保证测试的独立性、客观性及第三方具有的测试方面的专业性，使得第三方测试越来越成为用户的首选。

在有条件的情况下，敦促第三方提交单元测试与集成测试的文档，以便对整个软件系统进行可靠性评估。

4. 外包测试及其优点

(1) 外包测试定义。外包软件测试指软件企业将软件项目中的全部或部分测试工作，交给提供软件外包测试服务的公司，由他们为软件进行专门的测试。开发方在开发过程中的内部测试一般纳入软件开发中；用户自行进行的测试由于用户缺乏系统的计算机知识，也不具备可靠的测试工具和测试方法，测试往往过于片面，达不到测试目的。软件外包是计算机技术迅猛发展的产物，是当今全球项目外包中新的发展热点。按照软件开发阶段来划分，软件外包可分为需求分析外包、设计外包、编码外包、测试外包。由于软件测试对软件质量的重要性，使得软件测试外包成为软件外包中一个重要的组成部分。现在，软件外包测试行业前景非常看好，发展空间很大。在国外，软件外包竞争十分激烈，但我国并不占优势。近几年中国的软件外包产业正处于快速发展的阶段，软件测试外包已成为我国软件外包新的业务增长点。

从目前市场来看，选择将部分软件测试工作进行外包的公司主要是微软、IBM等国际软件企业，他们利用第三方的专业软件测试公司，在产品发布前对软件进行一系列的集成测试和系统测试，既保证了测试工作的全面性，又节省了人力、物力的开销。最重要的是，测试结果往往好于这些软件企业最初的预期，效果非常令人满意。软件企业和提供软件外包测试服务的公司进行合作，可以达到双赢的目的，这样的合作还会越来越多，项目也会越做越大。

(2) 外包测试优点。软件测试外包有两点好处：

① 软件企业可以更好地专注核心竞争力业务，同时降低软件项目成本；

② 由第三方的专业测试公司进行测试，无论在技术上还是管理上，对提高软件测试的有效性都具有重要意义。

(3) 外包测试的具体情况。软件测试是否外包取决于用户和开发方博弈的结果。软件测试一般包括单元、系统、集成、确认测试。从开发方的角度考虑，除提高软件质量外，成本能否降低、软件能否有效推广是软件测试外包的重要因素。因此，开发方一般具有以下的测试战略：

单元测试基本上属于程序的调试，一般由开发方进行，边开发、边测试；即使有外包方参与测试，出于保密，一般也仅测试其中某一部分，所以单元测试外包很少。

系统测试虽然主要是开发方自己测试，但对于把软件设计外包出去的软件企业，在系统测试中往往要引入专业的测试公司进行测试，以争取尽早地发现软件设计中的Bug，加以更改。相比单元测试，系统测试外包的可能性大一些。

集成测试外包较多，特别是大型项目，测试外包往往会取得良好的测试效果。

对于软件最后阶段的确认测试，一般由用户或第三方进行。不过由于软件设计涉及很多行业，用户自行测试的可能性已越来越小，大多数的确认测试由专业软件测试机构进行第三方测试。

从用户角度考虑，软件质量的保证是主要目的，而客观的测试是达到这一目的的手段。为此，单元测试、系统测试一般不要求第三方测试，也不要求外包。但从集成测试开始，用户一般要求外包测试，特别是确认测试(包括验收测试)时，第三方测试越来越成为保证软件充分测试、提高可靠性、满足用户需求的主要手段。

另外，还有一些特殊测试，如本地化测试，一般由软件销售地公司接包，常常纳入验收测试中，也常常需要外包。

(4) 外包测试的业务、范围和工作方式。

- 主要业务类型：本地化软件测试、国际化软件测试。
- 主要测试的范围：本地化语言质量测试、国际化软件的功能和性能测试。
- 测试工作主要方式：公司内部执行的测试、派驻客户开发中心的现场测试。

5．我国军用软件产品检测和测试的特殊性

根据我国的实际情况和习惯，特别是军用软件的特殊性，其软件的检测基本上由合同甲、乙双方来进行。根据这一实际情况，军用软件产品的检测和测试步骤一般归纳为：

(1) 承制方须提出软件产品的交验申请，并附上申请报告，申请报告应包括：交检软件及其文档名、所检测的情况和结论，以及所提交软件支持环境的说明。

(2) 拟定软件检测计划：由甲方项目具体负责人拟制该计划，它应包括：检测依据、检测组织、检测环境、检测步骤、软件合格标准等。

(3) 召开提交会：主要由承制方介绍交检软件情况，并提交软件文档、开发软件及其支持环境。

(4) 进行软件检测：由甲方项目具体负责人为主并有承制方参加的检查活动。

(5) 召开软件检测评审会：通过对软件检测，根据软件合格标准对软件检查结果进行评价。

(6) 形成软件检测文档：主要包括申请报告、检测计划、检测记录、评审报告。

(7) 移交软件：对经各方面检测评审，满足战术指标的合格软件从产品库移交给甲方。

6. 终止条件和测试停止标准

软件评测机构得到的测试终止时间和测试停止标准往往随产品的预定发布或交付时间而定。有的产品甚至在发布或交付前一周还在编写新功能，由于测试时间不足，往往无法估算测试工作量。

1) 终止条件

一个合理的测试终止条件只能来源于一个明确的测试目标。如果测试的目标是找到所有的 Bug，那么无论多少时间都是不够的。合理的终止条件应当从以下两个方面考虑：

(1) 测试是为了保证软件的质量，而软件的质量标准是由用户决定的。这个标准应当在软件开发初期从用户需求调查中获得。如果每一需求项都列出了可测试的、被共同利益者认可的标准和写入测试计划中的测试用例，这样软件测试结束的首要条件就是所有在测试计划中列出的测试项和标准都通过了测试。

(2) 通常来说，早期发现并排除的 Bug 越多，运行维护成本就越少，但密集的测试就会导致测试成本的增高。而对测试来说，随着旧的 Bug 不断地被找到并修复，软件的质量也就越来越好，后继的服务成本就越来越低；相应地，新 Bug 也就越来越难找，即测试成本越来越高。所以售后服务的成本和测试的成本大致可以用图 8.7 来表示。

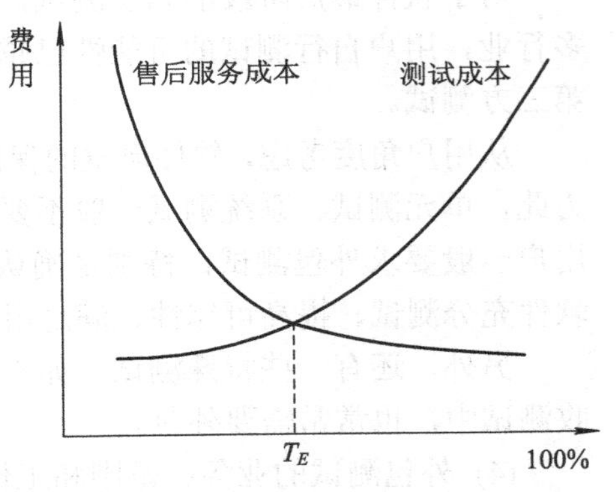

图 8.7　测试和服务的成本关系

由图 8.7 可知，当找到并解决的 Bug 占总 Bug 的比例达到 T_E 时，可终止测试。因为，通过测试发现一个 Bug 成本，要比发布后再去维护的成本高得多。其实从企业利润的角度看，就要使这两部分的成本之和最小。当然在实际情况下，这两条曲线是无法准确估计的，测试人员往往按拇指规则，即假设残留的 Bug 数与最后一阶段排除的 Bug 数相等。

当一段时间内(通常是一个星期)测试不出新 Bug 时，或按测试效益规则，当找到新 Bug 的实际价值低于相同时间的测试运行费用，或测试成本与维护成本之和达到最小值时，或在 3～5 倍企业同类软件开发项目的平均 Bug 测试时间内仍测试不出新 Bug 时，这些情况

可作为较合理的终止条件。

2) 停止标准

下面介绍一些不同测试的停止标准。

(1) 软件测试停止标准。

- 软件系统经过单元测试、集成测试、系统测试，分别达到单元测试、集成测试、系统测试停止标准。
- 软件系统通过验收测试，并已得出验收测试结论，即达到验收测试停止标准。
- 软件项目需暂停以进行调整时，测试应随之暂停，并备份暂停点数据。
- 软件项目在其开发生命周期内出现重大估算、进度偏差，需暂停或终止时，测试应随之暂停或终止，并备份暂停或终止点数据。

(2) 单元测试停止标准。

- 单元测试用例设计已经通过评审。
- 按照单元测试计划完成了所有规定单元的测试。
- 达到了测试计划中关于单元测试所规定的覆盖率的要求。
- 被测试的单元每千行代码必须发现至少 3 个 Bug。
- 软件单元功能与设计一致。
- 在单元测试中发现的 Bug 已经得到修改，各级 Bug 修复率达到标准软件测试停止标准。

(3) 集成测试停止标准。

- 集成测试用例设计已经通过评审。
- 按照集成构件计划及增量集成策略完成了整个系统的集成测试。
- 达到了测试计划中关于集成测试所规定的覆盖率的要求。
- 被测试的集成工作版本每千行代码必须发现 2 个 Bug。
- 集成工作版本满足设计定义的各项功能、性能要求。
- 在集成测试中发现的 Bug 已经得到修改，各级 Bug 修复率达到标准。

(4) 系统测试停止标准。

- 系统测试用例设计已经通过评审。
- 按照系统测试计划完成了系统测试。
- 达到了测试计划中关于系统测试所规定的覆盖率的要求。
- 被测试的系统每千行代码必须发现 1 个 Bug。
- 系统满足需求规格说明书的要求。
- 在系统测试中发现的 Bug 已经得到修改，各级 Bug 修复率达到标准。

8.6　软件产品测试要点

本节从不同方面归纳了软件产品测试的要点。

1. 功能检测要点

- 每一个软件功能必须被一个测试用例或一个被认可的异常所覆盖。

● 利用基本的数据值和数据类型进行测试。

● 用一系列合理数据值和数据类型对软件进行测试，检查软件在满负荷、饱和及其他极值情况下的运行结果。

● 用非合理的数据值和数据类型进行测试，检查软件是否具有对非法输入的排他性。

● 每一个软件功能的临界值必须作为测试用例。

● 对于软件重要功能应运用上述的几个角度去检测。

2. 性能检测要点

● 检查软件在输出结果时是否达到要求的计算精度。

● 在有速度要求的情况下，检查软件在完成规定功能时是否在要求的时间内。

● 检查软件在完成规定功能时是否能处理所规定的数据量。

● 检查软件各部分在不同情况下(如：由高速到低速或者由低速到高速)软件是否能良好地运行，完成规定的功能。

● 检查软件是否存在功能上的操作顺序，而这种顺序的存在是否符合使用要求。

● 检查软件在峰值负载期时其时间响应是否符合所允许的范围。

● 检查软件运行时所需要的最大空间是否符合要求。

3. 强度测试要点

● 强度测试是检查软件在设计的极限状态下运行，其性能下降程度是否在指定指标所允许的范围内。

● 在强度测试中，系统至少不崩溃，如不死机等。

● 在强度测试中，系统运行时的任何非正常终止都看做强度测试失败(如掉电等不可抗拒的外因除外)，即具有自动恢复能力的软件，因程序执行终止而导致软件自动恢复者也同样看待。

● 在强度测试中，系统运行的时间应按任务的时间而定。

● 对于软件性能强度的测试，应使软件在饱和状态下运行，以强化其响应时间和数据处理能力，对于数据的传输和容量，必须进行超过额定值的测试，要有三个或三个以上的强化阶段，而强化阶段所占时间为整个测试时间的1/3。其主要内容为：使系统处理超过设计的能力的最大允许值；使系统传输超过设计最大能力的数据，包括内存的写入和读出，外部设备、其他分系统及内部界面的数据传输等。

● 根据任务要求可对软件进行降级能力的强度测试，主要是使软件系统在某些资源(包括软件与硬件资源)丧失的情况下进行降级能力的运行。

● 在强度测试中，对余量值和测试项目的选取，如果性能指标中有要求的应按性能指标做，否则应由甲乙双方协商决定。

4. 余量测试要点

● 检查被检系统的全部存储量，包括内存和硬盘或其他存储介质的余量是否符合指定指标要求(或隐含的使用要求)。

● 检查被检系统的响应时间余量是否符合性能指标要求(或隐含的使用要求)。

● 余量值或性能指标有要求，则应满足性能指标要求，一般为20%的余量。

5. 外部接口和人机交互界面检测要点

- 检查所有外部接口和接口信息格式及内容。
- 检查人机交互界面提供的操作和显示界面，用非常规操作、误操作、快速操作等来检验界面的可靠性，并以最终用户的环境来检查界面的清晰性。
- 以最终用户的使用习惯来检验软件操作的合理性。

6. 安全性检测要点

- 对软件进行安全性分析，找出软件需求中对软件的安全要求，而软件有可能存在的非安全因素在检查中应逐个进行测试。
- 在软件中对用于提高安全性的结构、算法、容错、冗余、中断处理等方案进行针对性测试。
- 在异常条件下检测软件不会因可能的单个或多个输入Bug而导致软件系统出现异常状态，甚至无法使用。
- 测试应包括边界、界外及边界结合部的检测。
- 检查在最坏配置情况下，软件系统对最小和最大输入数据率的反应。
- 对有备份要求的软件系统，应测试在双机或多机切换时，软件系统的正确性和连续性。

7. 恢复性测试要点

恢复性测试主要是验证在技术指标中对于系统中断时丢失数据而又要求系统自动恢复丢失数据的能力，包括系统重置数据的能力。因此，必须对系统的每一个恢复或重置方法逐一验证，并要求研制方提供恢复或重置数据的证据。

8. 边界测试要点

- 对系统的输入域和输出域的边界进行测试。
- 对系统的功能边界进行测试。
- 对系统性能进行边界测试。
- 对系统在状态转换时进行测试。
- 性能指标对容量有要求的须对系统的容量界限进行测试。

9. 敏感性测试要点

- 对软件的可扩展性进行检查，主要是检查软件是否采用了模块化设计、面向对象设计方法，使软件具有“松耦合”的特点，以便软件在功能、性能上能进行扩展和软件的升级换代。
- 对软件的可移植性进行检查，检查在选用软件设计方法、编程语言、支持环境时是否考虑到软件运行环境可能的变化。
- 检查电、磁、机械等干扰对软件的运行影响。

10. 回归测试要点

- 软件的变动部分是否符合性能指标要求。
- 重复并通过被检软件以前做过的与变动部分相关的检测项目。
- 验证软件的修改不能对软件的功能与性能造成损害。

11．计算机配置测试要点

● 检查计算机的品牌与档次，是否为著名厂商所生产。如国内为长城、联想、同方、实达等；国外为 IBM、HP、INTEL、AST、COMAPQ、DELL 等。按性能指标要求检查机器是商用机或工控机，还是军用机。

● 检查计算机主频速度、内存及缓存大小、I/O 通道数以及总线方式是否符合指定指标要求。

● 检查计算机显示器尺寸、分辨率、色彩等是否符合性能指标要求。

● 检查计算机硬盘的大小、读写速度等是否符合指定指标要求。

● 检查计算机的键盘及鼠标的输入是否可靠，手感是否舒适。

● 检查支持软件的销售发票及 ID 号，确定其是否为正版软件，以及其版本号是否达到要求。

● 检查提交的软件是否与产品库中软件一致，包括字节数、文件个数等。

12．可安装性测试要点

● 按照软件的《用户手册》进行逐一操作，检查能否正确进行安装、易操作等。

● 有自动安装软件的应检查其是否有明确的中文和图标或其他在线帮助提示进行安装。

● 检查安装软件后其文件数和大小是否与《用户手册》说明一致。

● 进行支持软件和所开发的软件的安装中涉及可选配的部分在安装过程中或《用户手册》中是否有明确的说明。

● 安装后软件的版本是否与提交申请报告一致且能正确运行。

13．清除计算机病毒要点

● 首先保证安装盘是新盘，即是直接由厂家提供的拷贝。

● 用正版的杀病毒软件如 G-Data Autivirus2010、诺顿、卡巴斯基、瑞星等对安全盘进行检查。

● 对将安装的计算机硬盘进行从低级到高级的格式化，然后再进行从支持软件到开发软件的安装。

14．其他专项测试

若在条件允许情况下，应用专门的测试软件和设备对被检软件进行通过协议和规程的测试以及其他专项测试。

15．数据相关性分析

不仅应对软件从输入到输出数据进行正确性分析，而且要对软件相关联的功能的输出数据进行数据的相关性分析，检验这些数据的合理性。

16．软件测试后调试

软件调试和软件测试有完全不同的含义：

● 测试的目的是显示存在 Bug。

● 调试的目的是发现 Bug 或分析导致程序失效的 Bug 原因，并修改程序以修正 Bug。通常情况是在测试以后紧接着进行调试，调试是在测试发现 Bug 后消除 Bug 的过程。

实际上这两项工作是交叉进行的。

8.7　软件测试经验和建议

1．几种测试方法之间的联系

(1) 进行了黑盒测试还要进行白盒测试。黑盒测试只能观察软件的外部表现，即使软件的输入输出都是正确的，也并不能说明软件就是正确的。因为程序有可能用错误的运算方式得出正确的结果，例如“负负得正，错错得对”，只有白盒测试才能发现真正的原因。白盒测试能发现程序里的隐患，像内存泄漏、误差累计问题。在这方面，黑盒测试存在严重的不足。

(2) 虽然单元测试要写测试驱动程序，比较麻烦，但不能等到整个系统全部开发完后，再集中精力进行一次性地单元测试。如果这样做，在开发过程中，Bug 会越积越多并且分布得更广、隐藏得更深，反而导致测试与改错的代价大大增加。更糟糕的是无法估计测试与改错的工作量，使项目进度失去控制。因此如果只图眼前省事而省略单元测试，那么就会得不偿失。

(3) 如果每个单元都通过了测试，还需要进行集成测试。要把 N 个单元集成一起肯定靠接口耦合，这时可能会产生在单元测试中无法发现的问题。如数据通过不同的接口时可能出错；几个函数关联在一起时可能达不到预期的功能；在某个单元里可以接受的误差可能在集成后被扩大到无法接受的程度，所以集成测试是非常必要的。

(4) 在集成测试的时候，已经对一些子系统进行了功能测试、性能测试等，但不可在系统测试时跳过相同内容的测试。因为集成测试是在仿真环境中开展的，那不是真正的目标系统。而且单元测试和集成测试通常由开发小组执行。根据测试心理学的分析，开发人员测试自己的工作成果是必要的，但不能作为成果已经通过测试的依据。

(5) 虽然系统测试与验收测试的内容几乎相同，但还需要验收测试。首先是“信任”问题。对于合同项目而言，如果测试小组是开发方的人员，客户怎么能够轻易相信“别人”呢？所以当项目进行系统测试之后，客户再进行验收测试是情理之中的事；否则，那是客户失职。不论是合同项目还是非合同项目，软件的最终用户各色各样(如受教育程度不同、使用习惯不同等)，测试小组至多能够模仿小部分用户的行为，但并不具有普遍的代表性。

(6) 不能将系统测试和验收测试合二为一。系统测试不是一会儿就能做完的，比较长时间的用户测试很难组织。用户还有自己的事情要做，他们不能为别人测试，即使用户愿意做系统测试，他们消耗的时间、花费的金钱大多比测试小组的高。系统测试时会找出相当多的软件 Bug，软件需要反复地改错。如果让用户知道这些过程，会影响用户对软件质量的信心。

2．测试经验

软件测试是一门包括编程方法、模型设计等多领域的实践性很强的综合学科，是一项比较复杂的工作，是一个从实践到理论再由理论到实践循环反复进行的过程。在实际中，有很多技巧和经验可以借鉴。下面给出一些专家在软件测试方面的技巧和经验：

(1) 软件测试需求是开发测试用例的依据，测试需求分解的越详细越精准，表明对所

测软件的了解越深，对所要进行的任务内容就越清晰，对测试用例的设计质量的帮助就越大。详细的测试需求是衡量测试覆盖率的重要指标，测试需求是计算测试覆盖的分母，没有详细的测试需求就无法有效地进行软件测试覆盖计算。

(2) 高质量的软件测试需要高质量的规格说明。如果开发人员没有首先为每个单元编写详细的规格说明而直接跳到编码阶段，当编码完成以后并且面临代码测试任务时，就会带来困难。如果他们首先写好一个详细的规格说明，软件测试就能够以规格说明为基础。这样进行的测试能找到更多的编码 Bug，甚至是一些规格说明中的 Bug。所以，好的规格说明可以提高软件测试的质量。

(3) 测试实验室是进行测试工作的最好环境。如果可能，应该建立测试实验室，实验室包括必要的装备、工具软件(包括测试工具)和各种操作系统平台，保持实验室的实用、整洁，避免他人干扰甚至破坏测试环境。

(4) 在制定测试计划时，就要考虑到测试的风险，并选择要执行哪些测试，放弃哪些测试；开发人员也应参与测试计划的评审；测试模型的制作应该尽可能贴近用户，或者站在用户的使用立场上来测试软件，这样应该能发现更多的 Bug。

(5) 根据被测试软件产品的不同，需要在“Bug 描述”中增加相应的描述内容，这需要具体问题具体分析。

(6) 由于测试发现 Bug，在解决 Bug 后还要重新测试，因此测试的时间可能会比实际更长一些，要识别和注意少数重要的方面，而忽略多数次要的方面，有时候少数的 Bug 足以致命，这些 Bug 将是软件测试结果中重要性最高的 Bug。

(7) Bug 的定位有时是很难的，要找出必然发生的前因后果，而不至于因为描述 Bug 而误导开发人员。有时候确实存在不能重建的 Bug，解决办法之一是在 Bug 报告中给予说明。

(8) 对 Bug 的描述应该是准确、完整而简练。因为描述的问题或者不完整的描述会引起开发人员的误解，其后果是可以想见的。

(9) 有时有经验的测试人员凭借直觉就可以发现一些 Bug，这可称为“Bug 猜测”。

(10) 制作一个简单的测试问题跟踪软件，记录测试的结果，将测试发现的 Bug 分类，并对测试发现的 Bug 和模块、开发人员进行关联，有助于分析 Bug，并可有效记录测试的结果，形成测试报告，并从中找出一些规律性的东西来。因此测试问题跟踪软件还是有一定的价值的。

(11) 软件测试结束后，测试活动还没有结束。测试结果分析是必不可少的重要环节，测试结果的分析对下一轮测试工作的开展有很大的借鉴意义。在“测试准备工作”中，建议测试人员阅读 Bug 跟踪库，查阅其他测试人员发现的软件 Bug。测试结束后，也应该分析自己发现的软件 Bug，对发现的缺陷分类，会发现自己提交的 Bug 只有固定的几个类别。然后，再把一起完成测试执行工作的其他测试人员发现的 Bug 也汇总起来，就会发现所提交 Bug 的类别与他们有差异。这很正常，人的思维是有局限性，在测试的过程中，每个测试人员都有自己思考问题的盲区和测试执行的盲区，有效地自我分析和分析其他测试人员，你会发现自己的盲区。有针对性地分析盲区，必定会在下一轮测试中避免盲区。

测试人员容易犯的两种 Bug：

(1) 测试人员发生判断 Bug，将本没有 Bug 的系统行为报告为 Bug，或者将 Bug 指定

过高的严重级别，或者过高估计 Bug 的严重性，这样都会引起开发人员的不信任。

(2) 测试人员将 Bug 的严重性或优先级定得过低，从而产生“测试逃逸”，这样也会造成产品质量的风险。

以上两种 Bug 应该尽量避免。

3. 建议

(1) 测试过程中往往容易忽略最简单的测试，如系统的单词拼写、界面的显示与兼容性、易用性测试等。测试员不应该将单词拼写检查等放在最后测试，由此会出现测试疲劳，导致忽略这部分的测试。

建议：测试人员在针对一个需求进行验证时，应该明白在哪几个方面进行测试，比如：功能测试、业务需求测试、兼容性测试、安全性测试、界面测试、易用性测试等，将这几种测试融入到自己的意识里，每次测试过程中检查是否覆盖或遗漏了这些测试。

(2) 测试用例设计中区分了用例的重要性级别，输入数据及预置条件就比较准确。

建议：在编写测试用例时，要注意分清测试用例的重要等级(H、M、L)，在后期的测试执行中可以根据重要等级来划分执行的先后顺序。在时间不充足情况下，可以安排只执行 High 与 Medium 级别的用例。说明：与业务流程或需求紧密相关的测试用例可以定义为 High，一般的功能点及异常检查或数据内容显示的测试用例可定义为 Medium，对于界面性显示的测试用例可定义为 Low。同样预置条件与输入数据在测试执行时起很大的帮助作用，测试人员应该根据实际需要准确地定义预置条件与输入数据。

(3) Bug 清单的严重级别定义要准确。在测试过程中，测试人员往往对于系统权限，流程 Bug 等问题简单给予提示或一般的严重级别，这样可能导致开发经理在分发问题时产生误导，或者导致项目质量分析报告中出现误差。

建议：测试人员应该从 Bug 给用户所带来的影响，以及与业务操作的关系等多方面去考虑，实事求是地给出准确的定义。

(4) 测试人员编写测试用例要把握编写的粒度，明确写到哪种程度用例才算恰到好处。

建议：测试人员首先应根据项目组的要求、允许投入的时间及不同类型的业务系统着手编写测试用例，其次测试人员针对一个需求点编写测试用例时，尽量从以下几种测试类型去考虑测试观点的覆盖：用户界面、数据的初始化、数据的同步性、数据的一致性、数据的有效性、出错处理测试、关键功能点、权限检查、业务数据流、业务状态转换、系统间接口集成、可用性、安全性、性能。因为测试用例的粗细同样决定后续的测试执行工作以及测试用例维护工作的投入时间，不能因为测试用例而导致整个测试工作的后延。

(5) 测试人员编写的测试用例要注意每种测试用例类型的排列先后顺序，以及测试用例执行的连贯性，同时要与实际的测试执行结合起来。

建议：一个需求所扩展出来的测试用例应尽量按照一定的顺序进行排列，如：界面显示检查→数据内容检查→功能点的出错处理检查→功能点的正常处理检查→业务流程的检查→权限检查，这样可以让用例看起来条理清晰，可读性较强。同时测试用例更应该与测试执行时所做的操作相吻合，比如测试人员首先登录系统，进入某一个页面，先检查界面文本显示，然后查看数据内容是否正确，接着检查某个功能是否进行了出错处理，它是否达到了正常的可用性，最后提交数据，检查业务流程流转是否正确等。所以用例应该根据

上面的这些检查操作来编写，通过一连串测试用例来实现这些操作。

(6) 测试任务较多时，测试人员更要较好地把握测试的主次及优先顺序，明确业务集中点和用户操作比较多的场景。

建议：测试人员应该了解业务人员的基本操作习惯以及业务集中区域，对于业务人员经常操作的模板及业务，或者业务人员依赖性很强的功能点，测试人员应该重点对待，认真测试。同时对于不同的业务流程，测试人员应该与需求人员进行咨询，得出测试的优先级。

(7) 测试过程中提交Bug清单的占用的时间过多，就会导致测试的时间不够。

建议：测试人员在前期提交Bug尽量标准化、规范化。随着测试的深入以及工作量的增加，测试人员可以通过标题来准确描述Bug清单，让开发人员通过标题就可知问题所在。其次测试人员对于比较容易重现的或者容易理解的Bug清单，可以尽量忽略问题描述，但还是需要提供截图。对于组合操作发现的Bug清单，描述里面需要写明重现步骤及测试数据与条件。

(8) 提高测试人员的沟通积极性。测试人员在整个软件开发生命周期里需要跟各种不同的角色进行沟通，比如需求人员、开发人员、开发经理、项目经理、架构师、运行维护人员及编辑人员等，与各种不同角色的人员进行沟通可以更好地支持测试人员顺利地完成测试工作。

建议：测试人员在熟悉需求及编写用例时，应该主动与需求人员进行沟通，明确需求，解答需求疑惑。主动与开发人员进行沟通，咨询系统原型，获取开发人员的开发思路，从而完善测试用例，更全面地执行覆盖测试。应主动向项目经理或开发经理提出风险问题或者自己的建议，如测试的面太广，测试时间不够等问题。性能测试人员更应该向系统架构师咨询系统的设计与架构，为后面的性能测试打下坚实的基础，尽早地发现测试过程中的难点与问题点。

(9) 避免开发人员与测试人员产生矛盾。开发人员不能很好地测试自己的程序是因为做不到“无情”。但如果测试人员真正做到了“无情”，就会引起开发人员的不满。由于开发与测试存在“对立”关系，开发人员与测试人员很容易产生矛盾，从而直接影响项目的开发。

建议三点：

① 开发人员的注意事项：

- 不要敌视测试人员。要理解测试的目的就是发现Bug，是测试人员的工作职责。
- 不要轻视测试人员，别说人家技术水平差，不配搞开发，只好搞测试。

② 测试人员的注意事项：

- 发现Bug时不要贬低开发人员。
- 在开发人员压力太大时或心情不好时不要打击他，发现Bug时不要大肆张扬。

③ 如果测试人员与开发人员的关系非常好，可能会导致在测试时“手下留情”，这对项目也是一种伤害。

(10) 不要急于求成。很多人不重视软件设计过程中的测试，等到软件设计完成后再进行全面的测试，这样可能花费很多的代价。

建议：在测试过程中针对发现的软件Bug进行了初步分析，并提交程序设计人员对原软件中可能存在的问题进行考查。在软件测试中首先根据软件测试的规范进行考核，将书写规范、注释等基础问题首先解决，其次考核软件测试中的问题是否存在设计上的逻辑

Bug，如果存在设计 Bug，则应分析该 Bug 的严重程度以及可能引发的 Bug。软件开发人员在以上基础上对软件的不足做出相应的修改，同时通过软件回归测试验证软件修改后能够得到的改善结果。

8.8　微软的测试策略

传统上认为软件测试的方法从总体上分为两类：第一类测试方法是试图验证软件是“工作的”，所谓“工作的”就是指软件的功能是按照预先的设计执行的；而第二类测试方法则是设法证明软件是“不工作的”。第一类测试方法以需求和设计为本，因此有利于界定测试工作的范畴，更便于部署测试的侧重点，加强针对性。第二类测试方法与需求和设计没有必然的关联，如果计划管理不当，测试活动很容易丢失重点，走入歧途。微软在软件测试活动中将两类方法结合起来，以第一类测试方法为基础和主要线索，阶段性地运用第二类测试方法。

1. 微软的第一类测试

微软总体上将测试分为三步进行：审核需求和设计→设计测试→实施运行测试。测试是以需求和设计为本来验证软件的正确性。而需求和设计本身也有正确与否问题。依据不正确的需求和设计不可能开发出正确的软件产品，测试将是徒劳的。

第一步。验证需求和设计。需求和设计具体说来一般包括：

(1) 由项目经理根据用户要求(信息来源于市场部门，用户支持部门等)而编写的需求文本；

(2) 由项目经理根据需求文本而编写的功能设计文本；

(3) 由开发人员根据功能文本而编写的实施设计文本。

微软的测试人员要参与所有这些文本的审核，审核重点是检查文本对用户需求定义的完整性、严密性和功能设计的可测性。

第二步，测试人员要根据已审核通过的需求和设计编制测试计划，设计测试用例，功能设计文本是编写的主要依据。因为这类测试关心的是软件是否能正确地实现功能，而不是这些功能如何被具体实施。微软的测试主要是从用户角度进行的黑盒测试。这一步的完成就意味着“测试计划”和“测试用例设计”两个文本的完成。项目经理和开发人员要审核这两个文本。经过各种相互的审核，大家对项目形成了基本的共识。

第三步实施运行测试是整个开发过程中最长、最复杂的一个阶段。从总体上说就是将上一步设计的测试用例按计划付诸实施的过程，包括编写自动化测试程序、反复运行自动化测试程序，以及阶段性执行手动测试用例。这种计划性首先体现在开发和测试的相互协调配合，根据产品的架构和功能模块的依赖关系，按照项目的总体计划共同推进。从测试的过程来看，总是先运行或执行简单用例，然后再是复杂用例；先验证单一的基本功能，再综合端到端的功能；先发现解决表面的、影响面大的 Bug，再解决深层的、不容易重现的 Bug。

2. 微软的第二类测试

微软的第二类测试是阶段性的，常常根据需要而带有随机性和突击性。对于这类测试，

在微软有一个专门的名称："Bug Bash(Bug 大扫除)"。Bug Bash 通常在项目开发各阶段(微软称里程碑)的末期进行，一般有以下要点：

(1) 尽管这是一个测试活动，但参与者并不仅限于测试人员。项目经理，开发人员甚至于高层管理人员都应参加，如同全民动员。目的是要集思广益。

(2) 要鼓励各部门，领域交叉搜索，因为新的思路和视角通常有助于发现更多的 Bug。

(3) 为调动积极性，增强趣味性，可以适当引入竞争机制。

(4) 分专题展开，比如安全性、用户界面可用性、国际化和本地化等。

微软的第二类测试除了 Bug Bash 外，经常还有一些专业性的测试，最典型的是针对安全性攻击测试。一般会邀请公司内部或业界的专家来搜寻产品的安全漏洞。软件测试在微软软件产品开发中的作用、地位远不是一些原始的方法所能达到的，也不是传统软件测试概念所涵盖的。微软在软件测试方面有很多特有的做法和概念上的突破，比如"软件测试的信息服务功能"、"以用户为中心的宏观质量体系"、"分级测试"、"项目的质量管理系统"、"Bug 三方会审"、"测试自动化"和"软件测试的软硬件"等。

8.9 主要测试活动的测试工具

与主要测试活动有关的测试工具有：评审与审查、制定测试计划、测试设计与开发、测试执行与评估和测试支持。下面进行详细介绍每类测试工具。

1. 评审与审查工具

评审与审查工具是用于需求、功能设计、内部设计和代码的，有些工具是用于规格说明的，但很多专用于代码检查。

评审与审查工具用途包括：复杂度分析、代码理解、句法与语义分析。

(1) 复杂度分析。对于测试人员来说这种度量是非常重要的，因为它提示为有效避免故障所需要的测试量(包括审查)。有经验的程序员知道，80%的 Bug 是由于 20%的程序代码引起的，复杂度分析有助于发现这最紧要的 20%的 Bug。复杂度度量方法能确定复杂域中的高风险，复杂度度量基于程序中的一系列判定。那些标明为较复杂的代码域，是必须补充测试进一步审查的，需要分析其复杂度。

(2) 代码理解。代码理解工具能帮助人们了解不太熟悉的代码。这些工具能帮助人们理解相关性、跟踪程序逻辑、观看程序的图形表达并确认死代码。利用这些工具可以成功地确定需要特殊关照的域，例如需要审查的域，准备代码审查会议要花大量的时间。需要广泛的分析、理解和逆向工程时，采用代码理解工具可以使这些工作更加容易。

(3) 句法和语义分析。用句法和语义分析工具可进行广泛的 Bug 检查，找出编程员忽略的 Bug，有时在正式测试之前或在正式测试的过程当中用于标识潜在的 Bug。这些工具是与语言(有时是方言)相关的。以 C 语言为例，由于存在各种方言，这些工具通常可以通过方言配置。该工具可以对代码进行句法分析，对 Bug 进行记录并提供结构信息。句法分析器可以发现语义 Bug，并指出句法上不连贯的地方。

2. 制定测试计划的工具

制定测试计划所需要的工具类型包括测试计划文件编制模块、测试进度和人员安排估计、复杂度分析器。

有助于评审和审查的工具对制定测试计划也同样有用，即可以确定复杂产品域的工具也可以用于确定对计划制定产生影响的域，计划制定用于基于基本风险管理的补充测试。

制定测试计划的目的是定义测试活动的范围、方法、资源(包括工具)和进度。测试计划为整个测试过程提供基础。软件测试是一种脑力劳动，制定计划是必不可少的，工具不能代替思维。尽管捕获/回放工具非常有用，但它们并不能取代周密的测试计划和设计。

IEEE/ANSI 软件测试文档标准(Std 829—1983)对测试计划的目的、大纲和内容进行了描述。尽管有些工具包含了测试计划模板，但采用一个办法很有用，即将 IEEE/ANSI 标准内的测试计划大纲输入到可访问的编辑文件中。

3．测试设计和开发工具

测试设计是详细说明软件特征或特征组合的测试计划所指定的整体测试方法，以及确定并选择相关测试用例的过程。测试开发是将测试设计转换成具体的测试用例的过程。与制定测试计划一样，对最重要、最费脑筋的测试设计过程来说，工具起不了很大作用。但测试执行和评估类工具，如捕获/回放工具有助于测试开发，也是实施计划和设计合理的测试用例最有效的手段。

有一种测试数据生成工具非常有用，它能使基于用户定义格式的测试数据生成自动化，如能自动生成具体由用户指定输入事务的所有排列。

测试设计和开发需要的工具类型包括：测试数据生成器、基于需求的测试设计工具、捕获/回放、覆盖分析。

基于需求的测试设计工具至今还没有获得广泛的实际应用。根据故障需求可能占 Bug 成本的 80%这一假设，可使用基于因果图理论的高度规范的方法，设计测试用例以确保实现的系统符合正式规定的需求文件。对于那些希望采用规范、严格且有条有理的方法的人，这种方法很合适。

4．测试执行和评估工具

测试执行和评估是执行测试用例并对结果进行评估的过程，包括选择用于执行的测试用例、设置环境、运行所选择测试、记录执行活动、分析潜在的产品故障并测量这项工作的有效性。评估类工具对执行测试用例和评估结果这一过程起辅助作用。

测试执行和评估所要求的工具类型包括：捕获/回放、覆盖分析、存储器测试、仿真器及性能。下面简要介绍每一类工具。

1) 捕获/回放

捕获/回放工具可以捕获用户的操作，包括击键、鼠标活动，并显示输出。这些被捕获的测试，包括已被测试人员确认的输出，为今后的产品修改测试构成基线。需要时工具可以自动回放以前捕获的测试，并通过与以前存储的基线进行比较而对结果进行确认。因此，当修复故障并对产品进行增强时，测试人员不需要通过手工反复不断地重新进行测试。

捕获/回放工具可以分为本机式和非侵入式两种：

(1) 本机式(有时称为侵入式)捕获/回放是在一个系统内进行，捕获/回放工具和被测试的软件处于同一系统，即测试工具处于受测试系统的“本地”。称为侵入式是因为捕获/回放软件在一定程度上会影响操作性能，当然大多数软件测试与这种影响无关。

(2) 非侵入式捕获/回放需要为测试工具增加硬件系统；通常主机系统(包含被测试软件)与捕获/回放工具之间有专门的硬件连接，从而可以使捕获/回放系统以对主机软件透明的方式发挥功能。最好的非侵入式工具独立于平台和操作系统。

有三种形式的捕获/回放工具，排在前面的最便宜，排在后面的最贵：

(1) 本机式/软件侵入式(在被测试系统内的软件层面上产生干扰)。

(2) 本机式/硬件侵入式(只在硬件层产生干扰)。

(3) 非侵入式(不产生干扰)。

使用最多的类型是本机/软件侵入式。非侵入式通常用于被测试产品本身是集成硬件和软件系统的，不能再容纳更多的内部硬件或软件，如实时嵌入式系统。大部分的软件测试没有这种限制，因此本机/软件侵入式也就成了大多数组织通常采用的性价比高的解决方案。

2) 覆盖分析

覆盖分析器对测试质量提供定量测量。利用覆盖分析器可以发现对软件的测试是否充分。这种工具对所有软件测试组织都是必不可少的，它告诉人们接受测试产品的哪些部分已被当前测试所执行(覆盖)。这类工具还会告诉人们软件产品具体有哪些部分还没有覆盖到，需要进一步的测试。

覆盖形式多种多样，包括语句、判定、条件、判定/条件、多条件和路径。首先应该确保程序中的每一条语句受到过测试，而且对于所有可能出现的结果每一判定至少经历过一次。

几乎所有结构工具都将源代码载入预处理程序，实现对覆盖信息的跟踪。问题是现有的新源程序比原来的大，因此人们的目标模块在规模上会增加。另一潜在的问题是性能可能受到影响，因为现有的程序与原来的不一样。但是，软件发布的最后版本不包括上面的预处理步骤，因此也就不会在规模和性能方面受到影响。

3) 存储器测试

边界检验器、存储器测试器、运行 Bug 检测器还是漏洞检测器，这类工具一般来说应能检测：存储器问题、重写或重读阵列界、已分配但未释放的内存、读出并使用未初始化的存储器。

尽管存储器测试工具往往是语言专用及平台专用的，但还是有些销售商生产的工具可用于最常见的环境。这方面最好的工具是非侵入式的，且使用方便、价格合理，是实用的一类工具，特别是将低质量的应用考虑在内时，情况也如此。

4) 仿真器和性能

仿真器取代与被测试软件交互作用的软件或硬件。利用仿真器还可以检查系统性能。一般来说，性能工具有助于确定软件和系统性能。在实际中，有时很难找到区分仿真器与性能工具的分界线。

最后，还有一些工具可用于自动多用户客户/服务器加载测试和性能测量。这些工具可用于生成、控制并分析客户/服务器应用的性能测试。

5. 软件测试支持工具

测试支持工具不是测试过程的主体，它们对整体测试工作提供全面支持。测试支持需要的工具类型包括：问题管理、配置管理等。

(1) 问题管理。问题管理工具有时称为 Bug 跟踪工具、故障管理工具、事故控制系统等，用于在整个软件产品生存周期中对 Bug 和管理的记录、跟踪并提供全面的帮助。

尽管许多公司花费大笔经费开发内部的问题管理系统，但现在已有工具销售商开发跨多种平台的系统。最好的问题管理工具很容易根据特定的环境进行定制，并具备如下标准特征：

- 易于迅速提交和更新 Bug 报告。
- 易于生成预定义或用户定义的管理报告。
- 易于有选择性地自动通知用户对 Bug 状态的修改。
- 易于根据用户提问提供对所有数据的安全访问。

(2) 配置管理。配置管理是对文件修改以及其他紧要事物进行管理、控制和协调的关键。配置管理工具协助版本控制并构建管理过程。除问题管理和配置管理外，还有许多与测试无关的工具，对测试过程提供支持。这些工具包括项目管理工具、数据库管理软件、电子表格软件以及字处理器。

本章小结

软件测试是一个很复杂的活动，同时又是一系列可以事先计划并且可以系统地进行管理的活动， 因此，应该为软件工程过程设计一个软件测试模板，可以包括很多特定的测试用例、测试步骤和很多测试策略等。本章介绍了一些软件测试计划、需求分析、模型测试技术、软件测试设置、软件产品测试要点、测试人员分配及其组织问题，给出了一些软件测试经验和建议，介绍了微软测试的策略，以及与主要测试活动有关的测试工具基础。

练习题

1. 简要介绍五类基本的软件测试技术。
2. 说明软件测试需求的依据。
3. 介绍软件产品测试的一般步骤。
4. 介绍软件测试终止条件和停止标准。
5. 介绍软件产品测试的要点。

软件测试文档编写指南

软件测试是软件质量保证的重要手段。为了提高检测软件的工作效率，使测试有计划地、有条不紊地进行，必须编制软件测试文档。本章介绍如何编写一些常见的软件测试文档。

9.1　软件测试文档的编写规范

标准化的测试文档如同一种通用的参照体系或模板，可达到便于交流的目的。文档中所规定的内容可以作为对测试过程完备性的对照检查表，采用这些文档模板将会提高测试过程中每个阶段的能见度，极大地提高软件测试工作的可管理性。GB 8567 是一个计算机软件产品开发文档编制规范。下面介绍规范 GB 8567 的内容。

1. GB 8567 组成和特点

测试文档的编写规范是为软件管理人员、软件开发人员和维护人员、软件质量保证人员、审计人员、客户及用户制定的，本规范用于描述一组测试文档，这些测试文档描述测试行为。本规范定义每一类基本文档的目的、格式和内容。所描述的文档着重于动态测试过程，但有些文档仍适用其他种类的测试活动。GB 8567 可应用于数字计算机上运行的软件，既适用于初始开发的软件测试文档编制，也适用于其后的软件产品更新版本的测试文档编制；既适用于纸质的文档，也适用于其他媒体的文档。如果电子文档编制系统不具有安全的批准注册机制，则批准签字的文档必须使用纸张。

1) GB 8567 中使用的关键术语

- 设计层：软件项的设计分解，如系统、子系统、程序或模块。
- 通过准则：判断一个软件项或软件特性的测试是否通过的判别依据。
- 软件特性：软件项的显著特性，如功能、性能或可移植性等。
- 软件项：源代码、目标代码、作业控制代码、控制数据或这些项的结合。
- 测试项：作为测试对象的软件项。

2) 主要内容

在 GB 8567 中，涉及软件测试的文档由测试计划和测试分析报告组成，这两部分确定了各个测试文档的格式和内容，所提供的文档类型包括三部分：

(1) 测试计划。测试计划描述测试活动的范围、方法、资源和进度。它规定被测试的内容、被测试的特性、应完成的测试任务、担任各项工作的人员职责及与本计划有关的风险等。

(2) 测试说明。测试说明包括三类文档：测试设计说明、测试用例说明和测试规程说明。

(3) 测试报告。测试报告一般包括四类文档：测试项传递报告、测试日志、测试事件报告和测试总结报告。

这些文档同其他文档在编制方面的关系以及与测试过程的对应关系如图 9.1 所示。

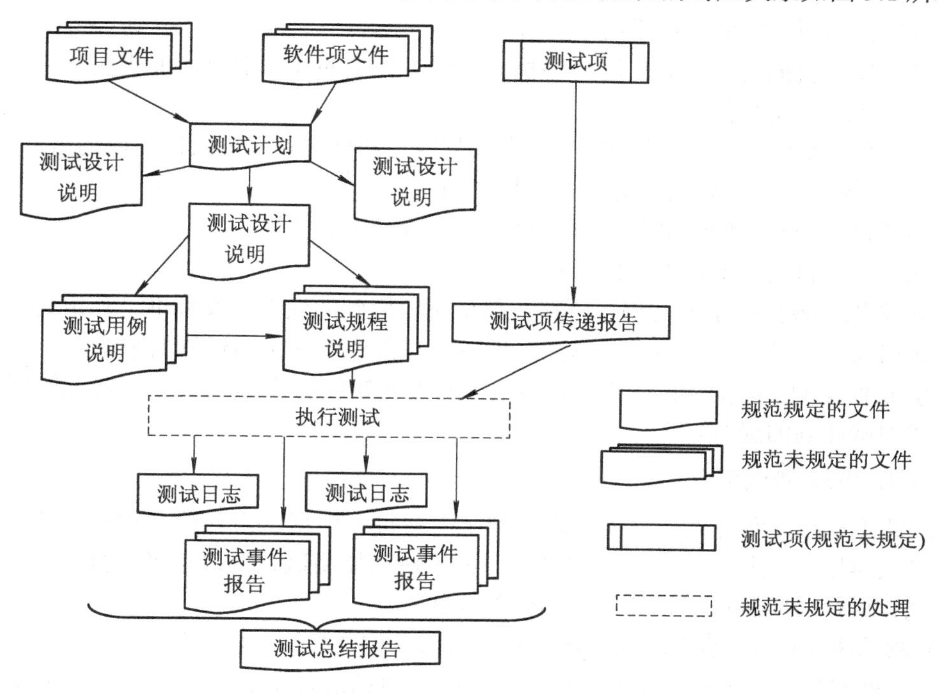

图 9.1　GB 8567 测试文档流程图

2. GB 8567 说明部分

(1) 测试概要。用表格的形式列出每一项测试的标识符及其测试内容，并指明实际进行的测试工作内容与测试计划中预先设计的内容之间的差别，说明做出一些改变的原因。

(2) 测试结果及发现。把本项测试中实际得到的动态输出(包括内部生成数据输出)结果同对于动态输出的要求进行比较，说明其中的各项发现。

(3) 功能测试。测试包括以下内容：

- 简述该项功能，说明为满足此项功能而设计的软件能力以及经过一项或多项测试已证实的能力。
- 说明测试数据值的范围(包括动态数据和静态数据)，列出测试期间在该软件中就功能而言查出的 Bug 的局限性。
- 说明经测试证实了的本软件的能力。如果所进行的测试是为了验证一项或几项特定性能要求的实现，应提供这方面的测试结果与要求之间的比较，并确定测试环境与实际运行环境之间可能存在的差异对能力的测试所带来的影响。
- 说明经测试证实的软件 Bug 和限制，说明每项 Bug 和限制对软件性能的影响，并说明全部测得的性能 Bug 的累积影响和最终总影响。

(4) 建议。对每项 Bug 提出改进建议，如各项修改可采用的修改方法；各项修改的紧迫程度；各项修改预计的工作量；各项修改的负责人。

(5) 评价。说明该软件的开发是否已达到预定目标，能否交付使用。

(6) 编写目的。本测试计划的具体编写目的，指出预期的读者范围。

(7) 背景。包括：

● 测试计划所从属的软件系统的名称。

● 该开发项目的历史。列出用户和执行此项目测试的计算中心，说明在开始执行本测试计划之前必须完成的各项工作。

(8) 定义。列出本文档中用到的专门术语的定义和外文首字母组词的原词组。

(9) 参考资料。列出要用到的参考资料，如

● 本项目的经核准的计划任务书或合同、上级机关的批文。

● 属于本项目的其他已发表的文档。

● 本文档中各处引用的文档、资料，包括所要用到的软件开发标准。列出这些文档的标题、文档编号、发表日期和出版单位，说明能够得到这些文档资料的来源。

(10) 软件说明。提供一份图表，并逐项说明被测软件的功能、输入和输出等质量指标，作为叙述测试计划的提纲。

3. GB 8567 测试部分

(1) 测试内容。列出组装测试和确认测试中的每一项测试内容的名称标识符、这些测试的进度安排以及这些测试的内容和目的，如模块功能测试、接口正确性测试、数据文卷存取测试、运行时间测试、设计约束和极限测试等。

(2) 测试(标识符)。给出这项测试内容的参与单位及被测试的部位。

(3) 进度安排。给出对这项测试的进度安排，包括进行测试的日期和工作内容(如熟悉环境。培训、准备输入数据等)。

(4) 条件。本项测试工作对资源的要求，包括

● 设备所用到的设备类型、数量和预定使用时间。

● 软件列出将被用来支持本项测试过程，而本身又并不是被测软件的组成部分的软件，如测试驱动程序、测试监控程序、仿真程序、桩模块等。

● 人员列出在测试工作期间预期可由用户和开发任务组提供的工作人员的人数。技术水平及有关的预备知识，包括一些特殊要求，如倒班操作和数据键入人员。

(5) 测试资料。列出本项测试所需的资料，如

● 有关本项任务的文档。

● 被测试程序及其所在的媒体。

● 测试的输入和输出举例。

● 有关控制此项测试的方法、过程的图表。

(6) 测试培训。说明或引用资料说明为被测软件的使用提供培训计划，规定培训的内容、受训的人员及从事培训的工作人员。

(7) 控制。说明本测试的控制方式，如输入是人工、半自动或自动引入，控制操作的顺序以及结果的记录方法。

(8) 输入。说明本项测试中所使用的输入数据及选择这些输入数据的策略。

(9) 输出。说明预期的输出数据，如测试结果及可能产生的中间结果或运行信息。

(10) 过程。说明完成此项测试的每个步骤和控制命令，包括测试的准备、初始化、中间步骤及运行结束方式。

4. GB 8567 评价准则

(1) 范围。说明所选择的测试用例能够检查的范围及其局限性。

(2) 数据整理。说明为了把测试数据加工成便于评价的适当形式，使得测试结果可以与已知结果进行比较而要用到的转换处理技术，如手工方式或自动方式。如果是用自动方式整理数据，还要说明为进行处理所要用到的硬件、软件资源等。

(3) 尺度。说明用来判断测试工作是否能够通过的评价尺度，如合理的输出结果的类型、测试输出结果与预期输出之间的容许偏离范围、允许中断或停机的最大次数。

5. 所需文档列表

对被测试软件的文档要求依不同测试阶段有所不同，需要的文档见表9.1。

表9.1　软件文档要求

序号	测试阶段	本阶段必需的文档	本阶段输出文档
1	单元测试	概要设计文档(含数学模型、接口设计文档)	单元测试报告
		详细设计文档(含数学模型、接口设计文档)	
		源程序	
2	软部件测试	软件需求规格说明(含接口需求规格说明)	软部件测试报告
		概要设计文档(含数学模型、接口设计文档)	
		详细设计文档(含数学模型、接口设计文档)	
		源程序/可执行代码	
		用户手册和/或操作手册	
		单元测试报告和相关的测试问题报告	
3	确认测试	软件需求规格说明(含接口需求规格说明)	确认测试报告
		概要设计文档(含数学模型、接口设计文档)	
		详细设计文档(含数学模型、接口设计文档)	
		源程序	
		用户手册和/或操作手册	
		软部件测试报告和相关的测试问题报告单	
4	系统测试	技术规格书	系统测试报告
		软件需求规格说明(含接口需求规格说明)	
		概要设计文档(含数学模型、接口设计文档)	
		详细设计文档(含数学模型、接口设计文档)	
		用户手册和/或操作手册	
		确认测试报告和相关的测试问题报告单	

注：上述文档要求根据软件的规模、要求灵活选择使用。

6．注意事项

(1) 明确被测试软件的准确名称和版本号，且必须与软件产品登记和软件企业认定申报表上填写的软件产品名称和版本号相一致。

(2) 如果是需要现场测试，请填写测试现场软件和硬件环境列表，具体详见一些填写范例。

(3) 如果软件某些功能需要一定的数据量才能实现/演示，请准备好这些数据。

(4) 功能列表上所列出来的功能必须是可以实现或演示的。如果不能演示或实现，请不要列上来，并且基本功能在用户手册上都要有详细的操作说明。

(5) 用户手册要有详细的目录和索引等。

9.2　软件测试文件的内容及书写格式

下面介绍常用测试文件的内容及书写格式。对于每一个文件内容按指定的次序排列，补充的内容可以放在每节的最后或者放在每节中的“批准”的前面。如果某节的部分或全部内容在另一文件中，则应在相应的内容位置上列出所引用的资料，引用的资料要附在该文件后面或交给文件的使用者。

1．测试计划、测试设计说明和测试用例说明

详细内容介绍见第 8.3 节。

测试计划内容一般包括：测试计划名称、引言、测试项、被测试的特性、不被测试的特性、方法详述、测试项通过准则、暂停标准和再启动要求、应提供的测试文件、测试任务、环境要求、职责、人员和训练要求、进度、风险和应急、批准等。

测试设计说明内容包括：测试设计说明名称、被测试的特性、方法详述、测试用例名称、特性通过准则。

测试用例说明主要包括：测试用例说明名称、测试项、输入说明、输出说明、环境要求、特殊的规程说明、用例之间的依赖关系。

2．IEEE 829 测试规程说明

测试规程说明主要包括测试规程说明名称、目的、特殊要求、规程步骤等几项。详细介绍如下：

(1) 测试规程说明名称：给每个测试规程说明取一个专用名称，给出对有关测试设计说明的引用。

(2) 目的：描述本规程的目的。如果本规程执行测试用例，则引用各有关的测试用例说明。

(3) 特殊要求：指出执行本规程所需的所有特殊要求，包括作为先决条件的规程、专门技能要求和特殊环境要求。

(4) 规程步骤：主要包括以下内容：

● 日志：说明用来记录测试的执行结果、观察到的事件和其他与测试有关的事件(参见前面的测试日志和测试事件报告)的所有特殊方法或格式。

● 准备：描述新任务执行规程所必需的操作序列。

- 启动：描述开始执行规程所必需的操作。
- 处理：描述在规程执行过程中所必需的操作。
- 度量：描述如何进行测试度量。
- 暂停：描述因发生意外事件暂停测试所必需的操作。
- 再启动：规定所有再拨动点和在启动点上重新启动规程所必需的操作。
- 停止：描述正常停止执行时所必需的操作。
- 清除：描述恢复环境所必需的操作。
- 应急：描述处理执行过程中可能发生的异常事件所必需的操作。

3. 测试项传递报告

测试项传递报告内容包括：传递报告名称、传递项、位置、状态、批准。

(1) 传递报告名称：为本测试项传递报告取一个专用名称。

(2) 传递项：规定被传递测试项及其版本/修订级别。提供与传递项有关测试项的文件和测试计划的相关信息，指出对该传递项负责的人员。

(3) 位置：规定传递测试项的位置及其所在媒体。

(4) 状态：描述被传递的测试项的状态，包括其与测试项文件、这些测试项的以往传递以及测试计划的差别。列出希望由被传递测试项要解决的事件报告。

(5) 批准：规定本传递报告必须由哪些人(姓名和职务)审批，并为签名和日期留出位置。

4. 测试日志

测试日志内容包括：测试日志名称、描述、活动和事件条目。

(1) 测试日志名称：为本测试日志取一个专用名称。

(2) 描述：除了在日志条目中特别注明的以外，用于日志中所有条目的信息都包括在本章中。一般应考虑以下信息：

- 规定被测试项及其版本/修订级别。如果存在的话，引用各项的传递报告。
- 规定完成测试的环境属性，包括设备说明、所用的硬件、所用的系统软件及可用存储容量等可用资源。

(3) 活动和事件条目：对每个事件(包括事件的开始和结束)，记录发生的日期和时间，并说明记录者。应考虑以下各项信息：

- 执行描述：记录所执行的测试规程的名称，并引用该测试规程说明。记录执行时在场人员，包括：测试者、操作员和观察员，还要说明每个人的作用。
- 测试结果：对每次执行，记录人工可观察到的结果(如产生的错误信息、异常中止和对操作员操作的请求等)，还要记录所有输出的位置(如磁带号码)，记录测试的执行是否成功。
- 环境信息：记录本条目的所有特殊的环境条件。
- 意外事件：记录意外事件及其发生前后的情况(如请求显示总计，屏幕显示正常，但响应时间似乎异常长，重复执行时响应时间也同样过长等)。记录无法开始执行测试或无法结束测试的周围环境(如电源故障或系统软件等问题)。
- 事件报告名称：每产生一个测试事件报告时，记录其名称。

5．测试事件报告

测试事件报告内容包括：测试事件报告名称、摘要、事件描述、影响。

(1) 测试事件报告名称：为本测试事件报告取一个专用名称。

(2) 摘要：简述事件，指出有关测试项及其版本/修订级别。引用有关的测试规程说明、测试用例说明及测试日志。

(3) 事件描述：对以下各项事件进行描述：输入、预期结果、实际结果、异常现象、日期和时间、规程步骤、环境、重复执行的意图、测试者、观察者等。该描述应包括有助于确定事件发生原因及改正其中错误的有关代价及影响。如描述可能对此事件有影响的所有测试用例执行情况，描述与已公布的测试规程之间的所有差异等。

(4) 影响：在所知道的范围内指出本事件对测试计划、测试设计说明、测试规程说明或测试用例说明所产生的影响。

6．测试总结报告

- 规定本报告必须由哪些人(姓名和职务)审批，并为签名和日期留出位置。
- 文件编制实施及使用指南(参考件)，包括实施指南和用法指南。

(1) 实施指南：在实施测试文件编制的初始阶段可先编写测试计划与测试报告文件。测试计划将为整个测试过程提供基础。测试报告将激励测试人员或单位以良好的方式记录整个测试过程的情况。

经过一段时间的实践，积累了一定的经验之后再逐步引进其他文件。测试文件编制最终将形成一个相应于设计层的文件层次，即：系统测试文件、子系统测试文件及模块测试文件等。在本单位所使用的特定的测试技术的文件编制可作为正文中所述的基本文件集的补充。

(2) 用法指南：在项目计划及单位标准中，应指明在哪些测试中需要哪些测试文件，并可在文件中加入一些内容，使各个文件适应一个特定的测试项及一个特定的测试环境。

9.3　软件测试报告

软件测试报告是测试阶段最后的文档，是把测试过程和结果写成文档，并对发现的问题和 Bug 进行分析，为纠正软件存在的质量问题提供依据，同时为软件验收和交付打下基础。

1．测试报告编写纲要

一份详细的测试报告包含足够的信息，包括产品质量和测试过程。测试报告的基础是测试中的数据采集以及对最终的测试结果的分析。下面介绍一般项目测试报告的编写纲要和内容格式，包括以下六个部分。

(1) 简介：编写目的、项目背景、系统简介、术语和缩略词、参考资料；

(2) 测试概要：测试目的及标准、测试范围；

(3) 测试及 Bug 分析：测试内容、测试时间、测试环境、测试方法及测试用例设计；

(4) 测试结论与建议：测试概要、测试用例执行情况、Bug 情况、测试覆盖率分析、产品质量情况分析；

(5) 测试总结：测试资源消耗情况、测试经验总结；

(6) 附件：测试用例清单、Bug 清单。

现在以简单通用的测试报告模板为例，详细描述测试报告的编写过程，并给出一些提示作为参考。

2．测试报告编写模板

报告首页内容包括：密级、报告名称、编号、单位、编写时间等信息。通常，测试报告提供给内部测试完毕后使用，因此密级一般为中；如果可供用户和更多的人阅读，密级为低；高密级的测试报告适合内部研发项目以及涉及保密行业和技术版权的项目。

报告首页格式如下：

名称：XXXX 项目/系统测试报告

报告编号：可供索引的内部编号或用户要求分布提交时的序列号

部门经理______项目经理______开发经理______测试经理______XXX 公司 XXXX 单位(此处包含用户单位以及研发此系统的公司)XXXX 年 XX 月 XX 日

一般格式要求：

标题一般采用大体字(如一号)，宋体加粗，居中排列；

副标题采用大体小一号字或二号加粗，宋体，居中排列；

其他采用四号字，宋体，居中排列。

版本控制：版本作者时间变更摘要新建/变更/审核。

1．简介

(注明：本节以下的编号是按照测试报告的编号编写的)

1.1 编写目的。本测试报告的具体编写目的，指出预期的读者范围。

实例：本测试报告为 XXX 项目的测试报告，目的在于总结测试阶段的测试以及分析测试结果，描述系统是否符合需求(或达到 XXX 功能目标)。预期参考人员包括用户、测试人员、开发人员、项目管理者、其他质量管理人员和需要阅读本报告的高层经理。

提示：通常，用户对测试结论部分感兴趣；开发人员希望从 Bug 结果以及分析中得到产品开发质量的信息；项目管理者对测试执行过程中的成本、资源和时间给予重视；而高层经理希望能够阅读到简单的图表并且能够与其他项目进行同向比较。此部分可以具体描述给什么类型的人可参考本报告 XXX 页 XXX 章节。如果你编写的报告的读者越多，那么你的工作越容易被人重视，前提是必须让阅读者感到你的报告是有价值。

1.2 项目背景。对项目目标和目的进行简要说明，必要时包括简史。这部分可以直接从需求或招标文档中拷贝。

1.3 系统简介。如果设计说明书有此部分，直接复制即可。建议多用必要的框架图和网络拓扑图。

1.4 术语和缩写词。列出设计本系统/项目的专用术语和缩写语约定。对于技术相关的名词和与多义词一定要注明清楚，以便阅读时不会产生歧义。

1.5 参考资料。

(1) 需求、设计、测试用例、手册以及其他项目文档都是可参考的资料。

(2) 测试使用的国家标准、行业指标、公司规范和质量手册等。

2．测试概要

测试的概要介绍，包括测试的一些声明、测试范围、测试目的等，主要是测试情况简介。

2.1 测试用例设计。简要介绍测试用例的设计方法。如：等价类划分、边界值、因果图，以及如何使用这些方法(3～4 句)。

提示：如果能够具体对设计进行说明，在其他开发人员、测试经理阅读时就容易对你的测试用例设计有一个整体的概念。重点测试部分一定要保证有两种以上不同的用例设计方法。

2.2 测试环境与配置。简要介绍测试环境及其配置。

提示：如果系统/项目比较大，建议用表格方式列出数据库服务器配置 CPU、内存、硬盘、可用空间大小、操作系统、应用软件、机器网络名、局域网地址、应用服务器配置、客户端配置等。对于网络设备和要求建议使用相应的表格，对于三层架构的，可以根据网络拓扑图列出相关配置。

2.3 测试方法(或测试工具)。简要介绍测试中采用的方法、技术或测试工具。

提示：测试方法、技术可以写上测试的重点和所采用的测试模式，这样可以清楚是否遗漏了重要的测试点和关键模块。测试工具一般为可选项，当使用测试工具和相关工具时，应说明是自己开发的还是商品软件，注明、版本号，在测试报告发布后要避免产生测试工具的版权问题。

3．测试结果及 Bug 分析

这是整个测试报告中最核心的部分，这部分主要汇总各种数据并进行度量，包括对测试过程的度量和能力评估、对软件产品的质量度量和产品评估。对于不需要过程度量或相对较小的项目，如用于验收时提交用户的测试报告、小型项目的测试报告，可省略过程方面的度量部分；采用了 CMM/ISO 或其他工程标准过程，需要提供过程改进建议、参考的测试报告和 Bug 预防机制，过程度量需要列出。

3.1 测试执行情况与记录。描述测试资源消耗情况，记录实际数据。这是测试项目经理关注的部分。

3.1.1 测试组织。可列出简单的测试组架构图，包括：测试组架构，如存在分组、用户参与等情况；测试经理(领导人员)；主要测试人员；参与测试人员。

3.1.2 测试时间。列出测试的跨度和工作量，最好区分测试文档和活动的时间。数据可供过程度量使用。如 XXX 子系统/子功能；实际开始时间和实际结束时间；总工时/总工作日；任务开始时间、结束时间，总计；合计。

对于大系统/项目来说最终要统计资源的总投入，必要时要增加成本一栏，以便管理者清楚地知道究竟花费了多少人力去完成测试。增加的部分包括：

● 测试类型人员成本工具设备其他费用；总计。

● 在数据汇总时可以统计个人的平均投入时间和总体时间、整体投入平均时间和总体时间，还可以算出每一个功能点所花费的时间(时/人)。

● 用时人员编写用例执行测试总计；合计。这部分用于过程度量的数据，包括文档生产率和测试执行率。

● 生产率人员用例/编写时间用例/执行时间平均；合计。

3.1.3 测试版本。给出测试的版本，如果是最终报告，可能要给出测试次数、回归测试次数。列出表格清单以便知道哪个子系统/子模块的测试频度，对于多次回归的子系统/子模块将可能引起开发者关注。

3.2 覆盖分析。

3.2.1 需求覆盖率。需求覆盖率是指经过测试的需求/功能和需求规格说明书中所有需求/功能的比值，通常情况下要达到100%的目标。

需求/功能(或编号)测试类型是否通过备注；[S][P][N][N/A]；根据测试结果，按编号给出每一测试需求通过与否的结论。其中，S表示项数，P表示部分通过，N表示不可测试，N/A 表示不可测试或用例不适用。实际上，需求跟踪矩阵列出了一一对应的用例情况以避免遗漏，此表作用为传达需求的测试信息以供检查和审核。

需求覆盖率计算公式：

$$\frac{\text{S项}}{\text{需求总数}} \times 100\%$$

3.2.2 测试覆盖。需求/功能(或编号)用例个数执行总数、未执行、未/漏测分析和原因。实际上，测试用例已经记载了预期结果数据，测试Bug上说明了实测结果和与预期结果的偏差。因此，在此不必对每个编号包含更详细的Bug记录与偏差，列表的目的仅在于更好的查看测试结果。

测试覆盖率计算公式：

$$\frac{\text{执行数}}{\text{用例总数}} \times 100\%$$

3.3 Bug的统计与分析。Bug统计主要涉及被测系统的质量，所以这部分成为开发人员、质量人员重点关注的部分。

3.3.1 Bug汇总。被测系统/项目的系统测试回归测试总计；合计。

按严重程度分为严重、一般、微小；按Bug类型分为功能算法、接口文档、用户界面、其他；按功能分布分为功能一至功能七等。最好给出Bug的饼状图和柱状图以便直观查看。

3.3.2 Bug分析。本部分对上述Bug和其他收集数据进行综合分析，画出测试曲线图，具体人员可得出如下平均指标：

$$\text{Bug 发现效率} = \frac{\text{Bug总和}}{\text{执行测试用时}}$$

$$\text{用例质量} = \frac{\text{Bug总数}}{\text{测试用例总数}} \times 100\%$$

$$\text{Bug 密度} = \frac{\text{Bug总数}}{\text{功能点总数}}$$

由Bug密度可以得出系统各功能或各需求的Bug分布情况，开发人员可以在此分析的基础上得出那部分功能/需求Bug最多，从而在今后开发过程中，注意避免并在实施时予与关注。测试经验表明，测试Bug越多的部分，其隐藏的Bug可能也越多。

测试曲线图。描绘被测系统每工作日/周Bug数情况，得出Bug走势和趋向重要Bug摘要；Bug编号简要描述分析结果及备注。

3.3.3 残留 Bug 与未解决问题。包括多项：编号——Bug 号；Bug 概要——该 Bug 描述的事实；原因分析——如何引起 Bug、Bug 的后果，描述造成软件局限性和其他限制性的原因；预防和改进措施——弥补手段和长期策略；未解决问题；功能/测试类型；测试结果——与预期结果的偏差；Bug 具体描述、评价——对这些问题的看法，即这些问题如果发出去后会造成什么样影响。

4. 测试结论与建议

项目经理、部门经理以及高层经理关注测试结论并给出一些建议。

4.1 测试结论。

(1) 测试执行是否充分(可以增加对安全性、可靠性、可维护性和功能性描述)；

(2) 对测试风险的控制措施和成效；

(3) 测试目标是否完成；

(4) 测试是否通过；

(5) 是否可以进入下一阶段项目目标。

4.2 建议。

(1) 对系统存在的问题的说明，描述测试所揭露的软件 Bug 和不足，以及可能给软件实施和运行带来的影响；

(2) 可能存在的潜在 Bug 和后续工作；

(3) 对 Bug 修改和产品设计的建议；

(4) 对过程改进方面的建议。

5. 测试总结

测试总结可以定位 Bug，指导程序员修改代码，同时指出测试进行的程序并进一步指明测试方向，包括测试结果分析和测试报告：

(1) 测试结果分析是一个由测试结果和测试预期结果进行分析、比较和定位 Bug 的过程。测试结果分析是一次测试的最后环节，分析时应考虑软件的运行环境和实际运行环境的差异以及各种外界因素的影响等；

(2) 测试报告的内容大同小异，对于一些测试报告而言，可能将上面的第四和第五部分合并，逐项列出测试项、Bug 分析和建议。这种方法也比较多见，尤其在第三方评测报告中，此份报告模板仅供参考。表 9.2 为在多种测试活动中所需的测试文件列表，所需的文件数量因单位而异。

表 9.2　一个测试文件编制清单

文件	测试计划	测试设计说明	测试用例说明	测试规程说明	测试项传递报告	测试日志	测试事件报告	测试总结报告
活动								
验收	√	√	√	√	√	-	√	√
安装	√	√	-	-	√	-	√	√
系统	√	√	√	√	√	√	√	√
子系统	-	-	√	√	√	√	√	√
模块	-	√	√	-	-	-	-	√

9.4　软件测试模型文档编写

一个测试模型一般包括三部分：测试策略、测试计划和执行测试。

1．测试策略

输入：要求的硬件和软件组件的详细说明，包括测试工具、测试环境、测试工具数据。针对测试和进度约束(人员、进度表)及需要的资源的角色和职责说明。

测试方法：应用程序的功能性和技术性需求，包括需求、变更请求、技术性和功能性设计文档。

输出：已批准和签署的测试策略文档、测试计划、测试用例。需要解决方案的测试项目，通常要求客户项目的管理层协调。

过程：测试策略是关于如何测试系统 XXX 的正式描述，要求开发针对所有测试级别的测试策略，测试小组分析需求、编写测试策略并且与项目小组一起复审计划。

2．测试计划

测试计划一般包括：测试用例和条件、测试环境、与任务相关的测试、通过/失败的准则和测试风险评估。测试进度表将识别所有要求有成功的测试成果的任务、活动的进度和资源要求。

输入：已批准的测试策略文档。如果测试工具适用、自动化测试软件和以前开发的测试脚本作为一种测试的结果，包括测试文档问题。

测试文档中没有说明的问题，可以从概要和详细设计文档(软件设计、代码和复杂的数据)中导出的对软件复杂性和模块路径覆盖的理解。

输出：已批准的测试场景、条件和脚本、测试数据，设计时发现的问题反馈给开发人员。

过程：通过复审发布版本的功能需求、业务功能逻辑集合，准备测试场景和测试用例。测试用例包括测试条件、用于测试的数据和期望的结果、数据库更新、文件输出、报告结果等。将可能在应用程序中出现的既普通又异常的情况描绘为测试场景。

项目开发人员将定义单元测试需求和单元测试的场景/用例。在集成和系统测试前，开发人员同时也负责执行单元测试用例。通过使用测试脚本执行测试场景。利用脚本能执行一个和多个测试场景的一系列步骤。利用测试脚本描绘在一般的系统操作中会出现的事务或过程。测试脚本包括用于测试过程或事务的特定数据。测试脚本将覆盖多个测试场景并且包括运行/执行/周期信息。测试脚本映射需求和用于保证任何测试都在内的追溯矩阵。

3．执行测试

输入：已批准的测试文档，如测试计划、用例、程序，可能有自动化测试软件和编写好的脚本、设计的变更(变更请求)、测试数据；测试和项目组的可用性(项目人员、测试小组)；概要和详细设计文档(需求、软件设计)；通过配置/构建人员能够完全转移到测试环境(单元测试过的代码)的开发环境；测试就绪文档、修订文档等。

输出：代码的变更(测试修复项)、测试文档；设计时发现的问题反馈给开发人员和客

户(如需求、设计、代码问题)；测试事故的正式记录(问题跟踪)；为向下一级别转移而准备的基线化包(有，已测试的源代码和对象代码)；测试结果的日志和总结；已批准和带有修订测试交付项的签署文档(已更新的交付项)。

过程：在执行阶段中应召开 Checkpoint 会议。每天应召开 Checkpoint 会议(如果需要)来处理和讨论测试中的问题、状态和活动。

通过采用系统的手段跟进测试文档来完成测试的执行。当执行测试程序的每一个包时，为了记录程序的执行和测试程序找出的任何 Bug，应将问题记录到测试执行日志中。测试程序执行后的输出当做测试结果。

为了确定是否可以得到预期的结果，测试结果应由适当的项目组员评估(适合于测试的所有级别)。记录并与软件开发经理/程序员讨论所有差异/异常。为了以后调查和解决应将它文档化。每个客户可能有不同的记录日志和报告 Bug/defect 的过程，通过 Configuration Management (CM)小组校验这些过程。通过/失败的准则用来确定问题的严重级别，结果记录到测试总结报告中。

根据客户的风险评估来定义在系统测试中发现的问题严重级别，并记录到他们选择的跟踪工具中。

基于问题的严重级别有目的的修复并提交到测试环境中。被修改的问题应进行回归测试并将没有问题的修复项转移到新的基线中。在测试完成后，测试组的成员应准备一份总结报告。总结报告要由项目经理、客户、软件质量保证和/或测试组长复审。

在证实达到一个指定的测试级别后，配置经理应根据配置管理计划中的要求整理发布的软件组件并转移到下一个测试级别。软件只有在客户正式验收后才可以转移到生产环境中。

测试小组复审在测试和更新文档时发现的测试文档问题。一些问题可能是由于技术性和功能性之间不一致或修改所导致。

9.5　测试用例设计和文档编写

测试用例的设计一直是软件测试工作的重点和难点。随着中国软件业的日益壮大和逐步走向成熟，软件测试也在不断发展。其中，测试用例的设计和编制是软件测试活动中一项最重要的工作，是测试工作的指导，是软件测试必须遵守的准则，更是软件测试质量稳定的根本保障。

1．测试用例文档

编写测试用例文档应有文档模板，须符合内部的规范要求。测试用例文档将受制于测试用例管理软件的约束。测试用例文档由简介和测试用例两部分组成：

(1) 简介部分包括测试目的、测试范围、定义术语、参考文档、概述等；

(2) 测试用例部分逐一列示各测试用例。每个具体测试用例都将包括下列详细信息：用例编号、用例名称、入口准则、测试等级、验证步骤、期望结果(含判断标准)、出口准则、注释等。以上内容涵盖了测试用例的基本元素：测试索引、测试环境、测试输入、测试操作、预期结果、评价标准等。

测试用例设计包含的内容有基本信息、文档、设置和设计。

(1) 基本信息。每个具体测试用例都将包括下列详细信息：用例编号、用例名称、测试等级、入口准则、验证步骤、期望结果(含判断标准)、出口准则、注释等。以上内容涵盖了测试用例的基本元素，包括测试索引、测试环境、测试输入、测试操作、预期结果、评价标准。

(2) 文档。在编写测试用例文档时应当有文档模板，且文档模板需要符合企业内部的规范要求，测试用例文档将受制于测试用例管理软件的约束。软件产品或软件开发项目的测试用例一般以该产品的软件模块或子系统为单位，形成一个测试用例文档，但并不是绝对的。测试用例文档由简介和测试用例两部分组成。简介部分包括：编制测试目的、测试范围、定义术语、参考文档、概述等；测试用例部分指逐一列示各测试用例。

(3) 测试用例的设置。早期的测试用例是按功能设置用例，后来引进了路径分析法，按路径设置用例。目前演变为按功能、路径混合模式设置用例。按功能测试是最简捷的，按用例规约遍历测试每一功能。对于复杂操作的程序模块，其各功能的实施是相互影响、紧密相关、环环相扣的，可以演变出数量繁多的变化。由于没有严密的逻辑分析，产生遗漏在所难免。路径分析是一个很好的方法，其最大的优点在于可以避免漏测试。但路径分析法也有局限性，在一个非常简单字典维护模块中就存在 10 余条路径，一个复杂的模块中可能会有几十到上百条路径。

(4) 测试用例的设计。测试用例可以分为基本事件、备选事件和异常事件。设计基本事件的用例，应该参照用例规约(或设计规格说明书)，根据关联的功能、操作按路径分析法设计测试用例。而对孤立的功能则直接按功能设计测试用例。基本事件的测试用例应包含所有需要实现的需求功能，覆盖率可达 100%。

2. 测试用例编写策略

人们一般可以根据测试用例的设计方法，遵循测试用例的编写原则，针对开发系统的特点编写有效的测试用例。而在具体的实施过程中，还要遵循一些有效的测试用例编写策略，才能达到最终的最佳测试效果。测试用例编写策略是指组织和编写有效的测试用例的方法和技巧。在组织和编写测试用例时，需要根据测试对象特点、团队的执行能力等各个方面综合起来决定采用哪种编写策略，以及如何编写测试用例。

可以从不同的角度编写测试用例，从测试内容角度可以编写流程用例和功能点用例：

(1) 流程用例是针对业务流程编写的测试用例，通常采用场景法。现在的软件大多数都是用事件触发来控制流程，事件触发时的情景便形成了场景，而同一事件不同的触发顺序和处理结果就形成事件流。这种在软件设计方面的思想也可引入到软件测试中，可以比较生动地描绘出事件触发时的情景，有利于测试设计者设计测试用例，同时使测试用例更容易理解和执行。

(2) 功能点用例指针对具体功能点编写的测试用例，可以采用等价类划分、边界值法、因果图等方法。

根据测试的策略，测试用例可以分为通过测试用例和失败测试用例：

(1) 通过测试用例主要为了验证需求是否可以实现，一般采用等价类划分方法。

(2) 失败用例的编写主要为了尽可能多的发现 Bug，一般采用错误推测法、边界值分析

法等测试方法。

在测试用例的编写过程中还需注意其详细程度，覆盖功能点不是指列出功能点，而是要写出功能点的各个方面，如果组合情况较多时可以采用等价类划分的方法。此外，测试用例的编写和组织会受到项目开发能力和测试对象特点的影响。如果开发力量比较落后，编写较详细的测试用例就不现实，因为一般根本没有、也没有必要投入很大资源详细编写测试用例。这种情况会随着团队的发展而逐渐有所改善。测试对象特点、重点是指测试对象在进度、成本等方面的要求。如果进度较紧张，就没有时间写出高质量的测试用例，甚至有时测试工作只是一种辅助工作，因而没有编写测试用例。

3．编写测试用例的基本要求

测试用例写得过于简单，则可能失去了测试用例的意义。过于简单的测试用例设计其实并没有进行“设计”，只是把需要测试的功能模块记录下来，它的作用仅仅是在测试过程中作为一个简单的测试计划，提醒测试人员测试的主要功能包括哪些。测试用例设计的本质应是在设计的过程中理解需求，检验需求，并把对软件系统的测试方法的思路记录下来，以便指导将来的测试。

测试用例写得过于复杂或过于详细，会带来两个问题：效率问题和维护成本问题。另外，测试用例设计得过于详细，留给测试执行人员的思考空间就比较少，容易限制测试人员的思维。大多数测试团队编写的测试用例的详细程度介于两者之间。而如何把握好详细程度是测试用例设计的关键，它将影响测试用例设计的效率和效果。人们应根据项目的实际情况、测试资源情况等来决定设计出怎样详细程度的测试用例。

不管是从个人角度还是从公司角度，测试用例的编写应符合以下六点：

(1) 一个用例对应一个功能点：每个用例都要有测点，找准一个测点则可，不能同时覆盖很多功能点，否则执行起来牵连太大。

(2) 用例易读：从执行者的角度去写测试用例，用例中最好不要含有太多的术语，如果有最好指明具体位置。

(3) 用例执行粒度(详细程度)越小越好。

(4) 步骤清晰：一个用例多个步骤，可只有一个重点。步骤要指明人们怎么去操作；期望结果则指明这样操作之后应看到什么结果。最好不要用正确、正常、错误等之类的含糊主观的字眼。

(5) 总体设计：设计策略是先正常后异常，这样可以确保正常情况下系统功能能够通过。

根据以上几点编写的测试用例能够使测试人员(包括初来的人员)容易看懂和理解测试用例；能顺利执行用例；能更快掌握业务系统流程。

(6) 结对编写。测试组长或经理对用例进行审核可以做到用例的补充和校对，但一般情况下是很难做到的。实际中人们可以采用另一种方式，就是结对编写测试用例(前提是测试组应有两个以上的测试人员)，内部审核。测试用例不是自己编写自己执行，它需要其他测试人员都能读懂且明白目标所在。结对编写可以尽量减少个人的“偏好习惯”，同时也能拓展思维，加强测试重点的确认，小组内部达到统一。一定程度上结对编写也可以减少组长或经理对用例的管理负担，提高组员的参与积极性。

4. 测试用例编写格式细则

统一测试用例编写的规范，以保证使用最有效的测试用例，保证测试质量。

(1) 内容。具体实施可以采用 EXCEL 和图形相结合，可用 EXCEL 编写测试用例的同时插入图形来加以说明。测试用例设计的内容包括：模块名、功能说明或图形说明、测试用例输入、应输出结果、实际输出结果、结论、Bug 编号、Bug 级别等。

在测试用例设计模板中有“业务流程测试用例设计模板”(包含整体业务流程)和“功能测试用例设计模板”两个模板，可按需要选择。

(2) 一般表格格式。表格内容的字体为宋体；表格内容的字号为 12 号。

5. 简单实例

以计算器实现加法功能为例，演示系统测试用例编写过程。

用例编号：calc-st-add-001。

测试项目：计算器的加法功能测试。

测试标题：一个数在合法的取值范围内，另一个也在合法的取值范围内。

重要级别：中。

预置条件：启动计算器。

测试输入：参数 1：3；参数 2：+；参数 3：4；参数 4：=。

执行步骤：用计算机键盘依次输入上述参数。

预期输出：参数：7。

在执行特征功能测试前，应对国际化软件提供的软件特征功能以及这些功能的重要性进行风险分析，以便确定测试过程中的测试成本。国际化软件的特征功能测试的输入内容包括：软件功能规格说明、软件需求、软件的性能目标、软件的部署场景等。

6. 测试用例模板

下面给出一些不同的测试用例模板。

一、软件功能测试用例模板，见表 9.3。

表 9.3 软件功能测试用例模板

项目编号：	项目版本号：
一、功能检查	
1. 功能是否齐全，如增加、删除、修改	
2. 功能是否多余	
3. 功能是否可以合并	
4. 功能是否可以再细分	
5. 软件流程与实际业务流程是否一致	
6. 软件流程能否顺利完成	
7. 各个操作之间的逻辑关系是否清晰	
8. 模块功能是否与需求分析及概要设计相符	
9. 各个流程数据传递是否正确	

续表

二、面向用户的考虑
1. 操作方便性，如按键次数是否最少
2. 易用性，如面对用户的操作是否简单易学
3. 智能化考虑
4. 提示信息是否模糊不清或有误导作用
5. 要求用户进行的操作是否多余，能否由系统替代
6. 能否记忆操作的初始环境，无需用户每次都进行初始化设置
7. 是否不经过确认就对系统或数据进行重大修改
8. 能否及时反映或显示用户操作结果
9. 操作是否符合用户习惯，如热键
10. 各种选项的可用或禁用是否及时合理
11. 某些相似的操作能否做成通用模块

(2) 软件数据处理测试用例模板，见表 9.4。

表 9.4　软件数据处理测试用例模版

项目编号：	项目版本号：
一、输入数据	
1. 边界值、大于边界值、小于边界值、最大个数、最小个数	
2. 最大个数加 1、最小个数加 1	
3. 最大个数减 1、最小个数减 1	
4. 空值、空表	
5. 极限值、0 值、负值	
6. 非法字符	
7. 日期、时间控制	
8. 跨年度数据	
二、数据格式	
1. 数据处理	
2. 处理速度、处理能力	
3. 数据处理正确率	
4. 计算方式	
三、输出结果	
1. 正确率、输出格式	
2. 预期结果、实际结果	

(3) 软件流程测试用例模板，见表 9.5。

表 9.5　软件流程测试用例模板

项目编号：	项目版本号：
1. 反流程操作	
2. 反逻辑操作	
3. 重复操作	
4. 反业务流程操作	

(4) 软件安装测试用例模板，见表 9.6。

表 9.6　软件安装测试用例模板

项目编号：	项目版本号：
1. 软件的安装/卸载流程能否正确顺利进行	
2. 软件的安装/卸载是否简单、易学、易用	
3. 安装过程中的文字及提示是否有错字、别字，提示信息是否完备	
4. 安装过程中的各选项是否有效、合理	
5. 安装完成后生成的快捷图标及菜单是否正确，路径是否有效	
6. 安装文件夹的个数及所包含的内容是否正确无误码	
7. INI 文件及配置文件是否正确	
8. 生成的系统备份文件是否正确	
9. 动态库及主程序的个数、内容是否正确	
10. 运行程序，软件各项功能是否正常运行，如果有修改，安装后的内容是否最新	
11. 系统固定数据，数据库是否正确	

9.6　使用用例场景设计测试用例及其文档编写

基于场景的测试用例设计思想是 Rational 公司提出的，在 RUP2000 中文版中有详尽的解释和应用。

1. 测试用例场景

测试用例场景是通过描述流经用例的路径来确定的过程，这个过程要从测试用例开始到结束遍历其中所有基本流和备选流。

简单的测试用例流径见图 9.2，图中经过用例的每条不同路径反映了基本流和备选流，用箭头来表示。基本流是经过用例的最简单的路径。每个备选流从基本流开始，然后在某个特定条件下执行。备选流可能会重新加入基本流中(如备选流 1 和 3)，还可能起源于另一个备选流(如备选流 2)，或终止用例而不再重新加入某个流(如备选流 2 和 4)。

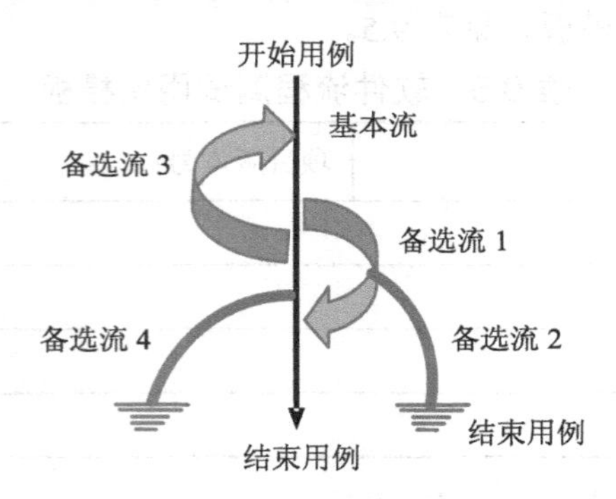

图 9.2　测试用例流径示意图

按照图 9.2 中每个经过用例的可能路径，可以确定不同的测试用例场景。从基本流开始，再将基本流和备选流结合起来，可以确定以下 8 个用例场景：

场景 1—基本流

场景 2—基本流、备选流 1；

场景 3—基本流、备选流 1、备选流 2；

场景 4—基本流、备选流 3；

场景 5—基本流、备选流 3、备选流 1；

场景 6—基本流、备选流 4；

场景 7—基本流、备选流 3、备选流 1、备选流 2；

场景 8—基本流、备选流 3、备选流 4。

生成每个场景的测试用例是通过确定某个特定条件来完成，这个特定条件将导致特定用例场景的执行。

2．测试用例例子

以自动取款系统为例，假定图 9.2 描述的用例对备选流 3 规定如下：(1) 使用用例场景设计测试用例；(2) 如果在备选流 2(在 ATM 中)—银行客户在'输入取款金额'中输入的钞票量超出当前账户余额，则出现此事件流。系统显示警告消息，然后重新加入基本流，再次执行上述备选流 2—'输入取款金额'，此时银行客户可以输入新的取款金额。由此设计执行备选流 3 的测试用例(见表 9.7)。

表 9.7　测试用例

测试用例 ID	场景	条件	预期结果
1	场景 4	步骤 2-取款金额>账户余额	在步骤 2 处重新加入基本流
2	场景 4	步骤 2-取款金额<账户余额	不执行备选流 3，执行基本流
3	场景 4	步骤 2-取款金额=账户余额	不执行备选流 3，执行基本流

在上面的例子中没有提供其他信息，所以测试用例很少，所以表 9.7 中显示的测试用例比较简单。

3．实用举例

下面给出一台 ATM 机的测试用例设计的示例。该示例由用例场景生成测试用例，比较符合实际情况(注：不是完备的测试用例，只是列举了一些情况)。图 9.3 为 ATM 机操作系统示意图。

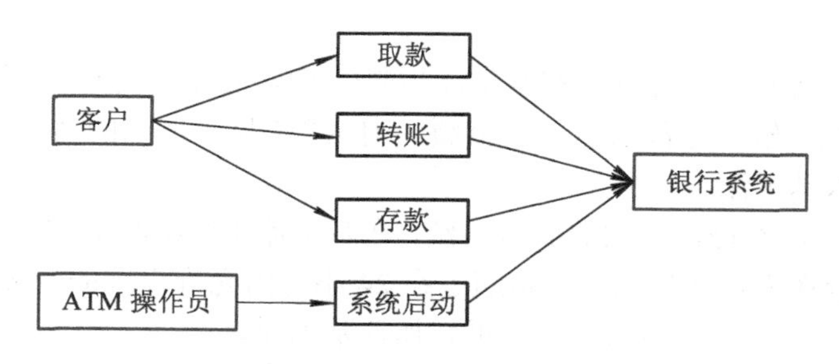

图 9.3　ATM 机操作系统示意图

下面给出图 9.3 中取款用例的基本流和一些备选流。

1) 基本流

(1) 本用例开始是 ATM 处于准备就绪状态。

(2) 准备取款：客户将银行卡插入 ATM 机的读卡机。

(3) 验证银行卡：ATM 机从银行卡的磁条中读取账户代码，并检查它是否属于可以接收的银行卡。

(4) 输入 PIN：ATM 要求客户输入 PIN 码(4 位)。

(5) 验证银行账户代码和 PIN：验证账户代码和 PIN 以确定该账户是否有效以及所输入的 PIN 对该账户来说是否正确。对于此事件流，账户是有效的且 PIN 对此账户来说正确无误。

(6) ATM 选项：ATM 显示在本机上可用的各种选项。在此事件流中，客户通常选择“取款”。

(7) 输入金额：要从 ATM 中提取的金额。对于此事件流，客户需选择预设的金额(50 元、100 元、150 元或 200 元等)。

(8) 授权：ATM 通过卡 ID、PIN、金______额。

(9) 返回银行卡：银行卡被返还。

(10) 打印数据并提供给客户。ATM 还相应更新内部记录。

2) 备选流

(1) 备选流 1：银行卡无效。在基本流步骤(3)中，如果卡是无效的，则卡被退回，同时会通知相关消息。

(2) 备选流 2：ATM 内没有现金。在基本流步骤(6)中，如果 ATM 内没有现金，则“取款”选项将无法使用。

(3) 备选流 3：ATM 内现金不足。在基本流步骤(7)中，如果 ATM 机内金额少于请求提取的金额，则将显示一则适当的消息，并且在步骤(7)输入金额处重新加入基本流。

(4) 备选流 4：PIN 有误。在基本流步骤(5)中，客户有三次机会输入 PIN。如果 PIN 输入有误，ATM 将显示适当的消息；如果还存在输入机会，则此事件流在步骤(4)：输入 PIN 处重新加入基本流。如果最后一次尝试输入的 PIN 码仍然错误，则该卡将被 ATM 机保留，同时 ATM 返回到准备就绪状态，本用例终止。

(5) 备选流 5：账户不存在。在基本流步骤(5)中，如果银行系统返回的代码表明找不到该账户或禁止从该账户中取款，则 ATM 显示适当的消息并且在步骤(9)：返回银行卡处重新加入基本流。

(6) 备选流 6：账面金额不足。在基本流步骤(8)中，银行系统返回代码表明账户余额少于在基本流步骤(7)，输入金额内输入的金额，则 ATM 显示适当的消息并且在步骤(7)，输入金额处重新加入基本流。

(7) 备选流 7：达到每日最大的取款金额。在基本流步骤(8)中，银行系统返回的代码表明包括本取款请求在内，客户已经或将超过在 24 小时内允许提取的最多金额，则 ATM 显示适当的消息并在步骤(7)，输入金额上重新加入基本流。

(8) 备选流 x：记录错误。如果在基本流步骤(10)中，记录无法更新，则 ATM 进入"安全模式"，在此模式下所有功能都将暂停使用。同时向银行系统发送一条适当的警报信息表明 ATM 已经暂停工作。

(9) 备选流 y：退出。客户可随时决定终止交易(退出)。交易终止，银行卡随之退出。

(10) 备选流 z："翘起"。ATM 包含大量的传感器，用以监控各种功能，如电源检测器、不同的门和出入口处的测压器以及动作检测器等。在任一时刻，如果某个传感器被激活，则警报信号将发送给警方而且 ATM 进入"安全模式"，在此模式下所有功能都暂停使用，直到采取适当的重启/重新初始化的措施。

3) 操作

第一次迭代中，根据迭代计划，需要核实取款用例已经正确实施。假设此时尚未实施整个用例，只实施了下面的事件流：

- 基本流：提取预设金额(50 元，100 元，150 元或 200 元)；
- 备选流 2：ATM 内没有现金；
- 备选流 3：ATM 内现金不足；
- 备选流 4：PIN 有误；
- 备选流 5：账户不存在/账户类型有误；
- 备选流 6：账面金额不足。

则生成下列场景：

- 场景 1：成功的取款基本流；
- 场景 2：ATM 内没有现金基本流备选流 2；
- 场景 3：ATM 内现金不足基本流备选流 3；
- 场景 4：PIN 有误(还有输入机会)基本流备选流 4；
- 场景 5：PIN 有误(不再有输入机会)基本流备选流 4；
- 场景 6：账户不存在/账户类型有误基本流备选流 5；
- 场景 7：账户余额不足基本流备选流 6。

注：为方便起见，备选流 3 和 6(场景 3 和 7)内的循环以及循环组合未讨论。

对于上面 7 个场景中的每一个场景都需要确定测试用例。可以采用矩阵或决策表来确定和管理测试用例。下面利用一种通用格式：各行代表各个测试用例，各列代表测试用例的基本信息。对于每个测试用例，存在一个测试用例 ID、条件(或说明)、测试用例中涉及

的所有数据元素(作为输入或已经存在于数据库中)以及预期结果(见表 9.8)。

首先，利用从确定执行用例场景所需的数据构建矩阵。然后，对于每个场景，至少要确定包含执行场景所需的适当条件的测试用例。在表 9.8 中，V(有效)表明条件必须是有效的才可执行基本流，而 I(无效)表明在该条件下将激活所需备选流。表中 N/A(不适用)表明该条件不适用于测试用例。

表 9.8　ATM 机测试用例矩阵

用例ID	场景/条件	PIN	账号	输入的金额或选择的金额	账面金额	ATM 内的金额	预期结果
CW1	场景 1：成功的取款	V	V	V	V	V	成功的取款
CW2	场景 2：ATM 内没有现金	V	V	V	V	I	取款选项不可用，用例结束
CW3	场景 3：ATM 内现金不足	V	V	V	V	I	警告消息，返回基本流步骤(7)，输入金额
CW4	场景 4：PIN 有误，还有多次输入机会	I	V	N/A	V	V	警告消息，返回基本流步骤(4)，输入 PIN
CW5	场景 4：PIN 有误，还有一次输入机会	I	V	N/A	V	V	警告消息，返回基本流步骤(4)，输入 PIN
CW6	场景 5：PIN 有误，不再有输入机会	I	V	N/A	V	V	警告消息，卡予保留，用例结束

在表 9.8 中，6 个测试用例执行 5 个场景 1～5。对于基本流，用例 CW1 称为有效测试用例。它一直沿着用例的基本流路径执行，未发生任何偏差。基本流的有效测试必须包括无效测试用例，以确保只有在符合条件的情况下才执行基本流。CW2～CW6 表示无效测试用例(阴影单元格表明这种条件下需要执行备选流)，它们对于基本流而言都是无效测试用例，但它们相对于备选流 2 至 4 而言都是有效测试用例。而且对于这些备选流中的每一个而言，至少存在一个无效测试用例(如 CW1-基本流)。每个场景只具有一个有效测试用例和无效测试用例是不充分的，场景 4 就是这样一个示例。要全面地测试场景 4PIN 有误，至少需要三个有效测试用例(以激活场景 4)：

- 输入了错误的 PIN，但仍存在输入机会，此备选流重新加入基本流中的步骤(4)：输入 PIN。
- 输入了错误的 PIN，而且不再有输入机会，则此备选流将保留银行卡并终止用例。
- 最后一次输入时输入了“正确”的 PIN。备选流在步骤(5)：输入金额处重新加入基本流。

注：在上面的矩阵中，无需为条件(数据)输入任何实际的值。以这种方式创建测试用例矩阵的一个优点在于容易看到测试的条件。由于只需要查看 V 和 I(或此处采用的阴影单元格)，这种方式易于判断是否已经确定了足够的测试用例。从表 9.8 中可发现存在几个条件不具备阴影单元格，这表明测试用例还不完全，如场景 6：不存在的账户/账户类型有误和场景 7：账户余额不足就缺少测试用例。一旦确定了所有的测试用例，则应对这些用例进行复审和验证以确保其准确且适度，并取消多余或等效的测试用例。测试用例一经认可，

就可以确定实际数据值(在测试用例实施矩阵中)并且设定测试数据(见表 9.9)。

表 9.9　测试用例矩阵

用例 ID	场景/条件	PIN	账号	输入金额或选择的金额	账面金额	ATM 内的金额	预期结果
CW1	场景 1：成功的取款	4987	123456	50	200	2000	成功的取款，账户余额被更新为 150
CW2	场景 2：ATM 内没有现金	4987	123456	100	200	0	取款选项不可用，用例结束
CW3	场景 3：ATM 内现金不足	4987	123456	100	200	70	警告消息，返回基本流步骤(7)，输入金额
CW4	场景 4：PIN 有误，还有多次输入机会	4987	123456	N/A	200	1000	警告消息，返回基本流步骤(4)，输入 PIN
CW5	场景 4：PIN 有误，还有一次输入机会	4987	123456	N/A	200	1000	警告消息，返回基本流步骤(4)，输入 PIN
CW6	场景 5：PIN 有误，不再有输入机会	4987	123456	N/A	200	1000	警告消息，卡予保留，用例结束

以上测试用例只是在本次迭代中需要用来验证取款用例的一部分测试用例。需要的其他测试用例包括：

场景 6：账户不存在/账户类型有误；未找到账户或账户不可用场景 6：账户不存在/账户类型有误，禁止从该账户中取款；

场景 7：账户余额不足；请求的金额超出账面金额在将来的迭代中，当实施其他事件流时，在下列情况下将需要测试用例：

- 无效卡(所持卡为挂失卡、被盗卡、非承兑银行发卡、磁条损坏等)。
- 无法读卡(读卡机堵塞、脱机或出现故障)。
- 账户已消户、冻结或由于其他原因而无法使用、ATM 内的现金不足或不能提供所请求的金额(与 CW3 不同，在 CW3 中只是一种币值不足，而不是所有币值都不足)。
- 无法联系银行系统以获得认可、银行网络离线或交易过程中断电等。

9.7　需求分析和软件登记测试文档编写

软件测试的目的就是保证软件质量，所以大部分的测试工作不考虑需求分析的结果是否合理，这可能导致本来可以提前发现而避免的 Bug，在后续过程中要花费大量的资源与时间来改正。需求验证有助于保证软件在后期开发的正确性，不会出现因需求分析 Bug 导致的项目返工现象。验证用户需求可以尽早地发现和需求相关的 Bug，从而不会影响到下一阶段开发的质量，避免了错误的需求所带来的软件设计和执行方面的问题，避免了在项目结束阶段修复问题所浪费大量的资源与时间。

1．建立开发需求

将每一条软件需求对应的开发文档及章节号作为软件需求标识，使用软件需求的简述作为原始测试需求描述，没有文档来源的开发需求可用隐含需求或遗漏需求进行标识，标明软件需求获取的来源信息，如开发文档、相关标准、与用户或开发人员的交流等。

由于在提取的开发需求中可能存在重复和冗余，需要进行整理，通过以下方法整理开发需求：

- 删除：删除原开发需求列表中重复的、冗余的、含有包含关系的开发需求描述。
- 细化：对太简略的开发需求描述进行细化。
- 合并：如果有类似的开发需求，在整理时需要对其进行合并。

对于每一条开发需求，从测试角度来考虑，形成可测试的分层描述的测试需求。具体地，通过分析每条开发需求描述中的输入、输出、处理、限制、约束等，给出对应的验证内容；通过分析各个功能模块之间的业务顺序和各个功能模块之间传递的信息或数据，对存在功能交互的功能项给出对应的验证内容。

对每一条测试需求，从标准 GB/T 16260.1 定义的软件质量子特性角度出发，确定所对应的质量子特性。即，从下列多方面的定义出发，确定每一条测试需求所对应的质量子特性：包括适合性、准确性、互操作性、保密安全性、成熟性、容错性、易恢复性、易理解性、易学性、易操作性、吸引性、时间特性、资源利用性、易分析性、易改变性、稳定性、易测试性、适应性、易安装性、共存性、易替换性和依从性等。

2. 实例

下面介绍一个需求文档评审实例。软件的开发文档质量一般只能通过评审来保证，有效发现文档中的 Bug 是一个复杂的问题。假设一段关于日志文件的需求描述如下：将所有的访问者都记录下来，对每次访问要记录访问的开始时间、访问结束时间、访问者的 IP 地址三方面的信息作为一条日志记录。要求以天为单位，每天生成一个访问记录日志文件。

根据这段需求描述得到日志文件所要记录的三个方面的信息内容。下面采用元素分析法分析能否根据这个需求描述开发软件。

本例需求中涉及三个显性元素：访问者、访问记录、日志文件。

(1) 首先分析访问者和访问记录，确定访问者除了描述中提及的访问时间和 IP 地址外还有哪些属性。访问者的访问内容是很重要的属性，仅记录访问时间和访问者的 IP 地址是不够的。从时间信息上最多只能看出那段时间访问的人数较多，只可以得到用户的时间分布规律，很难对用户的行为有深入的分析，只有知道访问者在访问哪些内容才能得到更有价值的信息。

(2) 分析访问记录。访问记录的主要属性是记录格式，而每条记录的格式没有描述出来。日志记录分析一般是需要使用专门的分析软件或书写专门的分析程序来分析。如何设计合理的记录格式来利用已有的日志分析软件进行分析是首要考虑的问题。

(3) 分析日志文件。日志文件应具有的属性包括：文件名、存放位置、文件格式、文件内容、文件创建时间、文件大小、文件权限等。需求描述中提到了每天要生成一个日志文件，从文件创建时间属性来看，每天有 24 小时，到底从何时开始创建文件，是从 0 点开始还是从几点开始，没有描述出来。

利用元素分析法具体分析结果如下：

- 从文件名属性来看，如何命名日志文件，需求中也没有提及。从存放位置属性来看，日志文件存放在什么地方也没有说明。即没有说明所有的日志文件存放方式和位置。
- 分析文件格式属性。没有说明日志文件的存储格式、文件内容的记录格式、每条访问记录之间的分隔方式(是以回车换行还是以其他字符作为分隔等)。

● 分析文件内容属性。除了存放上述描述的内容外，是否还可以保存其他内容。如果不能保存其他内容，需求描述中应加上一句“日志文件中只能存储访问记录信息，不得储存其他记录信息”。

● 分析文件大小属性。没有说明日志文件的大小限制方式。如果某天处于访问高峰期，访问特别多，是否需要将日志文件分拆成多个就是一个需要考虑的问题。

● 分析文件权限属性。没有说明日志文件的访问权限，文件是否需要设置权限是一个需要考虑的问题。

通过元素分析法对上述需求描述分析后，我们发现需求描述中有很多的问题没有描述清楚。要描述清楚需要很大的工作量。但仅从需求分析的角度来看，如果需求规格描述得较细将会增加很多工作量；但从整个开发过程来看，如果需求描述完整，则后续阶段的开发产生歧义和遗漏的可能性就很小。实际上，后续阶段节约的时间会大大超过需求所多花的时间。

人们不仅在检查测试需求时需要使用测试用例设计方法，还应采取测试用例设计来驱动需求分析，即在需求设计的过程中设计测试用例，通过测试用例设计来驱动需求分析，完善需求分析的内容。

3. 软件登记评测需要提交的文档

图 9.4 为软件登记测试流程图。

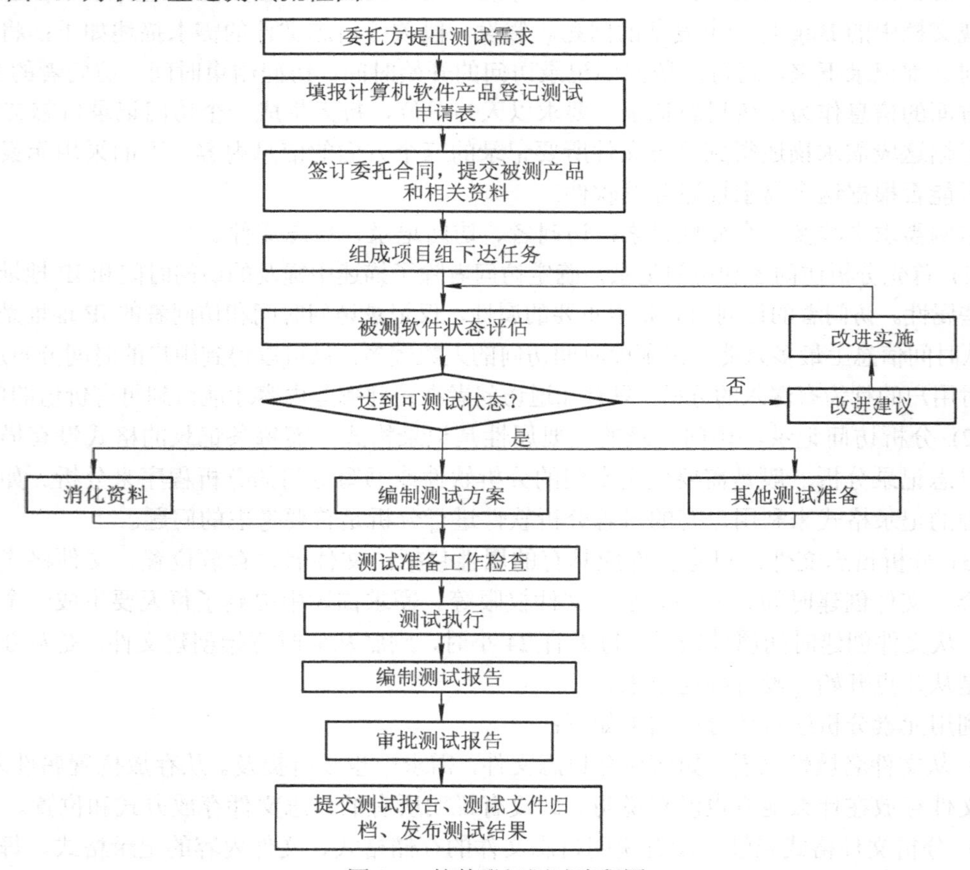

图 9.4　软件登记测试流程图

虽然软件登记测试需要的文档较多，但一般都有标准模板，下面只给出需要提交的文档名称。

(1) 《计算机软件产品登记测试申请表》书面一份(加盖公章)和电子文档。

(2) 《软件产品功能列表》书面一份和电子文档。

(3) 《材料交接单》书面一份加盖公章和电子文档。

(4) 《测试现场软件及硬件环境列表》书面一份(加盖公章)和电子文档。

(5) 《软件名称与版本号确认单》书面一份加盖公章和电子文档。

(6) 《软件评测保密协议》、《软件评测合同》书面各两份，其格式按照合同及协议规范签订。

(7) 《用户手册》一套(含电子文档)，包括《用户手册》、《安装手册》、《操作手册》、《维护手册》。手册要有详细的目录索引、页码标识、文档版本号、技术支持联系方法、公司名称、地址等，格式请参考《计算机软件文档编制规范 GB 8567—2006》及《中华人民共和国国家标准 UDC681.3》。

(8) 200 字左右的软件简介(软件应用领域、作用、性能特点)以电子文档的形式提交《自主产权保证书》书面一份(加盖公章)和电子文档。

(9) 《无法测试的功能的声明》书面一份(加盖公章)和电子文档。

9.8　测试文档表格格式

下面给出三种测试文档的表格格式。

1. 软件测试用例表

软件测试用例表见表 9.10。

表 9.10　软件测试用例表

<table>
<tr><td colspan="2">被测软件名称</td><td colspan="2"></td><td>被测软件标识</td><td colspan="2"></td></tr>
<tr><td colspan="2">测试功能</td><td colspan="2"></td><td>用例标识</td><td colspan="2"></td></tr>
<tr><td colspan="2">测试阶段</td><td colspan="5">口　单元测试　口　软部件测试　口 确认(配置项)测试　口　系统测试</td></tr>
<tr><td colspan="2">测试类型</td><td colspan="5">口 功能测试　口 性能测试　口 接口测试　口 余量测试　口 结构覆盖
口内存使用　口 边界测试　口 人机界面　口　强度测试　口 安全性
口 可恢复性　口　可安装性　口　……</td></tr>
<tr><td rowspan="5">测试用例设计</td><td>测试目的</td><td colspan="5"></td></tr>
<tr><td>用例描述</td><td colspan="5"></td></tr>
<tr><td>测试方法步骤</td><td colspan="5"></td></tr>
<tr><td>预期结果</td><td colspan="5"></td></tr>
<tr><td>用例设计人员</td><td colspan="2"></td><td>用例设计时间</td><td colspan="2">年　月　日</td></tr>
<tr><td rowspan="4">测试用例执行情况</td><td>测试时间</td><td>年　月　日</td><td>测试地点</td><td></td><td>测试人员</td><td></td></tr>
<tr><td>测试结果及现象</td><td colspan="5"></td></tr>
<tr><td>测试结论Ž</td><td colspan="5">口 通过　口 未通过　口　可重现　口　不可重现　口　……</td></tr>
<tr><td>故障
现象
描述</td><td colspan="5"></td></tr>
<tr><td colspan="2">会　签</td><td colspan="5">软件承制单位：……　测试方：……</td></tr>
</table>

2．软件测试 Bug 报告单

软件测试 Bug 报告单见表 9.11。

表 9.11　Bug 报告单

被测试名称		被测软件标识	
测试功能			
测试用例标识	□ 单元测试　□　软部件测试　□　确认(配置项)测试　□　系统测试		
测试类型	□ 功能测试　□ 性能测试　□ 接口测试　□ 余量测试　□ 结构覆盖 □ 内存使用　□ 边界测试　□ 人机界面　□ 强度测试　□ 安全性 □ 可恢复性　□ 可安全性　□ ……		
问题描述			
产生影响分析			
问题严重等级	□ 失败　□　严重　□　一般　□　无影响		
报告人			

3．测试现场软件及硬件环境

测试用硬件、软件配列表见表 9.12。

表 9.12(A)　硬件列表

序号	名称	型号	配置	机身编号	用途	使用状况
1			CPU 主频、内存、 硬盘、其他			□准用 □停用
2			CPU 主频、内存、 硬盘、其他			□准用 □停用
3			CPU 主频、内存、 硬盘、其他			□准用 □停用
4						

表 9.12(B)　软件列表

序号	名称	版本号	用途
1			
2			

9.9　几种测试用例编写规则

1．功能测试用例

功能测试用例见表 9.13。

- 被测试对象的介绍。
- 测试范围与目的。
- 测试环境与测试辅助工具的描述。

- 测试驱动程序的设计。
- 功能测试用例。

表 9.13　功能测试用例表

功能 A 描述		
用例目的		
前提条件		
输入/动作	期望的输出/响应	实际情况
示例：典型值…		
示例：边界值…		
示例：异常值…		
功能 B 描述		
用例目的		
前提条件		
输入/动作	期望的输出/响应	实际情况
……		

2．系统功能测试

下面介绍国内某软件测试公司的一种软件测试方案，本方案旨在指导×××V1.0.0 的第三方功能测试工作，以保证顺利实施。具体地讲，对于×××V1.0.0 进行功能确认，验证其功能是否完成需求，功能是否正确，数据计算是否正确等，同时关注系统运行是否稳定。测试包括×××V1.0.0 的全部 5 个模块：用户安全验证模块、基本信息查询模块、相关原始报文查询模块、系统管理模块和客户端处理日志模块。

(1) 测试方法。本次测试主要采用手工黑盒测试方法，根据开发商提交基础用例整理测试，并补充完成第三方测试用例，执行全部可执行测试用例，根据测试要求验证是否达到测试目的中所列内容。并使用测试管理平台 TestDirector 进行用例管理、执行管理与缺陷跟踪。

(2) 测试步骤(详见表 9.14)。

表 9.14　系统功能测试步骤

步骤	动作	负责人	测试提交物	要求
1	测试准备		基础用例	描述需求
			测试需求	整理需求
2	测试计划		测试方案	经过评审
3	环境测试部署		发布日志，测试入口 URL	日志按时提交，环境可用
4	测试设计		测试用例	使用 TD 管理
5	测试实施		用例执行情况/缺陷跟踪记录	使用 TD 管理
6	测试报告		测试报告	经过评审

(3) 测试要求(详见表 9.15)。

表 9.15　测 试 要 求

测试阶段	测试方法	测试要求
第一阶段 各模块的 功能验证	● 检查操作按钮功能 (添加、删除、修改、取消) ● 检查操作按钮的用途与说明 ● 检查必填项设定 ● 数据查询正确性 ● 界面检查 ● 异常输入检查 ● 其他	● 检查各按钮操作功能是否准确 ● 不同模块中同一用途的按钮名称或说明文字是否相同 ● 系统是否能给出相应的限制 ● 满足查询要求 ● 检查界面的整体风格是否一致及表格布局、用户提示、菜单及对话框等 ● 验证系统对于异常数据是否给出正确判断
第二阶段 系统稳定性	● 统计正常操作下产生的错误率 ● 统计任意操作下产生的错误率 ● 记录常见错误信息	● 正常操作下，不应产生错误 ● 任意操作下，错误越少越好

(4) 工作量和测试人员。测试计划实施周期为 2007-6-25 至 2007-7-6，投入人员为 4 人，共 10 工作日，计 26 人日。测试人员如表 9.16 所示。

表 9.16　测试人员和角色

单位	角色	人员	职责
****	测试工程师		测试实施
.	开发工程师		测试配合

(5) 测试进度(详见表 9.17)。

表 9.17　测 试 进 度

步骤	动作	负责人	进度	工作量(人日)
1	测试准备		2007-6-25	--
			2007-6-25	1
2	测试计划		2007-6-25 至 2007-6-26	3
3	环境测试部署		2007-6-27	--
4	测试设计		2007-6-26 至 2007-6-28	6
5	测试实施		2007-6-29 至 2007-7-5	15
6	测试报告		2007-7-6	1

(6) 测试环境(详见表 9.18)。

表 9.18　测 试 环 境

主机	IP	硬　件	软　件
服务器	10.83.6.111	PC 一台: CPU3.40GHz，内存 1.0 GB，硬盘 80G	Windows XP Professional/SP2/.net FrameWork
客户端	10.83.6.81 10.83.6.82 10.83.6.80	PC 三台: CPU 3.40GHz，内存 1.0 GB，硬盘 80G	Windows XP Professional /SP2/IE 6.0

3．性能测试用例

性能测试用例见表 9.19，内容包括：

- 被测试对象的介绍。
- 测试范围与目的。
- 测试环境与测试辅助工具的描述。
- 测试驱动程序的设计。
- 性能测试用例。

表 9.19　性能测试用例

性能 A 描述		
用例目的		
前提条件		
输入数据	期望的性能(平均值)	实际性能(平均值)
性能 B 描述		
用例目的		
前提条件		
输入数据	期望的性能(平均值)	实际性能(平均值)
……		

4．接口一路径测试用例

接口—路径测试用例见表 9.20，内容包括：

- 被测试对象(单元)的介绍。
- 测试范围与目的。
- 测试环境与测试辅助工具的描述。
- 测试驱动程序的设计。
- 接口测试用例。

表 9.20　接口—路径测试用例

接口 A 的函数原型		
输入/动作	期望的输出/响应	实际情况
典型值…		
边界值…		
异常值…		
接口 B 的函数原型		
输入/动作	期望的输出/响应	实际情况
典型值…		
边界值…		
异常值…		
…		

5．压力测试用例

压力测试用例见表 9.21，内容包括：

- 被测试对象的介绍。
- 测试范围与目的。
- 测试环境与测试辅助工具的描述。
- 测试驱动程序的设计。
- 压力测试用例。

表 9.21　压力测试用例

极限名称 A	如“最大并发用户数量”	
前提条件		
输入/动作	输出/响应	是否能正常运行
10 个用户并发操作		
20 个用户并发操作		
……		
极限名称 B		
前提条件		
输入/动作	输出/响应	是否能正常运行
……		

6. 可靠性测试用例

可靠性测试用例见表 9.22，内容包括：

- 被测试对象的介绍。
- 测试范围与目的。
- 测试环境与测试辅助工具的描述。
- 测试驱动程序的设计。
- 可靠性测试用例。

表 9.22　可靠性测试用例

任务 A 描述	
连续运行时间	
故障发生的时刻	故障描述
……	
统计分析	
任务 A 无故障运行的平均时间间隔	(CPU 小时)
任务 A 无故障运行的最小时间间隔	(CPU 小时)
任务 A 无故障运行的最大时间间隔	(CPU 小时)
任务 B 描述	
连续运行时间	
故障发生的时刻	故障描述
……	
统计分析	
任务 B 无故障运行的平均时间间隔	(CPU 小时)
任务 B 无故障运行的最小时间间隔	(CPU 小时)
任务 B 无故障运行的最大时间间隔	(CPU 小时)

7. 健壮性测试用例

健壮性测试用例见表 9.23，内容包括：

- 被测试对象的介绍。
- 测试范围与目的。
- 测试环境与测试辅助工具的描述。
- 测试驱动程序的设计。
- 容错能力/恢复能力测试用例。

表 9.23　健壮性测试用例

异常输入/动作	容错能力/恢复能力	造成的危害、损失
示例：错误的数据类型……		
示例：定义域外的值……		
示例：错误的操作顺序……		
示例：异常中断通信……		
示例：异常关闭某个功能……		
示例：负荷超出了极限……		
……		

8. 安装/反安装测试用例

安装/反安装测试用例见表 9.24，内容包括：

- 被测试对象的介绍。
- 测试范围与目的。
- 测试环境与测试辅助工具的描述。
- 测试驱动程序的设计。
- 安装/反安装测试用例。

表 9.24　安装/反安装测试用例

配置说明		
安装选项	描述是否正常	使用难易程度
全部		
部分		
升级		
其他		
反安装选项	描述是否正常	使用难易程度

9. 信息安全性测试用例

信息安全性测试用例见表 9.25，内容包括：

- 被测试对象的介绍。
- 测试范围与目的。

- 测试环境与测试辅助工具的描述。
- 测试驱动程序的设计。
- 信息安全性测试用例。

表 9.25　信息安全性测试用例

假想目标 A		
前提条件		
非法入侵手段	是否实现目标	代价－利益分析
……		
假想目标 B		
前提条件		
非法入侵手段	是否实现目标	代价－利益分析
……		

10．系统测试案例模板

系统测试是将已经确认的软件、计算机硬件、外设、网络等其他元素结合在一起，进行信息系统的各种组装测试和确认测试，系统测试是针对整个产品系统进行的测试，目的是验证系统是否满足了需求规格的定义，找出与需求规格不符或与之矛盾的地方，从而提出更加完善的方案。系统测试发现 Bug 后要经过调试找出错误原因和位置，然后进行改正。该测试是基于系统整体需求说明书的黑盒类测试，应覆盖系统所有联合的部件。对象不仅仅包括需测试的软件，还要包含软件所依赖的硬件、外设甚至包括某些数据、某些支持软件及其接口等。下面给出了系统测试文档模板(见表 9.26)。

表 9.26(A)　×××系统测试案例

编写：×××	日期：YYYY-MM-DD
审核：	日期：
批准：	日期：
受控状态：	是
发布版次：1.0	日期：YYYY-MM-DD
编号：	

表 9.26(B)　变 更 记 录

日期	版本	变更说明	作者
YYYY-MM-DD	V1.0	新建	×××

表 9.26(C)　签 字 确 认

职务	姓名	签字	日期

11. 路径测试的检查表

路径测试的检查表见表9.27。

表 9.27　路径测试的检查表

检　查　项	结论
数据类型问题 (1) 变量的数据类型有错误吗？ (2) 存在不同数据类型的赋值吗？ (3) 存在不同数据类型的比较吗？	
变量值问题 (1) 变量的初始化或缺省值有错误吗？ (2) 变量发生上溢或下溢吗？ (3) 变量的精度不够吗？	
逻辑判断问题 (1) 由于精度原因导致比较无效吗？ (2) 表达式中的优先级有误吗？ (3) 逻辑判断结果颠倒吗？	
循环问题 (1) 循环终止条件不正确吗？ (2) 无法正常终止(死循环)吗？ (3) 错误地修改循环变量吗？ (4) 存在误差累积吗？	
内存问题 (1) 内存没有被正确地初始化却被使用吗？ (2) 内存被释放后却继续被使用吗？ (3) 内存泄漏吗？ (4) 内存越界吗？ (5) 出现野指针吗？	
文件 I/O 问题 (1) 对不存在的或者错误的文件进行操作吗？ (2) 文件以不正确的方式打开吗？ (3) 文件结束判断不正确吗？ (4) 没有正确地关闭文件吗？	
错误处理问题 (1) 忘记进行错误处理吗？ (2) 错误处理程序块一直没有机会被运行？ (3) 错误处理程序块本身就有毛病吗？如报告的错误与实际错误不一致，处理方式不正确等。 (4) 错误处理程序块是“马后炮”吗？ 如它被调用之前软件已经出错。	
……	

12. 单元测试检查表的应用

单元测试是针对程序模块，进行正确性检验的测试。单元测试需要从程序的内部结构出发设计测试用例，多个模块可以平行地独立进行单元测试。其目的在于发现各模块内部可能存在的各种 Bug。下面是单元测试检查表的案例：

(1) 关键测试项是否已纠正：

- 有无任何输入参数没有使用？有无任何输出参数没有产生？
- 有无任何数据类型不正确或不一致？
- 有无任何算法与 PDL 或功能需求中的描述不一致？
- 有无任何局部变量使用前没有初始化？
- 有无任何外部接口编码错误？即调用语句、文件存取、 数据库错误。
- 有无任何逻辑路径错误？
- 该单元是否有多个入口或多个正常的出口？

(2) 额外测试项：

- 该单元中有任何地方与 PDL 与 PROLOG 中的描述不一致？
- 代码中有无任何偏离本项目标准的地方？
- 代码中有无任何对于用户来说不清楚的错误提示信息？
- 如果该单元是设计为可重用的，代码中是有可能妨碍重用的地方？

采取的动作和说明：一般用单独的一页或多页。每一项动作必须指出所引用的问题。

(3) 审查结果：

- 如果上述 11 个问题的答案均为“否”，那么测试通过，请在此标记并且在最后签名。
- 如果代码存在严重的问题，即多个关键问题的答案为“是”，那么程序编制者纠正这些错误，并且必须重新安排一次单元测试。

下一次单元测试的日期：______________________

- 如果代码存在小的 Bug，那么程序编制者纠正这些 Bug，并且仲裁者必须安排一次跟踪会议。

跟踪会议的日期：______________________

测试人签名：___________ 日期：________

13. 测试环境与测试辅助工具的描述

- 测试驱动程序的设计。
- 测试人员分类(见表 9.28)。

表 9.28　测试人员分类

类别	特征
A 类	
B 类	
……	

- 用户界面测试的检查表(见表 9.29)。

表 9.29　用户界面测试的检查表

检查项	测试人员的类别及其评价
窗口切换、移动、改变大小时正常吗？	
各种界面元素的文字正确吗？(如标题、提示等)	
各种界面元素的状态正确吗？(如有效、无效、选中等状态)	
各种界面元素支持键盘操作吗？	
各种界面元素支持鼠标操作吗？	
对话框中的缺省焦点正确吗？	
数据项能正确回显吗？	
对于常用的功能，用户能否不必阅读手册就能使用？	
执行有风险的操作时，有"确认"、"放弃"等提示吗？	
操作顺序合理吗？	
有联机帮助吗？	
各种界面元素的布局合理吗？美观吗？	
各种界面元素的颜色协调吗？	
各种界面元素的形状美观吗？	
……	

9.10　测试计划大纲

测试计划大纲的编写内容：

1. 引言

(1) 编写目的。说明本测试计划的具体编写目的，指出预期的读者。

(2) 背景。说明本测试计划所从属的软件系统的名称；该开发项目的历史，列出用户和执行此项目测试的计算中心，说明在开始执行本测试计划之前必须完成的各项工作。

(3) 定义。列出本文件中用到的专门术语的定义和外文首字母组词的原词组。

(4) 参考资料。列出有关的参考文件，如本项目的经核准的计划任务书，上级机关批文、合同等；属于本项目的其他已发表文件；本文件中各处引用的文件、资料，包括所要用到的软件开发标准。列出这些文件的标题、文件编号、发表日期和出版单位，说明能够得到这些文件资料的来源。

2. 计划

(1) 软件说明。提供一份图表，逐项说明被测软件的功能、输入和输出等质量指标，作为叙述测试计划的提纲。

(2) 测试内容。列出组装测试和确认测试中的每一项测试内容的名称标识符，这些测试的进度安排以及这些测试的内容和目的，例如模块功能测试、接口正确性测试、数据文卷存取的测试、运行时间的测试、设计约束和极限的测试等。

(3) 测试 1(标识符)。给出这项测试内容的参与单位及被测试的部位。

① 进度安排。给出对这项测试的进度安排，包括进行测试的日期和工作内容(如熟悉环境、培训、准备输入数据等)。

② 条件。陈述本项测试工作对资源的要求，包括：

- 设备：所用到的设备类型、数量和预定使用时间。
- 软件：列出将被用来支持本项测试过程而本身又并不是被测软件的组成部分的软件，如测试驱动程序、测试监控程序、仿真程序、桩模块等。
- 人员：列出在测试工作期间预期可由用户和开发任务组提供的工作人员的人数、技术水平及有关的预备知识，包括一些特殊要求，如倒班操作和数据键入人员。

③ 测试资料。列出本项测试所需的资料，如：

- 有关本项任务的文件。
- 被测试程序及其所在的媒体。
- 测试的输入和输出举例。
- 有关控制此项测试的方法、过程的图表。

④ 测试培训。说明或引用资料说明为被测软件的使用提供培训的计划。规定培训的内容、受训的人员及从事培训的工作人员。

(4) 测试 2(标识符)。用与本测试计划(2)、(3)条相类似的方式说明用于另一项及其后各项测试内容的测试工作计划等。

3．测试设计说明

(1) 测试 1(标识符)。说明对第一项测试内容的测试设计考虑。

(2) 控制。说明本测试的控制方式，如输入是人工、半自动或自动引入，控制操作的顺序以及结果的记录方法。

(3) 输入。说明本项测试中所使用的输入数据及选择这些输入数据的策略。

(4) 输出。说明预期的输出数据，如测试结果及可能产生的中间结果或运行信息。

(5) 过程。说明完成此项测试的每个步骤和控制命令，包括测试的准备、初始化、中间步骤和运行结束方式。

(6) 测试 2(标识符)。用与本测试计划 3 中(1)条相类似的方式说明第 2 项及其后各项测试工作的设计考虑等。

4．评价准则

(1) 范围。说明所选择的测试用例能够检查的范围及其局限性。

(2) 数据整理。陈述为了把测试数据加工成便于评价的适当形式，使得测试结果可以同已知结果进行比较而要用到的转换处理技术，如手工方式或自动方式；如果是用自动方式整理数据，还要说明为进行处理而要用到的硬件、软件资源。

(3) 尺度。说明用来判断测试工作是否能通过的评价尺度，如合理的输出结果的类型、测试输出结果与预期输出之间的容许偏离范围、允许中断或停机的最大次数。

9.11　测试分析报告大纲

1．引言

(1) 编写目的。说明本测试分析报告的具体编写目的，指出预期的读者。

(2) 说明：被测试软件系统的名称；该软件的任务提出者、开发者、用户及安装此软件的计算中心，指出测试环境与实际运行环境之间可能存在的差异以及这些差异对测试结果的影响。

(3) 定义。列出本文件中用到的专门术语的定义和外文首字母组词的原词组。

(4) 参考资料。列出有关的参考文件，如本项目的经核准的计划任务书，上级机关批文、合同等；属于本项目的其他已发表文件；本文件中各处引用的文件、资料，包括所要用到的软件开发标准。列出这些文件的标题、文件编号、发表日期和出版单位，说明能够得到这些文件资料的来源。

2．测试概要

用表格的形式列出每一项测试的标识符及其测试内容，并指明实际进行的测试工作内容与测试计划中预先设计的内容之间的差别，说明作出这种改变的原因。

3．测试结果及发现

(1) 测试 1(标识符)。把本项测试中实际得到的动态输出(包括内部生成数据输出)结果同对于动态输出的要求进行比较，陈述其中的各项发现。

(2) 测试 2(标识符)。用类似本报告 3 中(1)条的方式给出第 2 项及其后各项测试内容的测试结果和发现。

4．对软件功能的结论

(1) 功能 1(标识符)简述该项功能，说明为满足此项功能而设计的软件能力以及经过一项或多项测试已证实的能力。

(2) 限制。说明测试数据值的范围(包括动态数据和静态数据)，列出就该项功能而言，测试期间在该软件中查出的缺陷、局限性。

(3) 功能 2(标识符)。用类似本报告 4 中(1)条的方式给出第 2 项及其后各项功能的测试结论。

5．分析摘要

(1) 能力。陈述经测试证实了的本软件的能力。如果所进行的测试是为了验证一项或几项特定性能要求的实现，应提供这方面的测试结果与要求之间的比较，并确定测试环境与实际运行环境之间可能存在的差异对能力的测试所带来的影响。

(2) 缺陷和限制。陈述经测试证实的软件缺陷和限制，说明每项缺陷和限制对软件性能的影响，并说明全部测得的性能缺陷的累积影响和总影响。

(3) 建议。对每项缺陷提出改进建议，如各项修改可采用的修改方法；各项修改的紧迫程度；各项修改预计的工作量；各项修改的负责人。

(4) 评价。说明该项软件的开发是否已达到预定目标，能否交付使用。

(5) 测试资源消耗。总结测试工作的资源消耗数据，如工作人员的水平级别和数量、计算机时消耗等。

本章小结

本章介绍了软件测试文档的编写规范和书写格式，介绍了软件测试报告和模型的编写规范。给出了使用用例场景设计测试用例的方法，介绍了需求分析和软件登记测试编写规范，介绍了几种测试用例编写规则。最后，介绍了测试计划大纲和测试分析报告大纲的编写格式。

练习题

1. 举例说明软件测试文档的编写规范和书写格式。
2. 举例介绍测试文档表格格式。
3. 介绍测试用例设计包含的内容。
4. 举例说明软件测试报告包含的内容。
5. 介绍用户界面测试的编写规则。
6. 利用实例填写软件测试 Bug 报告单。
7. 列举实例，编写其测试计划大纲和测试分析报告大纲。

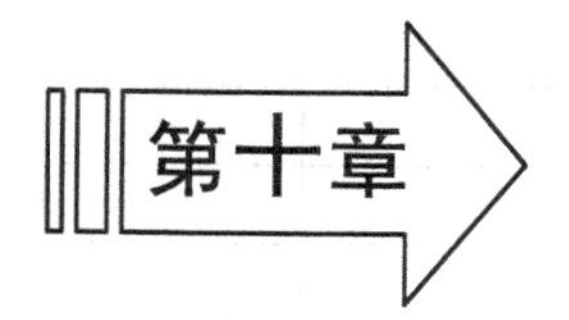

第十章 软件测试案例

本章介绍一些软件和网站测试案例。

10.1　C程序测试案例

下面是一组对一段包含赋值、判断和循环语句等简单C程序进行测试的功能性测试用例。该测试采用白盒与黑盒测试相结合。按照功能模块测试分为9个模块：注释功能的实现、声明语句的实现、赋值语句的实现、运算符优先级的实现、选择语句if-else的实现、循环语句while的实现、嵌套功能的实现、输入输出功能的实现和数组功能的实现。前期的测试数据很多，没有全列出来。9个模块对应的功能测试的测试用例，编号依次为001～009。还有一个综合功能测试，编号为000，综合了对本编译器所有功能的测试。各测试用例分别见表10.1～表10.10。

表10.1　001号用例

项目/软件	CMM编译器	程序版本	2.1		
功能模块名	注释	编制人	×××		
用例编号	001	编制时间	2007.12.28		
相关的用例	无	测试时间	2007.1.3		
功能特性	注释语句的略过				
测试目的	验证注释语句是否被编译器略过				
参考信息	设计文档中关于注释语句的说明				
测试数据					
操作步骤	操作描述	数据	期望结果	实际结果	测试状态
1	输入源文档，点击编译按钮	/*gfhsfghsdgfhs*/	正确的忽略注释	与预期结果一致	已完成
2	输入源文档，点击编译按钮	/*hdksjfhsdffu*/	正确的忽略注释	与预期结果一致	已完成
3	输入源文档，点击编译按钮	/*fhsdfs/*dfgfduhd*/*/	正确的忽略注释，并报错	与预期结果一致	已完成
4	输入源文档，点击编译按钮	/*fhdisfosos/*/*/	正确的忽略注释，并报错	与预期结果一致	已完成
5	输入源文档，点击编译按钮	/*/*uisfyuireh*/	正确的忽略注释	与预期结果一致	已完成
测试人员	×××	开发人员	×××	项目负责人	×××

表 10.2　002 号用例

项目/软件	CMM 编译器	程序版本	2.1		
功能模块名	声明	编制人	×××		
用例编号	002	编制时间	2007.12.28		
相关的用例	无	测试时间	2007.1.3		
功能特性	语句				
测试目的	验证声明语句是否功能完善				
参考信息	设计文档中关于声明语句的说明				
测试数据					
操作步骤	操作描述	数据	期望结果	实际结果	测试状态
1	输入源文档，点击编译按钮	int a;	编译成功	与预期结果一致	已完成
2	输入源文档，点击编译按钮	real a;	编译成功	与预期结果一致	已完成
3	输入源文档，点击编译按钮	int j_1;	编译成功	与预期结果一致	已完成
4	输入源文档，点击编译按钮	real 1g;	报错	与预期结果一致	已完成
5	输入源文档，点击编译按钮	real _1h;	报错	与预期结果一致	已完成
6	输入源文档，点击编译按钮	int dhj_;	报错	与预期结果一致	已完成
7	输入源文档，点击编译按钮	int a; int a;	报错	与预期结果一致	已完成
测试人员	×××	开发人员	×××	项目负责人	×××

表 10.3　003 号用例

项目/软件	CMM 编译器	程序版本	2.1		
功能模块名	赋值	编制人	×××		
用例编号	003	编制时间	2007.12.28		
相关的用例	无	测试时间	2007.1.3		
功能特性	赋值语句				
测试目的	验证赋值语句功能是否实现				
参考信息	设计文档中关于赋值语句的说明				
测试数据					
操作步骤	操作描述	数据	期望结果	实际结果	测试状态
1	输入源文档，点击编译按钮	a=1;	报错	与预期结果一致	已完成
2	输入源文档，点击编译按钮	int a=1;	生成正确的中间代码	与预期结果一致	已完成
3	输入源文档，点击编译按钮	real a=1;	生成正确的中间代码	与预期结果一致	已完成
4	输入源文档，点击编译按钮	real a=1+2*3.4;	生成正确的中间代码	与预期结果一致	已完成
5	输入源文档，点击编译按钮	int a=1.0;	报错	与预期结果一致	已完成
测试人员	×××	开发人员	×××	项目负责人	×××

表 10.4　004 号用例

项目/软件	CMM 编译器	程序版本	2.1		
功能模块名	运算	编制人	×××		
用例编号	004	编制时间	2007.12.28		
相关的用例	无	测试时间	2007.1.3		
功能特性	运算符的优先级				
测试目的	验证运算符的优先级有没有正确的表达				
参考信息	设计文档中关于运算符优先级的说明				
测试数据					
操作步骤	操作描述	数据	期望结果	实际结果	测试状态
1	输入源文档，点击编译按钮	int a=1+2;	生成正确的中间代码	与预期结果一致	已完成
2	输入源文档，点击编译按钮	int a=1+2*5;	生成正确的中间代码	与预期结果一致	已完成
3	输入源文档，点击编译按钮	int a=(1+2)*4;	生成正确的中间代码	与预期结果一致	已完成
4	输入源文档，点击编译按钮	int a=2+1*6/5;	生成正确的中间代码	与预期结果一致	已完成
5	输入源文档，点击编译按钮	real a=(6-2)*3/5;	生成正确的中间代码	与预期结果一致	已完成
6	输入源文档，点击编译按钮	int a=(1+2)*4/0;	报错	与预期结果一致	已完成
测试人员	×××	开发人员	×××	项目负责人	×××

表 10.5　005 号用例

项目/软件	CMM 编译器	程序版本	2.1		
功能模块名	条件选择	编制人	×××		
用例编号	005	编制时间	2007.12.28		
相关的用例	无	测试时间	2007.1.3		
功能特性	if-else 语句的实现				
测试目的	验证选择语句 if-else 功能有没有被编译器实现				
参考信息	设计文档中关于选择语句的说明				
测试数据					
操作步骤	操作描述	数据	期望结果	实际结果	测试状态

1	输入源文档，点击编译按钮	int a=1;
		if(a<2)
		{a=3;}
		else
		{a=2;}
			生成正确的中间代码	与预期结果一致	已完成

2	输入源文档，点击编译按钮	int a=1;
		if(a<2)
		{a=3;}
			生成正确的中间代码	与预期结果一致	已完成

测试人员	×××	开发人员	×××	项目负责人	×××

表 10.6　006 号用例

项目/软件	CMM 编译器	程序版本	2.1		
功能模块名	循环	编制人	×××		
用例编号	006	编制时间	2007.12.28		
相关的用例	无	测试时间	2007.1.3		
功能特性	while 语句的实现				
测试目的	验证 while 语句的功能有没有被编译器实现				
参考信息	设计文档中关于循环语句的说明				
测试数据					
操作步骤	操作描述	数据	期望结果	实际结果	测试状态

1	输入源文档，点击编译按钮	int a=10;
		while(a<20)
		{a=a+1;}
			生成正确的中间代码	与预期结果一致	已完成

2	输入源文档，点击编译按钮	int a=10;
		while(a==10)
		{write a;}
			死循环	与预期结果一致	已完成

测试人员	×××	开发人员	×××	项目负责人	×××

表 10.7　007 号用例

项目/软件	CMM 编译器	程序版本	2.1		
功能模块名	嵌套	编制人	×××		
用例编号	007	编制时间	2007.12.28		
相关的用例	无	测试时间	2007.1.3		
功能特性	嵌套功能				
测试目的	验证嵌套是否被编译器识别并实现				
参考信息	设计文档中关于嵌套的说明				
测试数据					
操作步骤	操作描述	数据	期望结果	实际结果	测试状态

1	输入源文档，点击编译按钮	int a=10;
		while(a<20)
		{a=a-1;int b=3;
		while(b<5)
		{b=b+1;} }
			生成正确的中间代码	与预期结果一致	已完成

2	输入源文档，点击编译按钮	int a=10;
		while(a<20)
		{a=a-1;
		if(a<5)
		{a=a+1} }
			生成正确的中间代码	与预期结果一致	已完成

3	输入源文档，点击编译按钮	int a=1;
		if(a<2)
		{a=3;
		if(a<5)
		{a=a+1；}　}
		else
		{a=2;}
			生成正确的中间代码	与预期结果一致	已完成

4	输入源文档，点击编译按钮	int a=1;
		if(a<2)
		{a=3;int b=10;
		while(b<20)
		{b=b+1;} }
		else
		{a=2;}
			生成正确的中间代码	与预期结果一致	已完成

5	输入源文档，点击编译按钮				
测试人员	×××	开发人员	×××	项目负责人	×××

表 10.8　008 号用例

项目/软件	CMM 编译器	程序版本	2.1		
功能模块名	输入输出	编制人	×××		
用例编号	008	编制时间	2007.12.28		
相关的用例	无	测试时间	2007.1.3		
功能特性	输入输出语句				
测试目的	验证输入输出语句的功能是否被编译器实现				
参考信息	设计文档中关于输入输出语句的说明				
测试数据					
操作步骤	操作描述	数据	期望结果	实际结果	测试状态
1	输入源文档，点击编译按钮	int a; read a;	生成正确的中间代码，弹出控制台，正确的执行	与预期结果一致	已完成
2	输入源文档，点击编译按钮	real a=1.0; write a;	生成正确的中间代码,弹出控制台，正确的执行	与预期结果一致	已完成
3	输入源文档，点击编译按钮	int a; read a;read a; write a;	生成正确的中间代码，弹出控制台，正确的执行	与预期结果一致	已完成
4	输入源文档，点击编译按钮	real a=3.2; read a; write a;	生成正确的中间代码，弹出控制台，正确的执行	与预期结果一致	已完成
测试人员	×××	开发人员	×××	项目负责人	×××

表 10.9　009 号用例

项目/软件	CMM 编译器	程序版本	2.1		
功能模块名	数组	编制人	×××		
用例编号	009	编制时间	2007.12.28		
相关的用例	无	测试时间	2007.1.3		
功能特性	数组的实现				
测试目的	验证数组的功能有没有被编译器实现				
参考信息	设计文档中关于数组的说明				
测试数据					
操作步骤	操作描述	数据	期望结果	实际结果	测试状态
1	输入源文档，点击编译按钮	int a[3];	生成正确的中间代码	与预期结果一致	已完成
2	输入源文档，点击编译按钮	real a[2];	生成正确的中间代码	与预期结果一致	已完成
3	输入源文档，点击编译按钮	int a[5]; a[2]=3;	生成正确的中间代码	与预期结果一致	已完成
4	输入源文档，点击编译按钮	real a[3]; a[6]=3;	报错	与预期结果一致	已完成
5	输入源文档，点击编译按钮	real a[3]; a[1]=2.5;	生成正确的中间代码	程序无法响应	已完成，已解决
6	输入源文档，点击编译按钮	int a[6]; a[2.3]=5;	报错	与预期结果一致	已完成
7	输入源文档，点击编译按钮	real a[3]; a[1]=2.5;a[2]=8; write a[2];	生成正确的中间代码，弹出控制台，正确的执行	报错	已完成
测试人员	×××	开发人员	×××	项目负责人	×××

表 10.10　000 号综合性测试用例

项目/软件	CMM 编译器	程序版本	2.1		
功能模块名	综合测试	编制人	×××		
用例编号	000	编制时间	2007.12.28		
相关的用例	无	测试时间	2007.1.3		
功能特性	综合功能的实现				
测试目的	验证综合功能有没有被编译器实现				
参考信息	设计文档中关于编译器功能的说明				
测试数据					
操作步骤	操作描述	数据	期望结果	实际结果	测试状态

1	输入源文档，点击编译按钮	int a;a=1;
		real b;b=2; real c;
		c=a+a*b-b;
		write c;
			生成正确的中间代码，弹出控制台，正确的执行	输出 1，与预期结果不一致，输出 1.0	已完成
					未解决

2	输入源文档，点击编译按钮	/*hgdhsosoiyh*/
		int a;a=1;
		if(a<5)
		{real b=2.0;
		while(a+b==3.0)
		{b=a+2;a=a+1;
		write a;write b;} }
		else
		{a=5;write a;}
			生成正确的中间代码，弹出控制台，正确的执行	输出 2、3，与预计结果 2、3.0 不一致	已完成，
					未解决

3	输入源文档，点击编译按钮	Real a; a=5;
		while(a<>10)
		{a=a+1;
		write a;
		int b; read b;
		if(b==0)
		{write b;}
		else
		{write b-b+1;}}
			生成正确的中间代码，弹出控制台，正确的执行	与预期结果一致，循环 5 次	已完成

4	输入源文档，点击编译按钮	real a;
		int b;
		real c;
		b=5;c=3;
		a=b*(c+b)-c/b;
		write a;
			生成正确的中间代码，弹出控制台，正确的执行	与预期结果一致，输出 39.4	已完成

5	输入源文档，点击编译按钮	int a; a=2;
		real b; b=1.0;
		while(a==2)
		{write b;
		b=b+1;}
			生成正确的中间代码，弹出控制台，正确的执行，死循环	语义分析出现问题，程序无法响应	已完成
					已解决

6	输入源文档，点击编译按钮	int i=1; int j=1;
		while(i<10)
		{j=1;
		while(j<10)
		{write i*j;
		j=j+1; } i=i+1;}
			生成正确的中间代码，弹出控制台，正确的执行	与预期结果一致	已完成

测试人员	×××	开发人员	×××	项目负责人	×××

10.2　Robot 功能测试

在成功安装和建立测试项目以后，就可以利用 TestManager 和 Robot 进行软件测试。下面以一个 Windows 自带的计算器测试例子，展示 Rational 的功能。

(1) 启动 Robot，登录窗口默认用户名是 admin，输入在建立测试项目时指定的密码(默认为空)，即可进入 Robot 主界面；

(2) 点击工具栏上的“GUI”按钮，录制 GUI 脚本，在窗口中输入脚本名称；

(3) 在 GUI Record 工具栏上点击第四个按钮，在 GUI Inset 工具栏点击“Start Application”按钮，点击“browse…”按钮，选择计算器程序；

(4) 从键盘输入“1+1=”，然后在 GUI Record 工具栏上点击第四个按钮，在 GUI Inset 工具栏点击“Alphanumeric 校验点”，选择第三项 Numeric Equivalence；

(5) 关闭计算器，点击 GUI Record 工具栏上的“STOP”按钮，完成脚本的录制。

录制完的脚本如下：

```
Sub Main
Dim Result As Integer
StartApplication "c:\windows\system32\calc.exe"
Window SetContext, "Caption=计算器", ""
PushButton Click, "Text=7"
PushButton Click, "Text=+"
PushButton Click, "Text=6"
PushButton Click, "Text=="
Result = EditBoxVP (CompareNumeric, "ObjectIndex=1", "VP=Alphanumeric;Value=130000")
Window CloseWin, "", ""
End Sub
```

这个脚本并不能正确回放，需要将 Result = EditBoxVP (CompareNumeric, "ObjectIndex=1", "VP = Alphanumeric;Value=130000")改为：Result = EditBoxVP (CompareNumeric, "ObjectIndex=1", "VP=Alphanumeric;Value=13")。这样就可以点击工具栏上的回放按钮进行回放。

这个脚本只能验证一组数据，并不能体现出自动测试带来的便利。需要对脚本进行手工修改，在脚本加入循环结构和数据池(DATAPOOL)，这样就可以实现一个脚本测试大量的数据，脚本易于维护而且功能强大。

修改后的脚本如下：

```
'$Include "sqautil.sbh"                //datapool 必须写的第一句话
    Sub Main
    Dim Result As Integer
    dim m as string
    dim x as integer
    dim n as string
```

```
        dim sum as variant
        dim dp as long
        StartApplication "c:\windows\system32\calc.exe"
        dp=SQADatapoolOpen("Book1")
        for x=1 to 5
        Call SQADatapoolFetch(dp)
        Call SQADatapoolValue(dp,1,m)
        Call SQADatapoolValue(dp,2,n)
        Call SQADatapoolValue(dp,3,sum)
    Window SetContext, "Caption=计算器", " "          InputKeys m &"{+}"& n &"{ENTER}"
    Result = EditBoxVP (CompareNumeric, "ObjectIndex=1", "VP=Alphanumeric;    Value="& sum &"")
    Window ResetTestContext, "", ""
        if Result<>1 then
            SQALogMessage sqaFail, "测试失败", "设计测试失败"
        else
            SQALogMessage sqaPass, "测试成功", ""
         end if
    msgbox Result              //提示信息
    next
    Call SQADatapoolClose(dp)
    Window CloseWin, "", ""
    End Sub
```

注：SQADatapoolOpen("Book1")中，Book1 为数据池(DATAPOOL)名称，需要在testmanager中手工创建。

经过简单的编辑后，测试时只需要将测试数据导入数据池(DATAPOOL)回放脚本即可，通过查看测试 log 检查哪些错误，在开始测试时就可以使用，而不是等到回归，也不是手工过程的简单重复。在测试之前，可以先准备好测试数据备用。

10.3　某县政府网站的测试

Web 网站的网页是由文字、图形、音频、视频和超级链接组成的文档。对网站的测试主要包括：配置测试、兼容测试、可用性测试、文档测试、文字测试、链接测试、图像测试、表单测试、动态内容测试、数据库测试、服务器性能及负载测试、安全性测试。可能采用的方法有黑盒测试、白盒测试、静态测试和动态测试等。

下面以对某县政府网站测试为例，介绍实际 Web 网站界面测试过程中如何发现 Bug。

一、登录界面测试用例

网站登录界面测试用例见表 10.11。

表 10.11　登录界面测试用例

用例 ID	XXXX-XX-XX	用例名称	系统登录	
用例描述	系统登录 用户名存在、密码正确的情况下，进入系统 页面信息包含：页面背景显示 用户名和密码录入接口，输入数据后的登入系统接口			
用例入口	打开 IE，在地址栏输入相应地址 进入该系统登录页面			
用例 ID	场景	测试步骤	预期结果	备注
TC1	初始页面显示	从用例入口处进入	页面元素完整，显示与详细设计一致	
TC2	用户名录入一验证	输入已存在的用户：test	输入成功	
TC3	用户名一容错性验证	aaaaabbbbbcccccdddddeeeee	输入到蓝色显示的字符时，系统拒绝输入	输入数据超过规定长度范围
TC4	密码一密码录入	输入与用户名相关联的数据：test	输入成功	
TC5	系统登录一成功	TC2，TC4，单击登录按钮	登录系统成功	
TC6	系统登录一用户名、密码校验	没有输入用户名、密码，单击登录按钮	系统登录失败，并提示：请检查用户名和密码的输入是否正确	
TC7	系统登录一密码校验	输入用户名，没有输入密码，单击登录按钮	系统登录失败，并提示：需要输入密码	
TC8	系统登录一密码有效性校验	输入用户名，输入密码与用户名不一致，单击登录按钮	系统登录失败，并提示：错误的密码	
TC9	系统登录一输入有效性校验	输入不存在的用户名、密码，单击登录按钮	系统登录失败，并提示：用户名不存在	
TC10	系统登录一安全校验	连续 3 次未成功	系统提示：您没有使用该系统的权限，请与管理员联系！	

二、测试过程中发现的 Bug

1．水务局网页测试结果

测试时间：2009-12-14，测试人：ANDY

存在问题：

(1) 位于“工作动态”下面的四张图片，间距没有对齐。

(2) 邮箱内没有信息时，无法添加信息，也无法显示邮箱添加信息的页面，无法进入静态化邮箱页面(易犯的错误)。

(3) 信息页面在信息很多的情况下，网页过长，没有分页(易犯的错误)。

(4) 三级页面中，在只有一篇文档的情况下，仍然显示“上一篇下一篇”功能。

(5) 首页和二级页面中，页头图片与导航栏没有对齐。

(6) 进入邮箱，选择添加信息页面，显示留言信息的表格高度调整不灵活，在只有一、两条信息的情况下，表格显示不够美观。

(7) 邮箱无法正常添加信息，在添加信息后跳转不正常，出现“WARNING”提示。

(8) 在邮箱三级页面，显示无法读取“right.html”的提示。

水务局网页测试完成时间：2009-12-14, 11:53:28

2．审计局网页测试结果

测试时间：2009-12-14；测试人：ANDY

存在问题：

(1) 首页中，Flash 标题字没对齐。

(2) 导航栏的位置不够准确、美观。

(3) 各页脚不统一。

(4) 首页中，“局长信箱”、“举报信箱”，以及右下角“咨询信箱”都连接到同一个信箱。

(5) 首页中，审计信息模块显示的是后台“图片新闻”的内容，后台“审计信息”的内容，不能显示。“审计信息”和“图片新闻”控制名相同，都是“shengjixingxi”。

(6) 二级页面的页脚位置不对。

(7) 邮箱无信息时，不能添加信息，也无法显示邮箱添加信息页面，无法进入静态化邮箱页面（易犯的错误）。

(8) 首页中，“审计知识”后台名字为“审计动态”，不一致。

审计局网页测试完成时间：2009-12-14, 12:10:54

3．广电局网页测试结果

测试时间：2009-12-14；测试人：ANDY

存在问题：

各页脚的位置不对。

广电局网页测试完成时间：2009-12-14, 13:45:20

4．供电局网页测试结果

测试时间：2009-12-14；测试人：ANDY

存在问题：

(1) 首页，临近尾部的“工作动态”模块位置不对。如图 10.1 所示。

图 10.1　网页中模块位置出错

(2) 首页，二级页面，三级页面，页尾部位置不对。

(3) “工作动态”下面文字未居中。如图 10.2 所示。

(4) 后台不能正常操作邮箱，数据库中表名为 dl_mailht_info，此处字母应改为小写。如图 10.3 所示。

苗锋副总经理带队赴

图 10.2　页面文字未居中

136&dbTable=dl_mailHT_info&mainKey=dl

图 10.3　后台代码错误

(5) Flash 图片未居中，Flash 与文字中间距离太大，需要把图片居中放，或以其他方式调整一下位置，如图 10.4 所示。

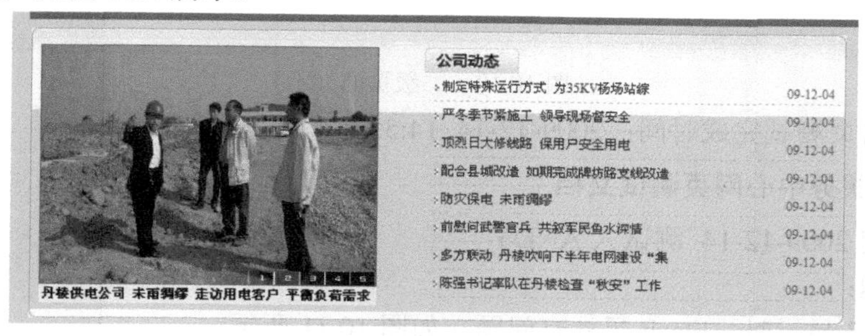

图 10.4　Flash 图片与文字间距过大

(6) 二级页面右下角没有对齐，如图 10.5 所示。

图 10.5　二级页面右下角未对齐

(7) 邮箱的二级页面页脚有问题。如图 10.6 所示。

主办单位：丹棱县供电局 联系电话：0833-7202148 网站管理入口
建设单位：成都欧赛克信息技术有限公司 电话：028-66257385
建设单位：成都欧赛克信息技术有限公司 电话：028-66257385

图 10.6　邮箱二级页面页脚中有问题

(8) 邮箱分页条数过多，二级邮箱页面过长。如图 10.7 所示。

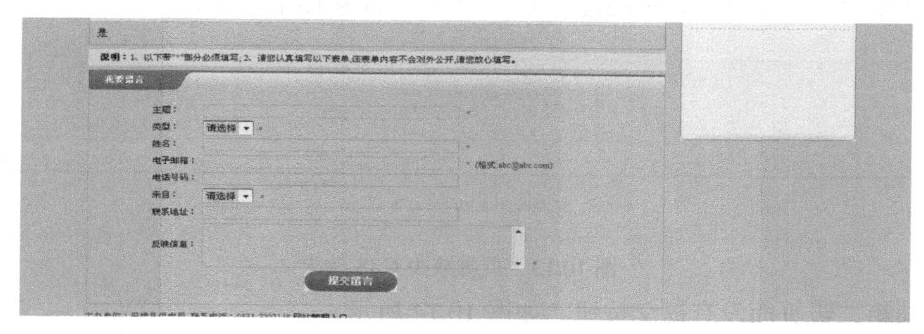

图 10.7　邮箱页面过长

(9) 三级页面图片大小不合适。如图 10.8 所示。

(10) 图片上没有号码，图片本身也没有链接。应修改图片，或给图片加上热线电话的链接。如图 10.9 所示。

图 10.8　三级页面中图片过大

图 10.9　缺少必要链接和文本

(11) 二级页面的显示条数没有达到分页时，这个白条应让其不显示或固定在下面。如图 10.10 所示。

图 10.10　二级页面显示

供电局网页测试完成时间：2009-12-14, 14:55:20

5. 政务服务中心网页测试文档

测试时间 2009-12-14　测试人 ANDY

存在问题：

(1) 用 IE7 显示时，Flash 尺寸有问题。如图 10.11 所示。

(2) 首页 CSS 有问题，没有边框。如图 10.12 所示。

图 10.11　不同浏览器显示有误

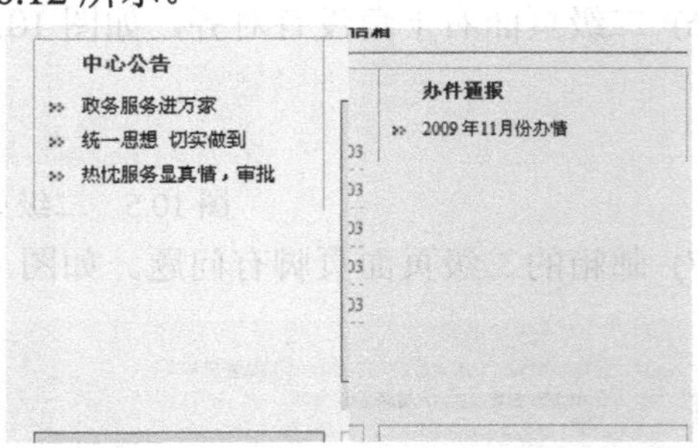

图 10.12　CSS 制作页面缺少边框

(3) “单位简介”页脚位置有问题。

(4) 邮箱二、三级页面，页脚没有 CSS 效果。如图 10.13 所示。

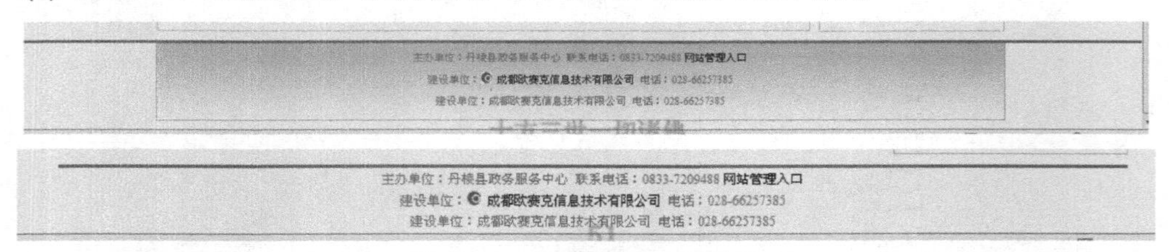

图 10.13　页脚缺少 CSS 效果

(5) 邮箱二级页面没有提交按钮。如图 10.14 所示。

图 10.14　邮箱无提交按钮

(6) 后台没有邮箱管理模块。

政务服务中心网页测试完成时间：2009-12-14, 15:31:24

6. 陶瓷产业集中区网页测试结果

测试时间：2009-12-14，测试人：ANDY

存在问题：

多个模块存在 IE6 及 IE7 显示兼容问题，多个模块 IE6 及 IE7 显示不同。如图 10.15 所示。

政策法规
更多 >>
景德镇陶瓷知识产权保护办法
陶瓷政策要落地三个文件尚须进一
国家政策向刚复苏的陶瓷业加劲
《陶瓷添加剂》国标起草工作启动
陶瓷砖出口欧洲需办理CE认证
《陶瓷板》国家标准正式通过
陶瓷薄板“国标”出台,将于11
2009年中国陶瓷行业发展趋势
政策法规
更多 >>
景德镇陶瓷知识产权保护办法
陶瓷政策要落地三个文件尚须进一
国家政策向刚复苏的陶瓷业加劲
《陶瓷添加剂》国标起草工作启动
陶瓷砖出口欧洲需办理CE认证
《陶瓷板》国家标准正式通过
陶瓷薄板“国标”出台,将于11
2009年中国陶瓷行业发展趋势

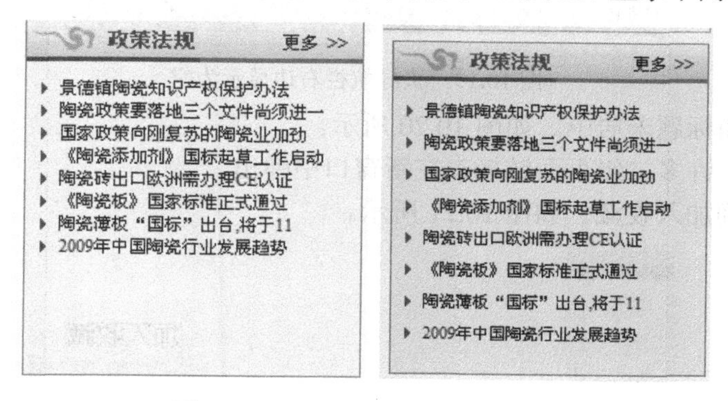

图 10.15　不同浏览器显示不兼容

陶瓷产业集中区网页测试完成时间：2009-12-14, 15:54:24

7．县国税局集中区网页测试结果

测试时间：2009-12-14，测试人：ANDY

存在问题：

后台回复邮箱中，有内容时也会显示 ALERT 请求显示内容。

该县国税局测试完成时间：2009-12-14, 16:06:17

8．县气象局网页测试结果

测试时间：2009-12-14，测试人：ANDY

存在问题：

(1) 首页“工作动态”模块，IE6 与 IE7 显示不同。如图 10.16 所示。

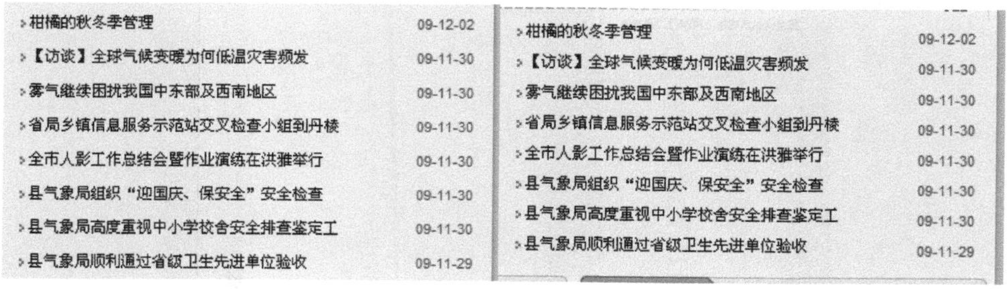

柑橘的秋冬季管理 09-12-02
【访谈】全球气候变暖为何低温灾害频发 09-11-30
雾气继续困扰我国中东部及西南地区 09-11-30
省局乡镇信息服务示范站交叉检查小组到丹棱 09-11-30
全市人影工作总结会暨作业演练在洪雅举行 09-11-30
县气象局组织“迎国庆、保安全”安全检查 09-11-30
县气象局高度重视中小学校舍安全排查鉴定工 09-11-30
县气象局顺利通过省级卫生先进单位验收 09-11-29
柑橘的秋冬季管理 09-12-02
【访谈】全球气候变暖为何低温灾害频发 09-11-30
雾气继续困扰我国中东部及西南地区 09-11-30
省局乡镇信息服务示范站交叉检查小组到丹棱 09-11-30
全市人影工作总结会暨作业演练在洪雅举行 09-11-30
县气象局组织“迎国庆、保安全”安全检查 09-11-30
县气象局高度重视中小学校舍安全排查鉴定工 09-11-30
县气象局顺利通过省级卫生先进单位验收 09-11-29

图 10.16　浏览器显示不兼容

(2) 二级页面，三级页面，左边存在 IE6 兼容问题。如图 10.17 所示。

(3) 三级页面，上一篇位置，有多条线。如图 10.18 所示。

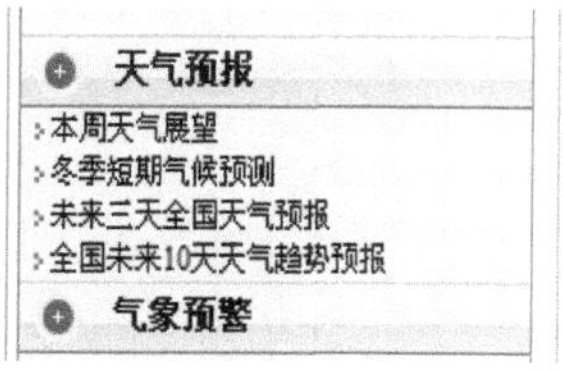

天气预报
本周天气展望
冬季短期气候预测
未来三天全国天气预报
全国未来10天天气趋势预报
气象预警

图 10.17　二、三级页面中 IE6 不兼容

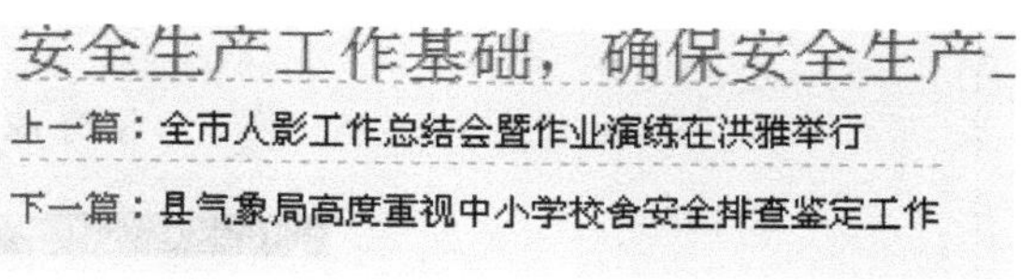

安全生产工作基础，确保安全生产
上一篇：全市人影工作总结会暨作业演练在洪雅举行
下一篇：县气象局高度重视中小学校舍安全排查鉴定工作

图 10.18　三级页面显示有多余线条

(4) 头导航栏右边显示为空。如图 10.19 所示。

图 10.19　头导航栏右边显示为空

(5) 三级页面标题未居中。如图 10.20 所示。

(6) 首页中，许多二级页面链接未在新窗口中弹出。

(7) 不能正确加入收藏。如图 10.21 所示。

图 10.20　三级页面标题未居中　　图 10.21　"加入收藏"功能不能实现

(8) Flash 字显示不完整。如图 10.22 所示。

图 10.22　Flash 字显示不完整

气象局网页测试完成时间：2009-12-14

9．县金融办网页测试结果

测试时间：2009-12-14，测试人：ANDY

存在问题：

(1) 三级邮箱页面，分页条数太多。如图 10.23 所示。

(2) 首页下方，图片没有对齐。如图 10.24 所示。

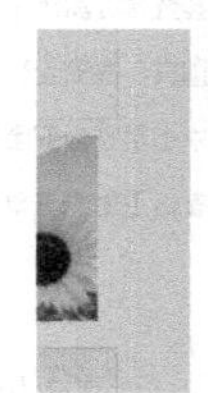

图 10.23　分页条数太多　　图 10.24　图片未对齐

(3) "领导信箱"按钮应居中。如图 10.25 所示。

图 10.25　按钮未居中

(4) 后台邮箱回复，JS 验证有问题。

金融办网页测试完成时间：2009-12-14, 17:45:20

10.4　服务器接口功能测试案例

由于平台服务器是通过接口来与客户端交互数据提供各种服务，因此服务器测试工作首先需要进行的是接口测试工作。测试人员需要通过服务器接口功能测试确保接口功能实现正确，那么其他测试人员在进行客户端与服务器结合的系统测试过程中，就能够排除由于服务器接口缺陷所导致的客户端问题，便于开发人员定位问题。以下是个人平台服务器接口功能测试方案。

1. 接口测试范围

根据服务器的测试需求，接口测试范围主要分为

(1) 新增接口；

(2) 新增业务功能接口；

(3) 整个服务器的接口。

所需测试接口依次增多，在测试时间足够的条件下，需要对所有接口进行测试用例的设计，但如果测试时间较短，则应该首先根据用户的典型操作对测试接口进行优先级划分，对调用频繁接口需要优先进行测试。

2. 接口测试策略

在进行平台服务器接口测试之前，首先需要整理服务器接口的测试方案，分析接口测试的要点，平台服务器的接口测试内容主要有以下几种：

(1) 接口设计检查。接口用于服务器与客户端的数据交互，客户端通过网络协议传递的数据为服务器接口的输入数据，因此应该首先通过服务器接口文档及客户端数据约束文档进行交互数据的有效性检查：

- 整数型数据位数检查；
- 浮点型数据精度检查；
- 字符串数据范围值检查。

要求客户端的整数型、浮点型、字符串数据以及其最大值和最小值都能作为服务器接口的有效输入。这些工作在服务器设计评审时就可以进行，以便确保不会出现客户端上传数据被服务器自动进行截断或四舍五入的操作。

(2) 接口依赖关系检查。以上策略只谈到单个接口的测试方法，对于用户来说，一个操作可能会造成服务器调用多个接口来进行完成，因此还需要从业务处理的角度，对各种业务操作所涉及的多个接口之间依赖调用进行测试。

接口依赖关系检查主要是通过接口的输出值为另一接口的输入值来实现的，因此在进行接口测试之前，需要分析所测试接口的输入值是通过客户端还是其他接口输出来获取的，在设计测试用例时，加入接口的依赖关系说明以便于测试。

(3) 接口输入/输出验证。服务器接口功能测试类似于单元测试，在设计测试用例时，侧重点在于接口模块输入/输出项的正确性验证，根据服务器接口处理方式，对各种接口进

行分类，分为条件判断接口、数据查询接口和逻辑运算接口三类：

第一类：条件判断接口。

这类接口在接收到请求数据后，会根据输入参数进行条件判断，然后返回相应结果码，通常涉及条件判断的接口有：用户鉴权接口、升级状态上报、密码修改/重置等接口。因此输入/输出项验证的侧重点主要集中在：

(1) 判断条件的验证。要对判断条件进行验证，则需要知道接口是根据哪些输入项来进行判断的，以密码重置接口为例：

『接口功能』：用户登录之后发起找回密码操作，用户输入邮箱信息后，游戏中心将向平台服务器发送请求，平台服务器将随机为用户生成新的密码，发到用户的邮箱中。

『接口方向』：游戏中心→平台服务器。

『遵循协议』：HTTPS，请求消息使用 Post 方式(见表 10.12)。

表 10.12　请求消息使用 Post 方式

参数名称	参数类型	参数长度	说明
userID	Int	10	用户 ID 号
email	String	60	邮箱地址
key	String	50	接口名称
version	String	8	版本号

响应消息(sendMessageRes)(见表 10.13)。

表 10.13　响 应 消 息

参数名称	参数类型	参数长度	说明
resultCode	Int	5	结果返回码，返回 42000 表示处理成功

此接口根据输入的 userID、email 参数来进行数据正确性的判断(key 是接口名称，如果错误服务器将不会处理，version 是版本号，其值只是用于记录，不参与判断)，设计接口测试用例时，应该首先对接口的判断参数进行验证，这些输入项不能为空，然后利用等价类划分、边界值方法来根据 userID、email 输入项设计各种合法的数据，验证接口是否可以正常处理。

(2) 异常数据的响应。只考虑正常情况，而不考虑异常场景是无法保证接口功能运行正常，对于密码重置接口，用户 ID 不存在、不合法，邮箱输入格式错误、用户邮箱信息不存在或未激活就是测试时需要考虑的异常场景，设计这类输入值，并且检查接口返回的响应码，响应码的正确才能保证客户端根据异常情况来显示相应的提示信息。简而言之，条件判断的接口其测试策略就是根据判断条件来设计各种输入值来检验接口的功能。

第二类：数据查询接口。

这类接口接收到请求数据后，首先会验证请求是否合法，然后会根据请求项查询数据库相应中数据返回给客户端，通常涉及数据查询的接口有：用户基本资料/经验值/赛事信息查询、游戏列表获取、在线人数查询等接口，以用户经验值查询接口为例：

『接口功能』：用户登录游戏中心后，可以查询自己每个游戏项目的经验值信息，包括此项目的经验值等级、等级称号、今日经验值上限等。

『接口方向』：游戏中心→平台服务器。

『遵循协议』：HTTP+XML，请求消息使用 Post 方式(见表 10.14)。

表 10.14 请求消息使用 Post 方式

参数名称	参数类型	参数长度	说明
userID	Int	10	用户 ID 号
webkey	String	60	当前分配给指定登录用户的密钥
key	String	50	接口名称
version	String	8	版本号
isAll	Int	1	是否查询用户所有运动项目经验值 0：是；1：否
sportItemID	String	50	运动项目 ID，当 isAll=1 时不能为空，指定查询某个运动项目的经验

响应消息(sendMessageRes)(见表 10.15)。

表 10.15 响应消息

参数名称	参数类型	参数长度	说明
sportItemID	String	50	运动项目 ID
sumExp	Int	11	运动经验值总额
expLevel	Int	3	经验值等级
minExp	Int	11	本级最小经验值
expOrder	Int	11	经验值排名
maxExp	Int	11	本级最大经验值
todayExp	Int	11	今日获得经验值
todayExpLimit	Int	11	今日经验值上限
designation	String	30	称号(对应于经验值)
winCount	Int	11	胜利场次
lossCount	Int	11	失败场次
isMaxExp	Int	1	总经验值是否达到最大： 0 否；1 是

此接口首先会根据 webkey 来判断请求是否合法，然后根据请求参数中的 userID、isAll、sportItemID 来查询数据表中相应数据。除了像条件判断接口一样根据判断项 webkey、请求参数 userID、isAll、sportItemID 设计合法/不合法和正常/异常测试值之外，还需要结合数据库来对查询结果进行验证：

(1) 是否根据正确的关联数据表进行查询；

(2) 验证查询结果是否从数据表中正确项中获取，涉及到多表联合查询时，不同表中的相同项设计不同测试数据进行验证；

(3) 修改查询结果在数据表中对应项中的数据，使其为空值或客户端相应项的范围值的最大和最小值，查看接口输出是否正确。

第三类：逻辑运算接口。

这类接口在收到请求数据之后，会进行一系列逻辑运算，然后根据处理结果更新数据库中的数据，通常涉及逻辑运算的接口有：比赛成绩同步、商品支付、各种数据报表等接口，以比赛成绩同步接口为例：

『接口功能』：游戏服务器将用户每次的比赛成绩传给平台服务器，平台服务器根据用户的比赛成绩更新此用户的赛事排名，然后存入数据库。

『接口方向』：游戏服务器→平台服务器。

『遵循协议』：HTTPS+XML，请求消息使用 Post 方式(见表 10.16)。

表 10.16　请求消息使用 Post 方式

参数名称	参数类型	参数长度	说　明
userID	Int	10	用户 i-dong 号
webKey	String	64	当前分配给指定登录用户的密钥
key	String	50	接口名称
version	String	8	版本号
gymkanaCode	String	30	当前比赛所参与的运动会,该参数为空说明只是普通用户的比赛
sportItemID	String	50	游戏项目的 ID
sportItemName	String	50	游戏项目名称
sportServerID	String	50	游戏服务器 IP
matchSystem	Int	3	竞速跑赛制： 100 米:1; 400 米:2; 800 米:4; 1500 米:8; 4×100 米:16
matchId	String	50	该场次比赛唯一 id
record	double		当前用户成绩 (如 record=8.123456)。非正常结束比赛时，即 isWinner＝3 或 4，如果是单人跑，isWinner=5，record=-1
unit	String	20	成绩单位
isWinner	Int	2	当前用户是否赢了：0=输,1=赢，2＝未完成，3＝主动退出，4＝被迫退出
competitorID	Int	10	对手 idong 号
competitorRecord	double		当前对手成绩，规则同 record
competitorIsWinner	int	2	对手输赢，规则同 isWinner
starttime	String	14	开始时间(yyyy-MM-dd HH:mm:ss)
endtime	String	14	结束时间(yyyy-MM-dd HH:mm:ss)

响应消息(sendMessageRes)(参数说明见表 10.17)。

表 10.17　响应消息参数说明

参数名称	参数类型	参数长度	说　明
resultCode	Int	5	结果返回码，返回 42000 表示处理成功
score	Int	11	本次得分
preRank	Int	11	赛前积分在赛后的排名
rank	Int	11	积分排名
upRankFlag	Int	1	排名上升：1；排名不变：0；排名下降：-1
isUpLevel	Int	1	经验值是否升级：0 否；1 是
exp	Int	11	本次增加的经验值
expLevel	Int	3	经验值等级
designation	String	30	称号(对应于经验值)
cPreRank	Int	11	对手赛前积分在赛后的排名
cRank	Int	11	对手赛后积分排名
cUpRankFlag	Int	1	对手排名上升：1；排名不变：0；排名下降：-1
encourageWord	String	15	鼓励语句

此接口比数据查询接口又更加复杂，除了用条件判断和数据查询类接口的策略对此接口进行测试用例设计之外，还需要验证对接口的算法规则进行检查，因为此接口涉及根据用户比赛成绩(record)进行排名然后返回其得分及排名情况(score、rank、upRankFlag、exp)，通过对相关数据表中的数据进行查看方式，接口算法规则验证包括：

(1) 用户胜利、失败、中途主动/被动退出、规定时间内未完成比赛情况下，此场比赛得分(scroe)是否正确；

(2) 用户比赛成绩比上次成绩花费时间短/长/持平情况下，排名情况(upRankFlag)是否正确；

(3) 用户比赛成绩处于第一名、最后一名、比上次成绩花费时间短/长/持平情况下，用户积分排名(rank)是否正确；

(4) 用户胜利、失败、中途主动/被动退出、规定时间内未完成比赛，并且用户经验值在各种经验等级范围下，经验值根据得分进行计算的公式是否正确。

逻辑运算接口由于还涉及插入或更新数据库操作，因此测试时还需要考虑数据库特性，如数据精度问题，在 MySQL 数据库中，如果是浮点型数据，存入时会有精度误差(131072.32 插入 float(10,2)类型的数据会变为 131072.31)，因此对于需要用于金额计算、数据统计、成绩比较的数据，最好使用定点型。

最后服务器接口的测试如果有足够条件的话，还需要通过白盒测试来对接口代码做进一步的测试，通过编写关键代码的测试桩，可以有效查找将字符数组当成字符串使用造成的读越界这类不易通过黑盒测试发现的 Bug。接下来的工作就是如何通过测试工具来执行服务器接口功能测试。

10.5　手机测试计划案例

手机测试案例描述各版本移动终端产品定义对终端软件功能测试所需的测试环境、测试内容和测试结果的要求。测试内容涵盖了终端基本功能、基本功能交叉、业务功能、部分协议支持测试等方面，并对测试结果的要求做了详细的规定。对于进一步的网络交叉测试、现场测试和稳定性测试本方案中不提供测试项。下面以基本通话作为测试对象给出测试案例分析，包括来电响铃、来电通话和呼叫功能等。

1．来电响铃

来电响铃测试过程见表10.18～表10.21。

表10.18　来电响铃测试过程1

<table>
<tr><td colspan="6">测试编号：1-1-1</td></tr>
<tr><td colspan="6">测试项目：来电响铃</td></tr>
<tr><td colspan="6">测试子项目：来电响铃时的接通操作</td></tr>
<tr><td colspan="6">测试目的：验证来电响铃时的状态和测试操作所有接通键后的状态</td></tr>
<tr><td colspan="6">测试预置条件：手机带SIM卡，开机待机状态，耳机，充电器，网络信号正常</td></tr>
<tr><td colspan="6">正确的顺序/步骤：
(1) 来电响铃时手机为合盖状态，观察LCD2显示及声音
(2) 来电响铃时手机为开盖状态，观察LCD1、2显示及声音
(3) 按send键接通，观察界面显示同时听声音
(4) 来电响铃时按菜单接通键，观察界面显示同时听声音
(5) 来电响铃时按任意键(功能键和数字键)，此时任意键接听功能开启
(6) 插入耳机，来电响铃时按下耳机接听键，此时手机合盖
(7) 插入耳机，来电响铃时按下耳机接听键，此时手机开盖
(8) 插入耳机，来电响铃时按下send键接听，此时手机开盖
(9) 插入耳机，来电响铃时按下菜单接通键，此时手机开盖
(10) 插入耳机，耳机自动应答设置开启，来电响铃，测试自动接通的时间
(11) 翻盖应答开启，来电响铃时，开盖，检查界面、图标和声音
(12) 翻盖应答开启，插入耳机，来电响铃时，开盖，检查界面、图标和声音
(13) 在输入手机加锁界面下来电接通及通话的状态</td></tr>
<tr><td colspan="6">预期结果及判定原则：
(1) 来电LCD1、2界面显示正常，来电铃声正常
(2) 电话接通，通话图标显示，界面显示为通话界面，如有时间显示时间正常刷新
(3) 来电接通后，通话声音清晰，无回音，噪音低，无断续</td></tr>
<tr><td>测试人员</td><td>×××</td><td>开发人员</td><td>×××</td><td>项目负责人</td><td>×××</td></tr>
</table>

表 10.19　来电响铃测试过程 2

<table>
<tr><td colspan="6">测试编号：1-1-2</td></tr>
<tr><td colspan="6">测试项目：来电响铃</td></tr>
<tr><td colspan="6">测试子项目：来电响铃结束操作</td></tr>
<tr><td colspan="6">测试目的：验证结束来电响铃状态</td></tr>
<tr><td colspan="6">测试预置条件：手机带 SIM 卡，开机待机状态，耳机，网络信号正常/不正常</td></tr>
<tr><td colspan="6">正确的顺序/步骤：
(1) 来电响铃时按下 end 键，观察界面同时听声音
(2) 来电响铃时合盖
(3) 耳机模式下，来电响铃时按 END 键结束来电
(4) 来电响铃时对方挂机
(5) 来电响铃，不接听，直到响铃结束，记录响铃时间和界面
(6) 来电响铃时信号跳变、找不到服务网络
(7) 来电响铃时电池耗尽
(8) 任意键接听开启，来电响铃时按下 END 键</td></tr>
<tr><td colspan="6">预期结果及判定原则：
(1) 来电响铃时结束来电界面正常，提示正常，响铃结束
(2) 外在因素响铃突然结束的界面、提示正常，响铃结束</td></tr>
<tr><td>测试人员</td><td>×××</td><td>开发人员</td><td>×××</td><td>项目负责人</td><td>×××</td></tr>
</table>

表 10.20　来电响铃测试过程 3

<table>
<tr><td colspan="6">测试编号：1-1-3</td></tr>
<tr><td colspan="6">测试项目：来电响铃</td></tr>
<tr><td colspan="6">测试子项目：来电响铃过程中有效功能的按键操作(除接通、结束)</td></tr>
<tr><td colspan="6">测试目的：验证对来电响铃时产生作用的功能</td></tr>
<tr><td colspan="6">测试预置条件：手机带 SIM 卡，开机待机状态，耳机，网络信号正常</td></tr>
<tr><td colspan="6">正确的顺序/步骤：
(1) 来电响铃时按音量键调节振铃音量后退出，再来电验证
(2) 来电响铃时按音量键调节振铃音量，确定后，再来电验证
(3) 来电响铃时按音量键调节振铃音量，确定后，重新启动手机，来电验证
(4) 来电响铃时按音量键调节振铃音量至最高，确认后，再来电验证
(5) 来电响铃时按音量键调节振铃音量至最低，确认后，再来电验证
(6) 插入耳机，来电响铃时调节音量，确认后，再来电验证
(7) 插入耳机，来电响铃时调节音量，确认后，再来电验证
(8) 在上一步基础上拔出耳机，来电，验证振铃音量
(9) 非耳机模式下来电调节振铃音量，再插入耳机，来电，验证振铃音量
(10) 任意键接听开启，来电响铃时调节音量</td></tr>
<tr><td colspan="6">预期结果及判定原则：
(1) 来电调节振铃音量正常
(2) 第 8、9 步骤为验证各个情景模式下的振铃音量的调节应不相互影响</td></tr>
<tr><td>测试人员</td><td>×××</td><td>开发人员</td><td>×××</td><td>项目负责人</td><td>×××</td></tr>
</table>

表 10.21　来电响铃测试过程 4

<table>
<tr><td colspan="6">测试编号：1-1-4</td></tr>
<tr><td colspan="6">测试项目：来电响铃</td></tr>
<tr><td colspan="6">测试子项目：来电响铃时无效的按键操作</td></tr>
<tr><td colspan="6">测试目的：验证来电响铃时部分按键和操作方式对来电状态无任何影响</td></tr>
<tr><td colspan="6">测试预置条件：手机带 SIM 卡，开机待机状态，耳机，充电器，网络信号正常</td></tr>
<tr><td colspan="6">正确的顺序/步骤：
(1) 来电响铃时按任意键(功能键和数字键，音量键除外)，此时任意键接听功能关闭
(2) 来电响铃时插入耳机，测试耳机自动接听开启
(3) 来电响铃时拔出耳机，此时耳机自动接听关闭
(4) 来电响铃时插入充电器，观察界面和响铃
(5) 来电响铃时拔下充电器，观察界面和响铃
(6) 耳机自动应答始终开启，拔出耳机，来电响铃
(7) 翻盖应答开启，开盖，来电响铃，观察是否自动接通
(8) 翻盖应答设置关闭，来电响铃，开盖</td></tr>
<tr><td colspan="6">预期结果及判定原则：
以上操作来电响铃时界面、声音应无任何变化</td></tr>
<tr><td>测试人员</td><td>×××</td><td>开发人员</td><td>×××</td><td>项目负责人</td><td>×××</td></tr>
</table>

2. 来电通话

来电通话测试过程见表 10.22～表 10.24。

表 10.22　来电通话测试过程 1

<table>
<tr><td colspan="6">测试编号：1－2－1</td></tr>
<tr><td colspan="6">测试项目：来电通话</td></tr>
<tr><td colspan="6">测试子项目：通话过程中的基本菜单操作(除挂机)</td></tr>
<tr><td colspan="6">测试目的：验证来电通话过程中菜单实现的功能</td></tr>
<tr><td colspan="6">测试预置条件：手机带 SIM 卡，开机待机状态，耳机，网络信号正常</td></tr>
<tr><td colspan="6">正确的顺序/步骤：
(1) 接通来电后，按下 SEND 键调换呼叫保持和恢复通话。测试保持和通话时的实际状态
(2) 接通来电后，按下 SOFT1 键在选项菜单中调换呼叫保持和恢复通话，并测试保持和通话时的实际状态
(3) 通话过程中选择静音然后恢复静音，测试其状态
(4) 通话过程中调节音量键，测试其状态 Volume keys
(5) 来电通话过程中插入耳机，测试通话状态
(6) 来电通话过程中拔出耳机，测试通话状态
(7) 插入耳机，来电通话过程中调节音量，拔除耳机，观察音量是否被改变
(8) 插入耳机，接通来电后，按下 SEND 键调换呼叫保持和恢复通话。并测试保持和通话时的实际状态
(9) 插入耳机，接通来电后，按下 SOFT1 键在选项菜单中调换呼叫保持和恢复通话，并测试保持和通话时的实际状态
(10) 耳机模式下，通话过程中选择静音然后恢复静音，测试其状态</td></tr>
<tr><td colspan="6">预期结果及判定原则：
通话过程中呼叫保持和恢复通话可以通过 SEND 键和菜单进行转换
通话过程中菜单可操作</td></tr>
<tr><td>测试人员</td><td>×××</td><td>开发人员</td><td>×××</td><td>项目负责人</td><td>×××</td></tr>
</table>

表 10.23　来电通话测试过程 2

测试编号：1－2－2					
测试项目：来电通话					
测试子项目：通话中的功能键					
测试目的：验证通话过程中除菜单、结束通话以外的各个功能					
测试预置条件：手机带 SIM 卡，开机待机状态，耳机，网络信号正常					
正确的顺序/步骤： (1) 通话过程中调节音量键，选择菜单后退出，测试话音 (2) 通话中调节音量键，确认后，测试通话音量 (3) 调节通话音量后，手机重启，检查通话音量 (4) 插入耳机，来电通话过程中调节音量，拔除耳机，观察音量是否被改变 (5) 通话中按下录音功能键进行通话录音，并取消，挂机后检查录音内容 (6) 通话中录音到最大长度，挂机后检查录音内容 (7) 录音容量满后，删除记录，继续录音 (8) 通话中按下 DOWN 键，并检查是否能呼叫 (9) 来电通话过程中插拔耳机，测试通话状态 (10) 通话中插拔充电器，测试通话状态 (11) 通话中按数字键并执行删除 (12) 通话中按数字键至最大长度并执行删除 (13) 将通话设置成呼叫保持，按数字键拨号，观察拨号时和接通后两个通话的状态 (14) 通话中其他功能键无效，包括 UP、LEFT、REGHT、CENTER					
预期结果及判定原则： 通话中能执行话音调节、录音、呼叫第三方的功能					
测试人员	×××	开发人员	×××	项目负责人	×××

表 10.24　来电通话测试过程 3

测试编号：1－2－3					
测试项目：来电通话					
测试子项目：结束来电通话					
测试目的：验证通话过程中各结束通话方式的结果					
测试预置条件：手机带 SIM 卡，开机待机状态，耳机，网络信号正常					
正确的顺序/步骤： (1) 来电通话过程中选择 SOFT1 键，选择结束当前通话 (2) 通话过程中通话保持后选择结束保留通话 (3) 通话过程中按下 END 键结束通话 (4) 来电通话过程中合盖 (5) 插入耳机，来电通话过程中按下耳机键，结束通话 (6) 插入耳机，来电通话过程中选择 SOFT1 键，选择结束当前通话 (7) 插入耳机，通话过程中通话保持后选择结束保留通话 (8) 耳机模式下，通话过程中按下 END 键结束通话 (9) 手机合盖状态下，耳机模式下来电通话，按下耳机键结束通话 (10) 手机开盖状态下，耳机模式下来电通话，按下耳机键结束通话， (11) 手机开盖状态下，耳机模式下来电通话，按下 END 键结束通话， (12) 手机开盖状态下，耳机模式下来电通话，合盖					
预期结果及判定原则： 1) 通话能够被 END、菜单、耳机键、合盖的操作结束 2) 通话结束时界面显示、提示正常					
测试人员	×××	开发人员	×××	项目负责人	×××

3．呼出功能

呼出功充测试过程见表 10.25～表 10.29。

表 10.25　呼出功能测试过程 1

测试编号：1－3-1					
测试项目：呼出功能					
测试子项目：拨号呼出					
测试目的：验证呼叫对方的各种操作法					
测试预置条件：手机带 SIM 卡，开机待机状态，耳机，网络信号正常					
正确的顺序/步骤： (1) 直接按数字键拨出一个存在的电话，听呼叫音和查看呼叫界面 (2) 直接按数字键拨出一个存在的总机号，再拨分机号码，听呼叫音和查看呼叫界面 (3) 直接按数字键拨出一个总机号＋P(P？)+分机号，听呼叫音和查看呼叫界面 (4) 随意拨一个不存在的号码(不要以＃结束)，查看结果。 (5) 随意拨出一个手机允许最大位的号码(不要以＃结束)，查看结果 (6) 编辑一个存在电话号码，在其前面任加几位数字，呼出，查看结果 (7) 编辑一个存在电话号码，在其后面任加几位数字，呼出，查看结果 (8) 按向下键从电话簿中呼叫一个号码 (9) 从已拨电话中选一个电话进行直接呼叫和编辑呼叫 (10) 通过 SEND 键选一个已拨电话进行呼叫 (11) 从未接电话记录中选择一个号码进行直接呼叫和编辑呼叫 (12) 从已接电话记录中选择一个号码进行直接呼叫和编辑呼叫 (13) 拨出一个对方占线的号码，查看结果 (14) 拨出一个对方不在服务区的号码，查看结果 (15) 拨出一个对方已关机的号码，查看结果					
预期结果及判定原则： (1) 呼叫存在的号码过程中画面、呼叫音正常 (2) 呼叫不存在的号码，画面、提示正常，呼叫音无					
测试人员	×××	开发人员	×××	项目负责人	×××

表 10.26　呼出功能测试过程 2

测试编号：1-3-2					
测试项目：呼出功能					
测试子项目：结束呼叫响铃					
测试目的：验证呼叫响铃被结束的状态					
测试预置条件：手机带 SIM 卡，开机待机状态，耳机，网络信号正常					
正确的顺序/步骤： (1) 在拨号响铃期间按下 END 键挂机 (2) 在拨号响铃期间按下 SOFT2 键挂机 (3) 在拨号响铃期间合盖挂机 (4) 插入耳机，在拨号响铃期间按下耳机键挂机 (5) 在拨号响铃期间对方挂机 (6) 在拨号响铃直到对方无人接听 (7) 在呼叫响铃期间手机电池耗尽 (8) 在呼叫响铃期间对方无信号 (9) 在呼叫响铃期间手机信号跳变					
预期结果及判定原则： (1) 呼叫响铃时己方挂机，检查界面正常，呼叫音停止 (2) 呼叫响铃时对方挂机，听取提示音，和界面提示信息正常					
测试人员	×××	开发人员	×××	项目负责人	×××

表 10.27　呼出功能测试过程 3

<table>
<tr><td colspan="6">测试编号：1-3-3</td></tr>
<tr><td colspan="6">测试项目：呼出功能</td></tr>
<tr><td colspan="6">测试子项目：呼叫中的无效操作</td></tr>
<tr><td colspan="6">测试目的：验证呼叫过程中一些操作对呼叫无任何影响</td></tr>
<tr><td colspan="6">测试预置条件：手机带 SIM 卡，开机待机状态，耳机，网络信号正常</td></tr>
<tr><td colspan="6">正确的顺序/步骤：
(1) 在拨号响铃期间按所有功能键和数字键(END 键除外)
(2) 拨号响铃期间插入耳机
(3) 拨号响铃期间拔出耳机
(4) 拨号响铃期间插入充电器
(5) 拨号响铃期间拔出充电器</td></tr>
<tr><td colspan="6">预期结果及判定原则：呼叫响铃期间，除 END 键和合盖之外，其它操作对呼叫无任何影响</td></tr>
<tr><td>测试人员</td><td>×××</td><td>开发人员</td><td>×××</td><td>项目负责人</td><td>×××</td></tr>
</table>

表 10.28　呼出功能测试过程 4

<table>
<tr><td colspan="6">测试编号：1－3－4</td></tr>
<tr><td colspan="6">测试项目：呼出功能</td></tr>
<tr><td colspan="6">测试子项目：主叫通话时功能操作</td></tr>
<tr><td colspan="6">测试目的：验证主叫通话时各功能的有效性</td></tr>
<tr><td colspan="6">测试预置条件：手机带 SIM 卡，开机待机状态，耳机，网络信号正常</td></tr>
<tr><td colspan="6">正确的顺序/步骤：
(1) 在拨号通话期间，按下 SOFT2 选择静音和恢复
(2) 在拨号通话期间按录音键
(3) 在拨号通话期间调节音量
(4) 在拨号通话期间按下 SEND 键转换通话保持和通话恢复
(5) 在拨号通话期间通过 SOFT1 菜单转换通话保持和恢复通话
(6) 在拨号通话期间通过 SOFT1 进入菜单，SOFT2 退出菜单
(7) 在拨号通话期间按其他功能键和数字键
(8) 在拨号通话期间设置为通话保持后再按任意数字键
(9) 在拨号通话期间插入耳机，检查通话并调节音量
(10) 插入耳机，手机开盖，拨号通话期间，合盖</td></tr>
<tr><td colspan="6">预期结果及判定原则：主叫通话期间的功能操作同被叫通话</td></tr>
<tr><td>测试人员</td><td>×××</td><td>开发人员</td><td>×××</td><td>项目负责人</td><td>×××</td></tr>
</table>

表 10.29　呼出功能测试过程 5

<table>
<tr><td colspan="6">测试编号：1－3－5</td></tr>
<tr><td colspan="6">测试项目：呼出功能</td></tr>
<tr><td colspan="6">测试子项目：结束主叫通话</td></tr>
<tr><td colspan="6">测试目的：验证主叫通话状态下各种结束通话的手段</td></tr>
<tr><td colspan="6">测试预置条件：手机带 SIM 卡，开机待机状态，耳机，网络信号正常</td></tr>
<tr><td colspan="6">正确的顺序/步骤：
(1) 拨号通话期间按下 END 键挂机
(2) 拨号通话期间合盖挂机
(3) 拨号通话期间若有菜单选项挂机，选择该选项挂机
(4) 插入耳机，在拨号通话期间按下耳机键挂机
(5) 拨号通话期间对方挂机终端应提供至少两个物理按键，分别对应于浏览器中内容的向上和向下</td></tr>
<tr><td colspan="6">预期结果及判定原则：结束主叫通话的界面、提示正常，语音结束</td></tr>
<tr><td>测试人员</td><td>×××</td><td>开发人员</td><td>×××</td><td>项目负责人</td><td>×××</td></tr>
</table>

10.6　参数化测试

QTP(Quicktest Professional)是一种自动测试工具。使用QTP的目的是执行重复的手动测试，主要是用于回归测试和测试同一软件的新版本。在QTP中，可以通过把测试脚本中固定的值替换成参数的方式来扩展测试脚本，这个过程也叫参数化测试，能有效地提高测试的灵活性。在QTP中，可以使用多种方式来对测试脚本进行参数化，数据表参数化是其中一种重要的方式，还有环境变量参数化、随机数参数化等。下面以QTP自带的“Flight”程序为例，介绍如何对测试脚本进行参数化。假设在名为“Flight Reservation”的订票界面中，输入航班信息后，插入订票记录；然后希望重新打开该记录，检查航班信息中的终点的设置是否正确，录制的测试脚本如图10.26所示。

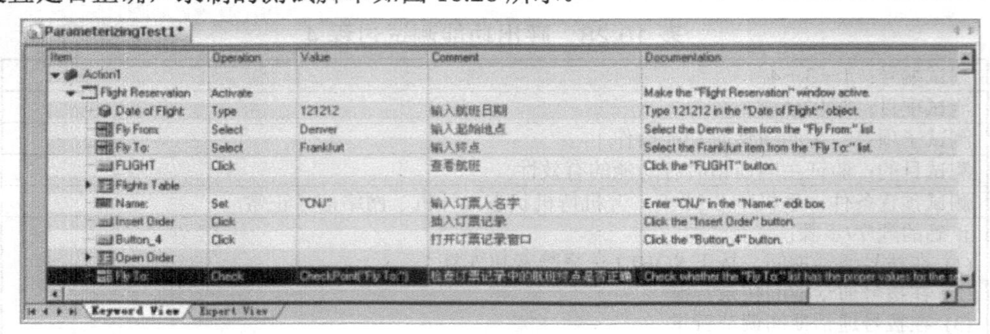

图10.26　QTP中测试脚本界面

1. 参数化测试步骤

把测试步骤中的输入数据进行参数化，例如航班日期、航班始点和终点等信息。下面以“输入终点”的测试步骤的参数化过程为例，介绍如何在关键字视图中对测试脚本进行参数化。

(1) 选择“Fly To:”所在的测试步骤行，单击“Value”列所在的单元格，如图10.27所示。

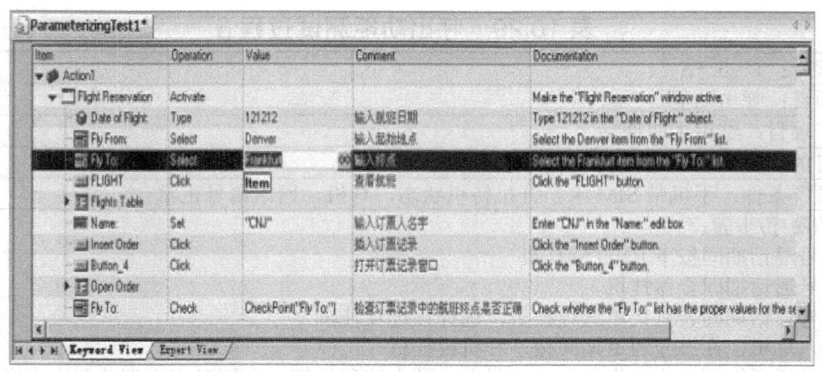

图10.27　参数化测试步骤中“Value”列界面

(2) 单击单元格旁边的“<#>”按钮，或按快捷键“Ctrl + F11”，则出现如图10.28所示的界面。

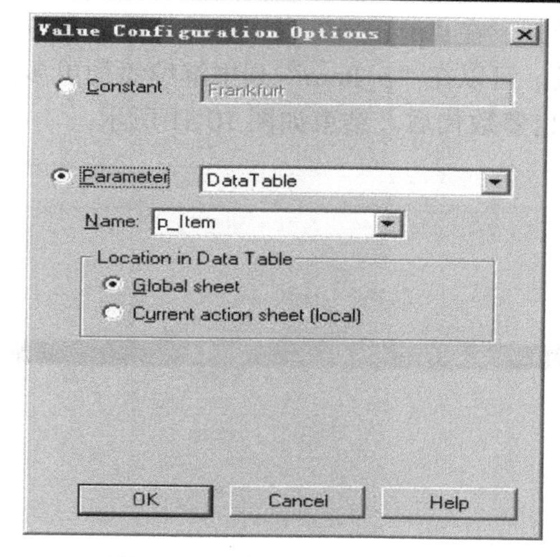

图 10.28　“Value”配置界面

提示：在这个界面中，选择“Parameter”，在旁边的下拉框中选择“Data Table”，在“Name”中输入参数名，也可接受默认名，在“Location in Data Table”中可以选择“Global sheet”，也可以选择“Current action sheet(local)”，它们的区别是参数存储的位置不同。

(3) 单击“OK”按钮，在关键字视图中可看到，“Value”值已经被参数化，替换成了如图 10.29 所示内容。

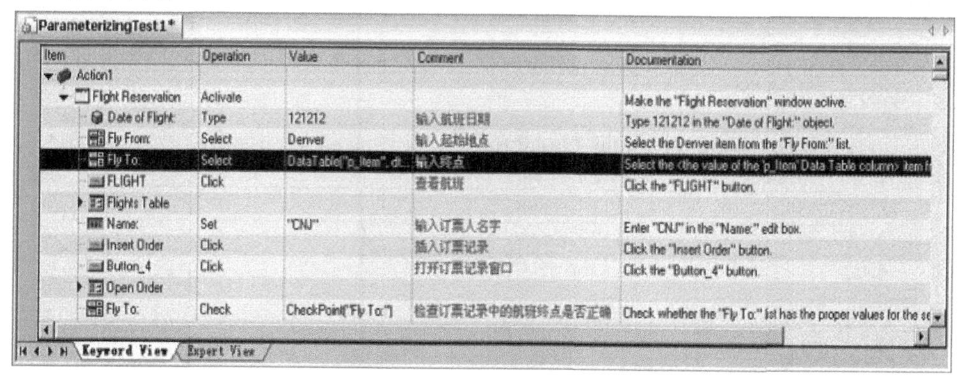

图 10.29　“Value”值参数化界面

(4) 这时，选择菜单“View | Data Table”，则可看到如图 10.30 所示的界面。

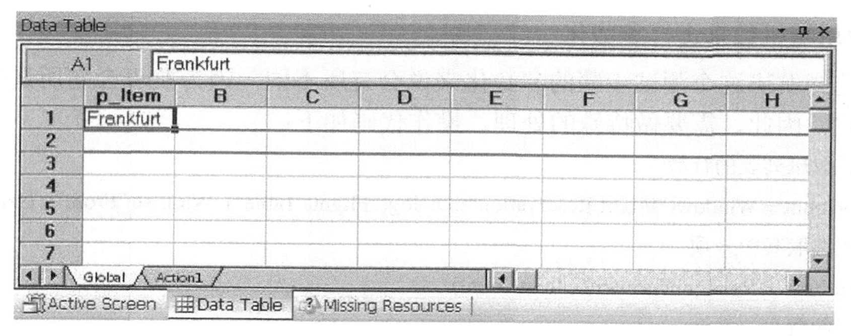

图 10.30　选择数据表项后的界面

在图 10.30 中可以看到，在“p_Item”列中有一个默认数据“Frankfurt”，这是参数化之前录制的脚本中的常量，可以在“p_Item”列中继续添加更多的测试数据。

(5) 把其他几个数据也参数化后，结束如图 10.31 所示。

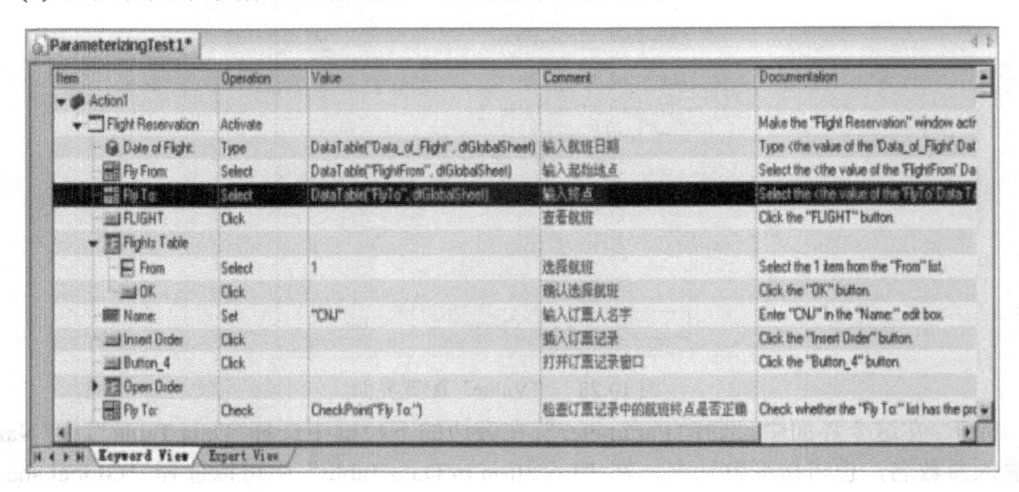

ParameterizingTest1*

Item	Operation	Value	Comment	Documentation
Action1				
Flight Reservation	Activate			Make the "Flight Reservation" window acti
Date of Flight:	Type	DataTable("Data_of_Flight", dtGlobalSheet)	输入航班日期	Type <the value of the 'Data_of_Flight' Dat
Fly From:	Select	DataTable("FlightFrom", dtGlobalSheet)	输入起始地点	Select the <the value of the 'FlightFrom' Da
Fly To:	Select	DataTable("FlyTo", dtGlobalSheet)	输入终点	Select the <the value of the 'FlyTo' Data T
FLIGHT	Click		查看航班	Click the "FLIGHT" button.
Flights Table				
From	Select	1	选择航班	Select the 1 item from the "From" list.
OK	Click		确认选择航班	Click the "OK" button.
Name:	Set	"CNJ"	输入订票人名字	Enter "CNJ" in the "Name:" edit box.
Insert Order	Click		插入订票记录	Click the "Insert Order" button.
Button_4	Click		打开订票记录窗口	Click the "Button_4" button.
Open Order				
Fly To:	Check	CheckPoint("Fly To:")	检查订票记录中的航班终点是否正确	Check whether the "Fly To:" list has the pr

Keyword View　Expert View

图 10.31　其他几个数据参数化后的界面

QTP 运行时，会从如图 10.32 所示的数据表中提取数据来对测试过程中的各项输入进行参数化。

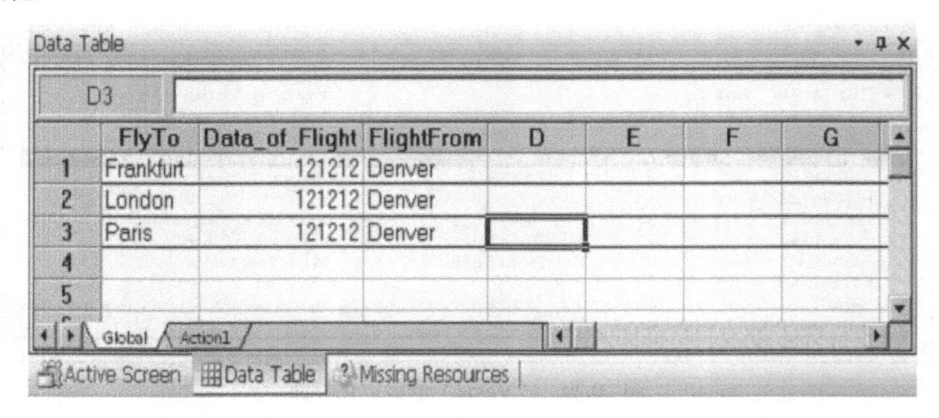

Data Table

D3

	FlyTo	Data_of_Flight	FlightFrom	D	E	F	G
1	Frankfurt	121212	Denver				
2	London	121212	Denver				
3	Paris	121212	Denver				
4							
5							

Global　Action1

Active Screen　Data Table　Missing Resources

图 10.32　数据表提取数据进行参数化界面

2．使用随机数来进行参数化

对于选择航班这个测试步骤的参数化来说会有所不同，因为航班会随所选择的起点和终点而变化，因此，需要做特殊的处理。操作代码如下：

```
'取得航班列表的行数
ItemCount = Window("Flight Reservation").Dialog("Flights Table"). WinList("From"). GetItemsCount
'随机选取其中一项
SelectItem = RandomNumber(0, ItemCount)
'选择航班
Window("Flight Reservation").Dialog("Flights Table").WinList("From").Select SelectItem
```

先通过访问 GetItemsCount 属性，获取航班列表的行数，然后使用 RandomNumber 随机选取其中一项，最后，再通过 Select 方法选择航班。参数化后的测试步骤如图 10.33 所示。

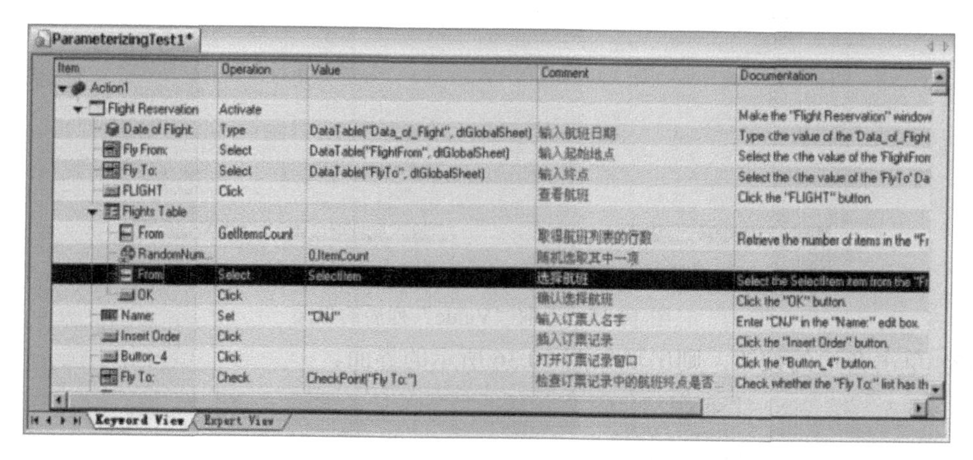

图 10.33　航班主列表参数化后的测试界面

提示：使用随机数也是测试脚本参数化的一种重要方法，在 QTP 的测试代码中，可用 RandomNumber 来实现。关键字视图编辑的界面如图 10.34 所示，其效果与在脚本中直接编辑是一样的。

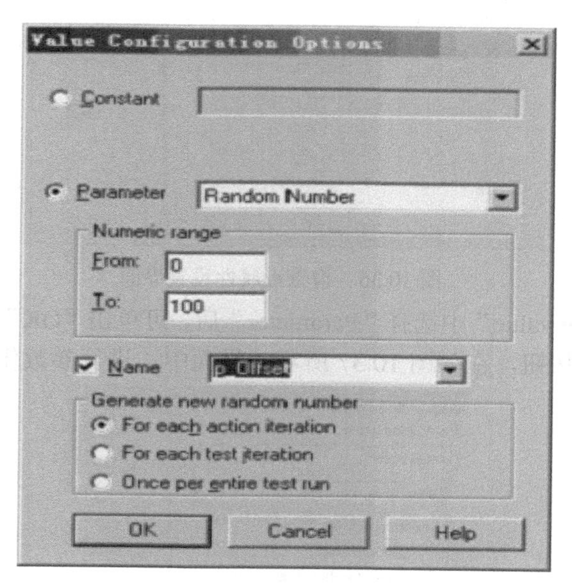

图 10.34　关键字视图编辑界面

3．参数化检查点

测试脚本的最后一个测试步骤是检查订票记录中的航班终点是否正确，同样需要进行适当的参数化，方法如下：

(1) 单击检查点所在测试步骤的“Value”列中的单元格，如图 10.35 所示。

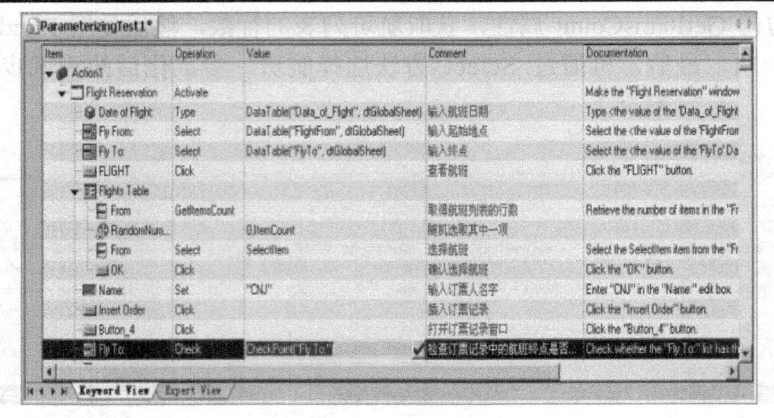

Item	Operation	Value	Comment	Documentation
Action1				
Flight Reservation	Activate			Make the "Flight Reservation" window
Date of Flight:	Type	DataTable("Data_of_Flight", dtGlobalSheet)	输入航班日期	Type <the value of the 'Data_of_Flight
Fly From:	Select	DataTable("FlightFrom", dtGlobalSheet)	输入起始地点	Select the <the value of the 'FlightFrom
Fly To:	Select	DataTable("FlyTo", dtGlobalSheet)	输入终点	Select the <the value of the 'FlyTo' Da
FLIGHT	Click		查看航班	Click the "FLIGHT" button.
Flights Table				
From	GetItemsCount		取得航班列表的行数	Retrieve the number of items in the "Fr
RandomNum...		0,ItemCount	随机选取其中一项	
From	Select	SelectItem	选择航班	Select the SelectItem item from the "Fr
OK	Click		确认选择航班	Click the "OK" button.
Name:	Set	"CNJ"	输入订票人名字	Enter "CNJ" in the "Name:" edit box.
Insert Order	Click		插入订票记录	Click the "Insert Order" button.
Button_4	Click		打开订票记录窗口	Click the "Button_4" button.
Fly To:	Check	CheckPoint("Fly To:")	检查订票记录中的航班终点是否...	Check whether the "Fly To:" list has th

图 10.35　选取“Value”列后的界面

(2) 单击旁边的按钮，则出现如图 10.36 所示的界面。

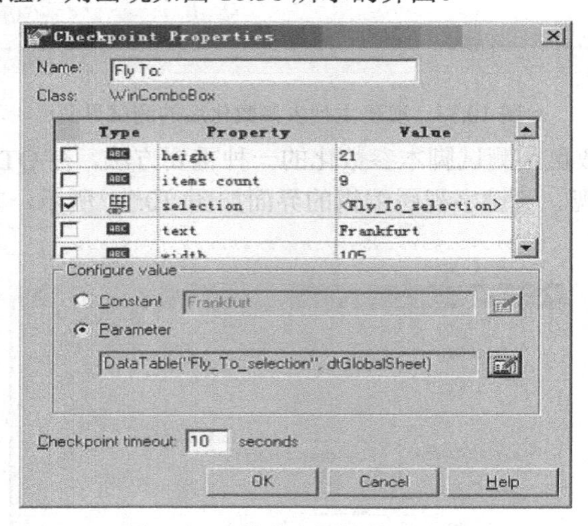

图 10.36　检查点属性设置界面

(3) 在“Configure value”中选择“Parameter”后，可单击“OK”按钮接收默认的设置，也可单击旁边的编辑按钮，在如图 10.37 所示的界面中，进行参数化的详细设置。

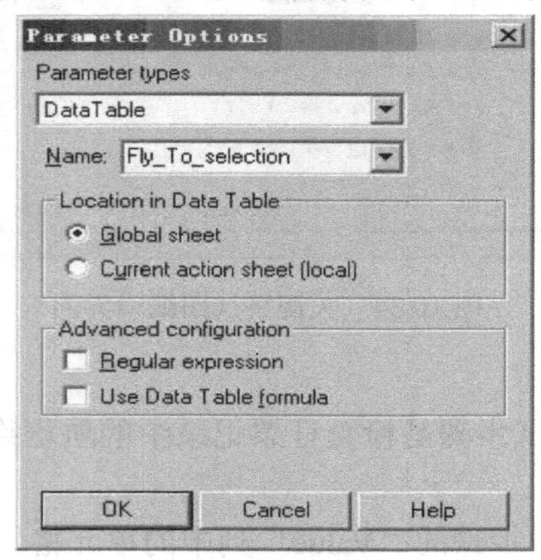

图 10.37　参数选项配置界面

在“Parameter types”中，选择“Data Table”；可在“Name”栏修改参数名，或接受默认的命名，产生如图 10.38 所示的数据列。也可以选择“Fly_To”，因为检查点所指的航班终点得到的预期值应该与测试步骤中选择航班终点时的输入数据一致，否则认为错误。

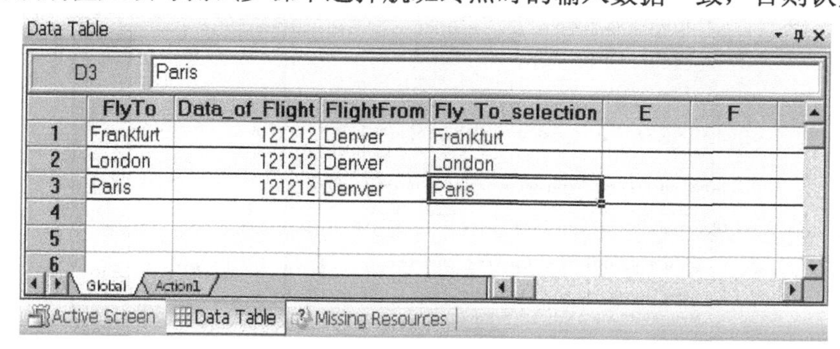
Data Table

D3 Paris

	FlyTo	Data_of_Flight	FlightFrom	Fly_To_selection	E	F
1	Frankfurt	121212	Denver	Frankfurt		
2	London	121212	Denver	London		
3	Paris	121212	Denver	Paris		
4						
5						
6						

图 10.38　数据表中航班终点测试界面

4．设置数据表格迭代方式

测试步骤和检查点的参数化工作都完成后，可得到如图 10.39 所示的测试步骤。

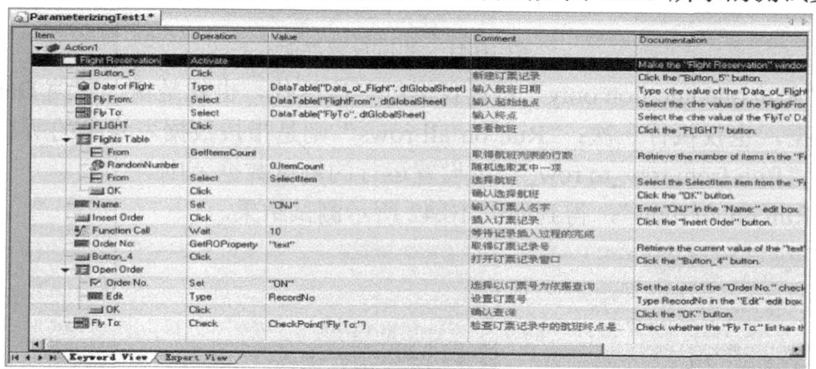

图 10.39　检查点参数化后界面

切换到专家视图，可看到如图 10.40 所示的测试脚本。

图 10.40　专家视图下的测试脚本界面

运行这个测试脚本之前，还要做一些必要的设置。选择菜单“File | Settings”，出现如图 10.41 所示的测试设置界面，切换到“Run”页，在“Data Table iterations”中，可设置数据表格的迭代方式。

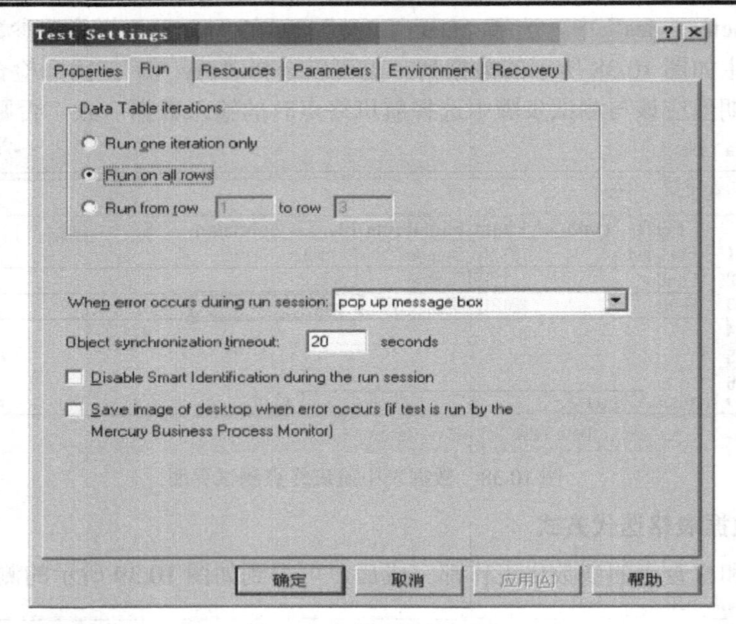

图 10.41　测试设置界面

提示：“Run one iteration only”是指仅运行一次迭代，也就是说，即使 Data Table 中有多条测试数据，也仅执行一次；“Run on all rows”则是指按数据表格中的所有数据都运行一次；选择“Run from row_to row_”可设置运行的测试数据范围。

选择“Run on all rows”，得到如图 10.42 所示测试结果。

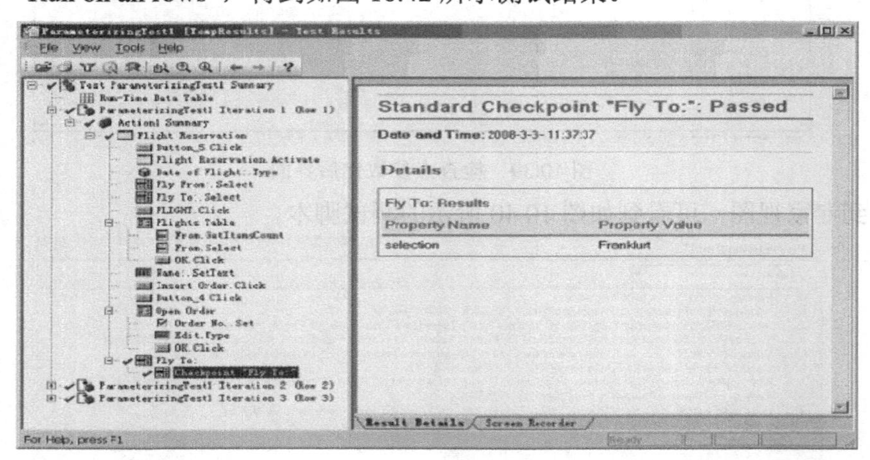

图 10.42　选择“Run on all rows”后的测试结果界面

10.7　使用 Visual Studio 2010 实现敏捷驱动测试开发

在 Visual Studio 2010 中，敏捷测试驱动开发功能非常强大，微软把 Scrum 和 XP 敏捷思想融入到 Agile 过程框架之中(XP 只是敏捷过程框架中的一种)。VS2010 中增强了团队源码版本管理、迭代开发和驱动测试开发模型等，从而给微软.Net 开发人员非常大的帮助。

Scrum 和 XP 中的需求是以“用户故事”(User Story)的形式描述的，用户故事实质上就是一种软件“特性”(Feature)。TDD 是指如何通过编写“测试”，尤其是单元测试，来驱动软件的设计和编程。在敏捷 XP 中，是采用 TDD 驱动软件的设计和编程实践，即测试驱动开发。Visual Studio 2010 测试和单元测试过程，如图 10.43 所示。

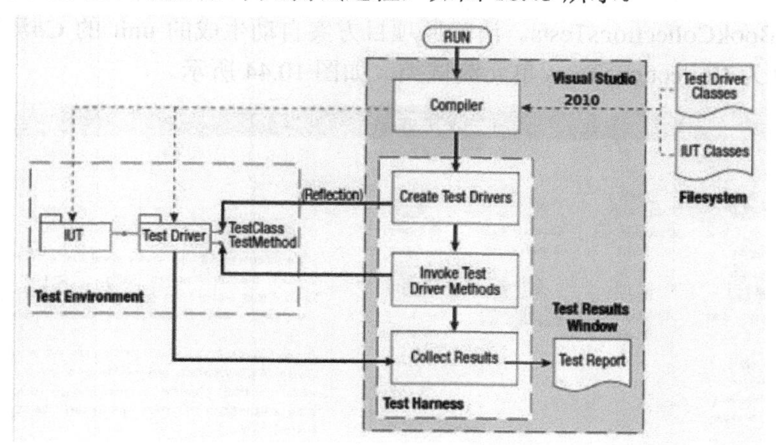

图 10.43 Visual Studio 测试过程

图中，IUT——在生产环境中最终交付而开发的软件。

Test Environment——测试环境。

测试驱动开发(TDD)的基本过程：

(1) 明确当前要完成的功能。可以记录成一个初始化测试清单(TODO)列表。

(2) 快速完成针对一个功能的测试用例编写。

(3) 测试代码编译通过，但测试用例通不过。

(4) 编写对应的功能代码。

(5) 测试通过。

(6) 对代码进行重构，并保证测试通过。

(7) 循环完成所有功能的开发。

应用&实践：Visual Studio 2010 实现敏捷测试驱动开发——图书收藏实例。

(1) 确定好 Backlog，进行 Sprint Backlog，把 Story 拆分成更小的故事，再把故事拆分成任务，即图书收藏 Story 索引卡片，在为图书借阅集合初始化测试清单时，要将案例分成任务，以便实现读者个人借阅图书的收藏集合。

当读者到图书馆进行图书借阅时，会查询图书库所有相关类图书封面并选取其中自己最需要的几本书。这个过程叫做“书签”，图书系统将通过图书管理来支持这个活动。图书借阅集合初始化测试清单如下：

① Count==0

② 添加(Collection) Count==1

③ 添加(Collection)，移除(Collection)，Count==0

④ 添加(Collectionl)，移除(Collection2)，Count==2

⑤ 添加(Collection)，移除(Collection)，应该返回 trse

……

图书借阅集合初始化测试重点放在确保添加和移除图书收藏夹的时候计数是正确的，以及集合的内容和是否可以恢复集合，在驱动测试时间持续 1 到 2 小时的驱动编程实践中完成这个测试清单，并确保这个测试清单实现测试目标，不需要再次分解这个任务。

(2) 实现第一个测试。打开 Microsoft Visual Studio 2010，创建一个 C#测试项目，项目名称为 LocalBookCollectionsTests。清除原项目方案自动生成的 unit 的 C#测试文件，建立一个新的名称为 CollectionsTests 单元测试类，如图 10.44 所示。

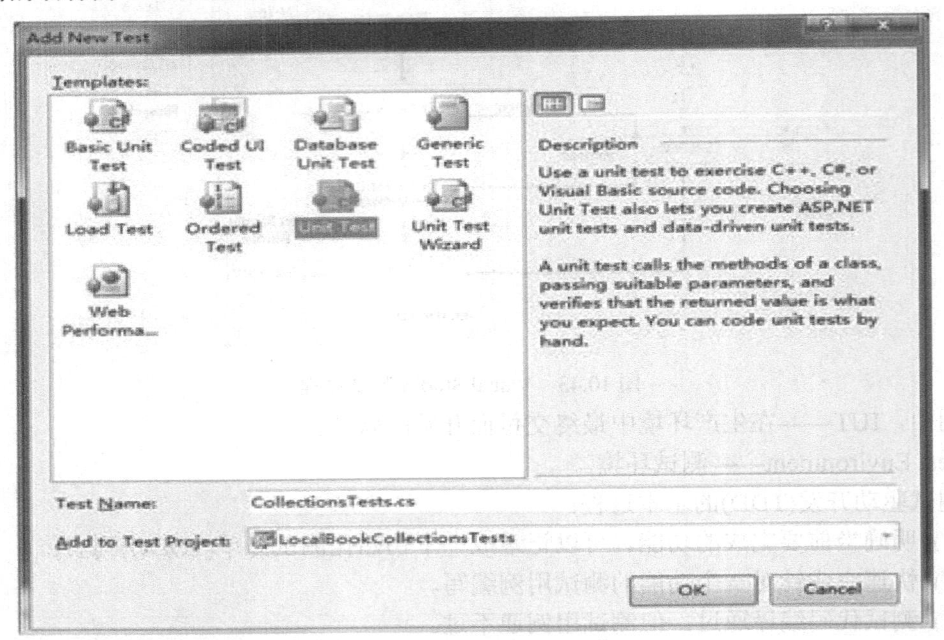

图 10.44　使用 Visual stdio 建立单元测试类

先用一些函数代码替换第一个测试中的语句，这样做驱动了产品代码 Collections 类的创建，并运行其 Count 属性。在 CollectionsTests.cs 类添加代码：

```
///<summary> ，创建一个测试清单，</summary>
[TestMethod]
  public void EmptyCollectionsCountShouldBeZero()
{ Collctions collctions = new Collctions();
    Assert.AreEqual(0, collctions.Count);   }
```

重新编译生成这个解决方案，将看到一个错误，因为没有为 Collections 类定义 Count。创建 Collections 类，填入如下代码：

```
/// <summary> ，定义 Count，</summary>
   private int count;
   public int Count
{   get
   { return count; } }
```

运行这个测试，输出 EmptyCollectionsCountShouldBeZero()单元测试成功界面，如图 10.45 所示。

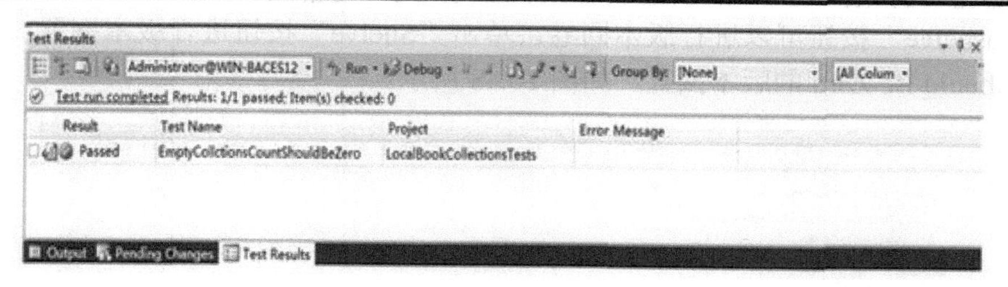

图 10.45　单元测试后成功界面

(3) 搁置测试清单代码。为此次操作添加一个版本控制搁置，这样就可以在将来常常返回到这个点(版本控制)，在 VS 2010 菜单打开 View|Other Windows|Pending Changes，如图 10.46 所示。

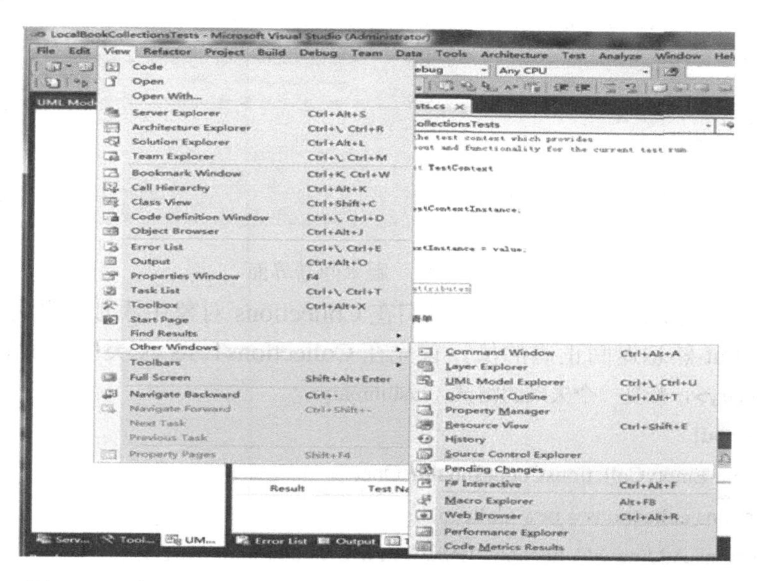

图 10.46　打开"View|Other Windows | Pending Changes"后的界面

Pending Changes 搁置窗口，如图 10.47 所示。

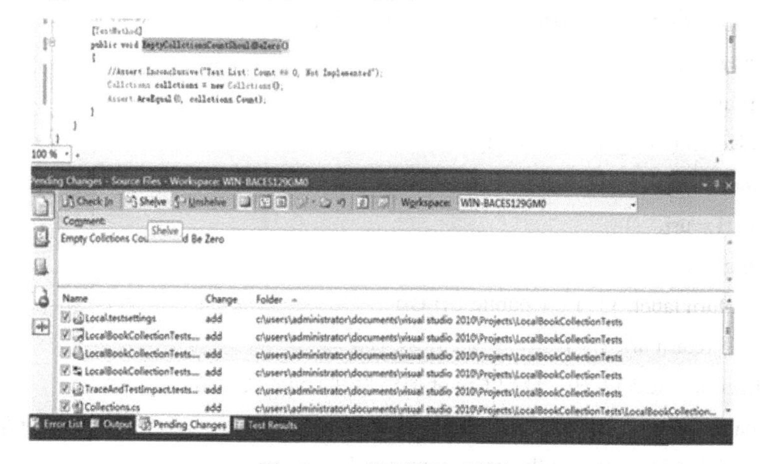

图 10.47　搁置窗口界面

“Unshelve”按钮可以进行版本回卷。单击“Shelve”按钮进行版本搁置，建立一个 Test the Should Be Zero 的版本搁置，如图 10.48 所示。

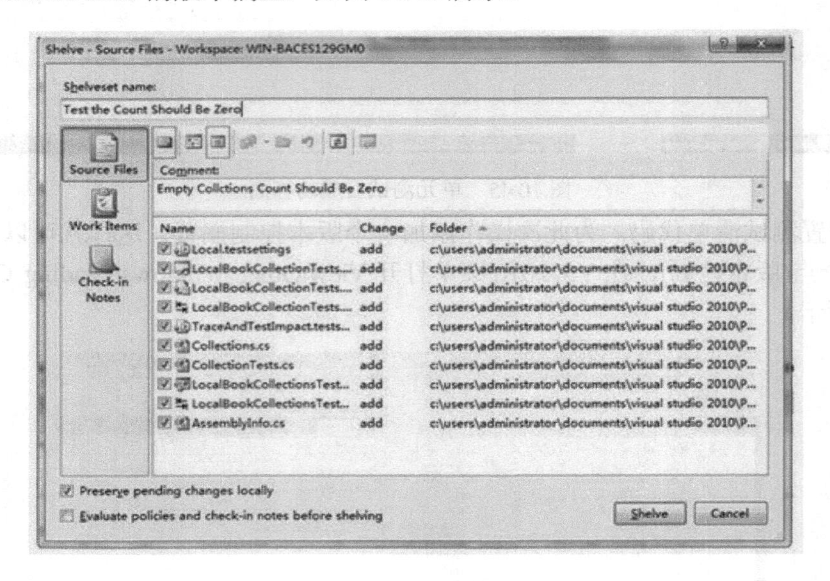

图 10.48　版本回卷界面

(4) 修复一个失败的测试和重构。它们在 Collections 对象中添加和删除各种 Collection 项，并验证 Count 熟悉返回正确的值。首先在 CollectionsTests.cs 类中添加如下代码：

```
/// <summary>，修复一个失败的测试，</summary>
 [TestMethod]
 public void EmptyCollctionsCountShouldIsOne(
 { Collections collections = new Collections();
   collections.Add(new Collection("Label", new Uri("db://book0001")));
   Assert.AreEqual(1, collections.Count);   }
```

生成这个项目(生成|生成项目)，生成报错是因为 Collection 类缺少参数。

添加一个 unit 新类 Collection.cs，加入以下代码：

```
private string label;
private Uri uri;
public Collection(string label, Uri uri)
{   this.label = label;
      this.uri = uri;   }
public string Label
 { get   { return label; }   }      public Uri Uri
 {   get    { return uri; }   }
```

替换 Collections.Add()方法，修改 Count 属性返回 count 变量值。

```
/// <summary>,增加一个 Count 实例变量, </summary>,<param name="collction"></param>
public void Add (Collection collction) { count++; }
```

再次生成这个项目，输出结果显示成功。再次重复上面操作，创建一个版本搁置。

(5) 构建验证测试(BVT)。生成确认测试(BVT)是通过产生测试列表来检查软件，它通常作为一个生成任务在团队生成结束的时候执行。当编写好一个 unit 测试时，可以加入到 BVT 中，确保任何时候在生存库环境下运行集成生成，相同的测试程序都可以依次执行。这样，由 VS 2010 的单元测试(Unit test)→每日构建→集成构建验证(BVT)，形成保证软件质量安全的网。把上面的 EmptyCollctionsCountShouldBeZero()和 EmptyCollctionsCountShouldIsOne()测试方法创建生成测试。打开 Microsoft Visual Studio 2010 菜单，单击 Test|Windows，如图 10.49 所示：

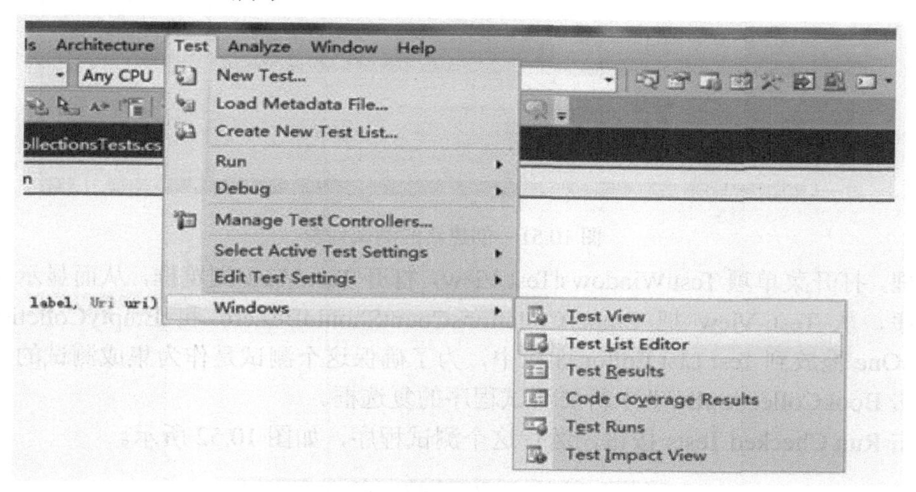

图 10.49　VS 构建验证测试窗口界面

单击菜单项 Test | Windows | Test List Editor，打开 Test List Editor 界面，如图 10.50 所示。

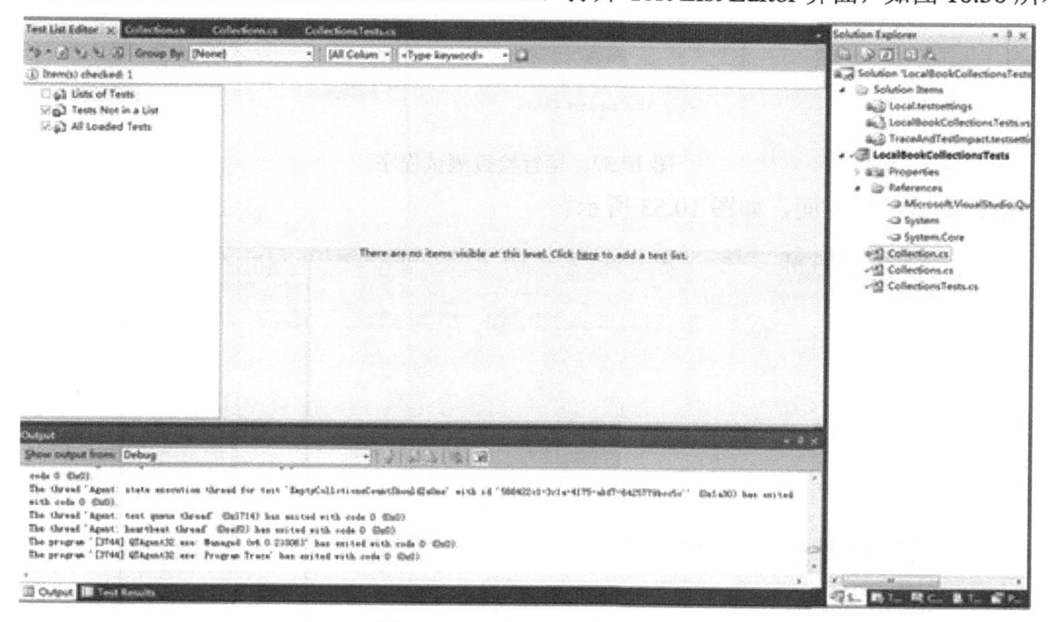

图 10.50　测试列表编辑界面

单击界面“here”或者菜单 Test | Create New Test List，创建一个新的测试列表，测试列表名称为 BookCollectionBVT，如图 10.51 所示。

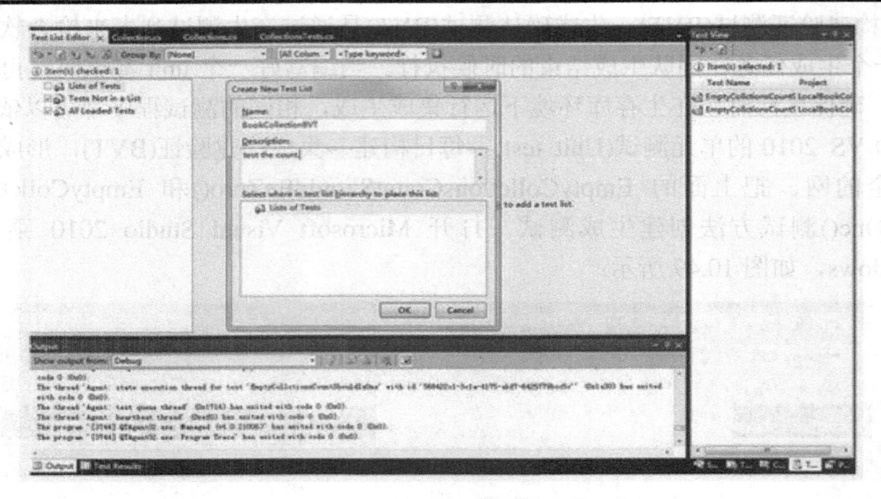

图 10.51　创建新的测试列表

同理，打开菜单项 Test|Windows|Test View，打开 Test View 浏览框，从而显示驱动单元测试程序，从 Test View 把 EmptyCollctionsCountShouldBeZero 和 EmptyCollctionsCount ShouldIsOne 拖放到 Test List Editor 面板中，为了确保这个测试是作为集成测试的一部分运行，单击 BookCollectionBVT 中所要测试程序的复选框。

单击 Run Checked Tests 按钮，运行这个测试程序，如图 10.52 所示。

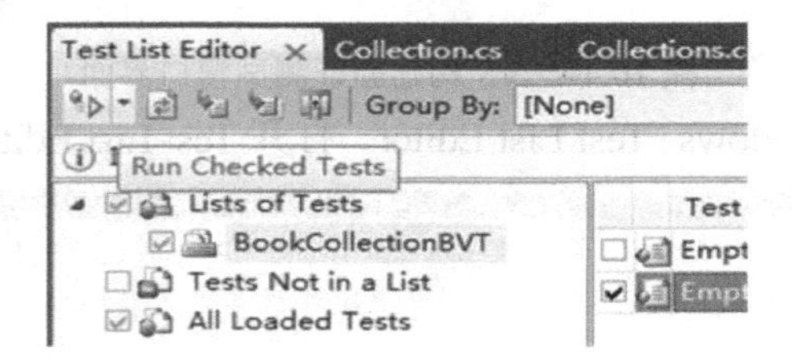

图 10.52　运行检查测试程序

运行测试结果界面，如图 10.53 所示。

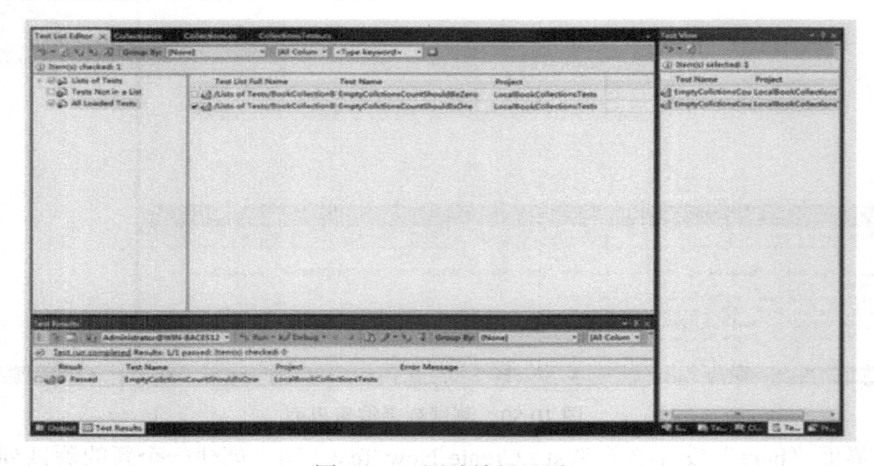

图 10.53　测试结果界面

这样，安装了 Microsoft Visual Studio 2010 的团队成员，在每个人的本机开发环境上运行自己的单元测试之后，就可以添加并测试完成余下的那些索引卡下分解出来的测试列表单元测试程序清单，加入到 BookCollectionBVT 集成测试集合之中。

Scrum 专注于聚焦找到一个最小的迭代式项目管理框架，注重敏捷的计划、跟踪和管理，而没有把它强行绑定在某一种具体的工程技术和做法之上，这也是它非常聪明的地方。既然没有明确限定和约束，那么就代表着开放，可以适用于不同类型和不同环境的项目。

提示：顺序测试(Ordered Test)。

在 VS 2010 版本中，微软把 Web Test 改为 Web Performance Test。可以在 VS 2010 解决方案资源管理器，打开一个测试项目，右键菜单 Add/Ordered Test 或者在 VS 2010 IDE 菜单 Test/New Tes/Ordered Test 进行创建。

顺序测试可以对单元、Web、load 等测试集执行顺序手动排序，可以是 BVT 中的一部分。顺序测试是为了按一个指定的顺序(有序)运行集成测试。在测试管理和测试视图窗口显示为单一测试，其结果显示在单行的测试结果窗口，可以获取每个被测试的一部分并有序运行测试单独的结果，如图 10.54 所示。

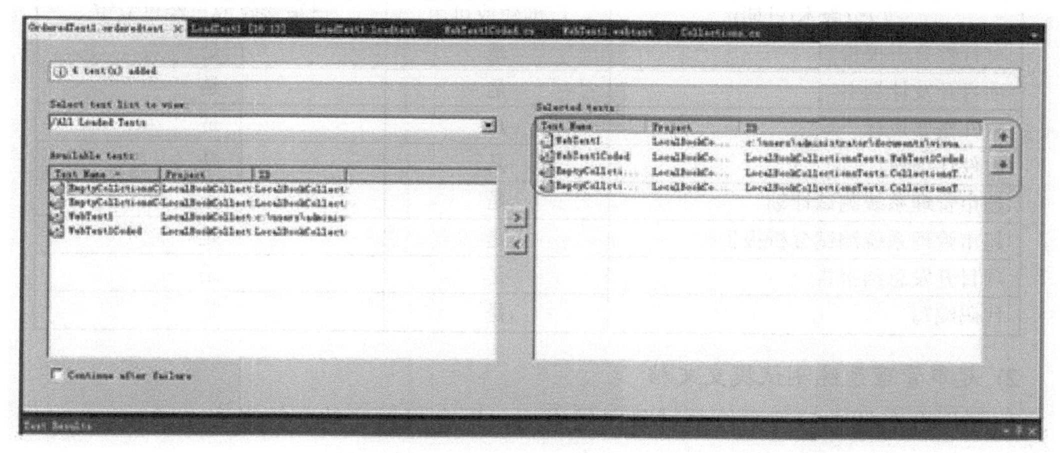

图 10.54　顺序测试界面

10.8　超市管理系统测试计划

超市管理系统的测试计划，包括七个方面。

1. 简介

(1) 目的。“超市管理系统测试计划”文档有助于实现以下目标：

- 确定超市管理系统的信息和超市管理系统测试的软件构件。
- 针对超市管理系统推荐可采用的超市管理系统测试策略，并对这些策略加以说明。
- 确定所需的资源，并对超市管理系统测试的工作量进行估计。
- 列出超市管理系统测试项目的可交付元素。

(2) 背景。对超市管理系统(构件、应用程序、系统等)及其目标进行简要说明，包括的信息有：主要的功能和性能、超市管理系统的构架以及项目的简史。

(3) 范围。描述超市管理系统测试的各个阶段(如单元超市管理系统测试、集成超市管理系统测试或系统超市管理系统测试)，并说明本计划所针对的超市管理系统测试类型(如功能超市管理系统测试或性能超市管理系统测试)。

简要地列出超市管理系统中将接受超市管理系统测试或将不接受超市管理系统测试的那些性能和功能。如果在编写此文档的过程中做出的某些假设可能会影响超市管理系统测试设计、开发或实施，则列出所有这些假设。

列出可能会影响超市管理系统测试设计、开发或实施的所有风险或意外事件及所有约束。

2. 超市管理系统测试参考文档和超市管理系统测试提交文档

1) *超市管理系统测试参考文档*

表 10.30 列出了制订超市管理系统测试计划时所使用的文档，并标明了各文档的可用性。

表 10.30　超市管理系统测试文档

文档(版本/日期)	已创建或可用	已被接收或已经过复审
可行性分析报告	是	是
项目开发计划书	是	是
软件概要设计	是	是
软件详细设计	是	是
超市管理系统测试计划	是	是
超市管理系统测试分析报告	是	是
项目开发总结报告	是	是
代码编写	是	是

2) *超市管理系统测试提交文档*

下面列出在超市管理系统测试阶段结束后，所有可提交的文档见表 10.31。

表 10.31　超市管理系统测试提交文档

文档(版本/日期)	已创建或可用	已被接受或已经过复审	来源	备注
超市管理系统测试报告	是□　否□	是□　否□		
超市管理系统测试记录	是□　否□	是□　否□		

3. 超市管理系统测试进度

超市管理系统测试进度见表 10.32。

表 10.32　超市管理系统测试进度表

超市管理系统测试活动	计划开始日期	实际开始日期	结束日期
制订测试计划	12 月 1 日	12 月 1 日	12 月 2 日
设计测试	12 月 3 日	12 月 3 日	12 月 5 日
集成测试	12 月 6 日	12 月 6 日	12 月 7 日
系统测试	12 月 8 日	12 月 8 日	12 月 11 日
性能测试	12 月 12 日	12 月 12 日	12 月 15 日
安装测试	12 月 16 日	12 月 16 日	12 月 20 日

4. 超市管理系统测试资源

1) 超市管理系统测试环境

超市管理系统测试的系统环境：

软件环境(相关软件、操作系统等)：Windows XP、Visual C++、Visual Basic。

硬件环境(网络、设备等)：32位机。

2) 超市管理系统测试工具

此项目将列出超市管理系统测试使用的工具(见表10.33)。

表10.33 超市管理系统测试工具表

用途	工具	生产厂商/自产	版本

5. 超市管理系统测试策略

超市管理系统测试策略提供了对超市管理系统进行超市管理系统测试的推荐方法。

对于每种超市管理系统测试，都应提供超市管理系统测试说明，并解释其实施的原因。

制订超市管理系统测试策略时所考虑的主要事项有将要使用的技术以及判断超市管理系统测试何时完成的标准。

下面列出了超市管理系统测试时需考虑的事项，除此之外，超市管理系统测试还应在安全的环境中使用已知的、有控制的数据库来执行。

注意：不实施某种超市管理系统测试，则应该用一句话加以说明，并陈述理由。如“将不实施该超市管理系统测试。该超市管理系统测试本项目不适用”。

1) 超市管理系统数据和数据库完整性测试

在超市管理系统中，数据库和数据库进程应作为一个子系统来进行超市管理系统测试。在超市管理系统测试这些子系统时，不应将超市管理系统的用户界面用作数据的接口。对于数据库管理系统(DBMS)，还需要进行深入的研究，以确定可以支持表10.34所示的超市管理系统测试的工具和技术。

表10.34 数据和数据库完整性测试目标

测试目标	确保数据库访问方法和进程正常运行，数据不会遭到损坏
技术	(1) 调用各个数据库访问方法和进程，并在其中填充有效的和无效的数据(或对数据的请求) (2) 检查数据库，确保数据已按预期的方式填充，并且所有的数据库事件已正常发生；或者检查所返回的数据，确保正当的理由检索到了正确的数据
完成标准	所有的数据库访问方法和进程都按照设计的方式运行，数据没有遭到损坏。
需考虑的特殊事项	(1) 超市管理系统测试可能需要DBMS开发环境或驱动程序在数据库中直接输入或修改数据 (2) 进程应该以手工方式调用 (3) 应使用小型或最小的数据库(记录的数量有限)来使所有无法接受的事件具有更大的可视度

2) 超市管理系统接口测试

超市管理系统接口测试要求见表 10.35。

表 10.35　超市管理系统接口测试内容

测试目标	确保接口调用的正确性
测试范围	所有软件、硬件接口，记录输入输出数据
需考虑的特殊事项	接口的限制条件

3) 超市管理系统集成测试

超市管理系统集成测试主要目的是检测系统是否达到需求，对业务流程及数据流的处理是否符合标准，对业务流处理是否存在逻辑不严谨及错误，检测需求是否存在不合理的标准及要求(见表 10.36)。此阶段超市管理系统测试基于功能完成的超市管理系统测试。

表 10.36　超市管理系统集成测试目标

测试目标	检测需求中业务流程，数据流的正确性
测试范围:	需求中明确的业务流程，或组合不同功能模块而形成一个大的功能
技术	利用有效的和无效的数据来执行各个用例、用例流或功能，以核实以下内容: (1) 在使用有效数据时得到预期的结果 (2) 在使用无效数据时显示相应的错误消息或警告消息 (3) 各业务规则都得到了正确的应用
开始标准	在完成某个集成超市管理系统测试时必须达到标准
完成标准	(1) 所计划的超市管理系统测试已全部执行 (2) 所发现的缺陷已全部解决
测试重点和优先级	超市管理系统测试重点指在超市管理系统测试过程中需着重超市管理系统测试的地方，优先级可以根据需求及严重来定
需考虑的特殊事项	确定或说明那些将对功能超市管理系统测试的实施和执行造成影响的事项或因素(内部的或外部的)

4) 超市管理系统功能测试

对超市管理系统的功能测试应侧重于所有可直接追踪到用例或业务功能及业务规则的超市管理系统测试需求。这种测试的目标是核实数据的接收、处理和检索是否正确，以及业务规则的实施是否恰当。此类测试基于黑盒技术，该技术通过图形用户界面(GUI)与应用程序进行交互，并对交互的输出或结果进行分析，以此来核实应用程序及其内部进程。表 10.37 为各种应用程序列出了推荐使用的超市管理系统测试概要。

表 10.37　超市管理系统功能测试目标

测试目标	确保超市管理系统测试的功能正常，其中包括导航，数据输入，处理和检索等功能
技术	利用有效的和无效的数据来执行各个用例、用例流或功能，以核实以下内容: (1) 在使用有效数据时得到预期的结果 (2) 在使用无效数据时显示相应的错误消息或警告消息 (3) 各业务规则都得到了正确的应用
需考虑的特殊事项	确定或说明那些将对功能超市管理系统测试的实施和执行造成影响的事项或因素(内部的或外部的)

5) 超市管理系统用户界面测试

超市管理系统用户界面(UI)测试用于核实用户与软件之间的交互。该测试的目标是确保用户界面为用户提供相应的访问或浏览功能。另外，超市管理系统 UI 测试还可确保 UI 中的对象按照预期的方式运行，并符合公司或行业的标准(见表 10.38)。

表 10.38　超市管理系统用户接口测试目标

测试目标	(1) 通过超市管理系统测试进行的浏览可正确反映业务的功能和需求，这种浏览包括窗口与窗口之间、字段与字段之间的浏览，以及各种访问方法(Tab 键、鼠标移动快捷键)的使用 (2) 窗口的对象和特征(如菜单、大小、位置、状态和中心)都符合标准
技术	为每个窗口创建或修改超市管理系统测试，以核实各个应用程序窗口和对象都可正确地进行浏览，并处于正常的对象状态
完成标准	成功地核实出各个窗口都与基准版本保持一致，或符合可接受标准
需考虑的特殊事项	并不是所有定制或第三方对象的特征都可访问

6) 性能测试

性能测试是对超市管理系统的响应时间、事务处理速率和其他与时间相关的需求进行评测和评估。性能评测的目标是核实性能需求是否都已满足。实施和执行性能评测的目的是将超市管理系统的性能行为当做条件(例如工作量或硬件配置)的一种函数来进行评测和微调(见表 10.39)。

注：以下所说的事务是指“逻辑业务事务”。这种事务被定义为将由系统的某个 Actor 通过使用超市管理系统来执行的特定用例，添加或修改给定的合同。

表 10.39　性能测评目标

测试目标	(1) 正常的预期工作量 (2) 预期的最繁重工作量
技术	(1) 通过修改数据文件来增加事务数量，或通过修改脚本来增加每项事务的迭代数量 (2) 脚本应该在一台计算机上运行(最好是以单个用户、单个事务为基准)，并在多个客户机(虚拟的或实际的客户机，请参见下面的“需要考虑的特殊事项”)上重复
需考虑的特殊事项	(1) 直接将“事务强行分配到”服务器上，这通常以“结构化语言”(SQL)调用的形式来实现 (2) 通过创建“虚拟的”用户负载来模拟许多(通常为数百台)客户机。此负载可通过“远程终端仿真”(Remote Terminal Emulation)工具来实现。此技术还可用于在网络中加载“流量” (3) 使用多台实际客户机(每台客户机都运行超市管理系统测试脚本)在系统上添加负载 (4) 超市管理系统性能测试应该在专用的计算机上或在专用的机时内执行，以便实现完全的控制和精确的评测 (5) 超市管理系统性能测试所用的数据库应该是实际大小或相同缩放比例的数据库

7) 超市管理系统负载测试

超市管理系统负载测试是一种性能测试。在这种测试中，将使超市管理系统承担不同的工作量，以评测和评估超市管理系统在不同工作量条件下的性能行为，以及持续正常运行的能力。超市管理系统负载测试的目标是确定并确保系统在超出最大预期工作量的情况下仍能正常运行。此外，该测试还要评估性能特征，如响应时间、事务处理速率和其他与时间相关的方面(见表 10.40)。

注：以下所说的事务是指“逻辑业务事务”。这个事务被定义为将由系统的某个最终用户通过使用应用程序来执行的特定功能。如添加或修改给定的合同。

表 10.40　负载测试目标

测试目标	核实所指定的事务或商业理由在不同的工作量条件下的性能行为时间
技术	通过修改数据文件来增加事务数量，或通过修改脚本来增加每项事务发生的次数
完成标准	采用多个事务或多个用户，在可接受的时间范围内成功地完成超市管理系统测试，没有发生任何故障
需考虑的特殊事项	(1) 超市管理系统负载测试应该在专用的计算机上或在专用的机时内执行，以便实现完全的控制和精确的评测 (2) 超市管理系统负载测试所用的数据库应该是实际大小或相同缩放比例的数据库

8) 超市管理系统强度测试

超市管理系统强度测试是一种性能测试，实施此测试的目的是找出因资源不足或资源争用而导致的错误(见表 10.41)。如果内存或磁盘空间不足，超市管理系统就可能会表现出一些在正常条件下并不明显的缺陷。而其他缺陷则可能是争用共享资源(如数据库锁或网络带宽)造成的。强度测试还可用于确定超市管理系统能够处理的最大工作量。

表 10.41　强度测试目标

测试目标	核实超市管理系统能够在以下强度条件下正常运行，不会出现任何错误： (1) 服务器上几乎没有或根本没有可用的内存(RAM 和 DASD) (2) 连接或模拟了最大实际(实际允许)数量的客户机 (3) 多个用户对相同的数据或账户执行相同的事务 (4) 最繁重的事务量或最差的事务组合(请参见上面的“超市管理系统性能测试”)。 注：超市管理系统强度测试的目标可表述为确定和记录那些使系统无法继续正常运行的情况或条件 (5) 客户机的超市管理系统强度测试在“超市管理系统配置测试”的第 3.1.11 节中进行了说明
技术	(1) 要对有限的资源进行超市管理系统测试，就应该在一台计算机上运行超市管理系统测试，而且应该减少或限制服务器上的 RAM 和 DASD (2) 对于其他超市管理系统强度测试，应该使用多台客户机来运行相同的超市管理系统测试或互补的超市管理系统测试，以产生最繁重的事务量或最差的事务组合
完成标准	所计划的超市管理系统测试已全部执行，并且在达到或超出指定的系统限制时没有出现任何软件故障，或者导致系统出现故障的条件并不在指定的条件范围之内

9) 超市管理系统容量测试

超市管理系统容量测试使超市管理系统处理大量的数据，以确定是否达到了将使软件发生故障的极限。容量测试还将确定超市管理系统在给定时间内能够持续处理的最大负载或工作量(见表 10.42)。如果超市管理系统正在为生成一份报表而处理一组数据库记录，那么超市管理系统容量测试就会使用一个大型的超市管理系统测试数据库。检验该软件是否正常运行并生成了正确的报表。

表 10.42　系统容量测试目标

测试目标	核实超市管理系统在以下高容量条件下能否正常运行： (1) 连接或模拟了最大(实际或实际允许)数量的客户机，所有客户机在长时间内执行相同的、且情况(性能)最坏的业务功能 (2) 已达到最大的数据库大小(实际的或按比例缩放的)，而且同时执行多个查询或报表事务
技术	(1) 应该使用多台客户机来运行相同的超市管理系统测试或互补的超市管理系统测试，以便在长时间内产生最繁重的事务量或最差的事务组合(请参见上面的“强度超市管理系统测试”) (2) 创建最大的数据库大小(实际的、按比例缩放的、或填充了代表性数据的数据库)，并使用多台客户机在长时间内同时运行查询和报表事务
完成标准	所计划的超市管理系统测试已全部执行，而且达到或超出指定的系统限制时没有出现任何软件故障

10) 超市管理系统安全性和访问控制测试

超市管理系统安全性和访问控制测试侧重于安全性的两个关键方面：

(1) 应用程序级别的安全性，包括对数据或业务功能的访问。

(2) 系统级别的安全性，包括对系统的登录或远程访问。

应用程序级别的安全性可确保在预期的安全性情况下，Actor 只能访问特定的功能或用例，或者只能访问有限的数据。如可能会允许所有人输入数据，创建新账户，但只有管理员才能删除这些数据或账户。如果具有数据级别的安全性，超市管理系统测试就可确保“用户类型一”能够看到所有客户消息(包括财务数据)，而“用户类型二”只能看见同一客户的统计数据。系统级别的安全性可确保只有具备系统访问权限的用户才能访问应用程序，而且只能通过相应的网关来访问。测试目标见表 10.43。

表 10.43　系统安全性和访问控制测试目标

测试目标	(1) 应用程序级别的安全性：核实 Actor 只能访问其所属用户类型已被授权访问的那些功能或数据 (2) 系统级别的安全性：核实只有具备系统和应用程序访问权限的 Actor 才能访问系统和应用程序 (3) 应用程序级别的安全性：确定并列出各用户类型及其被授权访问的功能或数据
技术	(1) 为各用户类型创建超市管理系统测试，并通过创建各用户类型所特有的事务来核实其权限 (2) 修改用户类型并为相同的用户重新运行超市管理系统测试。对于每种用户类型，确保正确地提供或拒绝了这些附加的功能或数据
完成标准	各种已知的 Actor 类型都可访问相应的功能或数据，而且所有事务都按照预期的方式运行，并在先前的应用程序功能超市管理系统测试中运行了所有的事务

11) 超市管理系统故障转移和恢复测试

超市管理系统故障转移和恢复测试可确保超市管理系统能成功完成故障转移，并能从导致意外数据损失或数据完整性破坏的各种硬件、软件等网络故障中恢复(见表10.44)。

表 10.44　系统故障和恢复测试目标

测试目标	确保恢复进程(手工或自动)将数据库、应用程序和系统正确地恢复到预期的已知状态。测试中将包括以下各种情况： (1) 客户机断电 (2) 服务器断电 (3) 通过网络服务器产生的通信中断 (4) DASD 和/或 DASD 控制器被中断、断电或与 DASD 和/或 DASD 控制器的通信中断 (5) 周期未完成(数据过滤进程被中断，数据同步进程被中断) (6) 数据库指针或关键字无效 (7) 数据库中的数据元素无效或遭到破坏
技术	应该使用为功能和业务周期测试创建的一系列事务。一旦达到预期的超市管理系统测试起点，就应该分别执行或模拟以下操作： (1) 客户机断电：关闭 PC 机的电源 (2) 服务器断电：模拟或启动服务器的断电过程 (3) 通过网络服务器产生的中断：模拟或启动网络的通信中断(实际断开通信线路的连接或关闭网络服务器或路由器的电源) (4) DASD 和 DASD 控制器被中断、断电或与 DASD 和 DASD 控制器的通信中断：模拟与一个或多个 DASD 控制器或设备的通信，或实际取消这种通信 (5) 一旦实现了上述情况(或模拟情况)，就应该执行其他事务。而且一旦达到第二个超市管理系统测试点状态，就应调用恢复过程 (6) 在超市管理系统测试不完整的周期时，所使用的技术与上述技术相同，只不过应异常终止或提前终止数据库进程本身 (7) 对以下情况的超市管理系统测试需要达到一个已知的数据库状态。当破坏若干个数据库字段、指针和关键字时，应该以手工方式在数据库中(通过数据库工具)直接进行。其他事务应该通过使用“超市管理系统应用程序功能测试”和”超市管理系统业务周期测试”中的测试来执行，并且应执行完整的周期
完成标准	在所有上述情况中，应用程序、数据库和系统应该在恢复过程完成时立即返回到一个已知的预期状态。此状态包括仅限于已知损坏的字段、指针或关键字范围内的数据损坏，以及表明进程或事务因中断而未被完成的报表
需考虑的特殊事项	(1) 超市管理系统恢复测试会给其他操作带来许多的麻烦。断开缆线连接的方法(模拟断电或通信中断)可能并不可取或不可行。所以，可能会需要采用其他方法，例如诊断性软件工具 (2) 需要系统(或计算机操作)、数据库和网络组中的资源 (3) 这些超市管理系统测试应该在工作时间之外或在一台独立的计算机上运行

超市管理系统故障转移测试可确保：对于必须持续运行的系统，一旦发生故障，备用系统将及时地“顶替”发生故障的系统，以避免丢失任何数据或事务。

超市管理系统恢复测试是一种对抗性的超市管理系统测试。在这种超市管理系统测试中，将把应用程序或系统置于极端的条件下(或者是模拟的极端条件下)，以产生故障(例如设备输入/输出(I/O)故障或无效的数据库指针和关键字)。然后调用恢复进程并监测和检查应用程序和系统，核实应用程序或系统和数据已得到了正确的恢复。

12) 超市管理系统配置测试

超市管理系统配置测试核实超市管理系统在不同的软件和硬件配置中的运行情况(见表 10.45)。在大多数生产环境中，客户机、网络连接和数据库服务器的具体硬件规格会有所不同。客户机、工作站可能会安装不同的软件，如应用程序、驱动程序等，而且在任何时候都可能运行许多不同的软件组合，从而占用不同的资源。

表 10.45　系统配置测试目标

测试目标	核实超市管理系统测试可在所需的硬件和软件配置中正常运行
技术	(1) 使用功能超市管理系统测试脚本 (2) 在超市管理系统测试过程中或在超市管理系统测试开始之前，打开各种与非超市管理系统相关的软件(例如 Microsoft 应用程序：Excel 和 Word)，然后将其关闭 (3) 执行所选的事务，模拟 Actor 与超市管理系统软件和非超市管理系统软件之间的交互 (4) 重复上述步骤，尽量减少客户机、工作站上的常规可用内存
完成标准	对于超市管理系统软件和非超市管理系统软件的各种组合，所有事务都成功完成，没有出现任何故障
需考虑的特殊事项	(1) 通常使用的是哪些应用程序 (2) 应用程序正在运行什么数据？如在 Excel 中打开的大型电子表格，或是在 Word 中打开的 100 页文档 (3) 作为此超市管理系统测试的一部分，应将整个系统、Netware、网络服务器、数据库等工作过程都记录下来

13) 安装超市管理系统测试

安装超市管理系统测试有两个目的。第一个目的是确保该软件在正常情况和异常情况的不同条件下(如进行首次安装、升级、完整的或自定义的安装)都能进行安装。异常情况包括磁盘空间不足、缺少目录创建权限等。第二个目的是核实软件在安装后可立即正常运行。这通常是指运行大量为测试制定的超市管理系统测试软件(见表 10.46)。

表 10.46　系统安装测试目标

测试目标	核实在以下情况下，超市管理系统可正确地安装到各种硬件配置中： (1) 首次安装。以前从未安装过超市管理系统的计算机 (2) 更新。以前安装过相同版本的超市管理系统的计算机 (3) 更新。以前安装过<Project Name>的较早版本的计算机
技术	手工开发脚本或开发自动脚本，以验证目标计算机的状况： (1) 首次安装超市管理系统；超市管理系统安装过相同或较早的版本 (2) 启动安装 (3) 使用预先确定的超市管理系统功能测试脚本子集来运行事务
完成标准	超市管理系统事务成功执行，没有出现任何故障
需考虑的特殊事项	应该选择超市管理系统的哪些事务才能准确地测试出超市管理系统应用程序已经成功安装，而且没有遗漏主要的软件构件

6. 问题严重度描述

问题严重度描述见表 10.47。

表 10.47　问题严重度描述表

问题严重度	描述	响应时间
高	例如：使系统崩溃	程序员在多长时间内改正此问题

7．附录：项目任务

以下是一些与超市管理系统测试有关的任务：

(1) 制订超市管理系统测试计划。

- 确定超市管理系统测试需求。
- 评估风险。
- 制定超市管理系统测试策略。
- 确定超市管理系统测试资源。
- 创建时间表。
- 生成超市管理系统测试计划。

(2) 设计超市管理系统测试。

- 准备工作量分析文档。
- 确定并说明超市管理系统测试用例。
- 确定超市管理系统测试过程，并建立超市管理系统测试过程的结构。

(3) 复审和评估超市管理系统测试覆盖。

(4) 实施超市管理系统测试。

- 记录或通过编程创建超市管理系统测试脚本。
- 确定设计与实施模型中的超市管理系统测试专用功能。
- 建立外部数据集。

(5) 执行超市管理系统测试。

(6) 执行超市管理系统测试过程。

(7) 评估超市管理系统测试的执行情况。

(8) 恢复暂停的超市管理系统测试。

(9) 核实结果。

(10) 调查意外结果。

(11) 记录缺陷。

(12) 对超市管理系统测试进行评估。

(13) 评估超市管理系统测试用例覆盖。

(14) 评估代码覆盖。

(15) 分析缺陷。

(16) 确定是否达到了超市管理系统测试完成标准与成功标准。

本 章 小 结

本章较详细地介绍了 9 个测试案例，并进行了分析。

练　习　题

1．汉诺塔问题：有三根针 A、B、C，A 针上套有 64 个盘子，盘子大小不等，大的在下，小的在上。要求把这 64 个盘子从 A 针移到 C 针，在移动过程中可以借助 B 针，每次只允许移动一个盘，且在移动过程中在三根针上都保持大盘在下，小盘在上。用两个函数实现以上的两类操作。

hanoi(n, one, two, three)表示“将 n 个盘子从 "one" 针移到 "three" 针，借助 "two"针”；

move(getone, putone)表示将 1 个盘子从 "getone" 针移到 "putone" 针。getone 和 putone 是代表 A、B、C 针之一，根据每次不同情况分别取 A、B、C 代入。

测试下面 C 语言程序。

```
void   move(char getone，char putone)
{ printf("%c-->%c\n",getone，putone)；}
void   hanoi(int n，char one，char two，char three)
 / *将 n 个盘从 one 借助 two，移到 three*/
{if(n==1)
move(one，three);
else
{     hanoi(n-1，one，three，two);
      move (one，three):
      hanoi(n-1，two, one，three)；} }
```

2．有重复的组合算法是要求生成长度为 N 的排列算法。{a,b,c}，如长度为 2：结果为[a,a][a,b][a,c][b,a][b,b][b,c][c,a][c,b][c,c]。

测试下面 C 语言程序。

```
#include <stdio.h>
int a[20],n,r;
int getmax()
{   int i,j; i=0; for (j=1;j<=r;j++)
    {
    if (a[j]<n)
                i=j;          }
    return i;                  }

void main()
{   int i,j,state,num;
    printf("1-----n:\n");
    scanf("%d",&n);
      printf("\nr:\n");
```

```
        scanf("%d",&r);
        for (i=1;i<=r;i++)              a[i]=1;
    state=getmax();
        num=1;
        printf("\n%5d: ",num);
        for (j=1;j<=r;j++)
                printf("%5d",a[j]);
        while (state)
    {           a[state]=a[state]+1;
                for (j=state+1;j<=r;j++)
                a[j]=a[j-1];
                num++;
                printf("\n%5d: ",num);
                for (j=1;j<=r;j++)
                printf("%5d",a[j]);
                state=getmax();                 }
        printf("\n");
        getch();                            }
```

参 考 文 献

[1] Alan W Brown，Kurt，Wallnau C. The Current State of CBSE[J]. IEEE Trans. on Software，1998，15(5)：37-46.

[2] ANSI/IEEE Standard 610.121990. IEEE standard glossary of software engineering terminology. New York：IEEE Press，1990.

[3] Baudry B，Traon Y Le，Sunyé G. Test ability Analysis of a UML Class Diagram[C]. Proceedings of the Eight IEEE Symposiumon Software Metrics (METRICS2002). Ottawa，2002：54-65.

[4] Bache R，Mullerburg M. Measure of test ability as a basis for quality assurance[J]. Software Engineering Journal，1990，5(2)：86-92.

[5] Benoit B，Yves LET，Gerson S. Measuring design test ability of a UML class diagram[J]. Information and Software Technology，2005，47(13)：859-879.

[6] Bertolino A，Strigini L. On the use of test ability measures for dependability assessment[J]. IEEE Transactionson Software Engineering，1996，22(2)：97-108.

[7] Binder R V. Design for test ability in object-oriented systems[J]. Communication of the ACM，1994，37(9)：87-101.

[8] Chen H Y，Tse T H，Chen T Y. TACCLE：A methodology for object-oriented software testing at the class and cluster levels[J]. ACM Transactions on Software Engineering and Methodology，2001，10(1)：56-109.

[9] Chen H Y，Tse T H，Chan Y，et al. In black and white：an integrated approach to class level testing of object-oriented programs[J]. ACM Transactions on Software Engineering and Methodology，1998，7(3)：250-295.

[10] Doong R，Frankl P G. The ASTOOT approach to testing object-oriented programs[J]. ACM Transaction on Software Engineering and Methodology，1994，3(2)：101-130.

[11] Arcelli F，Raibulet C，Rigo I，Ubezio L. An Eclipse Plug-in for the Java Path Finder Runtime Verification System[C]. In：Proceedings of the 30th Annual IEEE/NASA Software Engineering Workshop. Loyola College Graduate Center，Columbia，MD，USA.25-28 April. IEEE Computer Society Press，2006：142-152.

[12] Ferguson R，Korel B. The chaining approach for software test data generation[J]. ACM Transactions on Software Engineering and Methodology，1996，5(1)：63-86

[13] Gao J Z，Tsao J，Wu Y. Testing and quality assurance for component based software[M]. MA：Artech House，2003.

[14] Glass R L. Building quality software[M]. Upper SaddleRiver，New Jersey：Prentice Hall,1992.

[15] Gordon S G，Mcmanus J I. Total quality management for software[M]. N Y:Van Nostr and Reinhold，1992.

[16] Yoon H，Choiand B，Jeon J. AUML-Based Test Model for Component[C]. Workshop on Software

Arehitecture and Component，Japan，December 1999：63-70.

[17] Harald PEV，Marc FW，Ronald CV．Design for test ability in hardware-software systems[J]．IEEE Design and Test of Computers，1996，13(3)：79-86.

[18] http：//www.ltesting.net/ceshi/ceshijishu/csyl/2011/0602/202565.html.

[19] ISO/IEC91261．Software engineering-productquality-part1：quality model．Geneva：International Organization for Standardization，2001.

[20] Corbett J C，Dwyer M B，Hatcliff J，Laubach S，Pasareanu C S，Robby，Zheng H．Bandera：Extracting Finite-State Models from Java Source Code[C]．In：Proceedings of the 22nd International Conference on Software Engineering．LimerickIrel and．4-11June．ACM Press，2000：439-448.

[21] Hatcliff J，Dwyer M B．Using the Bandera Tool Setto Model-Check Properties of Concurrent Java Software[C]．In：K.G．Larsen，M．Nielsen Eds．Proceedings of the 12th International Conference on Concurrency Theory．Aalborg，Denmark．20-25 August．Springer Press，2001：39-58

[22] Offuttand J，Abdurzik A．Generating Test Case from UML Specification[C]．Proceeding of 2nd International Conference on UML'99，Fort Collins，1999：616-629

[23] Havelund K，Pressburger T．Model Checking Java Programs using JAVA Path Finder[J]．International Journal on Software Tools for Technology Transfer，2000，2(4)：366-381

[24] Martin J，Carma M．软件维护——问题与解答[M]．谢莎莉，文胜利，薛非，译．北京：机械工业出版社，1990.

[25] Perry W E．Quality assurance for information systems：methods，tools and techniques[M]．Boston：QED Technical Publishing Group，1991.

[26] Podgurski A，Marsri W，Mccleese Y．Estimate of Software Reliability by Stratified Sampling[J]．AMC Transaction on Software Engineering and Methodology，1999，18(3)：263-28.

[27] Carver R H，Lei Y．A General Model for Reachability Testing of Concurrent Programs[C]．In：J. Davies，W．Schulte，M．Barnett Eds．Proceedings of the 6thInternational Conference on Formal Engineering Methods，Formal Methods and Software Engineering．Seattle，WA，USA．8-12 November．Springer Press，2004：76-98.

[28] Ron Patton．软件测试[M]．北京：机械工业出版社，2009.

[29] Voas J M，Miller K W．Software test ability：the new verification[J]．IEEE Software,1995,12(3)：1728.

[30] Voas J M．PIE：a dynamic failure-based technique[J]．IEEE Transactions on Software Engineering，1992，18(8)：717-727.

[31] Visser W，Pasareanu C S，Khurshid S．Test Input Generation with Java Path Finder[C]．In：G.S．Avrunin，G. Rothermel Eds．Proceedings of the ACM/SIGSOFT International Symposium on Software Testing and Analysis．Boston，Massachusetts，USA．ACM Press，2004：97-107.

[32] WU Qing-lin1，WANG-Yan．A Research on Software Testing[J]．郧阳师范高等专科学校学报，2009，29(3)：77-78.

[33] Lei Y，Carver R H．A New Algorithm for Reachability Testing of Concurrent Programs[C]．In：Proceedings of the16th International Symposium on Software Reliability Engineering．Chicago，IL，USA．IEEE Computer Society Press，2005：346-355.

[34] Lei Y，Carver R H．Reachability Testing of Concurrent Programs[J]．IEEE Transactions on Software

Engineering，2006，32(6)：382-403.

[35] 蔡开元．软件可靠性工程基础[M]．北京：清华大学出版社，1995.

[36] 蔡一博．国内软件测试现状分析[J]．东方企业文化，2010，3.

[37] 曾强聪．软件工程[M]．北京：高等教育出版社，2007.

[38] 陈意刚．浅谈软件测试技术[J]．电脑知识与技术，December 2008，4(8)：2150-2152.

[39] 崔天意．软件测试用例设计及复用研究[M]．电脑学习，2010，3：104-105.

[40] 达斯汀．有效软件测试[M]．新语，等，译．北京：清华大学出版社．2003.

[41] 单锦辉，姜瑛，孙萍．软件测试研究进展[J]．北京大学学报，自然科学版，2005，41(1)：134-145.

[42] 邓波，黄丽娟，曹青春，等．软件测试自动化[M]．北京：机械工业出版社，2010.

[43] 丁蕾，方木云．简述软件测试的白盒测试法[J]．安徽科技，2007，10：43-44.

[44] 杜文洁，景秀丽．软件测试基础教程[M]．北京：中国水利水电出版社，2011.

[45] 樊庆林，吴建国．提高软件测试效率的方法研究[J]．计算机技术与发展，2006，16(10)：52-54.

[46] 范勇等．软件测试技术[M]．西安：西安电子科技大学出版社，2009.

[47] 古乐，史九林．软件测试技术概论[M]．北京：清华大学出版社，2009.

[48] 郭运宏．对软件测试工作的几点思考[J]．郑州铁路职业技术学院学报，22(1)，2010：23-25.

[49] 韩万江，姜立新．软件开发项目管理[M]．北京：机械工业出版社，2004.

[50] 蒋方纯．软件测试设计与实施[M]．北京：北京大学出版社，2010.

[51] 黎连业，王华，李淑春．软件测试与测试技术[M]．北京：清华大学出版社，2009.

[52] 李军义．软件测试用例自动生成技术研究[D]．湖南大学博士论文，2007.

[53] 李龙，等．软件测试实用技术与常用模板[M]．北京：机械工业出版社，2007.

[54] 李宁，李战怀．基于黑盒测试的软件测试策略研究与实践[J]．计算机应用研究，2009，26(3)：923-926.

[55] 利马耶著(美)，黄晓磊，曾琼译．软件测试原理、技术及工具[M]．北京：清华大学出版社，2011.

[56] 刘畅，王轶辰，刘斌，等．软件边界组合测试的典型案例分析[J]．计算机工程与应用，2009，45(20)：74-77.

[57] 柳纯露，黄子河．软件评测师教程[M]．北京：清华大学出版社，2005.

[58] 潘江波，冯兰萍，印斌．基于软件测试的 Bug 管理系统的研究[J]．图书馆自动化，2005.

[59] 彭晓红，刘久富．基于模型检测的软件测试技术[J]．软件导刊，2009，8(3)：13-14.

[60] 彭振龙．从微软软件测试得到的启示[J]．福建电脑，2009，6：36-37.

[61] 软件测试方法的分析与研究[EB/OL]．http://www.51testing.com.

[62] 汤庸．软件工程方法与管理[M]．北京：冶金工业出版社，2002.

[63] 佟伟光．软件测试技术[M]．北京：人民邮电出版社，2005.

[64] 王春森．高级设计师教程[M]．北京：清华大学出版社，2001.

[65] 王峰．计算机软件测试[M]．2 版．北京：机械工业出版社，2004.

[66] 王健．软件测试员培训教材[M]．北京：电子工业出版社，2007.

[67] 王雅文．基于 Bug 模式的软件测试技术研究[D]．邮电大学博士论文，2009.

[68] 沃特金斯，贺红卫．实用软件测试过程[M]．北京：机械工业出版社，2004.

[69] 许侠，杨朝晖．功能测试异常案例挖掘[J]．技术与应用，2009：62-64.

[70] 杨根兴，金荣得，宗宇伟，等．软件需求的不确定性与解决途径[J]．计算机应用及软件，2002(4).

[71] 殷广丽．浅析软件测试管理及 Bug 管理[J]．山东教育学院学报，2005，5：82-84.

[72] 尹志华，候祖兵，汪卫．软件测试技术及用例构造方法初探[J]．科技创新导报，2010(7)：27-28.
[73] 余久久．软件功能测试用例的设计过程及实践[J]．电脑知识与技术，2008(32)：1131-1134.
[74] 张广梅．软件测试与可靠性评估[D]．中国科学院博士论文，2006.
[75] 张靖，贲可荣，罗云锋．软件测试研究综述[J]．计算机与数字工程，2008，(10).
[76] 张晓燕，孙亮清．适用的软件测试过程探讨[J]．上海船舶运输科学研究所学报，2010，33(1)：62-67.
[77] 赵彬，辛文逵．目前软件测试发展中的误区[J]．信息与电子工程，2003，12(4).
[78] 赵斌．高级软件测试工程师专用——软件测试技术经典教程[M]．北京：科学出版社，2007，5.
[79] 赵斌．软件测试技术经典教程[M]．北京：科学出版社，2007.
[80] 赵晓艾．软件测试简介及认识误区[J]．电脑学习，2009，4：129-130.
[81] 郑人杰．实用软件工程[M]．北京：清华大学出版社，2002.
[82] 郑人杰．计算机软件测试技术[M]．北京：清华大学出版社，1990.
[83] 郑人杰，等．实用软件工程[M]．北京：清华大学出版社，1997.
[84] 周予滨，姚静．软件测试入门[M]．北京：机械工业出版社，2003.
[85] 朱少民．软件测试方法和技术[M]．北京：清华大学出版社．2005.